浙大校园野草野花

徐正浩 周国宁 顾哲丰 戚航英 沈国军 季卫东 著

张浚生 题

浙江大学出版社
ZHEJIANG UNIVERSITY PRESS

图书在版编目（CIP）数据

浙大校园野草野花 / 徐正浩等著. — 杭州：浙江大学出版社，2016.12
ISBN 978-7-308-16615-7

Ⅰ.①浙… Ⅱ.①徐… Ⅲ.①浙江大学—野生植物—介绍 Ⅳ.①Q948.525.51

中国版本图书馆CIP数据核字(2017)第008103号

内容简介

本书介绍了浙江大学校园内的534种野草野花，主要是常见杂草、灌木和逸生或归化的栽培植物。内容包括中文名、学名、中文异名、英文名、分类地位、形态学鉴别特征、生物学特性、分布、景观应用及原色图谱。本书图文并茂，可读性很强，适合广大普通读者阅读。

浙大校园野草野花

徐正浩　周国宁　顾哲丰　戚航英　沈国军　季卫东　著

责任编辑	邹小宁
文字编辑	陈静毅
责任校对	潘晶晶　舒莎珊
封面设计	续设计
出版发行	浙江大学出版社
	（杭州天目山路148号　邮政编码：310007）
	（网址：http://www.zjupress.com）
排　　版	杭州林智广告有限公司
印　　刷	浙江海虹彩色印务有限公司
开　　本	889mm×1194mm　1/16
印　　张	21
字　　数	722千
版 印 次	2016年12月第1版　2016年12月第1次印刷
书　　号	ISBN 978-7-308-16615-7
定　　价	398.00元

版权所有　翻印必究　　印装差错　负责调换

浙江大学出版社发行中心联系方式：（0571）88925591；http://zjdxcbs.tmall.com

国家公益性行业（农业）科研专项（201403030）

浙江省科技计划项目（2016C32083）

浙江省教育厅科研计划项目（Y201224845）

浙江省科技特派员科技扶贫项目（2014,2015,2016）

浙江省科技计划项目（2008C23010）　　　　　　　　　　　　　　　　资助

杭州市科技计划项目（20101032B03,20101032B21,20100933B13,20120433B13）

诸暨市科技计划项目（2011BB7461）

浙江省亚热带土壤与植物营养重点研究实验室

污染环境修复与生态健康教育部重点实验室

《浙大校园野草野花》著委会

主　著　徐正浩　浙江大学
　　　　　　　　　　浙江省常山县辉埠镇人民政府
　　　　　　　　　　湖州市农业科学研究院
　　　　　周国宁　杭州蓝天风景建筑设计研究院有限公司
　　　　　顾哲丰　浙江大学
　　　　　戚航英　诸暨市农业技术推广中心
　　　　　沈国军　绍兴市农业综合开发办公室
　　　　　季卫东　浙江省常山县农业局

副主著　孟　俊　浙江大学　　　　　　　　　　常　乐　浙江大学
　　　　　吕俊飞　浙江大学　　　　　　　　　　赵南兴　绍兴市上虞区港务局
　　　　　夏　虹　浙江大学　　　　　　　　　　张　雅　杭州市农业科学研究院蔬菜研究所
　　　　　吕　菲　杭州富阳水务有限公司　　　　张宏伟　浙江清凉峰国家级自然保护区管理局
　　　　　徐越畅　浙江理工大学科技与艺术学院　方财新　湖州健宝生物科技有限公司
　　　　　石　翔　浙江科技学院　　　　　　　　孙映宏　杭州市水文水资源监测总站

著　委　(按姓氏音序排列)
　　　　　蔡杭杭　浙江大学　　　　　　　　　　陈晓鹏　浙江大学
　　　　　代英超　浙江清凉峰国家级自然保护区管理局　邓美华　浙江大学
　　　　　邓　勇　浙江大学　　　　　　　　　　方国民　浙江大学
　　　　　方　苑　建德市水土保持监督站　　　　甘凡军　浙江大学
　　　　　龚罕军　舟山市农业技术推广中心　　　韩明丽　湖州市农业科学研究院
　　　　　何宇梅　浙江大学　　　　　　　　　　林济忠　温州市植物保护站
　　　　　林　云　浙江大学　　　　　　　　　　凌　月　浙江大学
　　　　　沈浩然　浙江大学　　　　　　　　　　童卓英　浙江大学
　　　　　王绅吉　浙江大学　　　　　　　　　　王　鸢　浙江大学
　　　　　吴建中　浙江大学　　　　　　　　　　肖忠湘　浙江大学
　　　　　徐天辰　浙江大学　　　　　　　　　　叶燕军　浙江大学
　　　　　张后勇　浙江大学　　　　　　　　　　张　俊　建德市水文水资源监测站
　　　　　张　腾　浙江大学　　　　　　　　　　张艺瑶　浙江大学
　　　　　朱丽清　浙江大学　　　　　　　　　　朱颖频　浙江大学

前言
PREFACE

  野草野花是指原生态拥有、引种夹带或栽培逸生而归化的植物总称，主要由禾草类、莎草类、阔叶草类等草本植物组成，也包括原生态的乔木、灌木、竹类植物。浙大校园野草野花有1000种以上，具有湿地、林地、山地、草地、农田、水域、弃耕地、旱地、荒芜地、海滨等植物群落特征。

  浙大紫金港校区地处西溪湿地，水域面积大，具有鲜明的湿地生态植物群落特性。浙大华家池校区拥有水田生态系统和旱地生态系统，桑园、果园、草地面积大，更有植物园和具"小西湖"之称的华家池，野草野花种类繁多。浙大玉泉校区毗邻杭州植物园，植物繁茂，地被植物众多，具有山水特性。浙大之江校区地处杭州西湖风景名胜区，自然生态保护完好，具有山地特性，野草野花特色鲜明。浙大舟山校区地处滨海，具有明显的岛屿特性。浙大西溪校区地处闹市，属城市花园，植物茂盛，地被植物兼有旱地和湿地特性。浙大海宁国际校区引种植物众多，野草野花非常丰富。浙江大学的7个校区特色鲜明，具有一定地理跨度，野草野花不但种类多，也不乏特异物种和珍稀物种。因此，浙大校园野草野花具有多样性、丰富性、特异性，为世界大学所罕见。

  校园野草野花是自然选择的必然结果，其重要特征是适应性强，周而复始，是校园植物的重要构成者，对生物多样性的维系、环境质量的改善和绿化效果的综合提升具有重要作用。在玉泉校区的护校河，茂密的沉水植物使水质更为清澈，让其成为杭州河道中自然净化最好的河道之一。在华家池校区、西溪校区四

季郁郁葱葱的中心广场，野草野花扮演了重要的角色，是校区核心地带始终生机盎然的重要源泉。之江校区原生态的野草野花漫山遍野，既有地被植物，又有乔灌木、竹类、棕榈科植物，各种生境植物相映生辉，勾勒出静谧安逸又充满诗情画意的美丽校园。紫金港校区湿地生态系统的环境质量持续提升，引进植物与原生态植物竞相怒放，争奇斗艳，物种繁衍不息，珍稀濒危物种水蕨、金荞麦等获得重生。无论是旱地、湿地还是山地，野草野花通过种子、块根、块茎、球茎、孢子等繁殖器官，在适宜的环境条件下，茁壮成长，更替不衰，滋润土壤，使校园环境生机无限，并为舟山、海宁等新建校区开垦土壤充当先驱植物，且迅速复绿，美化校园。

野草野花最能抵御人类干预，亦极易随引进植物而夹带外来植物。野草野花在草坪、水田、湿地、山地、绿化带等区块异常活跃，主要通过引种草坪种子、花卉苗木，大树移栽，科研植物引种试验等夹带或逸生，外源植物种会在适宜的环境下悄然生长，逐渐归化。因此，校园野草野花往往突破区域限制，物种数量呈现持续增加的态势。野花野草是浙大校园植物的重要组成部分。本书介绍了浙大校园内的534种野草野花，包括6种珍稀植物、47种特色植物、65种外来入侵植物、24种外来植物、392种其他植物，重点描述了植物的形态学鉴别特征和生物学特性，并阐述了分布和景观应用。

本书由徐正浩统稿，外来入侵植物、外来植物和部分湿地植物由常山县农业局季卫东撰写，特色野草野花由杭州蓝天风景建筑设计研究院有限公司周国宁和诸暨市农业技术推广中心戚航英撰写，绍兴市农业综合开发办公室沈国军、浙江大学顾哲丰和孟俊撰写了部分旱地和湿地植物。

特别感谢浙江大学原党委书记张浚生为本书题写了书名！

由于作者水平有限，书中错误在所难免，敬请批评指正！

徐正浩

2016年10月于浙江大学

目录
CONTENTS

第一章　浙大校园珍稀野草野花

1. 薏苡　*Coix lacryma-jobi* Linn.　1
2. 水蕨　*Ceratopteris thalictroides* (Linn.) Brongn.　1
3. 金荞麦　*Fagopyrum dibotrys* (D. Don) Hara　2
4. 野大豆　*Glycine soja* Sieb. et Zucc.　2
5. 四角刻叶菱　*Trapa incisa* Sieb. et Zucc.　3
6. 绞股蓝　*Gynostemma pentaphyllum* (Thunb.) Makino　3

第二章　浙大校园特色野草野花

1. 广序臭草　*Melica onoei* Franch. et Sav.　5
2. 大花臭草　*Melica grandiflora* (Hack.) Koidz.　5
3. 假俭草　*Eremochloa ophiuroides* (Munro) Hack.　6
4. 二形鳞薹草　*Carex dimorpholepis* Steud.　7
5. 瓶尔小草　*Ophioglossum vulgatum* Linn.　7
6. 紫萁　*Osmunda japonica* Thunb.　8
7. 蜈蚣草　*Pteris vittata* Linn.　8
8. 马兜铃　*Aristolochia debilis* Sied. et Zucc.　9
9. 杜衡　*Asarum forbesii* Maxim.　9
10. 清凉峰卷耳　*Cerastium qingliangfengicum* H. W. Zhang et X. F. Jin　10
11. 还亮草　*Delphinium anthriscifolium* Hance　10
12. 东南景天　*Sedum alfredii* Hance　11
13. 虎耳草　*Saxifraga stolonifera* Curt.　11
14. 草绣球　*Cardiandra moellendorffii* (Hance) Migo　12
15. 截叶铁扫帚　*Lespedeza cuneata* (Dum.-Cours.) G. Don　12
16. 老鹳草　*Geranium wilfordii* Maxim.　13
17. 水芹　*Oenanthe javanica* (Bl.) DC.　13
18. 蓝花琉璃繁缕　*Anagallis arvensis* Linn. f. *coerulea* (Schreb.) Baumg　14
19. 过路黄　*Lysimachia christinae* Hance　14
20. 狼尾花　*Lysimachia barystachys* Bunge　15
21. 篱栏网　*Merremia hederacea* (Burm. f.) Hall. f.　15
22. 夏枯草　*Prunella vulgaris* Linn.　16
23. 海州香薷　*Elsholtzia splendens* Nakai ex F. Maekawa　16
24. 水蓑衣　*Hygrophila salicifolia* (Vahl) Nees　17
25. 九头狮子草　*Peristrophe japonica* (Thunb.) Bremek.　17
26. 忍冬　*Lonicera japonica* Thunb.　18
27. 盒子草　*Actinostemma tenerum* Griff.　19
28. 马㼎儿　*Zehneria indica* (Lour.) Keraudren　19
29. 半边莲　*Lobelia chinensis* Lour.　20
30. 烟管头草　*Carpesium cernuum* Linn.　21
31. 金挖耳　*Carpesium divaricatum* Sieb. et Zucc.　21
32. 菹草　*Potamogeton crispus* Linn.　22
33. 小眼子菜　*Potamogeton pusillus* Linn.　22
34. 东方泽泻　*Alisma orientale* (Samuel.) Juz.　23
35. 石菖蒲　*Acorus tatarinowii* Schott　23
36. 杜若　*Pollia japonica* Thunb.　23
37. 翅茎灯心草　*Juncus alatus* Franch. et Sav.　24
38. 吉祥草　*Reineckia carnea* (Andr.) Kunth　24
39. 粉条儿菜　*Aletris spicata* (Thunb.) Franch.　25
40. 多花黄精　*Polygonatum cyrtonema* Hua　26
41. 黄精　*Polygonatum sibiricum* Delar. ex Redoute　26
42. 百合　*Lilium brownii* F. E. Brown ex Miellez var. *viridulum* Baker　26
43. 油点草　*Tricyrtis macropoda* Miq.　27
44. 绵枣儿　*Scilla scilloides* (Lindl.) Druce　27
45. 庭菖蒲　*Sisyrinchium rosulatum* Bickn.　28
46. 姜花　*Hedychium coronarium* Koen.　28
47. 绶草　*Spiranthes sinensis* (Pers.) Ames　29

第三章　浙大校园外来入侵野草野花

1. 野燕麦　*Avena fatua* Linn.　30
2. 棕叶狗尾草　*Setaria palmifolia* (Koen.) Stapf　30
3. 石茅　*Sorghum halepense* (Linn.) Pers.　31
4. 香根草　*Vetiveria zizanioides* (Linn.) Nash　32
5. 草胡椒　*Peperomia pellucida* (Linn.) Kunth　32
6. 小叶冷水花　*Pilea microphylla* (Linn.) Liebm.　33
7. 土荆芥　*Chenopodium ambrosioides* Linn.　33
8. 刺苋　*Amaranthus spinosus* Linn.　34
9. 反枝苋　*Amaranthus retroflexus* Linn.　34
10. 苋　*Amaranthus tricolor* Linn.　35
11. 皱果苋　*Amaranthus viridis* Linn.　35

12. 喜旱莲子草	*Alternanthera philoxeroides* (Mart.) Griseb.	36
13. 紫茉莉	*Mirabilis jalapa* Linn.	37
14. 垂序商陆	*Phytolacca americana* Linn.	37
15. 土人参	*Talinum paniculatum* (Jacq.) Gaertn.	38
16. 落葵薯	*Anredera cordifolia* (Tenore) Steenis	38
17. 小繁缕	*Stellaria pusilla* E. Schmid	39
18. 水盾草	*Cabomba caroliniana* A. Gray	39
19. 臭荠	*Coronopus didymus* (Linn.) J. E. Smith	40
20. 北美独行菜	*Lepidium virginicum* Linn.	40
21. 含羞草	*Mimosa pudica* Linn.	41
22. 决明	*Cassia tora* Linn.	41
23. 南苜蓿	*Medicago polymorpha* Linn.	42
24. 草木犀	*Melilotus officinalis* (Linn.) Pall.	42
25. 白车轴草	*Trifolium repens* Linn.	43
26. 红花酢浆草	*Oxalis corymbosa* DC.	43
27. 野老鹳草	*Geranium carolinianum* Linn.	44
28. 蓖麻	*Ricinus communis* Linn.	45
29. 斑地锦	*Euphorbia maculata* Linn.	45
30. 飞扬草	*Euphorbia hirta* Linn.	46
31. 五叶地锦	*Parthenocissus quinquefolia* (Linn.) Planch.	46
32. 苘麻	*Abutilon theophrasti* Medicus	47
33. 野胡萝卜	*Daucus carota* Linn.	47
34. 细叶旱芹	*Cyclospermum leptophyllum* (Pers.) Sprague ex Britton et P. Wilson	48
35. 三裂叶薯	*Ipomoea triloba* Linn.	48
36. 圆叶牵牛	*Ipomoea purpurea* (Linn.) Roth	49
37. 牵牛	*Ipomoea nil* (Linn.) Roth	49
38. 马缨丹	*Lantana camara* Linn.	50
39. 假酸浆	*Nicandra physalodes* (Linn.) Gaertn.	50
40. 毛酸浆	*Physalis pubescens* Linn.	51
41. 直立婆婆纳	*Veronica arvensis* Linn.	51
42. 婆婆纳	*Veronica didyma* Tenore	52
43. 阿拉伯婆婆纳	*Veronica persica* Poir.	52
44. 北美车前	*Plantago virginica* Linn.	53
45. 藿香蓟	*Ageratum conyzoides* Linn.	53
46. 加拿大一枝黄花	*Solidago canadensis* Linn.	54
47. 钻形紫菀	*Aster subulatus* Michx.	55
48. 一年蓬	*Erigeron annuus* (Linn.) Pers.	55
49. 春飞蓬	*Erigeron philadelphicus* Linn.	56
50. 小蓬草	*Conyza canadensis* (Linn.) Cronq.	56
51. 香丝草	*Conyza bonariensis* (Linn.) Cronq.	57
52. 苏门白酒草	*Conyza sumatrensis* (Retz.) Walker	58
53. 豚草	*Ambrosia artemisiifolia* Linn.	58
54. 菊芋	*Helianthus tuberosus* Linn.	59
55. 剑叶金鸡菊	*Coreopsis lanceolata* Linn.	59
56. 大狼杷草	*Bidens frondosa* Linn.	60
57. 鬼针草	*Bidens pilosa* Linn.	61
58. 牛膝菊	*Galinsoga parviflora* Cav.	62
59. 裸柱菊	*Soliva anthemifolia* (Juss.) R. Br.	62
60. 野茼蒿	*Crassocephalum crepidioides* (Benth.) S. Moore	63
61. 花叶滇苦菜	*Sonchus asper* (Linn.) Hill	63
62. 苦苣菜	*Sonchus oleraceus* Linn.	64
63. 毒莴苣	*Lactuca serriola* Linn.	65
64. 大薸	*Pistia stratiotes* Linn.	65
65. 凤眼蓝	*Eichhornia crassipes* (Mart.) Solms	66

第四章　浙大校园外来野草野花

1. 扁穗雀麦	*Bromus catharticus* Vahl.	67
2. 蒲苇	*Cortaderia selloana* (Schult.) Aschers. et Graebn.	67
3. 黑麦草	*Lolium perenne* Linn.	68
4. 风车草	*Cyperus alternifolius* Linn. subsp. *flabelliformis* (Rottb.) Kükenth.	68
5. 鸡冠花	*Celosia cristata* Linn.	69
6. 田菁	*Sesbania cannabina* (Retz.) Poir.	69
7. 紫苜蓿	*Medicago sativa* Linn.	70
8. 三角紫叶酢浆草	*Oxalis triangularis* A. St.-Hil.	70
9. 单刺仙人掌	*Opuntia monacantha* (Willd.) Haw.	71
10. 千屈菜	*Lythrum salicaria* Linn.	71
11. 山桃草	*Gaura lindheimeri* Engelm. et Gray	72
12. 粉花月见草	*Oenothera rosea* L'Hér. ex Ait.	72
13. 洋常春藤	*Hedera helix* Linn.	73
14. 南美天胡荽	*Hydrocotyle vulgaris* Linn.	74
15. 芫荽	*Coriandrum sativum* Linn.	74
16. 小白花牵牛	*Ipomoea lacunosa* Linn.	75
17. 茑萝松	*Quamoclit pennata* (Desr.) Bojer.	75
18. 美女樱	*Verbena hybrida* Voss	76
19. 毛地黄	*Digitalis purpurea* Linn.	76
20. 熊耳草	*Ageratum houstonianum* Mill.	77
21. 黑心金光菊	*Rudbeckia hirta* Linn.	77
22. 紫竹梅	*Setcreasea purpurea* Boom.	78
23. 梭鱼草	*Pontederia cordata* Linn.	78
24. 再力花	*Thalia dealbata* Fraser ex Roscoe	79

第五章　浙大校园其他野草野花

1. 淡竹叶　*Lophatherum gracile* Brongn.　80
2. 白顶早熟禾　*Poa acroleuca* Steud.　80
3. 早熟禾　*Poa annua* Linn.　81
4. 耿氏硬草　*Sclerochloa kengiana* (Ohwi) Tzvel.　81
5. 疏花雀麦　*Bromus remotiflorus* (Steud.) Ohwi　82
6. 雀麦　*Bromus japonicus* Thunb. ex Murr.　82
7. 乱草　*Eragrostis japonica* (Thunb.) Trin.　83
8. 画眉草　*Eragrostis pilosa* (Linn.) Beauv.　83
9. 知风草　*Eragrostis ferruginea* (Thunb.) Beauv.　84
10. 芦竹　*Arundo donax* Linn.　85
11. 芦苇　*Phragmites australis* (Cav.) Trin. ex Steud.　85
12. 山类芦　*Neyraudia montana* Keng　86
13. 纤毛鹅观草　*Roegneria ciliaris* (Trin.) Nevski　86
14. 东瀛鹅观草　*Roegneria mayebarana* (Honda) Ohwi　87
15. 鹅观草　*Roegneria kamoji* Ohwi　87
16. 千金子　*Leptochloa chinensis* (Linn.) Nees　88
17. 虮子草　*Leptochloa panicea* (Retz.) Ohwi　88
18. 牛筋草　*Eleusine indica* (Linn.) Gaertn.　89
19. 龙爪茅　*Dactyloctenium aegyptium* (Linn.) Beauv.　89
20. 狗牙根　*Cynodon dactylon* (Linn.) Pers.　90
21. 茵草　*Beckmannia syzigachne* (Steud.) Fern.　90
22. 三毛草　*Trisetum bifidum* (Thunb.) Ohwi　91
23. 长芒棒头草　*Polypogon monspeliensis* (Linn.) Desf.　91
24. 棒头草　*Polypogon fugax* Nees ex Steud.　92
25. 鼠尾粟　*Sporobolus fertilis* (Steud.) W. D. Glayt.　93
26. 日本看麦娘　*Alopecurus japonicus* Steud.　93
27. 看麦娘　*Alopecurus aequalis* Sobol.　94
28. 李氏禾　*Leersia hexandra* Swartz.　94
29. 假稻　*Leersia japonica* (Makino) Honda　95
30. 秕壳草　*Leersia sayanuka* Ohwi　95
31. 菰　*Zizania latifolia* (Griseb.) Stapf　96
32. 柳叶箬　*Isachne globosa* (Thunb.) Kuntze　97
33. 糠稷　*Panicum bisulcatum* Thunb.　97
34. 求米草　*Oplismenus undulatifolius* (Arduino) Beauv.　98
35. 光头稗　*Echinochloa colonum* (Linn.) Link　98
36. 旱稗　*Echinochloa hispidula* (Retz.) Nees　99
37. 长芒稗　*Echinochloa caudata* Roshev.　99
38. 无芒稗　*Echinochloa crusgalli* var. *mitis* (Pursh) Peterm.　100
39. 西来稗　*Echinochloa crusgalli* var. *zelayensis* (H. B. K.) Hitchc.　100
40. 孔雀稗　*Echinochloa cruspavonis* (H. B. K.) Schult.　101
41. 野黍　*Eriochloa villosa* (Thunb.) Kunth　101
42. 双穗雀稗　*Paspalum paspaloides* (Michx.) Scribn.　102
43. 雀稗　*Paspalum thunbergii* Kunth ex Steud.　102
44. 长叶雀稗　*Paspalum longifolium* Roxb.　103
45. 圆果雀稗　*Paspalum orbiculare* Forst.　103
46. 紫马唐　*Digitaria violascens* Link　104
47. 升马唐　*Digitaria ciliaris* (Retz.) Koel.　104
48. 毛马唐　*Digitaria chrysoblephara* Flig. et De Not.　105
49. 皱叶狗尾草　*Setaria plicata* (Lam.) T. Cooke　105
50. 大狗尾草　*Setaria faberii* Herrm.　106
51. 狗尾草　*Setaria viridis* (Linn.) Beauv.　106
52. 金色狗尾草　*Setaria glauca* (Linn.) Beauv.　107
53. 狼尾草　*Pennisetum alopecuroides* (Linn.) Spreng.　108
54. 野古草　*Arundinella anomala* Steud.　108
55. 沟叶结缕草　*Zoysia matrella* (Linn.) Merr.　109
56. 芒　*Miscanthus sinensis* Anderss.　109
57. 荻　*Triarrhena sacchariflora* (Maxim.) Nakai　110
58. 白茅　*Imperata cylindrica* (Linn.) Beauv.　111
59. 斑茅　*Saccharum arundinaceum* Retz.　111
60. 金茅　*Eulalia speciosa* (Debeaux) Kuntze　112
61. 柔枝莠竹　*Microstegium vimineum* (Trin.) A. Camus　112
62. 矛叶荩草　*Arthraxon lanceolatus* (Roxb.) Hochst.　113
63. 荩草　*Arthraxon hispidus* (Thunb.) Makino　114
64. 橘草　*Cymbopogon goeringii* (Steud.) A. Camus　114
65. 扁秆荆三棱　*Bolboschoenus planiculmis* (F. Schmidt) T. V. Egorova　115
66. 百穗蔗草　*Scirpus ternatanus* Reinw. ex Miq.　116
67. 水葱　*Schoenoplectus tabernaemontani* (C. C. Gmelin) Palla　116
68. 三棱水葱　*Schoenoplectus triqueter* (Linn.) Palla　117
69. 牛毛毡　*Heleocharis yokoscensis* (Franch. et Sav.) Tang et Wang　117
70. 野荸荠　*Heleocharis plantagineiformis* Tang et F. T. Wang　118
71. 水虱草　*Fimbristylis miliacea* (Linn.) Vahl　118
72. 两歧飘拂草　*Fimbristylis dichotoma* (Linn.) Vahl　119
73. 复序飘拂草　*Fimbristylis bisumbellata* (Forsk.) Bubani　119
74. 夏飘拂草　*Fimbristylis aestivalis* (Retz.) Vahl　120

75. 香附子 *Cyperus rotundus* Linn.	120
76. 头状穗莎草 *Cyperus glomeratus* Linn.	121
77. 碎米莎草 *Cyperus iria* Linn.	121
78. 阿穆尔莎草 *Cyperus amuricus* Maxim.	122
79. 扁穗莎草 *Cyperus compressus* Linn.	122
80. 异型莎草 *Cyperus difformis* Linn.	123
81. 畦畔莎草 *Cyperus haspan* Linn.	123
82. 白鳞莎草 *Cyperus nipponicus* Franch. et Sav.	124
83. 褐穗莎草 *Cyperus fuscus* Linn.	124
84. 旋鳞莎草 *Cyperus michelianus* (Linn.) Link	125
85. 水莎草 *Juncellus serotinus* (Rottb.) C. B. Clarke	125
86. 红鳞扁莎 *Pycreus sanguinolentus* (Vahl) Nees	126
87. 砖子苗 *Mariscus umbellatus* Vahl	126
88. 莎草砖子苗 *Mariscus cyperinus* Vahl	127
89. 短叶水蜈蚣 *Kyllinga brevifolia* Rottb.	127
90. 穹隆薹草 *Carex gibba* Wahlenb.	128
91. 书带薹草 *Carex rochebrunii* Franch. et Sav.	128
92. 中华薹草 *Carex chinensis* Retz.	129
93. 乳突薹草 *Carex maximowiczii* Miq.	129
94. 青绿薹草 *Carex breviculmis* R. Br.	130
95. 节节草 *Equisetum ramosissimum* Desf.	130
96. 芒萁 *Dicranopteris dichotoma* (Thunb.) Bernh.	131
97. 里白 *Diplopterygium glaucum* (Thunb. ex Houtt.) Nakai	131
98. 海金沙 *Lygodium japonicum* (Thunb.) Sw.	132
99. 边缘鳞盖蕨 *Microlepia marginata* (Houtt.) C. Chr.	132
100. 乌蕨 *Sphenomeris chinensis* (Linn.) Maxon	133
101. 蕨 *Pteridium aquilinum* (Linn.) Kuhn var. latiusculum (Desv.) Underw. ex Heller	133
102. 井栏边草 *Pteris multifida* Poir.	134
103. 半边旗 *Pteris semipinnata* Linn.	134
104. 金星蕨 *Parathelypteris glanduligera* (Kze.) Ching	135
105. 狗脊 *Woodwardia japonica* (Linn. f.) Smith	135
106. 贯众 *Cyrtomium fortunei* J. Smith	136
107. 阔鳞鳞毛蕨 *Dryopteris championii* (Benth.) C. Chr.	136
108. 肾蕨 *Nephrolepis auriculata* (Linn.) Trimen	137
109. 石韦 *Pyrrosia lingua* (Thunb.) Farwell	137
110. 瓦韦 *Lepisorus thunbergianus* (Kaulf.) Ching	138
111. 江南星蕨 *Microsorum fortunei* (T. Moore) Ching	138
112. 苹 *Marsilea quadrifolia* Linn.	139
113. 槐叶苹 *Salvinia natans* (Linn.) All.	139
114. 满江红 *Azolla imbricata* (Roxb.) Nakai	140
115. 三白草 *Saururus chinensis* (Lour.) Baill.	140
116. 蕺菜 *Houttuynia cordata* Thunb.	141
117. 葎草 *Humulus scandens* (Lour.) Merr.	142
118. 花点草 *Nanocnide japonica* Blume	142
119. 透茎冷水花 *Pilea pumila* (Linn.) A. Gray	143
120. 苎麻 *Boehmeria nivea* (Linn.) Gaud.	143
121. 大叶苎麻 *Boehmeria longispica* Steud.	144
122. 悬铃叶苎麻 *Boehmeria tricuspis* (Hance) Makino	144
123. 小赤麻 *Boehmeria spicata* (Thunb.) Thunb.	145
124. 雾水葛 *Pouzolzia zeylanica* (Linn.) Benn.	145
125. 糯米团 *Gonostegia hirta* (Blume) Miq.	146
126. 金线草 *Antenoron filiforme* (Thunb.) Roberty et Vautier	146
127. 萹蓄 *Polygonum aviculare* Linn.	146
128. 习见蓼 *Polygonum plebeium* R. Br.	147
129. 尼泊尔蓼 *Polygonum nepalense* Meisn.	147
130. 火炭母 *Polygonum chinense* Linn.	148
131. 红蓼 *Polygonum orientale* Linn.	148
132. 粘毛蓼 *Polygonum viscosum* Buch.-Ham. ex D. Don	149
133. 酸模叶蓼 *Polygonum lapathifolium* Linn.	149
134. 绵毛酸模叶蓼 *Polygonum lapathifolium* Linn. var. salicifolium Sibth.	150
135. 蚕茧蓼 *Polygonum japonicum* Meisn.	150
136. 水蓼 *Polygonum hydropiper* Linn.	151
137. 愉悦蓼 *Polygonum jucundum* Meisn.	152
138. 丛枝蓼 *Polygonum posumbu* Buch.-Ham. ex D. Don	152
139. 杠板归 *Polygonum perfoliatum* Linn.	153
140. 刺蓼 *Polygonum senticosum* (Meisn.) Franch. et Sav.	153
141. 大箭叶蓼 *Polygonum darrisii* Levl.	154
142. 二歧蓼 *Polygonum dichotomum* Bl.	154
143. 箭叶蓼 *Polygonum sieboldii* Meisn.	155
144. 何首乌 *Fallopia multiflora* (Thunb.) Harald.	155
145. 虎杖 *Reynoutria cuspidatum* Sieb. et Zucc.	156
146. 酸模 *Rumex acetosa* Linn.	156
147. 羊蹄 *Rumex japonicus* Houtt.	157
148. 齿果酸模 *Rumex dentatus* Linn.	158
149. 灰绿藜 *Chenopodium glaucum* Linn.	158
150. 小藜 *Chenopodium serotinum* Linn.	159
151. 藜 *Chenopodium album* Linn.	159

#	中文名	学名	页码
152.	地肤	*Kochia scoparia* (Linn.) Schrad.	160
153.	青葙	*Celosia argentea* Linn.	160
154.	凹头苋	*Amaranthus lividus* Linn.	161
155.	土牛膝	*Achyranthes aspera* Linn.	162
156.	牛膝	*Achyranthes bidentata* Blume	162
157.	柳叶牛膝	*Achyranthes longifolia* (Makino) Makino	163
158.	莲子草	*Alternanthera sessilis* (Linn.) DC.	163
159.	粟米草	*Mollugo stricta* Linn.	164
160.	马齿苋	*Portulaca oleracea* Linn.	164
161.	繁缕	*Stellaria media* (Linn.) Cyrill.	165
162.	雀舌草	*Stellaria uliginosa* Murr.	166
163.	鹅肠菜	*Myosoton aquaticum* (Linn.) Moench	166
164.	球序卷耳	*Cerastium glomeratum* Thuill.	167
165.	漆姑草	*Sagina japonica* (Sw.) Ohwi	167
166.	无心菜	*Arenaria serpyllifolia* Linn.	168
167.	石竹	*Dianthus chinensis* Linn.	168
168.	金鱼藻	*Ceratophyllum demersum* Linn.	169
169.	天葵	*Semiaquilegia adoxoides* (DC.) Makino	169
170.	毛茛	*Ranunculus japonicus* Thunb.	170
171.	禺毛茛	*Ranunculus cantoniensis* DC.	170
172.	茴茴蒜	*Ranunculus chinensis* Bunge	171
173.	扬子毛茛	*Ranunculus sieboldii* Miq.	171
174.	刺果毛茛	*Ranunculus muricatus* Linn.	172
175.	小毛茛	*Ranunculus ternatus* Thunb.	172
176.	石龙芮	*Ranunculus sceleratus* Linn.	173
177.	千金藤	*Stephania japonica* (Thunb.) Miers	173
178.	金线吊乌龟	*Stephania cepharantha* Hayata	174
179.	木防己	*Cocculus orbiculatus* (Linn.) DC.	175
180.	博落回	*Macleaya cordata* (Willd.) R. Br.	175
181.	刻叶紫堇	*Corydalis incisa* (Thunb.) Pers.	176
182.	伏生紫堇	*Corydalis decumbens* (Thunb.) Pers.	176
183.	紫堇	*Corydalis edulis* Maxim.	177
184.	小花黄堇	*Corydalis racemosa* (Thunb.) Pers.	177
185.	菥蓂	*Thlaspi arvense* Linn.	178
186.	荠	*Capsella bursa-pastoris* (Linn.) Medic.	179
187.	广州蔊菜	*Rorippa cantoniensis* (Lour.) Ohwi	179
188.	风花菜	*Rorippa globosa* (Turcz.) Hayek	180
189.	蔊菜	*Rorippa indica* (Linn.) Hiern	180
190.	无瓣蔊菜	*Rorippa dubia* (Pers.) Hara	181
191.	诸葛菜	*Orychophragmus violaceus* (Linn.) O. E. Schulz	181
192.	碎米荠	*Cardamine hirsuta* Linn.	182
193.	弯曲碎米荠	*Cardamine flexuosa* With.	183
194.	垂盆草	*Sedum sarmentosum* Bunge	183
195.	珠芽景天	*Sedum bulbiferum* Makino	184
196.	凹叶景天	*Sedum emarginatum* Migo	184
197.	山莓	*Rubus corchorifolius* Linn. f.	185
198.	掌叶覆盆子	*Rubus chingii* Hu	185
199.	弓茎悬钩子	*Rubus flosculosus* Focke	186
200.	茅莓	*Rubus parvifolius* Linn.	186
201.	插田泡	*Rubus coreanus* Miq.	187
202.	光滑悬钩子	*Rubus tsangii* Merr.	188
203.	蓬藟	*Rubus hirsutus* Thunb.	188
204.	华中悬钩子	*Rubus cockburnianus* Hemsl.	189
205.	高粱泡	*Rubus lambertianus* Ser.	189
206.	寒莓	*Rubus buergeri* Miq.	190
207.	莓叶委陵菜	*Potentilla fragarioides* Linn.	191
208.	朝天委陵菜	*Potentilla supina* Linn.	191
209.	三叶朝天委陵菜	*Potentilla supina* Linn. var. *ternata* Peterm.	192
210.	蛇含委陵菜	*Potentilla kleiniana* Wight et Arn.	192
211.	蛇莓	*Duchesnea indica* (Andrews) Focke	193
212.	龙牙草	*Agrimonia pilosa* Ldb.	193
213.	合萌	*Aeschynomene indica* Linn.	194
214.	小巢菜	*Vicia hirsuta* (Linn.) S. F. Gray	194
215.	救荒野豌豆	*Vicia sativa* Linn.	195
216.	紫云英	*Astragalus sinicus* Linn.	196
217.	野扁豆	*Dunbaria villosa* (Thunb.) Makino	196
218.	铁马鞭	*Lespedeza pilosa* (Thunb.) Sieb. et Zucc.	197
219.	天蓝苜蓿	*Medicago lupulina* Linn.	197
220.	鸡眼草	*Kummerowia striata* (Thunb.) Schindl.	198
221.	葛	*Pueraria lobata* (Willd.) Ohwi	198
222.	酢浆草	*Oxalis corniculata* Linn.	199
223.	直酢浆草	*Oxalis stricta* Linn.	200
224.	叶下珠	*Phyllanthus urinaria* Linn.	200
225.	黄珠子草	*Phyllanthus virgatus* Forst. f.	201
226.	铁苋菜	*Acalypha australis* Linn.	201
227.	裂苞铁苋菜	*Acalypha brachystachya* Hornem	202
228.	地锦草	*Euphorbia humifusa* Willd.	202
229.	千根草	*Euphorbia thymifolia* Linn.	203
230.	通奶草	*Euphorbia hypericifolia* Linn.	203
231.	泽漆	*Euphorbia helioscopia* Linn.	204

232. 凤仙花	*Impatiens balsamina* Linn.	204
233. 蛇葡萄	*Ampelopsis sinica* (Miq.) W. T. Wang	205
234. 地锦	*Parthenocissus tricuspidata* (Sieb. et Zucc.) Planch.	206
235. 乌蔹莓	*Cayratia japonica* (Thunb.) Gagnep.	206
236. 田麻	*Corchoropsis tomentosa* (Thunb.) Makino	207
237. 白背黄花稔	*Sida rhombifolia* Linn.	207
238. 梵天花	*Urena procumbens* Linn.	208
239. 马松子	*Melochia corchorifolia* Linn.	209
240. 地耳草	*Hypericum japonicum* Thunb. ex Murray	209
241. 元宝草	*Hypericum sampsonii* Hance	210
242. 小连翘	*Hypericum erectum* Thunb. ex Murray	210
243. 堇菜	*Viola verecunda* A. Gray	211
244. 短须毛七星莲	*Viola diffusa* Ging. var. *brevibarbata* C. J. Wang	211
245. 白花堇菜	*Viola lactiflora* Nakai	212
246. 戟叶堇菜	*Viola betonicifolia* J. E. Smith	212
247. 紫花地丁	*Viola philippica* Cav.	213
248. 心叶堇菜	*Viola yunnanfuensis* W. Becker	214
249. 水苋菜	*Ammannia baccifera* Linn.	214
250. 耳基水苋	*Ammannia arenaria* H. B. K.	215
251. 节节菜	*Rotala indica* (Willd.) Koehne	215
252. 柳叶菜	*Epilobium hirsutum* Linn.	216
253. 草龙	*Ludwigia hyssopifolia* (G. Don) Exell	217
254. 黄花水龙	*Ludwigia peploides* (Kunth) Kaven subsp. *stipulacea* (Ohwi) Raven	217
255. 假柳叶菜	*Ludwigia epilobioides* Maxim.	218
256. 狐尾藻	*Myriophyllum verticillatum* Linn.	218
257. 绿狐尾藻	*Myriophyllum elatinoides* Gaudich.	219
258. 天胡荽	*Hydrocotyle sibthorpioides* Lam.	220
259. 破铜钱	*Hydrocotyle sibthorpioides* Lam. var. *batrachium* (Hance) Hand.-Mazz. ex Shan	220
260. 积雪草	*Centella asiatica* (Linn.) Urban	221
261. 小窃衣	*Torilis japonica* (Houtt.) DC.	221
262. 窃衣	*Torilis scabra* (Thunb.) DC.	222
263. 蛇床	*Cnidium monnieri* (Linn.) Cuss.	223
264. 点地梅	*Androsace umbellata* (Lour.) Merr.	223
265. 泽珍珠菜	*Lysimachia candida* Lindl.	224
266. 醉鱼草	*Buddleja lindleyana* Fort.	224
267. 络石	*Trachelospermum jasminoides* (Lindl.) Lem.	225
268. 萝藦	*Metaplexis japonica* (Thunb.) Makino	226
269. 金灯藤	*Cuscuta japonica* Choisy	226
270. 菟丝子	*Cuscuta chinensis* Lam.	227
271. 马蹄金	*Dichondra repens* Forst.	228
272. 旋花	*Calystegia sepium* (Linn.) R. Br.	228
273. 打碗花	*Calystegia hederacea* Wall. ex Roxb.	229
274. 蕹菜	*Ipomoea aquatica* Forsk.	229
275. 柔弱斑种草	*Bothriospermum tenellum* (Hornem.) Fisch. et Mey.	230
276. 附地菜	*Trigonotis peduncularis* (Trev.) Benth. ex. Baker. et Moore	231
277. 马鞭草	*Verbena officinalis* Linn.	231
278. 兰香草	*Caryopteris incana* (Thunb.) Miq.	232
279. 牡荆	*Vitex negundo* Linn. var. *cannabifolia* (Sieb. et Zucc.) Hand.-Mazz.	232
280. 金疮小草	*Ajuga decumbens* Thunb.	233
281. 活血丹	*Glechoma longituba* (Nakai) Kupr.	234
282. 糙苏	*Phlomis umbrosa* Turcz.	234
283. 益母草	*Leonurus japonicus* Houtt.	235
284. 白花益母草	*Leonurus artemisia* (Lour.) S. Y. Hu var. *albiflorus* (Migo) S. Y. Hu	235
285. 宝盖草	*Lamium amplexicaule* Linn.	236
286. 野芝麻	*Lamium barbatum* Sieb. et Zucc.	237
287. 水苏	*Stachys japonica* Miq.	237
288. 荔枝草	*Salvia plebeia* R. Br.	238
289. 细风轮菜	*Clinopodium gracile* (Benth.) Matsum.	238
290. 邻近风轮菜	*Clinopodium confine* (Hance) O. Ktze.	239
291. 风轮菜	*Clinopodium chinense* (Bentham.) O. Ktze.	239
292. 麻叶风轮菜	*Clinopodium urticifolium* (Hance) C. Y. Wu et Hsuan ex H. W. Li	240
293. 薄荷	*Mentha haplocalyx* Briq.	241
294. 硬毛地笋	*Lycopus lucidus* Turcz. var. *hirtus* Regel	241
295. 紫苏	*Perilla frutescens* (Linn.) Britt.	242
296. 石荠苎	*Mosla scabra* (Thunb.) C. Y. Wu et H. W. Li	242
297. 苦蘵	*Physalis angulata* Linn.	243
298. 龙葵	*Solanum nigrum* Linn.	244
299. 白英	*Solanum lyratum* Thunb.	244
300. 蚊母草	*Veronica peregrina* Linn.	245
301. 水苦荬	*Veronica undulata* Wall.	245
302. 车前	*Plantago asiatica* Linn.	246
303. 陌上菜	*Lindernia procumbens* (Krock.) Philcox	247
304. 母草	*Lindernia crustacea* (Linn.) F. Muell	247

305.	泥花草	*Lindernia antipoda* (Linn.) Alston	248	341.	一点红	*Emilia sonchifolia* (Linn.) DC.	271
306.	葡茎通泉草	*Mazus miquelii* Makino	248	342.	千里光	*Senecio scandens* Buch.-Ham.	271
307.	早落通泉草	*Mazus caducifer* Hance	249	343.	蒲儿根	*Sinosenecio oldhamianus* (Maxim.) B. Nord.	272
308.	爵床	*Rostellularia procumbens* (Linn.) Nees	250	344.	大蓟	*Cirsium japonicum* Fisch. ex DC.	273
309.	鸡矢藤	*Paederia scandens* (Lour.) Merr.	250	345.	刺儿菜	*Cirsium setosum* (Willd.) MB.	273
310.	白花蛇舌草	*Hedyotis diffusa* Willd.	251	346.	泥胡菜	*Hemistepta lyrata* (Bunge) Bunge	274
311.	金毛耳草	*Hedyotis chrysotricha* (Palib.) Merr.	252	347.	鼠麴草	*Gnaphalium affine* D. Don	275
312.	东南茜草	*Rubia argyi* (Levl. et Vant.) Hara ex Lauener	252	348.	秋鼠麴草	*Gnaphalium hypoleucum* DC.	275
313.	猪殃殃	*Galium aparine* Linn. var. *tenerum* (Gren. et Godr.) Rchb.	253	349.	匙叶鼠麴草	*Gnaphalium pensylvanicum* Willd.	276
314.	阔叶四叶葎	*Galium bungei* Steud. var. *trachyspermum* (A. Gray) Cuif.	254	350.	旋覆花	*Inula japonica* Thunb.	277
315.	接骨草	*Sambucus chinensis* Lindl.	254	351.	天名精	*Carpesium abrotanoides* Linn.	277
316.	白花败酱	*Patrinia villosa* (Thunb.) Juss.	255	352.	稻槎菜	*Lapsana apogonoides* Maxim.	278
317.	华泽兰	*Eupatorium chinense* Linn.	255	353.	蒲公英	*Taraxacum mongolicum* Hand.-Mazz.	278
318.	鱼眼草	*Dichrocephala auriculata* (Thunb.) Druce	256	354.	翅果菊	*Pterocypsela indica* (Linn.) Shih	279
319.	普陀狗娃花	*Heteropappus arenarius* Kitam.	256	355.	多裂翅果菊	*Pterocypsela laciniata* (Houtt.) Shih	280
320.	狗娃花	*Heteropappus hispidus* (Thunb.) Less.	257	356.	台湾翅果菊	*Pterocypsela formosana* (Maxim.) Shih	280
321.	马兰	*Kalimeris indica* (Linn.) Sch.-Bip.	258	357.	黄鹌菜	*Youngia japonica* (Linn.) DC.	281
322.	三脉紫菀	*Aster ageratoides* Turcz.	258	358.	红果黄鹌菜	*Youngia erythrocarpa* (Vant.) Babc. et Stebb.	281
323.	虾须草	*Sheareria nana* S. Moore	259	359.	剪刀股	*Ixeris japonica* (Burm. f.) Nakai	282
324.	苍耳	*Xanthium sibiricum* Patrin. ex Widder	259	360.	多头苦荬菜	*Ixeris polycephala* Cass.	283
325.	豨莶	*Siegesbeckia orientalis* Linn.	260	361.	抱茎小苦荬	*Ixeridium sonchifolium* (Maxim.) Shih	283
326.	腺梗豨莶	*Siegesbeckia pubescens* Makino	260	362.	中华小苦荬	*Ixeridium chinensis* (Thunb.) Tzvel.	284
327.	鳢肠	*Eclipta prostrata* Linn.	261	363.	香蒲	*Typha orientalis* Presl	285
328.	狼杷草	*Bidens tripartita* Linn.	262	364.	水烛	*Typha angustifolia* Linn.	285
329.	白花鬼针草	*Bidens pilosa* Linn. var. *radiata* Sch.-Bip.	262	365.	矮慈姑	*Sagittaria pygmaea* Miq.	286
330.	金盏银盘	*Bidens biternata* (Lour.) Merr. et Sherff	263	366.	野慈姑	*Sagittaria trifolia* Linn.	286
331.	婆婆针	*Bidens bipinnata* Linn.	264	367.	水鳖	*Hydrocharis dubia* (Bl.) Backer	287
332.	野菊	*Dendranthema indicum* (Linn.) Des Moul.	264	368.	黑藻	*Hydrilla verticillata* (Linn. f.) Royle	287
333.	石胡荽	*Centipeda minima* (Linn.) A. Br. et Aschers.	265	369.	苦草	*Vallisneria natans* (Lour.) Hara	288
334.	猪毛蒿	*Artemisia scoparia* Waldst. et Kit.	266	370.	半夏	*Pinellia ternata* (Thunb.) Breit.	289
335.	牡蒿	*Artemisia japonica* Thunb.	266	371.	虎掌	*Pinellia pedatisecta* Schott	289
336.	黄花蒿	*Artemisia annua* Linn.	267	372.	浮萍	*Lemna minor* Linn.	290
337.	奇蒿	*Artemisia anomala* S. Moore	267	373.	紫萍	*Spirodela polyrrhiza* (Linn.) Schleid.	290
338.	密毛奇蒿	*Artemisia anomala* S. Moore var. *tomentella* Hand.-Mazz.	268	374.	水竹叶	*Murdannia triquetra* (Wall.) Bruckn.	291
338.	白苞蒿	*Artemisia lactiflora* Wall. ex DC.	269	375.	疣草	*Murdannia keisak* (Hassk.) Hand.-Mazz.	291
339.	艾	*Artemisia argyi* Levl. et Van.	269	376.	裸花水竹叶	*Murdannia nudiflora* (Linn.) Brenan	291
340.	野艾蒿	*Artemisia lavandulaefolia* DC.	270	377.	鸭跖草	*Commelina communis* Linn.	292
				378.	饭包草	*Commelina bengalensis* Linn.	293
				379.	鸭舌草	*Monochoria vaginalis* (Burm. f.) Presl ex Kunth.	293

380. 灯心草　*Juncus effusus* Linn.	294	
381. 野灯心草　*Juncus setchuensis* Buchen.	294	
382. 山麦冬　*Liriope spicata* (Thunb.) Lour.	295	
383. 阔叶山麦冬　*Liriope platyphylla* Wang et Tang	296	
384. 麦冬　*Ophiopogon japonicus* (Linn. f.) Ker-Gawl.	296	
385. 菝葜　*Smilax china* Linn.	297	
386. 土茯苓　*Smilax glabra* Roxb.	297	
387. 薤白　*Allium macrostemon* Bunge	298	
388. 黄独　*Dioscorea bulbifera* Linn.	299	
389. 薯蓣　*Dioscorea opposita* Thunb.	299	
390. 尖叶薯蓣　*Dioscorea japonica* Thunb.	300	
391. 地钱　*Marchantia polymorpha* Linn.	300	
392. 葫芦藓　*Funaria hygrometrica* Hedw.	301	

参考文献　303

索引　304

索引1　拉丁学名索引　304

索引2　中文名索引　312

第一章　浙大校园珍稀野草野花

🌿 1. 薏苡　*Coix lacryma-jobi* Linn.

中文异名：米仁

英文名：Chinese pearl barley

分类地位：禾本科（Gramineae）薏苡属（*Coix* Linn.）

形态学鉴别特征：多年生草本。株高1~2m。须根黄白色，海绵质，径2~3mm。茎直立，丛生，具10多个节，节上多分枝。叶长披针形，长10~40cm，宽1.5~3cm，基部圆或近心形，无毛，叶鞘无毛，叶舌长0.5~1mm。总状花序腋生成束，长4~10cm，具长梗。雌小穗位于花序下部，外包骨质念珠状总苞，总苞卵圆形，长7~10mm，径6~8mm。第1颖卵圆形，先端喙状，具10余条脉，包第2颖及第1外稃。第2外稃具3条脉。雄小穗2~3对，着生总状花序上部，长1~2cm。第1颖草质，边缘内折成脊，具有不等宽翼，具多条脉，第2颖舟形。外稃与内稃膜质。第1及第2朵小花常具3枚雄蕊，花药橘黄色，长4~5mm。颖果小，近圆卵形，含淀粉少，常不饱满。

生物学特性：花果期7—10月。逸生为草地、沟边、路旁杂草。

分布：原产于亚洲热带地区。华家池校区有分布和逸生，紫金港和玉泉校区零星出现。

景观应用：栽培植物或观赏植物。

薏苡茎叶（徐正浩摄）

薏苡花（徐正浩摄）

🌿 2. 水蕨　*Ceratopteris thalictroides* (Linn.) Brongn.

中文异名：水松草、水扁柏、水柏

英文名：herb of floating fern, herb of oriental water fern

分类地位：水蕨科（Parkeriaceae）水蕨属（*Ceratopteris* Brongn.）

形态学鉴别特征：一年生水生草本，绿色，多汁。株高10~25cm。根茎短而直立。初生根白色，质嫩。不定根在胚根和根状茎基部产生，数量多。以须根固着于淤泥中。根表皮向外形成根毛，根毛短，根皮层形成气孔通道，适宜湿生环境。叶2型，无毛。不育叶的叶柄短，长10~40cm，圆柱形，绿色，肉质，叶片直立或漂浮，狭矩圆形或卵状三角形，长10~30cm，宽5~15cm，2~4回深羽裂，末回裂片披针形，宽6mm。能育叶较大，叶柄长于不育叶柄，矩圆形或卵状三角形，长15~40cm，宽10~22cm，2~4回羽状深裂，末回裂片条形或线形，角果状，宽2mm。边缘薄而透明，反卷达于主脉，叶脉网状，主脉两侧的小脉联结成网，无内藏小脉。孢子囊沿网脉着生，稀疏，并为裂片两侧边缘向下反卷而成的假囊群盖所覆盖，初时绿色，后变为棕

水蕨植株（徐正浩摄）

色。孢子囊成熟后张开。孢子极面观为三角圆形，赤道面观为扇形或超半圆形。孢子大，极轴长100~130μm，赤道轴长107~150μm。孢子3裂缝，长度为半径的1/2~2/3。周壁很薄，覆盖在外壁上，高倍放大时表面呈小杆状。外壁厚，形成孢子纹饰的轮廓，肋条状纹饰，肋条的排列有一定方向，在远极面肋条与孢子轮廓的三边平行，每边有5~8条，在近极面每边3~4条，形状弯曲。

生物学特性：孢子萌发需要光。1年中有2次孢子叶的形成过程，第1次在6月，形成大量的孢子，第2次在12月，孢子形成数量少，孢子期均为3—4个月。喜阳耐半阴，水稻土和中性、微酸性园土均适生。生于池塘、湖泊堤岸边及水沟、水田、沼泽和湿地等。

分布：中国长江以南各地有分布。东南亚和美洲也有分布。紫金港校区启真湖有分布。

景观应用：国家Ⅱ级重点保护野生植物。可点缀于水沟边、沼池，或地栽为林下植被，也可盆植欣赏。

3. 金荞麦 *Fagopyrum dibotrys* (D. Don) Hara

金荞麦花序（徐正浩摄）

金荞麦植株（徐正浩摄）

中文异名：野荞麦

英文名：wild buckwheat

分类地位：蓼科（Polygonaceae）荞麦属（*Fagopyrum* Mill.）

形态学鉴别特征：多年生草本。株高60~150cm。全体微被白色柔毛。主根粗大，呈结状，横走，红褐色。茎纤细，柔软，具浅沟纹，中空。多分枝具乳头状突起。淡绿微带红色。叶互生，宽三角形或卵状三角形，长宽近相等，长5~8cm，宽4~10cm，先端长渐尖或尾尖状，全缘或具微波，基部心状戟形，边缘及两面脉上具乳头状突起。托叶鞘膜质，筒状，长0.4~1cm，顶端截形，无缘毛。叶柄长达9cm，上部渐短。花簇排列成顶生或腋生总状花序，再组成伞房状，白色。苞片卵形，内含2~4朵花。总花梗长4cm，花梗近中部处具关节。花被5深裂，裂片长圆形。雄蕊8枚，花柱3个。瘦果卵状三棱形，褐色，长5~6mm。

生物学特性：花期5—8月，果期9—10月。生于山坡荒地、旷野路边及水沟边。

分布：中国华东、华中、西南、华南等地有分布。华家池校区、之江校区有分布。

景观应用：国家Ⅱ级重点保护植物。地被植物。

4. 野大豆 *Glycine soja* Sieb. et Zucc.

野大豆花（徐正浩摄）

英文名：wild soja

分类地位：豆科（Fabaceae）大豆属（*Glycine* Willd.）

形态学鉴别特征：一年生草本。根分枝多，细长，具根瘤。茎缠绕，细长，密被棕黄色倒向伏贴长硬毛。3出复叶互生，托叶小，与叶柄离生，宽披针形，被黄色硬毛。顶生小叶片卵形至线形，长2.5~8cm，宽1~3.5cm，先端急尖，基部圆形，两面密被伏毛。侧生小叶片较小，基部偏斜，小托叶狭披针形。总状花序腋生，长2~5cm。花小，长5~7mm。花萼钟形，萼齿5个，披针状钻形，与萼筒近等长，密被棕黄色长硬毛。花冠淡紫色，稀白色，稍长于萼，旗瓣近圆形，翼瓣倒卵状长椭圆形，龙骨瓣较短，基部一侧有耳。雄蕊近单体。子房无柄，密被硬毛。荚果线形，长1.5~3cm，宽4~5mm，扁平，略弯曲，密被棕褐色长硬毛，2瓣开裂，有2~4粒种子。种子椭圆形或肾形，径2~3mm，稍扁平，黑色。

生物学特性：花果期6—10月。生于向阳山坡灌丛中或林缘、路边、田边、湿地等。

分布：中国寒温带至亚热带地区有分布。紫金港校区、华家池校区、之江校区有分布。

景观应用：国家Ⅱ级重点保护农业野生植物资源。

野大豆植株（徐正浩摄）

5. 四角刻叶菱 *Trapa incisa* Sieb. et Zucc.

中文异名：野菱

英文名：waterchestnut, watercaltrop, singharanut

分类地位：菱科（Trapaceae）菱属（*Trapa* Linn.）

形态学鉴别特征：一年生水生草本。细根多数，分枝多，呈须根状。地下茎细长，近圆柱形，节上生轮状细根。叶2型。沉水叶小，早落，对生或3出，羽状细裂，裂片丝状，灰绿色。浮水叶互生，莲座状，宽三角形或菱状三角形或扁圆状菱形，长1.5~2.5cm，宽2~3cm，中上部边缘具粗齿或浅齿，柄长3.5~10cm，中上部膨大，海绵质，呈狭纺锤形气囊。花小，单生叶腋，两性。萼片4片，披针形，长3~4mm，镊合状排列。花瓣4片，白色，覆瓦状排列，长6~7mm。雄蕊4枚，花丝短，纤细，花药丁字形着生，花背着生。花粉粒近扁球形，具3沟。子房半下位，2室，每室各有1个悬垂的倒生胚珠，其中1个胚珠不育。花柱1个，细，钻状。柱头近球形。坚果或假核果，陀螺形或倒三角形，黄绿色或微带紫色，表面有凹凸不平的刻纹，果壳木化，坚硬，高1.5~2cm，具4刺角。果柄细而短，长1~1.5cm。2肩角斜上伸，纤细，刺状，角间宽2~2.5cm，先端具倒刺。2腰角斜下伸，圆锥状，较短，刺角长0.8~1cm。肩角和腰角部有瘤状突起，果冠明显，顶端有长1.5~2mm的喙。果喙圆锥状，无果冠。果肉类白色，富淀粉。子叶2片，1片极小。

四角刻叶菱花期植株（徐正浩摄）

四角刻叶菱植株（徐正浩摄）

生物学特性：花期7—8月，果熟期10月。生于湖泊及池塘中。

分布：中国华东、华中、华南、西南及华北等地有分布。日本及东南亚也有分布。华家池校区、紫金港校区、之江校区有分布。

景观应用：国家Ⅱ级重点保护植物。水生观赏植物。

6. 绞股蓝 *Gynostemma pentaphyllum* (Thunb.) Makino

中文异名：七叶胆、五叶参、七叶参、小苦药

英文名：fiveleaf gynostemma herb

分类地位：葫芦科（Cucurbitaceae）绞股蓝属（*Gynostemma* Bl.）

形态学鉴别特征：多年生草质藤本。根分枝，细长。茎柔弱，分枝，节上有毛或无毛。卷须常二歧或不分叉。叶互生，鸟足状复叶，柄长3~7cm，被短柔毛或无毛。通常具5~7片小叶。小叶片卵状长圆形或披针形，中央小叶长

3~12cm，宽1.5~3cm，侧生小叶较小，先端急尖或短渐尖，基部渐狭，边缘有波状齿或圆齿状牙齿，两面均疏被短硬毛。小叶柄长1~5mm。花单性，雌雄异株。雄花组成圆锥花序，花梗长1~4mm，花萼筒极短，5裂，裂片三角形，长0.5~0.7mm，先端急尖，花冠5深裂，淡绿色或白色，裂片卵状披针形，边缘具缘毛状小齿，长2.5~3mm，先端渐尖，雄蕊5枚，花丝短，合生成柱。雌花组成圆锥花序，较雄花短小，花萼和花冠与雄花同，子房球形，2~3室，花柱3个，短而叉开，柱头2裂，退化雄蕊5枚。果实球形，径5~6mm，肉质不裂，熟后黑色，光滑，无毛，内含种子2粒。种子卵状心形，扁压，两面具乳突状突起。

生物学特性：花期7—8月，果期9—10月。生于山沟旁丛林下。

分布：中国长江以南各地有分布。日本、越南、印度尼西亚、印度也有分布。之江校区有分布。

景观应用：攀缘植物和景观植物。

绞股蓝花序（徐正浩摄）

绞股蓝山地生境植株（徐正浩摄）

第二章 浙大校园特色野草野花

1. 广序臭草 *Melica onoei* Franch. et Sav.

广序臭草植株（徐正浩摄）

中文异名：小野臭草
分类地位：禾本科（Gramineae）臭草属（*Melica* Linn.）
形态学鉴别特征：多年生草本。株高80~150cm。须根细弱。茎少数丛生，直立或基部斜生，近圆柱形，径2~3mm，具10余个节。叶长10~25cm，宽3~12mm，扁平或干燥后卷折，上面带白粉，两面均粗糙。叶鞘闭合，几达鞘口，紧密抱茎，长于节间，无毛或在基部被倒生柔毛。叶舌质硬，短小，长0.3~0.5mm，先端截平。圆锥花序开展，呈金字塔状，长15~40cm，每节具2~3个分枝。小穗柄细弱，先端弯曲被微毛。小穗长椭圆形，长5~8mm，具光泽，含2朵能育小花。颖薄膜质，先端尖。第1颖长2~3mm，具1条脉。第2颖长3~4.5mm，具3~5条脉。外稃绿色，边缘和先端膜质，先端稍钝，细点状粗糙，具隆起脉7条。第1外稃长4.5~5.5mm。内稃与外稃等长或比外稃稍短，先端钝或具2个微齿，脊上光滑或粗糙。雄蕊3枚，花药长1.5mm。颖果纺锤形，长3mm。

广序臭草花序（徐正浩摄）

生物学特性：花果期6—11月。生于山坡、路旁、草地及林缘等。
分布：中国华东、华中、华南及陕西等地有分布。日本、朝鲜也有分布。之江校区有分布。
景观应用：地被植物。

2. 大花臭草 *Melica grandiflora* (Hack.) Koidz.

中文异名：直穗臭草
分类地位：禾本科（Gramineae）臭草属（*Melica* Linn.）
形态学鉴别特征：多年生草本。株高20~60cm。具匍匐地面的细长根茎，须根细弱。茎少数丛生，直立，径1~2mm，细弱，具5~7个节，粗糙或光滑。叶质地较薄，扁平或干时卷折，长7~15cm，宽2~5mm，上面常被短柔毛，下面光滑无毛，具小横脉。叶鞘闭合至鞘口，光滑或微粗糙，上部叶鞘短于节间，下部叶鞘长于节间。叶舌

大花臭草花(张宏伟摄)

大花臭草花序(张宏伟摄)

短小，长0.3~0.5mm。圆锥花序狭窄。花序轴粗糙或被微毛，具少数小穗，长3~10cm。小穗柄细长，直立，顶端被微毛。小穗长7~10mm，含孕性小花2朵。顶生不育外稃聚集成粗棒状。小穗轴节间长1.2~1.8mm，光滑。颖膜质，宽卵形，顶端钝，淡绿色或有时带紫色，第1颖长4~6mm，具3~5条脉。第2颖长5~7mm，具5条脉。外稃硬草质，卵形，顶端钝，狭膜质，具7~9条脉或基部具更多条脉，长达外稃的1/2，背面粗糙或被微毛，脉上尤显。第1外稃长7~10mm。内稃宽椭圆形，顶端钝，短于外稃，被微毛，脊上被细纤毛。花药长1.2~1.5mm。

生物学特性：花果期4—7月。生于山坡、路旁、林下、湿地。

分布：中国华东、华中、东北等地有分布。俄罗斯、日本、朝鲜也有分布。之江校区有分布。

景观应用：地被植物。

3. 假俭草 *Eremochloa ophiuroides* (Munro) Hack.

假俭草植株(徐正浩摄)

假俭草花序(徐正浩摄)

中文异名：爬根草

英文名：centipede grass

分类地位：禾本科(Gramineae)蜈蚣草属(*Eremochloa* Büse)

形态学鉴别特征：多年生草本。株高15~30cm。具贴地而生的横走匍匐茎。根系浅。茎斜生。叶扁平，先端钝，无毛，长3~15cm，宽2~6mm，顶生的退化。叶鞘扁压，多密集跨生于茎基部，鞘口常具短毛。总状花序直立或稍作镰刀状弯曲，长4~6cm，宽约2mm。穗轴节间扁压，略呈棍棒状，长2~3mm。无柄小穗长圆形，长3~4mm，宽1.5~2mm。有柄小穗退化或仅存小穗柄，披针形，长2~3mm，与总状花序轴贴生。第1颖与小穗等长，具5~7条脉，脊下部具篦齿状短刺，上部具宽翼。第2颖略呈舟形，厚膜质，具3条脉。第1外稃长圆形，先端尖，与颖等长，内稃与外稃等长，较窄。第2外稃短于第1外稃，先端钝，具较窄的内稃。花药长1.5~2mm。柱头红棕色。颖果圆柱状。

生物学特性：花果期6—11月。生于山坡、路旁、田边、草地、湿地。

分布：中国华东、华中、华南等地有分布。东南亚也有分布。玉泉校区、紫金港校区、之江校区有分布。

景观应用：地被植物，可作草坪利用。

4. 二形鳞薹草 *Carex dimorpholepis* Steud.

中文异名：垂穗薹草、二型鳞薹草、垂穗薹

分类地位：莎草科（Cyperaceae）薹草属（*Carex* Linn.）

形态学鉴别特征：多年生草本。株高30~60cm。根状茎木质，较粗，通常具匍匐茎。茎疏丛生，纤细，三棱形，上部粗糙，基部叶鞘褐色或暗褐色，或多或少分裂成纤维状。叶短于茎，宽1.5~2.5mm，线形，稍坚挺，平张或对折。苞片具长鞘，鞘长3~5cm，最下部的叶状，短于小穗，上部的刚毛状。小穗3~5个，上部小穗接近，下部稍远离，顶生小穗雄性，少有基部具极少的雌花，棒状至细棒状，长2~3cm。侧生小穗雌性，狭圆柱形，长2.5~4.5cm，宽5mm，疏花。小穗柄丝状。雌花鳞片长圆形，顶端截形或微凹，薄革质，深栗褐色，上部边缘色淡，背面具1条绿色的脉，延伸成1粗糙的芒，芒长0.5~1mm。果囊稍长于鳞片，卵状三棱形，两端渐狭，长4.5~5mm，基部具柄，柄长1mm，膜质，脉不明显，除近基部外，密被糙硬毛，喙较长，喙口斜截形，具2齿。花柱基部增粗。小坚果紧包于果囊中，卵状椭圆形，扁三棱形，连短柄长2~2.5mm。

生物学特性：花果期5—7月。生于路边、沟边潮湿处或草地。

分布：中国华东、华中、东北及西北等地有分布。东南亚也有分布。紫金港校区、之江校区有分布。

景观应用：地被植物和湿地景观植物。

二形鳞薹草花序（徐正浩摄）

二形鳞薹草植株（徐正浩摄）

5. 瓶尔小草 *Ophioglossum vulgatum* Linn.

中文异名：独叶草

分类地位：瓶尔小草科（Ophioglossaceae）瓶尔小草属（*Ophioglossum* Linn.）

形态学鉴别特征：陆生小型草本。株高8~20cm。根状茎短，直立。肉质根粗，成簇。叶单生，2型。不育叶和能育叶出自同一总柄，总柄长4~6cm。不育叶稍肉质或草质，无柄，卵形或狭卵形，长3~8cm，宽0.6~2.5cm，具明显网状脉，先端钝或稍急尖，基部渐狭，短楔形，全缘。能育叶自不育叶基部生出，柄长3~8cm。孢子囊穗长1~3cm，宽1.5~2.5mm，线形，先端具小突尖，由15~28对孢子囊组成。孢子灰白色，平滑。

生物学特性：喜湿润土壤。喜凉，惧怕高温。孢子繁殖和匍匐茎无性繁殖。生于林下、灌丛、草丛、湿地等。

分布：中国广布于长江中下游，华南、西北、东北等地也有分布。亚洲北部、欧洲、北美洲也有分布。紫金港校区有分布。

景观应用：地被植物和湿地观赏植物。

瓶尔小草孢子囊穗（徐正浩摄）

瓶尔小草孢子植株（徐正浩摄）

6. 紫萁 *Osmunda japonica* Thunb.

中文异名：薇、紫蕨、紫萁贯众
分类地位：紫萁科（Osmundaceae）紫萁属（*Osmunda* Linn.）
形态学鉴别特征：陆生中型蕨类植物。株高50~80cm。根状茎粗短，斜生。叶纸质，2型，簇生。不育叶柄长20~50cm，禾秆色，幼时被密绒毛，不久脱落，叶片三角广卵形，长30~50cm，宽25~40cm，2回羽状，羽片5~7对，对生，长圆形，长15~25cm，基部宽8~11cm，基部1对稍大，柄长1~1.5cm，斜向上，奇数羽状，小羽片5~9对，对生或近对生，无柄，分离，长4~7cm，宽1.5~1.8cm，长圆形或长圆披针形，先端稍钝或急尖，向基部稍宽，圆形或近截形，相距1.5~2cm，向上部稍小，顶生的同形，有柄，基部往往有1~2片合生圆裂片，或阔披形的短裂片，边缘有均匀的细锯齿，叶脉两面明显，自中肋斜向上，2回分歧，小脉平行，达于锯齿。孢子叶2回羽状，羽片和小羽片均短缩，小羽片变成线形，长1.5~2cm，沿中肋两侧背面密生孢子囊，孢子囊棕色。

紫萁植株（徐正浩摄）

生物学特性：喜湿润土壤。孢子叶春夏抽出，深棕色，成熟后枯死。生于林缘或林下。主要营孢子繁殖。
分布：中国长江流域及其以南，东至台湾，西北至陕西、甘肃有分布。日本、朝鲜、越南、不丹也有分布。之江校区有分布，华家池植物园有栽培。
景观应用：林地或山坡地被植物。观赏植物。

7. 蜈蚣草 *Pteris vittata* Linn.

蜈蚣草叶（徐正浩摄）

蜈蚣草植株（徐正浩摄）

中文异名：蜈蚣凤尾蕨
分类地位：凤尾蕨科（Pteridaceae）凤尾蕨属（*Pteris* Linn.）
形态学鉴别特征：陆生中型蕨类植物。株高40~70cm。根状茎短，直立，密被淡棕色、线状披针形鳞片。叶近革质，两面无毛，簇生，阔倒披针形，长15~80cm，宽5~20cm。1回羽状。羽片多数，互生或近对生，无柄，线状披针形，上部的最大，长3~10cm，宽0.5~1cm，先端渐尖，基部截形或心形，两侧多少呈耳形，全缘，仅顶部不育叶部分有细锯齿，下部羽片逐渐缩短，基部1对有时呈耳形。侧脉细密，2叉，少有单一。叶柄长5~22cm，禾秆色，近基部密被鳞片，向上渐疏。孢子囊群线形，沿能育羽片边缘着生，但基部和顶部不育。囊群盖线形，膜质。
生物学特性：耐瘠薄、污染土壤。多生于有石灰岩的山地。沟坎、石壁等隙缝多有生长。
分布：亚洲热带、亚热带地区有分布。各校区有分布。
景观应用：观赏植物。锰等重金属的超积累植物。

8. 马兜铃 *Aristolochia debilis* Sied. et Zucc.

中文异名：水马香果、蛇参果、三角草

分类地位：马兜铃科（Aristolochiaceae）马兜铃属（*Aristolochia* Linn.）

形态学鉴别特征：多年生缠绕草本植物。根圆柱形，具分枝，细根发达。茎柔弱，具纵沟，无毛。叶纸质，互生，卵状三角形、长圆状卵形或戟形，长3~6cm，基部宽1.5~3.5cm，先端钝圆，具小尖头，基

马兜铃茎叶（徐正浩摄）

马兜铃花期植株（徐正浩摄）

部心形，两侧裂片圆形，下垂或稍扩展，基出脉5~7条，各级叶脉在两面均明显，叶柄柔弱，长1~2cm。花1~2朵聚生于叶腋。花梗长1~1.5cm，基部有1片极小的三角形苞片，易脱落。花被长3~5.5cm，基部膨大成球形，向上收狭成一长管，管口扩大成漏斗状，黄绿色，口部有紫斑，内面有腺体状毛，檐部一侧极短，另一侧渐延伸成舌片，舌片卵状披针形，顶端钝。雄蕊6枚，花药贴生于合蕊柱基部。子房圆柱形，具6条棱，合蕊柱先端6裂，稍具乳头状突起，裂片先端钝，向下延伸形成波状圆环。蒴果近球形，先端圆形而微凹，具6条棱，成熟时由基部向上沿空间6瓣开裂，呈提篮状。果梗长2.5~5cm，常撕裂成6条。种子扁平，钝三角形，边线具白色膜质宽翅。

生物学特性：喜光，耐寒，稍耐阴。花期7—8月，果期9—10月。常于郊野路边、林缘、灌丛中散生。

分布：中国黄河以南各地有分布。日本也有分布。玉泉校区、紫金港校区、华家池校区有分布。

景观应用：地被植物。攀缘低矮栅栏作垂直绿化材料。

9. 杜衡 *Asarum forbesii* Maxim.

分类地位：马兜铃科（Aristolochiaceae）细辛属（*Asarum* Linn.）

形态学鉴别特征：多年生草本。株高10~25cm。根状茎短，须根肉质，微具辛辣味。茎短缩。叶1~2片，薄纸质，肾形或圆心形，长与宽均为2.5~8cm，先端圆钝，基部深心形。叶面有时具云斑，两面脉上及叶面近边缘处被微毛。叶柄长4~15cm，无毛。鳞片叶倒卵状椭圆形，脉纹明显。花单生叶腋，花梗长1~2cm。花被筒钟状，径0.5~1cm，内侧具突起的网格，喉部有狭膜环，花被裂片宽卵形，上举，脉纹明显。雄蕊12枚，花丝极短，花隔延伸成短舌状。子房半下位，花柱6个，离生，先端2浅裂，柱头位于花柱裂片下方的外侧。蒴果卵球形。

生物学特性：花期3—4月，果期5—6月。生于山坡林下阴湿处。

杜衡生境植株（徐正浩摄）

分布：中国华东、华中、西南等地有分布。之江校区有分布。

景观应用：林下地被植物。

10. 清凉峰卷耳 *Cerastium qingliangfengicum* H. W. Zhang et X. F. Jin

分类地位：石竹科（Caryophyllaceae）卷耳属（*Cerastium* Linn.）
形态学鉴别特征：多年生草本。株高15~25cm。须根系。茎分枝，纤细，圆柱形，被短柔毛。叶卵状长圆形，长1~1.5cm，宽0.3~0.6cm，先端急尖，边缘全缘，具睫毛，基部渐狭成柄。叶两面密被短柔毛，柄长0.1~0.4cm。聚伞花序顶生，具多花。苞片叶状，长0.3~0.6cm，宽1~3mm。花梗纤细，被腺毛。花萼5片，先端渐尖，背面被柔毛和腺毛。花瓣5片，白色，长0.6~1cm，宽0.3~0.5cm，2裂，深1/2~2/3。雄蕊10枚，花丝无毛，长于萼片。花柱5个。蒴果圆柱形，中部微弯，长0.4~0.7cm，具10个齿，内含多数种子。种子三角状球形，表面具瘤状突起。

清凉峰卷耳花（徐正浩摄）　　清凉峰卷耳植株（徐正浩摄）

生物学特性：花期4—5月，果期5—6月。生于山地林缘、林下及山坡草丛中。
分布：中国华东等地有分布。紫金港校区、华家池校区有分布。
景观应用：地被植物。观赏植物利用。

11. 还亮草 *Delphinium anthriscifolium* Hance

还亮草花（徐正浩摄）

还亮草植株（徐正浩摄）

中文异名：鱼灯苏
分类地位：毛茛科（Ranunculaceae）翠雀属（*Delphinium* Linn.）
形态学鉴别特征：一年生草本。株高10~80cm。根分枝，细根多。茎直立或斜生，具分枝，无毛或疏被白色柔毛。叶互生，2~3回羽状复叶，有时3出复叶。叶片菱状卵形或三角状卵形，长5~11cm，宽4.5~8cm，羽片2~4对，对生，稀互生，下部羽片狭卵形，先端长渐尖，分裂至中脉，末位裂片狭卵形或披针形，宽2~4mm，上面疏被短柔毛，下面无毛或近无毛，柄长3~7cm，无毛或近无毛。总状花序有花2~15朵，花序轴和花梗被反卷柔毛。苞片叶状。花梗长0.4~1.2cm。小苞片生于花梗中部，披针状线形。花径不超过1.5cm。萼片堇色或紫色，椭圆形至长圆形，长6~11mm，外疏被短柔毛。萼距钻形或圆锥状钻形，长5~15mm。花瓣紫色，无毛，上部变宽，不等3裂。退化雄蕊与萼片同色，无毛，瓣片扇形，2个深裂近基部，基部无花冠状突起。雄蕊无毛。子房疏被短毛或近无毛。心皮3个。蓇葖果长1~1.5cm。种子扁球形，径2~3mm，上部有螺旋状生长的横膜翅，下部有5条同心的横膜翅。
生物学特性：花期3—4月，果期4—5月。生于山坡、林缘、草丛等。
分布：中国华东、华中、华南、西南等地有分布。之江校区有分布。
景观应用：山地地被植物。可用作花境植物。

12. 东南景天 *Sedum alfredii* Hance

中文异名：石板菜、变叶景天
英文名：alfred stonecrop
分类地位：景天科（Crassulaceae）景天属（*Sedum* Linn.）
形态学鉴别特征：多年生草本。不育茎高3~5cm。根状茎横走。茎基部横卧，着地生根。叶互生，下部叶常脱落，条状楔形、匙形至匙状倒卵形，长1.2~3cm，宽3~8mm，顶端钝，有时微缺，基部狭楔形，有距。花茎单一或分枝，高10~20cm，常带暗红色，蝎尾状聚伞花序顶生，长2~3个分枝，具多数花。花无梗，径0.8~1cm。苞片似叶而小。萼片5片，条状匙形，长3~5mm，不等大，基部有距。花瓣5片，披针形至长圆状披针形，长3~5mm，宽1~1.5mm，黄色。鳞片5片，匙状正方形，长1~2mm，顶端钝截形。雄蕊10枚，较花瓣略短，花药紫褐色。心皮5片，卵状披针形，长4mm，直立，基部合生。蓇葖果斜叉开，种子多数。种子长卵形，长0.3~0.5mm，栗褐色。
生物学特性：花期4—5月，果期6—7月。适应性强，耐瘠薄。生于山地林下阴湿处或岩石上。
分布：中国华东、华中、华南、西南等地有分布。华家池校区有栽培或逸生。
景观应用：地被植物和观赏植物。锌、镉、铅等重金属的超积累植物。

东南景天花（徐正浩摄）

东南景天植株（徐正浩摄）

13. 虎耳草 *Saxifraga stolonifera* Curt.

中文异名：石荷叶、金线吊芙蓉
英文名：creeping saxifrage
分类地位：虎耳草科（Saxifragaceae）虎耳草属（*Saxifraga* Tourn. ex Linn.）
形态学鉴别特征：多年生小草本。株高15~40cm。根纤细。匍匐茎细长，紫红色，可生出叶与不定根。茎直立或稍倾斜，具分枝。叶基生，通常数片至10余片，肉质，圆形或肾形，径4~6cm，或较大，基部心形或平截，边缘有浅裂片和不规则细锯齿，上面绿色，常有白色斑纹，下面紫红色，两面被柔毛。叶柄长3~10cm，被长柔毛。花茎高达25cm，直立或稍倾斜，有分枝。花序疏圆锥状，长10~25cm，轴与分枝、花梗被腺毛及绒毛。花梗长5~10mm。苞片披针形，长5mm，被柔毛。萼片5片，卵形，长3mm，先端尖，向外伸展。花多数。花瓣5片，白色或粉红色，下方2片特长，椭圆状披针形，长1~1.5cm，宽2~3mm，上方3片较小，卵形，基部有黄色斑点。雄蕊10枚，长4~7mm，花丝棒状，比萼片长1倍，花药紫红色。子房球形，花柱纤细，柱头细小。蒴果卵圆形，长5mm，先端2深裂，

虎耳草叶（徐正浩摄）

虎耳草植株（徐正浩摄）

呈喙状。种子卵形，具瘤状突起。

生物学特性：花期4—8月，果期6—11月。冬不枯萎。生于密茂多湿的林下和阴凉潮湿的坎壁。喜阴凉潮湿、土壤肥沃、湿润生境。

分布：中国华东、华中、华南、西南及陕西等地有分布。日本、菲律宾也有分布。紫金港校区、华家池校区有分布。

景观应用：药用或观赏植物。

14. 草绣球 *Cardiandra moellendorffii* (Hance) Migo

中文异名：人心药、八仙花

分类地位：虎耳草科（Saxifragaceae）草绣球属（*Cardiandra* Sieb et Zucc.）

形态学鉴别特征：多年生草本或亚灌木。株高0.4~1m。具根状茎。茎干后淡褐色，稍具纵纹。单叶互生，纸质，椭圆形或倒长卵形，长6~13cm，宽2~5cm，先端渐尖，基部下延成楔形，具粗长锯齿，上面被糙伏毛，下面疏被柔毛或仅脉上有疏毛，侧脉7~9对，柄长1~3cm，近无毛。伞房状聚伞花序顶生。不育花萼片2~3片，近等大，阔卵形至近圆形，长5~15mm，先端圆或稍尖，基部近平截。孕性花萼筒杯状，长1.5~2mm。花瓣宽椭圆形至近圆形，长2.5~3mm，淡红色或白色。雄蕊15~25枚，稍短于花瓣。子房3室。花柱3个。蒴果近球形或卵球形，不连花柱长3~3.5mm，宽2.5~3mm。种子棕褐色，长圆形或椭圆形，扁平。

生物学特性：花期7—8月，果期9—10月。生于路边草丛、林下、溪沟边等。

分布：中国华东、华中、华南等地有分布。各校区有栽培或逸生。

景观应用：栽培花卉。

草绣球花（徐正浩摄）

草绣球植株（徐正浩摄）

15. 截叶铁扫帚 *Lespedeza cuneata* (Dum.-Cours.) G. Don

中文异名：夜关门

英文名：Sericea lespedeza

分类地位：豆科（Fabaceae）胡枝子属（*Lespedeza* Michx.）

形态学鉴别特征：半灌木草本。株高达1m。主根明显，侧根发达。茎被柔毛。叶密集，柄短。小叶楔形或线状楔形，长1~3cm，宽2~7mm，先端平截，具小刺尖，基部楔形，上面近无毛，下面密被伏毛。总状花序具2~4朵花。总花梗极短。花萼5深裂，裂片披针

截叶铁扫帚花枝（徐正浩摄）

截叶铁扫帚植株（徐正浩摄）

形，密被贴伏柔毛。花冠淡黄色或白色，旗瓣基部有紫斑，冀瓣与旗瓣近等长，龙骨瓣稍长。闭锁花簇生于叶腋。荚果宽卵形或近球形，被贴伏柔毛，长2.5~3.5mm，宽2.5mm。种子倒卵状长圆形。

生物学特性： 花期6—9月，果期10—11月。生于山坡、路边、草丛、荒野等。

分布： 中国华东、中南、华南、西南、华北及西北等地有分布。之江校区有分布。

景观应用： 半灌木状草本植物，可用作花境植物。

16. 老鹳草 *Geranium wilfordii* Maxim.

中文异名： 老鹳嘴、老鸦嘴

分类地位： 牻牛儿苗科（Geraniaceae）老鹳草属（*Geranium* Linn.）

形态学鉴别特征： 多年生草本。株高30~80cm。须根发达。根茎短，直立，具稍增厚的长根。茎直立或伏卧，密被倒生细柔毛。叶对生。叶片肾状三角形，长3~5cm，宽4~6cm，基部微心形，通常3深裂或中裂，中间裂片稍大，菱状卵形，先端渐尖，边缘有刻状牙齿，齿端具短尖。基生叶和下部叶具长柄，向上渐短，密被倒生柔毛。托叶锥状，先端锐尖。花腋生或顶生。总花梗被倒生短柔毛，有时混生腺毛。花2朵，有时1朵生于叶腋。花径0.8~1cm。萼片卵形或卵状披针形，长5~6mm，先端渐尖，具芒尖头，外伏生密柔毛，内无毛。花瓣淡红色至白色，具5条紫红色脉纹。雄蕊稍短于萼片。花丝淡棕色。雌蕊被短糙伏毛。花柱分枝紫红色。蒴果1.8~2cm，被短柔毛。种子黑褐色，长圆形，具网纹或平滑。

老鹳草花期植株（张宏伟摄）

生物学特性： 花期7—8月，果期8—10月。生于山坡、路边、草丛、荒野、灌丛等。

分布： 中国华东、华中、华北、东北等地有分布。之江校区有分布，华家池校区偶见。

景观应用： 地被植物，可用作花境植物。

17. 水芹 *Oenanthe javanica* (Bl.) DC.

中文异名： 水芹菜

英文名： cress

分类地位： 伞形科（Umbelliferae）水芹属（*Oenanthe* Linn.）

形态学鉴别特征： 多年生草本。株高20~80cm。根状茎短，须根丛生、细长，长30~40cm。茎直立或匍匐，具小分枝，下部节生根。基生叶近三角形，柄长6~10cm，基部有叶鞘，1~2回羽状分裂，最后裂片卵形至菱状披针形，长1~4cm，宽0.8~2cm，先端渐尖，基部楔形或圆楔形，边缘有不整齐粗锯齿。茎上部叶较小，柄渐短成鞘。复伞形花序顶生或上部侧生，总花梗长2~15cm。无总苞，稀1片。伞辐6~16个，不等长，长1~3cm。小总苞片5~8片，条形或线状条形，长2~4mm。小伞形花序具10~25朵小花，花梗长2~4mm。萼齿披针形。花瓣倒卵形，白色，先端向内钩曲，具1片长而内折的小舌片。花丝长，微弯。花柱基圆锥形，花柱细长。果实椭圆形或筒状长圆形，长3mm，宽2mm，果棱肥厚，

水芹苗（徐正浩摄）

水芹花序（徐正浩摄）

侧棱较背棱隆起，每棱槽下油管1条，合生面2条。分生果横切面半圆形。每个单果内含种子1粒。胚乳腹面平直。

生物学特性：花果期5—9月。生于低湿地、浅水沼泽、河流岸边、水田等。

分布：中国广布。印度、缅甸、越南、马来西亚、印度尼西亚、菲律宾等也有分布。各校区浅水域有分布。

景观应用：湿地或水田草本植物。可作为水域净化的植物材料。

18. 蓝花琉璃繁缕 *Anagallis arvensis* Linn. f. *coerulea* (Schreb.) Baumg

中文异名：龙吐珠、九龙吐珠

分类地位：报春花科（Primulaceae）琉璃繁缕属（*Anagallis* Linn.）

形态学鉴别特征：一年生匍匐柔弱草本。全株无毛。株高10~20cm。根具分枝。茎多分枝，散生，具4条棱，具短翅。叶对生，无柄，三角状卵形或三角形，长1.2~2cm，宽0.3~0.7cm，先端渐尖，基部心形抱茎，主脉5条，背面有紫色斑点。花单生于叶腋，径1~1.2cm，蓝色或橘色。花梗1~3.5cm，下弯。花萼5片，深裂，长0.4~0.6cm，宽0.2~0.4cm，裂片披针形或长披针形，顶端尖，边缘膜质，全缘。花冠钟状，5片，深裂，裂片倒卵形，顶端圆钝，具疏缘毛。雄蕊5枚，橘黄色，位于花冠基部，花丝丝状。子房球形，上位，1室。花柱丝状，略长于雄蕊，无毛，宿存。蒴果球形，淡黄色，径3~4mm，周裂。种子小，多数，棕褐色，具翅。

生物学特性：花期3—5月。多生于海滨地区。

分布：中国华东、华南等地有分布。舟山校区有分布。

景观应用：地被植物。可用作花境植物。

蓝花琉璃繁缕花（徐正浩摄）

蓝花琉璃繁缕植株（徐正浩摄）

19. 过路黄 *Lysimachia christinae* Hance

中文异名：铺地莲

英文名：Christina loosestrife

分类地位：报春花科（Primulaceae）珍珠菜属（*Lysimachia* Linn.）

形态学鉴别特征：多年生匍匐草本。全株无毛或疏生柔毛。根具分枝，细根多。茎柔弱，匍匐延伸，长20~60cm，无毛或被疏毛，幼嫩部分密被褐色无柄腺体，下部节间较短，节上生不定根，中部节间长1.5~10cm。叶对生，卵圆形、近圆形以至肾圆形，长1.5~8cm，宽1~6cm，先端锐尖，稀圆钝，基部截形至浅心形，稍厚，密布透明腺条，干时腺条变黑色，两面无毛或密被糙伏毛。叶柄长1~3cm，无毛或被毛。花单生于叶腋。花梗长1~5cm，通常不超过叶长。萼5深裂，裂片倒披针形或匙形，长5~7mm，先端锐尖或稍钝，无毛或仅边缘具缘毛。花冠黄色，长7~15mm，基部2~4mm合生，裂片狭卵形

过路黄植株（徐正浩摄）

过路黄茎叶（徐正浩摄）

或近披针形，先端锐尖或钝，稍厚，具黑色长腺条。雄蕊长6~7mm，中部合生成狭筒，外具糠秕状腺体，花药卵圆形，长1~1.5mm，花粉粒具3孔沟，近球形，表面具网状纹饰。子房球形，花柱略长于雄蕊，长6~8mm。蒴果球形，径4~5mm，无毛，有稀疏黑色腺条，瓣裂。种子细小，径0.1~0.2mm。

生物学特性：花期5—7月，果期7—10月。生于山坡、路旁较阴湿处。

分布：中国华东、华中、华南、西南及陕西等地有分布。日本也有分布。紫金港校区有分布。

景观应用：地被植物。可用于地被花卉植物。

20. 狼尾花 *Lysimachia barystachys* Bunge.

中文异名：虎尾花

分类地位：报春花科（Primulaceae）珍珠菜属（*Lysimachia* Linn.）

形态学鉴别特征：多年生草本。株高30~100cm。全株密被卷曲柔毛。具横走根茎。茎直立。叶互生或近对生，长圆状披针形、倒披针形至线形，长4~10cm，宽0.6~2.2cm，先端钝或锐尖，基部楔形，近无柄。总状花序顶生。花密集，向一侧。花序轴长4~6cm，后渐伸长，果期达30cm。苞片线状钻形。花梗长4~6mm，稍短于苞片。花萼长3~4mm，分裂几达基部，裂片长圆形，周边膜质，顶端圆形，略呈啮蚀状。花冠白色，长0.7~1cm，基部合生部分长1.5~2mm，裂片舌状狭长圆形，宽1.5~2mm，先端钝或微凹，常具暗紫色短腺条。雄蕊内藏。花丝基部1~1.5mm连合并贴生于花冠基部，分离部分2~3mm，具腺毛。花药椭圆形，长0.5~1mm。花粉粒具3孔沟，长球形，表面光滑。子房无毛。花柱短，长3~3.5mm。蒴果球形，径2.5~4mm。

生物学特性：花期5—8月，果期8—10月。

分布：中国华东、华南、东北、西南等地有分布。之江校区有分布。

景观应用：地被植物。可用作花境植物。

狼尾花茎叶（徐正浩摄）

狼尾花花序（徐正浩摄）

21. 篱栏网 *Merremia hederacea* (Burm. f.) Hall. f.

中文异名：鱼黄草

分类地位：旋花科（Convolvulaceae）鱼黄草属（*Merremia* Dennst.）

形态学鉴别特征：一年生草本。根具分枝，深长。茎缠绕或匍匐，匍匐时下部茎上生须根。细长，有细棱，无毛或疏生长硬毛，有时仅于节上有毛，有时散生小疣状突起。叶心状卵形，长1.5~7cm，宽1~5cm，先端长渐尖或尾状渐尖，具小短尖头，基部心形或深凹，全缘或通常具不规则的粗齿或锐裂齿，有时为深或浅3裂，两面近无毛或疏生微柔毛。柄长1~5cm，无毛或被短柔毛，具小疣状突起。聚伞花序腋生，有3~5朵花，有时更多，偶为单生，花序梗比叶柄粗，长1~5cm，第1次分枝为二歧聚伞式，以后为单歧式。花梗长2~5mm，连同花序梗均具小疣状突起。小苞片早落。萼片近等大，椭圆形，长0.5cm，先端具小尖头。花冠黄色，钟状，长0.8cm，外面无毛，内面近基部具长柔毛。雄蕊与

篱栏网植株（徐正浩摄）

花冠近等长，花丝下部扩大，疏生长柔毛。子房球形，花柱与花冠近等长，柱头球形。蒴果扁球形或宽圆锥形，4瓣裂，果瓣有皱纹，内含种子4粒，三棱状球形，长3.5 mm，表面被锈色短柔毛。种脐处毛簇生。

生物学特性： 花期7—8月，果期9—10月。生于山坡灌丛、路边草丛等。

分布： 中国华东、华中、西南、东北及陕西、甘肃等地有分布。蒙古、印度、俄罗斯等也有分布。紫金港校区有分布。

景观应用： 攀缘植物。

22. 夏枯草 *Prunella vulgaris* Linn.

夏枯草花序（徐正浩摄）

夏枯草群体（徐正浩摄）

中文异名： 麦穗夏枯草、铁线夏枯草、铁色草

英文名： common selfheal fruit-spike

分类地位： 唇形科（Lamiaceae）夏枯草属（*Prunella* Linn.）

形态学鉴别特征： 多年生草本。根茎匍匐，在节上生须根。茎基部伏地，上部直立或斜向上，单一或有分枝，株高15~40cm，钝四棱形，常带淡紫红色，被稀疏粗毛或近无毛。叶对生，卵形或长圆状披针形，长1.5~5.5cm，宽0.7~2cm，先端钝，基部圆形或宽楔形，下延至叶柄成狭翅，边缘具不明显的波状齿或几近全缘，侧脉3~4对。基部叶柄长1~3cm，向上部渐缩短至近无柄。轮伞花序密集成圆筒状，长2~6cm，生于茎顶。苞片膜质，扁心形，长7~8mm，宽9~11mm，顶端尾状渐尖，背面中部以下有毛，边缘具睫毛，带紫色。花萼管状钟形，长8~10mm，萼檐二唇形，上唇扁平宽大，具3个短齿，下唇较狭，2裂，裂片狭三角状披针形，果期喉部闭合。花冠长1.2~1.7cm，蓝紫色或红紫色。花冠筒短或长伸出，上唇圆形，先端微凹，下唇较短，中裂片较大，倒心形，先端边缘有流苏状条裂，侧裂片长圆形，反折下垂。雄蕊4枚。花丝无毛。子房无毛，花柱纤细，伸出冠外。小坚果长圆状卵形，长约1.8mm，黄棕色。种子长0.5~1mm。

生物学特性： 花期5—6月，果期6—7月。生于山坡、堤岸、耕地边及路旁。

分布： 中国华东、华中、华南、西南及陕西、甘肃、新疆等地有分布。亚洲其他国家、欧洲、大洋洲、非洲北部及美洲也有分布。之江校区有分布。

景观应用： 地被植物。可用作花境植物。

23. 海州香薷 *Elsholtzia splendens* Nakai ex F. Maekawa

中文异名： 香柔

英文名： haichow elsholtzia

分类地位： 唇形科（Lamiaceae）香薷属（*Elsholtzia* Willd.）

形态学鉴别特征： 一年生草本。株高30~50cm。具主根或分枝，细根密布。茎直立，通常呈棕红色，二歧分枝或单一，基部以上多分枝，四棱形，密被灰白色卷曲柔毛。叶对生，卵状三角形、矩圆状披针形或披针形，长2~5cm，宽0.5~1.5cm，先端短渐尖或渐尖，基部狭楔形或楔形，下延至柄成狭翼，边缘具整齐尖锯齿，上面深绿色，被疏柔毛，下面沿脉疏被柔毛，两面均被凹陷腺点，沿主脉疏被柔毛。叶柄长5~15mm。轮伞花序疏松，花多数，组成顶生的穗状花序，偏向一侧，长1~4cm。花梗近无毛。苞片阔倒卵形，径4~5mm，绿色，先端骤尖，基部渐狭，全缘，两面均具长柔毛及腺点，边缘具长缘毛，具5条明显的纵脉。花萼钟形，长2~2.5mm，外面被白色短硬毛，萼齿5个，三角形，先端具刺芒尖头，具缘毛。花冠玫瑰红紫色，长6~7mm，外面密被柔毛，内面有毛环，上唇先端微缺，下唇3裂，中裂片圆形，侧裂片截形或近圆形。雄蕊4枚，均能育，二强，前对较长，均伸出花冠。子房上位，4裂。花柱超出雄蕊，顶端近相等2浅裂。小坚果矩圆形，长1.5mm，黑棕色，有小疣点。种子长0.5mm。

生物学特性：花果期9—12月。生于山坡路旁或草丛中。

分布：中国华东、华中、华南、华北、东北等地有分布。朝鲜也有分布。华家池校区、紫金港校区有分布。

景观应用：能修复铜污染土壤。在重金属复合污染土壤上也有修复前景。

海州香薷花序（徐正浩摄）

海州香薷花期植株（徐正浩摄）

24. 水蓑衣 *Hygrophila salicifolia* (Vahl) Nees

分类地位：爵床科（Acanthaceae）水蓑衣属（*Hygrophila* R. Br.）

形态学鉴别特征：一年生或二年生草本。株高40~80cm。茎生不定根。茎直立，方形，具钝棱和纵沟，仅节上被疏毛。叶对生，纸质，长椭圆形、披针形或线形，长4~12cm，宽0.5~2.2cm，先端钝，基部渐狭，下延至柄，近全缘。两面无毛或近无毛。叶柄短或近无柄。花2~7朵簇生于叶腋，有时假轮生，无梗。苞片披针形，长5mm，外面被柔毛。小苞片线形，长4~5mm。花萼圆筒状，长6~8mm，被短糙毛，5深裂至中部，裂片稍不等大，渐尖，疏被长柔毛。花冠淡紫或粉红色，长1~1.2cm，被柔毛，上唇卵状三角形，下唇长圆形，喉凸上有疏而长的柔毛，花冠筒稍长于裂片。雄蕊4枚，二强，内藏，2药室平排，等大。子房无毛。蒴果线形或长圆形，长1cm，干时淡褐色，无毛，具16~32粒种子。种子宽卵圆形或近球形，扁平，被紧贴长白毛。

水蓑衣茎叶（徐正浩摄）

生物学特性：花果期9~11月。生于溪边、沟边、水田边、湿地等。

分布：中国长江流域及其以南各地有分布。紫金港校区有分布。

景观应用：湿地杂草或浅水域植物。

水蓑衣花期植株（徐正浩摄）

25. 九头狮子草 *Peristrophe japonica* (Thunb.) Bremek.

分类地位：爵床科（Acanthaceae）观音草属（*Peristrophe* Nees）

形态学鉴别特征：多年生草本。株高20~50cm。主根短，多侧根。茎直立，具棱和纵沟，被倒生伏毛。叶对生，卵状长圆形至披针形，长5~12cm，宽1~5cm，先端渐尖，基部楔形，稍下延，全缘，两面有钟乳体及少数平贴硬毛。叶柄长0.2~1.5cm。花序顶生或生于上部叶腋，由2~14个聚伞花序组成。每个聚伞花序下托以2片总苞片，内有1~4朵花。苞片椭圆形或卵状长圆形，长1.5~2.5cm，宽6~8mm，边缘有微细纤毛。小苞片钻形，长1.5mm。花萼裂片5片，钻形，长3mm。花冠粉红色或微紫色，长2.5~3cm，外疏生短柔毛。花冠筒细长，长1.5cm，喉部短，稍扩大，冠檐二唇形，近基部处有紫点，上唇较宽，2裂，下唇较狭，浅3裂。雄蕊2枚，着生于花冠筒内，伸出冠外，花丝有柔毛，花药线形，2个药室。蒴果椭圆形，长1~1.2cm，具柄，疏生短柔毛，开裂时胎座不弹起，上部具4粒种子，下部实心。种子近圆形，两侧扁压，黑褐色，径2.5mm，种皮有小疣状突起。

九头狮子草花（徐正浩摄）

生物学特性： 花期7—10月，果期10—11月。

分布： 中国华东、华中、西南等地有分布。日本也有分布。生于林下、灌丛、溪边、路旁、草丛。之江校区、玉泉校区有分布。

景观应用： 地被植物。可用作花境植物。

九头狮子草植株（徐正浩摄）

26. 忍冬 *Lonicera japonica* Thunb.

中文异名： 金银花

英文名： honey-suckle bud and flower, honeysuckle flower, Japanese honeysuckle

分类地位： 忍冬科（Caprifoliaceae）忍冬属（*Lonicera* Linn.）

形态学鉴别特征： 多年生半常绿缠绕木质藤本。具粗壮根茎，主根明显或具分枝，细长。茎圆柱形，常缠绕成束，长可达9m，径1.5~6mm，中空，多分枝。幼枝常呈灰绿色，光滑或被茸毛。外皮易剥落，具多数膨大的节，节间长6~9cm，有残叶和叶痕。质脆，易折断，断面纤维性，黄白色。老枝表面红棕色至暗棕色。老枝微具苦味，嫩枝味淡。叶纸质，对生。卵形至长圆状卵形，有时卵状披针形，稀倒卵形，长3~9cm，宽1.5~5.5cm，先端短尖至渐尖，稀圆钝或微凹，基部圆形或近心形，边缘具缘毛。小枝上部叶两面均被短柔毛，下部叶常无毛，下面带灰绿色，入冬略带红色。叶柄长4~8mm，被毛。花双生。总花梗常单生于小枝上部叶腋，与叶柄等长或比叶柄稍短，下方的有时长2~4cm，密被短柔毛和腺毛。苞片叶状，长2~3cm，两面均被毛，稀无毛。小苞片长1mm，缘毛明显。萼筒长2mm，无毛，萼齿被毛，齿端被长毛。花蕾呈棒状，上部膨大，向下渐细，略弯曲，长2~3cm，上部径3mm，下部径1.5mm。花冠唇形，长2~6cm，被倒生粗毛和腺毛，筒细长，上唇4浅裂，初开时白色，后变金黄色，黄白相映，故名"金银花"。雄蕊5枚，与花柱均长于花冠。子房下位，3~5室，每室胚珠多个，花柱纤细，柱头头状。浆果圆球形，径6~7mm，离生，熟时蓝黑色。种子细小，

忍冬花期植株（徐正浩摄）

忍冬花（徐正浩摄）

卵圆形，径0.5~1mm，黄褐色。
生物学特性： 花期4—6月，秋季有时也开花，果期9—11月。生于灌丛、山坡岩石、山麓、山沟边等。
分布： 几遍中国。日本、朝鲜也有分布。紫金港校区、之江校区、玉泉校区有分布。
景观应用： 为园区和园林地带杂草。枝叶茂盛，花清香，可作绿篱、花架等垂直绿化。老桩作盆景。

27. 盒子草 *Actinostemma tenerum* Griff.

中文异名： 合子草、鸳鸯木鳖、水荔枝、盒儿藤、无白草、双合子
英文名： lobed actinostemma
分类地位： 葫芦科（Cucurbitaceae）盒子草属（*Actinostemma* Griff.）
形态学鉴别特征： 一年生柔弱缠绕攀缘草本。根状茎粗短，具分枝。茎纤细，疏被长柔毛，后秃净。卷须单一或二歧，细弱，与叶对生。单叶互生。叶片膜质，形状变异大，心状戟形、狭三角戟形、三角状心形、心状狭卵形或披针状三角形，长3~12cm，宽2~8cm，先端稍钝或渐尖，基部弯缺半圆形、长圆形、深心形，边缘波状或具稀疏浅锯齿，有时3~5深裂。两面有疏散疣状突起。叶柄短，长2~6cm，被短柔毛。花小，单性，雌雄同株。雄花组成总状或圆锥状花序，腋生，花序轴被短柔毛，苞片线形，长3~5mm，萼5裂，裂片线状披针形，长2~3mm，边缘有疏小齿，

盒子草花（徐正浩摄）

盒子草生境植株（徐正浩摄）

盒子草果实（徐正浩摄）

花冠黄绿色，5深裂，裂片三角状披针形，顶端尾状钻形，长3~7mm，雄蕊5枚，花丝被柔毛或无毛。雌花单生或双生，梗具关节，长4~8cm，花萼和花冠与雄花相同，子房近球形，1室，具疣状突起，胚珠2个，花柱短，柱头2裂。蒴果卵形、宽卵形、长圆状椭圆形，径1~2cm，疏生鳞片状突起，绿色，下垂，熟时近中部环状盖裂，果盖圆锥体状。种子2~4粒。种子灰色，表面有不规则雕纹。
生物学特性： 花期7—9月，果期9—11月。生于山地草丛中或路旁水边。
分布： 中国东北、华北、华东等地有分布。日本、朝鲜也有分布。紫金港校区有分布。
景观应用： 水生植物或湿地植物杂草。

28. 马㼎儿 *Zehneria indica* (Lour.) Keraudren

分类地位： 葫芦科（Cucurbitaceae）马㼎儿属（*Zehneria* Endl.）
形态学鉴别特征： 一年生草质攀缘植物。根具分枝，细长。茎攀缘或平卧。纤细，疏散，有棱沟，无毛。卷须不分歧，丝状。叶膜质，多型。叶片三角状卵形、卵状心形或戟形，长3~5cm，宽2~4cm，先端急尖或渐尖，基部弯缺半圆形，不分裂或3~5浅裂，分裂时中间的裂片较长，三角形或披针状长圆形，侧裂片较小，三角形或披针状三角形，具疏生波状锯齿，稀近全缘。叶面深绿色，粗糙，脉上有极短的柔毛，背面淡绿色，无毛。叶脉掌状。叶柄细，长2.5~3.5cm，初时有长柔毛，后变无毛。雌雄同株。雄花单生或几朵簇生，稀由2~3朵组成总状花序，花序梗纤细，极短，无毛，花梗丝状，长3~5mm，无毛，花萼宽钟形，裂片钻形，长1~1.5mm，基部急尖或稍钝，花

马㼎儿花（徐正浩摄）

马㼎儿果期植株（徐正浩摄）

冠淡黄色，裂片长圆形或卵状长圆形，长2~2.5mm，宽1~1.5mm，有极短的柔毛，雄蕊3枚，2枚2室，1枚1室，有时全部2室，生于花萼筒基部，花丝短，长0.5mm，花药卵状长圆形或长圆形，有毛，长1mm，药室稍弓曲，药隔宽，稍伸出，退化子房球形。雌花与雄花同一叶腋内单生，稀双生，花梗丝状，长1~2cm，无毛，花萼与雄花同形，花冠阔钟形，径3~4mm，裂片披针形，长2.5~3mm，宽1~1.5mm，先端稍钝，子房纺锤形，平滑，有疣状突起，长3.5~4mm，径1~2mm，花柱短，长1.5mm，柱头3裂，退化雄蕊腺体状。果实长圆形或狭卵形，两端钝，外面无毛，长1~1.5cm，宽0.5~1cm，熟后橘红色或红色。果梗纤细，长2~3cm，无毛。种子卵形，长3~5mm，宽3~4mm，灰白色，基部稍变狭，边缘不明显。

生物学特性：花期4—7月，果期7—10月。生于林下阴湿处、灌丛中、路旁、田间、沟边。

分布：中国华东、华中、华南、西南等地有分布。日本、朝鲜、越南、菲律宾及印度半岛等也有分布。紫金港校区有分布。

景观应用：旱地及湿地草本植物。

29. 半边莲 *Lobelia chinensis* Lour.

中文异名：半边花、细米草
英文名：Chinese creeping lobelia
分类地位：桔梗科（Campanulaceae）半边莲属（*Lobelia* Linn.）
形态学鉴别特征：多年生矮小草本。株高6~15cm。根具分枝，细根稀疏。茎细弱，常匍匐，节上常生根，分枝直立，无毛，折断有白色乳汁渗出。叶互生，狭披针形或条形，长8~25mm，宽3~7mm，先端急尖，基部圆形至宽楔形，全缘或顶部有波状疏浅锯齿，无毛。叶无柄或近无柄。花两性，通常1朵，生于分枝的上部叶腋。花梗细，常超出叶外。基部有长1mm的小苞片2片、1片或无，无毛。花萼筒倒长锥状，长3~5mm，基部渐狭成柄，无毛，裂片5片，狭三角形或披针形，与萼筒等长，全缘或下部有1对小齿。花冠粉红色或白色，长10~15mm，背面裂至基部，喉部以下具白色柔毛，裂片5片，全部平展于下方，呈1个平面，2片侧裂片披针形，较长，中间3片裂片椭圆状披针形，较短。雄蕊5枚，长8mm，花丝上部与花药合生，花丝下部分离，花丝筒无毛，未连合部分的花丝侧面生柔毛。花药管状，长2mm，背部无毛或疏生柔毛。雌蕊1枚。子房下位，2室。蒴果倒锥状，长6mm。种子椭圆状，稍扁平，近肉色。

半边莲花（徐正浩摄）

半边莲植株（徐正浩摄）

生物学特性：花期4—6月，果期7—9月。生于水田边、沟旁、路边、平原、山坡湿草地。

分布：中国长江中下游及其以南各地有分布。亚洲其他国家也有分布。紫金港校区、之江校区有分布。

景观应用：水田、湿地、草坪草本植物。可用作地被植物。

30. 烟管头草 *Carpesium cernuum* Linn.

分类地位：菊科（Asteraceae）天名精属（*Carpesium* Linn.）

形态学鉴别特征：多年生草本。株高50~80cm。主根不明显，侧根发达。茎直立，粗壮，多分枝，下部密被白色长柔毛及卷曲柔毛，上部被疏柔毛，后渐脱落稀疏，有明显纵条纹。基生叶开花前凋萎，稀宿存。茎下部叶较大，长椭圆形或匙状长椭圆形，

烟管头草花（张宏伟摄）

烟管头草植株（张宏伟摄）

长6~12cm，宽4~6cm，先端锐尖或钝，基部长渐狭，下延成有翅的长柄，全缘或有波状齿，上面被稍密的倒伏柔毛，下面被白色长柔毛，沿叶脉较密，在中肋及叶柄上常密集成柔毛状，两面均有腺点。中部叶椭圆形至长椭圆形，长8~11cm，宽3~4cm，先端渐尖或急尖，基部楔形，具短柄。上部叶椭圆形至椭圆状披针形，近全缘。头状花序单生茎枝端，向下弯垂，径1.5~1.8cm，基部有叶状苞片。总苞片4层，外层苞片叶状，披针形，草质或基部干膜质，密被长柔毛，先端钝，通常反折。中层及内层的长圆形至线形，干膜质，先端钝，有不规则微齿。花全为管状。缘花黄色，中部较宽，两端稍收缩，雌性，结实。盘花顶端5齿裂，两性，结实。瘦果线形，多棱，两端稍狭，上端顶部具黏汁。

生物学特性：花果期7—10月。生于林缘、山坡、路边荒地、沟边等。

分布：中国华东、华中、华南、西南、华北、西北、东北等地有分布。日本、朝鲜及欧洲等也有分布。之江校区有分布。

景观应用：地被植物。可用作香精原料。

31. 金挖耳 *Carpesium divaricatum* Sieb. et Zucc.

分类地位：菊科（Asteraceae）天名精属（*Carpesium* Linn.）

形态学鉴别特征：多年生草本。株高20~70cm。侧根多。茎直立，中部以上分枝，枝通常近平展。基生叶开花前凋萎。下部叶卵形或卵状长椭圆形，长5~12cm，宽3~7cm，先端急尖或钝，基部圆形或稍呈心形，有时呈楔形，边缘有不规则粗齿，上面被具球状膨大的柔毛，下面被白色长柔毛，柄比叶片短或与叶片近等长。中部叶长椭圆形，长5~8cm，宽2~3cm，先端渐尖，基部楔形，具短柄。上部叶渐小，全缘，无柄。头状花序单生于茎枝端，俯垂，径6~8mm，基部有2~4片叶状苞片，披针形至椭圆形，其中2片较大。总苞卵状球形，径0.6~1cm。总苞片4层，覆瓦状排列。外层短，宽卵形，干膜质，或先端草质，外面被柔毛。中层狭长椭圆形，干膜质，先端钝。内层线形。花全为管状。缘花顶端4~5齿裂，雌性，结实。盘花顶端5齿裂，两性，结实。瘦果长圆柱形，顶端具短喙。

生物学特性：花果期7—8月。生于山坡草地、路边、荒地、沟边等。

分布：中国华东、华中、华南、西南、东北等地有分布。日本、朝鲜等也有分布。之江校区有分布。

景观应用：可用作花境植物。

金挖耳花（徐正浩摄）

金挖耳植株（徐正浩摄）

32. 菹草 *Potamogeton crispus* Linn.

中文异名：虾藻、虾草、麦黄草
英文名：curly-leaf pondweed
分类地位：眼子菜科（Potamogetonaceae）眼子菜属（*Potamogeton* Linn.）

菹草休眠芽（徐正浩摄）

菹草植株（徐正浩摄）

形态学鉴别特征：多年生沉水草本。根状茎细长，近圆柱形，具须根。茎近圆柱形，略扁平，长20~100cm，有的可长达200cm，多分枝，侧枝短，色白而微绿或微赤，节缢缩。侧枝顶端常具芽苞，脱落后发育成新植株。叶互生，全为沉水叶，披针形或宽线形，长3~9cm，宽4~8mm，先端钝圆，基部圆形或钝形，略抱茎，1mm处与托叶合生，但不形成叶鞘，边缘多少呈浅波状，具疏或稍密的细锯齿，常皱褶。中脉明显，两侧有1~2条平行脉，具横脉。托叶离生，长1cm，薄膜质，易脱落，鞘小，开裂两边缘远离，顶端燕尾状2裂，裂片尖或锐，鞘长2~8mm，易破碎，基部连于叶茎结合处。叶无柄。穗状花序生于枝梢叶腋，具少数花，长1~1.5cm。总花序梗长2~6cm，开花期挺出水面。花被片4片，钝宽而具短柄，绿褐色。雄蕊4枚，无花丝，花药黄色，外向。心皮4片，分离，与花被片互生。花柱较长，柱头狭尖而扁，微带红色。小坚果宽卵形，长3mm，绿褐色，顶端有长2mm的喙，背面圆钝，基部具有细小的鸡冠状突起，背部中央棱下方有几个钝齿。种子长0.5mm。

生物学特性：花果期4~7月。秋季发芽，冬春生长，4—5月开花结果，夏季6月后逐渐衰退腐烂，同时形成鳞枝（冬芽）以度过不适环境。冬芽坚硬，边缘具齿，形如松果，在水温适宜时再开始萌发生长。生于池塘、湖泊、河道、溪流或沟渠等。

分布：广布全世界。玉泉校区、紫金港校区、之江校区有分布。

景观应用：湖泊、池沼、小水景中的绿化植物。耐污能力强，对污染水体的氮、磷等有较好的削减作用，常用于水体富营养化河道等水域治理。

33. 小眼子菜 *Potamogeton pusillus* Linn.

中文异名：小叶眼子菜
分类地位：眼子菜科（Potamogetonaceae）眼子菜属（*Potamogeton* Linn.）

形态学鉴别特征：多年生水生草本。根细长，具须根。茎纤细，柔弱，多分枝。叶2型。浮水叶椭圆形或卵状椭圆形，稀披针形，长1.5~3.5cm，宽0.4~1cm，先端急尖或稍钝，基部宽楔形或圆形，全缘。中脉明显，两侧各具2~3条脉，柄长0.5~1cm，托叶与叶柄分离，托叶鞘开裂，边缘重叠，抱茎。沉水叶丝状，长4~8cm，宽1~1.5mm，先端急尖，无柄，托叶鞘薄膜质，长0.8~1cm。穗状花序花密集，长0.8~1cm，生于茎端叶腋。花柱细长。小坚果斜卵形，长3~4mm，宽1.5~2mm，背部具龙骨状突起。

生物学特性：花果期5—8月。果期8—10月。

分布：中国长江以南各地有分布。日本、朝鲜也有分布。华家池校区有分布。

景观应用：湖泊、池沼、小水景中的绿化植物。常用于水体富营养化河道等水域治理。

小眼子菜植株（徐正浩摄）

34. 东方泽泻 *Alisma orientale* (Samuel.) Juz.

中文异名：水泽、芒芋
英文名：orientale waterplantain rhizome
分类地位：泽泻科（Alismataceae）泽泻属（*Alisma* Linn.）
形态学鉴别特征：多年生挺水草本。株高40~90cm。块茎近球形，径1~3.5cm。外皮浅褐色，有多数须根。叶基生，长椭圆形至广卵形，长3~18cm，宽1.3~7cm，先端短尖，基部心形或近圆形，有时宽楔形，全缘，具5~7条弧状脉，脉间有多条斜出羽状脉。叶柄长2~30cm，基部渐宽，边缘膜质。花葶从叶丛中抽出，高10~70cm。伞形花序5~7轮，集生成轮生状大型圆锥花序。总苞片披针形，长1~2cm。花梗长1~1.5cm。萼片3片，宽卵形，长2~2.5mm。花瓣3片，白色，具紫红晕，略短于萼片或与其等长。雄蕊6枚。心皮多数，排成1轮。瘦果倒卵形，长1.5~2mm，扁平，深褐色，背部有1~2条浅沟，腹面近顶端有极短的宿存花柱。种子紫红色，长1.1mm，宽0.8mm。
生物学特性：花期5—10月。生于湖池、水塘、沼泽及积水湿地。
分布：中国南北均有分布。日本、朝鲜、蒙古、印度等也有分布。紫金港校区有分布。
景观应用：浅水域或湿地观赏植物。

东方泽泻花（徐正浩摄）

东方泽泻成株（徐正浩摄）

35. 石菖蒲 *Acorus tatarinowii* Schott

中文异名：山菖蒲、九节菖蒲、岩菖蒲、溪蒲
英文名：acorus
分类地位：天南星科（Araceae）菖蒲属（*Acorus* Linn.）
形态学鉴别特征：多年生草本。株高30~40cm。植株丛生状，分枝宿存纤维状叶基。硬质根状茎横走，外皮淡褐色，粗2~5mm，分节，节间长3~5mm。根肉质，具多数须根，根状茎上部多分枝。叶基生，基部对折成叶鞘，叶鞘基部两侧宽膜质。叶两列密生，线形或剑状条形，薄，长20~50cm，宽7~13mm，先端渐尖，全缘，暗绿色，有光泽，无中肋或不明显，平行脉多数，稍隆起。叶无柄。肉穗花序生于当年生叶腋，斜向上或近直立，圆柱

石菖蒲植株（徐正浩摄）

状，长2.5~8cm，径4~7mm，上部渐尖。花序梗三棱形，长4~15cm。佛焰苞叶状，长13~25cm，为肉穗花序长的2~5倍。花小而密生，两性，黄绿色。花被6片，白色。雄蕊6枚，花丝与花被片等长，花药肾形。子房倒圆锥状长圆形，2~3室。浆果肉质，倒卵圆形，幼时绿色，熟时黄绿色或黄白色。种子棕褐色。
生物学特性：花果期4—7月。喜阴湿环境，在郁密度较大的树下也能生长，但不耐暴晒。生于湿地或溪边石缝。
分布：中国黄河以南各地有分布。泰国北部至印度东北部也有分布。华家池校区有分布。
景观应用：浅水域或湿地景观植物。

36. 杜若 *Pollia japonica* Thunb.

中文异名：地藕、竹叶莲、山竹壳菜
分类地位：鸭跖草科（Commelinaceae）杜若属（*Pollia* Thunb.）

杜若花序（徐正浩摄）

杜若果期植株（徐正浩摄）

形态学鉴别特征：多年生草本。株高30~90cm。根状茎长，横走。茎单一，直立或斜生，有时基部匍匐，径0.5~1.5cm。叶椭圆形或长圆形，长20~30cm，宽3~6cm，先端渐尖，基部渐狭，呈柄状。两面微粗糙。叶鞘疏生短糙毛。花疏离轮生聚伞花序组成圆锥花序，伸长。总花梗、花梗被白色短柔毛。总苞片叶状，较小。苞片更小。花梗短。萼片白色，椭圆形，长4~5mm，宿存。花瓣白色，稍带淡红色，倒卵状匙形，长于萼片。雄蕊全育，有时其中3枚略小，稀其中1枚不育。果实浆果状，圆球形或卵形，径5~8mm，熟时蓝色。种子多角形，径1.5~2mm，有皱纹和窝孔。

生物学特性：花期6—7月，果期8—10月。生于山坡林下或沟边潮湿处。

分布：中国华东、华中、西南等地有分布。日本、朝鲜等也有分布。之江校区、华家池校区有分布，玉泉校区零星分布。

景观应用：地被植物或湿地杂草。

37. 翅茎灯心草 *Juncus alatus* Franch. et Sav.

分类地位：灯心草科（Juncaceae）灯心草属（*Juncus* Linn.）

形态学鉴别特征：多年生草本。株高15~40cm。根状茎短。茎多数丛生，直立，扁平，两侧具显著狭翼，径2~4mm。叶基生和茎生，扁压，长10~15cm，宽2~4mm，稍中空，多管型，具不贯连的横脉状横隔，叶耳缺。复聚伞花序顶

翅茎灯心草花序（徐正浩摄）

翅茎灯心草植株（徐正浩摄）

生。花3~7朵在分枝上排列成小头状花序。总苞片叶状，短于花序。花被片披针形，外轮的长2.5~3mm，内轮的长3~3.5mm，边缘狭膜质。雄蕊6枚，长为花被片的2/3。花药短于花丝。子房3室。蒴果三棱状长卵形，稍长于花被片，顶端钝，具短喙，或成熟时带褐紫色。种子长卵形，长0.8mm，两端稍尖，无附属物。

生物学特性：花期5—6月，果期6—7月。生于沟边、田边、路边及山坡林下潮湿处。

分布：中国华东、华中、华南、西南及陕西等地有分布。日本也有分布。华家池校区有分布。

景观应用：浅水域或湿地景观植物。

38. 吉祥草 *Reineckia carnea* (Andr.) Kunth

中文异名：观音草、松寿兰、小叶万年青

英文名：pink reineckia

分类地位：百合科（Liliaceae）吉祥草属（*Reineckia* Kunth）

形态学鉴别特征：多年生常绿草本。株高15~35cm。根须状，根状茎匍匐，细长，横生，多节，节上生须根。叶

簇生于茎顶或茎节，每簇3~8片，条形至披针形，长10~40cm，宽1~3cm，先端渐尖，向下渐狭成柄。花葶侧生，从下部叶腋抽出，远短于叶丛，长5~15cm。穗状花序长2~8cm，上部花有时仅具雄蕊。苞片卵状披针形，长

吉祥草果实（徐正浩摄）

吉祥草花期植株（张宏伟摄）

5~7mm，膜质，淡褐色或带紫色。花被片中部以下合生成短管状，上部6裂，裂片长圆形，长5~7mm，稍肉质，先端钝，开花期反卷，粉红色或淡紫色。雄蕊着生于花被筒喉部，伸出筒外，6枚，花丝丝状，花药近长圆形，淡绿色，两端微凹。子房瓶状，长3mm，3室。柱头头状，细长，3裂。浆果球形，径6~10mm，熟时鲜红色。有种子数粒。种子白色。

生物学特性：花芳香。花果期7—11月。生于阴湿山坡、山谷或密林下。

分布：原产于中国长江流域以南各地及西南地区。日本也有分布。各校区有分布，常逸生为林地及湿地杂草。

景观应用：栽培供观赏。

39. 粉条儿菜 *Aletris spicata* (Thunb.) Franch.

中文异名：金线吊白米、肺筋草

分类地位：百合科（Liliaceae）粉条儿菜属（*Aletris* Linn.）

形态学鉴别特征：多年生草本。根状茎粗短，略呈块茎状。具多数须根，多分枝，根毛局部膨大，膨大部分长3~6mm，宽0.5~0.7mm，白色。叶基生，密集成丛，纸质，条形，有时下弯，长10~25cm，宽3~4mm，先端渐尖，具3条脉。叶无柄。花葶粗壮，高40~70cm，径1.5~3mm，有棱，密生柔毛，中下部有几片长1.5~6.5cm的苞片状叶。总状花序长6~30cm，疏生多花。苞片2片，窄条形，位于花梗的基部，长5~8mm，短于花。花梗极短，有毛。花被黄绿色，上端粉红色，外面有柔毛，长6~7mm，分裂部分占1/3~1/2。裂片条状披针形，长3~3.5mm，宽0.8~1.2mm。雄蕊着生于花被裂片的基部，花丝短，花药椭圆形。子房卵形。花柱圆柱形，长1.5mm。柱头微3裂。蒴果倒卵形

粉条儿菜花序（徐正浩摄）

粉条儿菜植株（徐正浩摄）

或矩圆状倒卵形，有棱角，长3~4mm，径2.5~3mm，密被柔毛。

生物学特性：花期4—5月，果期5—7月。生于林缘或路边草地。

分布：中国华东、华中、华南及陕西、甘肃等地有分布。日本也有分布。之江校区有分布。

景观应用：地被植物。可用作湿生或旱生景观植物。

40. 多花黄精 *Polygonatum cyrtonema* Hua

中文异名: 南黄精、山姜、野生姜

分类地位: 百合科（Liliaceae）黄精属（*Polygonatum* Mill.）

形态学鉴别特征: 多年生草本。株高50~100cm。根状茎肥厚，通常连珠状或结节成块，少有近圆柱形，径1~2cm。茎通常具10~15片叶。叶互生，椭圆形、卵状披针形至矩圆状披针形，少有稍作镰状弯曲，长10~18cm，宽2~7cm，先端尖至渐尖。花序具1~14朵花，伞形，总花梗长1~6cm，花梗长0.5~3cm。苞片微小，位于花梗中部以下，或不存在。花被黄绿色，全长18~25mm，裂片长3mm。花丝长3~4mm，两侧扁或稍扁，具乳头状突起，顶端稍膨大乃至具囊状突起，花药长3.5~4mm。子房长3~6mm，花柱长12~15mm。浆果径1cm，具3~9粒种子。

多花黄精果实（徐正浩摄）

多花黄精植株（徐正浩摄）

生物学特性: 花期5—6月，果期8—10月。生于林下、灌丛或山坡阴处。阴性植物，喜温暖湿润环境，稍耐寒，以疏松、肥沃、湿润而排水良好的沙壤土为宜。

分布: 中国华东、华中、西南等地有分布。之江校区有分布。

景观应用: 可作园林植物。

41. 黄精 *Polygonatum sibiricum* Delar. ex Redoute

黄精果期植株（张宏伟摄）

中文异名: 鸡头黄精

分类地位: 百合科（Liliaceae）黄精属（*Polygonatum* Mill.）

形态学鉴别特征: 多年生草本。株高50~100cm。根状茎结节状，膨大部分呈鸡头状，一端粗，另一端渐细，彼此有较长的间隔，直径1~2cm。叶4~6片轮生，叶片线状披针形至披针形，长8~15cm，宽1~3cm，先端渐尖，卷曲，下部渐狭，两面无毛，边缘具细小的乳头状突起。伞形花序，通常具2~4朵花，下垂。总花梗扁平，长8~10mm。苞片膜质，线状披针形，具1条脉，位于花梗的基部。花白色至淡黄色，近圆筒形，长5~10mm。花梗长2~4mm。花被筒近直，裂片狭卵形，长2~4mm。雄蕊着生于花被筒的中上部，花丝短，藏于花药之后，花药长圆形，长2~3mm。花柱长至少为子房的1.5倍。浆果径2~10mm，成熟时黑色。含种子4~7粒。

生物学特性: 花期5—6月，果期8—9月。生于山坡林下阴湿处。

分布: 中国江苏、安徽、江西西北部、山东、河南、河北、山西、内蒙古、陕西、甘肃东部、宁夏和东北有分布。朝鲜、蒙古及俄罗斯西伯利亚东部也有分布。之江校区有分布。

景观应用: 地被植物。

42. 百合 *Lilium brownii* F. E. Brown ex Miellez var. *viridulum* Baker

分类地位: 百合科（Liliaceae）百合属（*Lilium* Linn.）

形态学鉴别特征：多年生草本。株高70~200cm。鳞茎近圆球形，径2~4.5cm。鳞片披针形，长1.8~4cm，宽0.8~1.4cm。茎带紫色，有排列成纵行的小乳头状突起。叶互生，倒披针形至倒卵形。茎上部叶明显变小而呈苞片状。花单生或数朵排列成顶生近伞房状花序，乳白色，喇叭状，稍下垂。叶状苞片披针形。花梗长3~10cm，中部有1片小苞片。花被片倒卵状披针形，长13~18cm，宽3~4cm，背面稍带紫色，内面无斑点，上部张开或先端外弯但不反卷，蜜腺两侧有小乳头状突起。花丝中部以下密被柔毛，花药长1.5cm，背着。花柱长10~12cm。蒴果长圆形，长4.5~6cm。

生物学特性：花期5—6月，果期7—9月。生于山坡林缘、路边、溪旁。

分布：中国华东、华中、西北等地有分布。之江校区、华家池校区、玉泉校区有分布。

景观应用：可用作花境植物。

百合植株（徐正浩摄）

43. 油点草 *Tricyrtis macropoda* Miq.

分类地位：百合科（Liliaceae）油点草属（*Tricyrtis* Wall.）

形态学鉴别特征：多年生草本。株高40~100cm。根状茎短，下部节上簇生须根，稍肉质。茎单一，上部疏生糙毛，有时基部节上生根。叶卵形至卵状长圆形，长8~15cm，宽4~10cm，先端急尖或短渐尖，基部圆心形或微心形，抱茎，边缘具糙毛，上面有时散生油迹状斑点。二歧聚伞花序顶生、腋生，长12~25cm，总花梗、花梗被淡褐色短糙毛和短绵毛。花疏散。花梗长1.2~2.5cm。花被片绿白色或白色，内面散生紫红色斑点，长圆状披针形或倒卵状披针形，长1.2~1.5cm，开放后中部以上向下反折。外轮花被片基部向下延伸，呈囊状。雄蕊与花被片几等长。花丝下部靠合，中部以上向外弯曲。花柱圆柱形。柱头3裂，向外弯垂，每裂再2分枝。小裂片线形，密生颗粒状腺毛。蒴果长圆形，长2~3cm。种子扁卵形。

生物学特性：花果期8—9月。生于山坡林下、灌丛。

分布：中国华东、华中、西北等地有分布。日本也有分布。之江校区有分布。

景观应用：可用作花境植物或林缘、疏林地被植物。

油点草花（徐正浩摄）

油点草植株（徐正浩摄）

44. 绵枣儿 *Scilla scilloides* (Lindl.) Druce

中文异名：石枣儿、地兰、老鸦葱

分类地位：百合科（Liliaceae）绵枣儿属（*Scilla* Linn.）

形态学鉴别特征：多年生草本。株高20~45cm。鳞茎卵形或近球形，长2~5cm，径1~3cm，皮黑褐色或黑色。鳞茎底部生须根。叶基生，柔软，通常2~5片，狭带状，长15~40cm，宽2~9mm，先端急尖，基部渐狭。花葶1个，稀2个，比叶长，通常于叶枯后生出。总状花序长圆柱形或圆锥形，长2~20cm，具多数花。花梗长0.5~1.2cm，顶端具关节，基部有1~2片苞片，较小，膜质，狭披针形。花被片近椭圆形、倒卵形或狭椭圆形，长2.5~4mm，宽1.2mm，基部稍合生而成盘状，先端钝，增厚。花小，径4~5mm，紫红色、粉红色至白色，在花梗顶端脱落。雄蕊生于花被片基部，稍短于花被片，花丝近披针形，边缘和背面常多少具小乳突，基部稍合生，中部以上骤然变窄，变窄部分长1mm。子房长1.5~2mm，基部有短柄，表面多少有小乳突，3室，每室1个胚珠。花柱长为子房的1/2~2/3。果近倒卵形，长3~6mm，宽2~4mm，具种子1~3粒。种子矩圆状狭倒卵形，长2.5~5mm，黑色。

生物学特性： 花果期7—11月。生于山坡草地、丘陵、林缘、田间及路旁。

分布： 中国华东、华中、华北、西南、华南等地有分布。日本、朝鲜、俄罗斯等也有分布。紫金港校区、之江校区、玉泉校区有分布。

绵枣儿花序（徐正浩摄）

绵枣儿植株（徐正浩摄）

景观应用： 草坪、旱地地被植物。可用作花境植物。

45. 庭菖蒲 *Sisyrinchium rosulatum* Bickn.

庭菖蒲花（徐正浩摄）

英文名： annual blue-eyed-grass

分类地位： 鸢尾科（Iridaceae）庭菖蒲属（*Sisyrinchium* Linn.）

形态学鉴别特征： 一年生莲座状草本。株高10~25cm。须根多分枝。茎斜生或直立，地上节3~4个，节常呈膝状弯曲。茎中下部有少数分枝，沿茎的两侧生有狭翅。叶基生或互生，狭条形，长6~9cm，宽2~3mm，基部鞘状抱茎，顶端渐尖，无明显的中脉。花序顶生。苞片5~7片，外侧2片狭披针形，边缘膜质，绿色，长2~2.5cm，内侧3~5片膜质，无色透明，内有花4~6朵。花淡紫色，喉部黄色，径0.8~1cm。花梗丝状，长2.5cm。花被管甚短，有纤毛，内、外花被裂片同形，等大，2轮排列，倒卵形至倒披针形，长1.2cm，宽4mm，顶端突尖，白色，有浅紫色的条纹，外展，爪部楔形，鲜黄色，并有浓紫色的斑纹。雄蕊3枚，花丝上部分离，下部合成管状，包住花柱，外围有大量的腺毛，花药鲜黄色。花柱丝状，上部3裂。子房圆球形，绿色，生有纤毛。蒴果球形，径2.5~4mm，黄褐色或棕褐色，成熟时室背开裂。种子多数，黑褐色。

生物学特性： 花期5月，果期6—8月。生于草地、湿地等。

分布： 原产于北美洲，中国南方常引种用于装饰花坛，现已逸为半野生。华家池校区有分布。

庭菖蒲植株（徐正浩摄）

景观应用： 地被植物。曾作花卉。可用作地被或花境植物。

46. 姜花 *Hedychium coronarium* Koen.

中文异名： 蝴蝶姜、姜兰花、姜黄、蝴蝶百合

英文名： the white ginger lily

分类地位： 姜科（Zingiberaceae）姜花属（*Hedychium* Koen.）

形态学鉴别特征： 多年生草本。株高1~2m。具块状根状茎。茎直立，近圆柱形，径5~20cm。叶片长圆状披针形或披针形，

长20~40cm，宽4.5~8cm，顶端长渐尖，基部急尖，叶面光滑，叶背被短柔毛。叶无柄。叶舌薄膜质，长2~3cm。穗状花序顶生，椭圆形，长10~20cm，宽4~8cm。苞片呈覆瓦状排列，卵圆形，长4.5~5cm，宽2.5~4cm，每片苞片内有花2~3朵。花芬芳，白

姜花的花（徐正浩摄）

姜花植株（徐正浩摄）

色，花萼管长4cm，顶端一侧开裂。花冠管纤细，长8cm，裂片披针形，长5cm，后方的1片呈兜状，顶端具小尖头。侧生退化雄蕊长圆状披针形，长5cm。唇瓣倒心形，长和宽6cm，白色，基部稍黄，顶端2裂。花丝长3cm，花药室长1.5cm。子房被绢毛。蒴果扁球形，近卵形或长圆形，室背开裂。种子有撕裂的假种皮。

生物学特性：花期7—9月。喜高温高湿稍阴的环境，在微酸性的肥沃沙质壤土中生长良好，冬季气温降至10℃以下时，地上部分枯萎，地下姜块休眠越冬。

分布：中国广西、广东、香港、湖南、四川、云南、台湾等地有分布。印度、澳大利亚、马来西亚、越南等也有分布。华家池校区、紫金港校区有分布。

景观应用：观赏植物。

47. 绥草 *Spiranthes sinensis* (Pers.) Ames

中文异名：盘龙参、天龙抱柱、金龙盘树、青龙柱、盘龙草
英文名：the Chinese spiranthes, the Christmas lily
分类地位：兰科（Orchidaceae）绥草属（*Spiranthes* L. C. Rich.）
形态学鉴别特征：多年生宿根草本植物。株高13~50cm。根肉质，纺锤状，形似人参，黄白色，4~8条簇生，长2~4cm，径5~8mm。茎短，淡绿色，直立，2~5片叶着生于茎基部。叶稍肉质，2~8片，下部叶近基生，叶线形至线状倒披针形，长2~15cm，宽0.3~1cm，顶端钝尖，全缘，基部微抱茎，中脉微凹。茎上部叶退化成鞘状苞片，顶端长尖。无柄。总状或穗状花序，顶生或腋生，长5~10cm。花小、多数，螺旋状排列于密被白色柔毛的花序轴上。苞片长圆状卵形，长6mm。萼片几等长，长3~5mm，宽3mm，中萼片狭椭圆形，先端尖，与花瓣靠合成兜状，侧萼片狭披针形，顶端尖，外部被毛。花冠钟状，淡红色或紫红色，稀白色，半张，径0.4~0.8cm，两侧花瓣直立，略短于萼片，近长圆形，顶端钝，唇瓣囊状，内有腺毛，近与萼片等长，中部略收缩，上部边缘不整齐细裂并皱缩，顶端钝而有短尖，稍反曲。花粉块2，蕊柱短。蒴果深褐色，长椭圆形，长5~6mm，被细毛，干燥后裂开。种子细小，长0.2mm。无胚乳。

绥草花（徐正浩摄）

绥草花期生境植株（徐正浩摄）

生物学特性：花期4—5月，开花后地上部叶片枯黄凋萎，地下部于8—9月重新萌芽，翌年春季开花。生于山坡林地、灌丛、草地、河滩、沟边草丛、草甸、湿地、沼泽等。

分布：中国各地有分布。日本、朝鲜、蒙古、俄罗斯、菲律宾、越南、泰国、缅甸、马来西亚、不丹、印度、澳大利亚等也有分布。华家池校区、紫金港校区、之江校区有分布。

景观应用：草地杂草。地被植物。

第三章　浙大校园外来入侵野草野花

1. 野燕麦 *Avena fatua* Linn.

野燕麦花序（徐正浩摄）

野燕麦植株（徐正浩摄）

中文异名：乌麦、铃铛麦、燕麦草、香麦
英文名：wild oat
分类地位：禾本科（Gramineae）燕麦属（*Avena* Linn.）
形态学鉴别特征：一年生或二年生草本。外来入侵杂草。株高30~110cm。须根坚韧。茎直立，丛生或单生，光滑，具2~4个节。叶宽条形，扁平，长10~30cm，宽4~12mm，微粗糙或上面及边缘疏生柔毛而下面光滑。叶鞘松弛，或超过节间，光滑或基部被柔毛。叶舌透明膜质，长1~5mm。圆锥花序开展成塔形，长10~25cm，分枝轮生，有棱角，粗糙。小穗长18~25mm，含2~3朵小花，疏生，柄细长而弯曲下垂。小穗轴的节间易断落，通常密生硬毛。颖具9条脉，草质。外稃近革质，第1外稃长15~20mm，背面中部以下常有较硬的毛，基盘密生短毛。芒自稃中部稍下处伸出，膝曲，扭转，长2~4cm，棕色。内稃较短狭。颖果长圆形，长6~8mm，宽2~3mm，被淡棕色柔毛，腹面具纵沟。种子纺锤形。
生物学特性：在西北地区3—4月出苗，花果期6—8月。在华北及其以南地区10~11月出苗，花果期5—6月。种子具有休眠特性。生于耕地、田边、路旁草地等，尤以麦田居多。
分布：原产于欧洲。随小麦等粮食作物进口夹带等途径传入，在中国南北多地归化。欧、亚、非洲的温寒带地区分布广泛。华家池校区有分布。

2. 棕叶狗尾草 *Setaria palmifolia* (Koen.) Stapf

中文异名：台风草、大风草
英文名：palm grass
分类地位：禾本科（Gramineae）狗尾草属（*Setaria* Beauv.）
形态学鉴别特征：多年生草本。外来入侵杂草。株高1~1.5m。具根茎，须根发达，坚韧。茎直立，丛生，径3~10mm。叶革质，不含蜡质，宽披针形，长20~40cm，宽2~6cm，具纵深皱褶，先端渐尖，基部窄缩成柄状，无毛或疏

逸生棕叶狗尾草（徐正浩摄）

棕叶狗尾草植株（徐正浩摄）

生硬毛。叶鞘松弛，常具疣毛。叶舌长1mm，具长2mm的纤毛。圆锥花序疏松，开展成塔形，长30~35cm，分枝具棱角，粗糙。小穗卵状披针形，长3.5~4mm，刚毛长5~15mm，有时不显著。颖草质。第1颖卵形，长为小穗的1/3~1/2，先端稍尖，具3~5条脉。第2颖长为小穗的1/2~3/4，先端尖，具5~7条脉。第1外稃与小穗等长，具5条脉，内稃膜质，短小，长为外稃的1/2~2/3。第2外稃具横皱纹，先端具小而硬的尖头。柱头羽状。颖果卵状披针形，熟时往往不带着颖片脱落，长2~3mm，具不甚明显的横皱纹。

生物学特性： 8—11月开花结果。再生力较强。主要生于路旁、河岸、果园、森林山坡、山谷的阴湿处或林下。

分布： 原产于非洲。中国华东、华中、华南、西南等地已引入。各校区有分布。

景观应用： 通常用于地被植物栽培。

3. 石茅 *Sorghum halepense* (Linn.) Pers.

中文异名： 假高粱、亚剌伯高粱、约翰逊草
英文名： Johnsongrass
分类地位： 禾本科（Gramineae）高粱属（*Sorghum* Moench）
形态学鉴别特征： 多年生宿根性杂草。外来入侵杂草、限制进境检疫性杂草。株高80~300cm。须根发达。具匍匐根状茎，根茎分布深度为5~40cm，最深可达70cm，根茎径0.3~1.8cm。根茎节上有须根、腋芽。茎直立，径5~20mm，偶有分枝。叶线形至线状披针形，长20~70cm，宽1~4cm，顶端长渐尖，基部渐狭，被白色绢状疏柔毛，中脉白色粗厚，边缘粗糙，常有细微小刺齿。叶鞘无毛，或基部节上微有柔毛。叶舌膜质，长1.8mm，顶端近截平，具缘毛。圆锥花序大，淡紫色至紫黑色，长15~50cm，主轴粗糙，分枝轮生，基部与主轴交接处常有白色柔毛，上部常数次分出小枝，小枝顶端着生总状花序。每个总状花序具2~5个节，其下裸露部分长1~4cm，其节间易折断，与小穗柄均具柔毛或近无毛。穗轴与小穗轴均被纤毛，小穗多数，小穗轴具关节。小穗成对着生，其中1个无柄，椭圆形或卵状椭圆形，长4~5.5mm，宽2mm，熟后灰黄色或淡棕黄色，基盘钝，被短柔毛，两性，能结实。颖薄革质。第1颖具5~7条脉，脉上部明显，腹面的横脉较清晰，顶端有微小而明显的3齿，上部1/3处具2脊，脊上有狭翼，翼缘有短刺毛。

石茅花序（徐正浩摄）

石茅植株（徐正浩摄）

第2颖上部具脊，略呈舟形。第1外稃披针形，稍短于颖，透明膜质，具2条脉，边缘有纤毛。第2外稃长圆形，长为颖的1/3~1/2，顶端微2裂，主脉由齿间伸出成芒，芒长5~11mm，膝曲扭转，也可全缘均无芒。内稃狭，长为颖的1/2。鳞被2片，宽倒卵形，顶端微凹。雄蕊3枚。花柱2枚，仅基部连合，柱头帚状。有柄小穗雄性，长5~7mm，狭窄，颜色较深，质地较薄，披针形，柄被白色长柔毛。结实小穗成熟后自关节脱落，脱落处整齐，为自然脱离。脱落小穗第2颖背面上部明显具有关节的小穗轴2个，小穗轴边缘具纤毛。颖果倒卵形或椭圆形，长2.6~3.2mm，宽1.5~1.8mm，暗红褐色，表面乌暗，无光泽，顶端钝圆，具宿存花柱。种子卵形，长3~5mm，熟时暗红色至黑色。胚椭圆形，大而明显，长为颖果的2/3。脐圆形，深紫褐色。

生物学特性： 花果期6—10月。在籽苗和芽苗出现以后3周，地下茎短枝形成，并且出现次生分蘖。开花延续时间长。在花期，根茎迅速增长。根茎形成的最低温度为15~20℃。根茎在秋天进入休眠，翌年根茎上的芽萌发出芽苗，长成新的植株。结实一般在7—9月，每个圆锥花序可结500~2000个颖果(籽实)。种子休眠期可达20年以上。

分布： 原产于地中海地区。地中海沿岸各国及西非、印度、斯里兰卡等有分布。世界各大洲均已传入或归化。华家池校区有逸生。

4. 香根草 *Vetiveria zizanioides* (Linn.) Nash

香根草植株1（徐正浩摄）

香根草植株2（徐正浩摄）

中文异名：岩兰草、培地茅
英文名：vetiver
分类地位：禾本科（Gramineae）香根草属（*Vetiveria* Bory）
形态学鉴别特征：多年生外来草本。株高1~2.5m。为典型的热带C_4植物。须根含挥发性浓郁香气。根系发达，形成网状根，纵深根系可达2m以上，径0.5~0.7mm。茎直立，中空，横断面呈扁圆形，径5mm。茎秆有节，节间被叶鞘包裹。叶线形，长25~75cm，宽6~8mm，下面无毛，上面粗糙，扁平，下部对折，边缘有锯齿状突起，顶生叶较小。叶鞘质硬，无毛，对折，具背脊。叶舌短，边缘具纤毛。圆锥花序大型，顶生。主轴粗壮，各节具多数轮生的分枝，分枝细长上举。总状花序轴节间与小穗柄无毛。无柄小穗线状披针形，长4~5mm，基盘无毛。第1颖革质，边缘稍内折，近两侧扁压，背部圆形，5条脉不明显，生有疣基刺毛。第2颖脊上粗糙或具刺毛。第1外稃边缘具丝状毛。第2外稃较短，具1条脉，顶端齿间有1小突起。鳞被2片，顶端截平，具多条脉。雄蕊3枚，柱头2个，帚状。小穗和雄蕊由小花梗连接。有柄小穗背部扁平，等长或稍短于无柄小穗。果实椭圆形，顶端稍斜。
生物学特性：根有香味。花果期8—10月。在自然条件下很少结实，或不开花或"华而不实"。根、茎、叶有发达的通气组织，具有旱生、水生植物结构特点。生于山坡、路旁、河岸、湿地等，多用作绿化景观植物。
分布：中国江苏、浙江、福建、台湾、广东、海南、四川等地有分布。非洲至印度、斯里兰卡、泰国、缅甸、印度尼西亚、马来西亚一带广泛种植。被世界上100多个国家和地区列为理想的保持水土植物。各校区有分布。
景观应用：景观植物。

5. 草胡椒 *Peperomia pellucida* (Linn.) Kunth

中文异名：透明草
英文名：shiny peperomia
分类地位：胡椒科（Piperaceae）草胡椒属（*Peperomia* Ruiz et Pavon）
形态学鉴别特征：一年生肉质草本。外来入侵杂草。株高5~40cm。须根多。茎直立或基部有时平卧，中下部分枝，圆形，径2~3mm，淡绿色，下部节上常生不定根。叶互生，薄而易折，卵形，先端短尖或钝，基部阔，心形。长与宽均为1~3cm，淡绿色。叶柄长8~10mm。叶脉5~7条，基出，网状不明，膜质，半透明。穗状花序顶生枝端，直立，淡绿色，长1~6cm。花小，两性，无花被。雄蕊2枚。子房椭圆形，柱头顶生。果极小，球形，先端尖。种子宽不过0.5mm。

草胡椒花序（徐正浩摄）

草胡椒群体（徐正浩摄）

生物学特性：花期为7—8月。喜潮湿环境。主要生于林下湿地、石缝、墙脚下，也是一种常见的园圃杂草。

分布：起源于美洲热带地区，为外来入侵杂草。在中国华东、华南等地广泛入侵。各校区有分布。

6. 小叶冷水花 *Pilea microphylla* (Linn.) Liebm.

中文异名：礼花草、礼炮花、小叶冷水麻、小水麻

英文名：artilliery plant

分类地位：荨麻科（Urticaceae）冷水花属（*Pilea* Lindl.）

形态学鉴别特征：一年生铺散小草本。外来入侵植物。株高3~17cm。主根不明显，侧根发达。茎肉质，多分枝，粗1~1.5mm。叶肉质，小，同对叶不等大。倒卵形至匙形，长3~7mm，宽1.5~3mm，先端钝，基部楔形或渐狭，边缘全缘。上

小叶冷水花植株（徐正浩摄）

小叶冷水花群体（徐正浩摄）

面绿色，下面浅绿色，钟乳体条形，上面明显，横向排列，整齐。叶脉羽状，中脉稍明显，在近先端消失，侧脉和网脉不明显。叶柄长1~4mm。托叶不明显，三角形，长0.5mm。花单性，雌雄同株，有时同序。聚伞花序密集成近头状，长1.5~6mm。雄花具梗，花被片4片，卵形，外面近先端有短角状突起，雄蕊4枚，退化雌蕊不明显。雌花较小，花被片3片，大小鲜明，在果期中间的1片长圆形，与果近等长，侧生的2片卵形，先端急尖，薄膜质，退化雄蕊不明显。瘦果卵形。种子长0.3~0.4mm，熟时变褐色，光滑。

生物学特性：花果期在夏秋两季。主要生于路旁、溪边、石缝等处。

分布：原产于南美洲。中国华东、华南等地已逸生。玉泉校区、紫金港校区有分布。

7. 土荆芥 *Chenopodium ambrosioides* Linn.

中文异名：杀虫芥、虱子草、钩虫草、白马兰、臭蒿

英文名：Mexican tea

分类地位：藜科（Chenopodiaceae）藜属（*Chenopodium* Linn.）

形态学鉴别特征：一年生或多年生草本。外来入侵杂草。株高50~80cm。主根乳白色，倒圆锥形，侧根多，主根和侧根上有多数细根。茎直立，多分枝，具棱，有毛或近无毛。叶互生，长圆状披针形至披针形，长3~12cm，宽1~5cm，先端急尖或渐尖，基部渐狭具短柄，边缘具稀疏不整齐的大锯齿，下面有散生油点并沿脉稍有毛。下部叶长，上部叶逐渐狭小而近全缘。花两性或雌性，3~5朵簇生于苞腋。花被裂片5片，较少为3片，绿色。雄蕊5枚，花丝长0.5mm。花柱不明显，柱头通常3个，较少为4个，丝状，伸出花被外。胞果扁球形，包于花被内。种子细小，红褐色，

土荆芥花（徐正浩摄）

土荆芥植株（徐正浩摄）

球形，径0.7mm，略扁，有光泽。

生物学特性：有强烈香味，全草含土荆芥油。花果期6—10月。种子产量大，而且种子细小，具有高萌发率。在自然条件下快速完成入侵和定居过程。主要生于路旁、河岸等荒地以及农田中。

分布：原产于美洲热带地区，现广布于世界热带和温带地区。紫金港校区有分布。

景观应用：常见旱田、果园、茶园的杂草。

8. 刺苋 *Amaranthus spinosus* Linn.

中文异名：簕苋菜、刺苋菜
英文名：spiny amaranth, thorny amaranth
分类地位：苋科（Amaranthaceae）苋属（*Amaranthus* Linn.）
形态学鉴别特征：一年生草本。外来入侵杂草。株高40~80cm。主根明显，有分枝，侧根发达，细根多。茎直立，多分枝，有纵条纹，绿色或带紫色，无毛或稍有柔毛。叶互生，菱状卵形或椭圆状卵形，长3~8cm，宽1.5~4cm，先端圆钝，具小凸尖，叶柄基侧有2刺。圆锥花序腋生及顶生。苞片在腋生花簇及顶生花穗的基部者变成尖锐直刺，长5~15mm，在顶生花穗的上部者狭披针形，长1.5mm。花被片5片，黄绿色，顶端急尖，具凸尖。雄花花被片卵状长圆形，雌花花被片倒卵状长圆形，膜质，中脉绿色或带紫色。雄蕊5枚。柱头2~3个。胞果长圆形，长1~1.2mm，包裹在宿存花被片内，在中部以下不规则横裂。种子倒卵形或圆形，略扁，表面黑色，有光泽，种脐位于基端。

刺苋花（徐正浩摄）

刺苋花序（徐正浩摄）

刺苋植株（徐正浩摄）

生物学特性：苗期4—5月，花期7—8月。主要生于山坡、路旁、荒地、田边、沟旁、河岸等。

分布：中国华东、华中、华南、西南及陕西、河北等地有分布。日本、印度、马来西亚、菲律宾及美洲等也有分布。各校区有分布。

9. 反枝苋 *Amaranthus retroflexus* Linn.

中文异名：西风谷、野苋、野米苋
英文名：redroot, wildbeet, pigweed
分类地位：苋科（Amaranthaceae）苋属（*Amaranthus* Linn.）
形态学鉴别特征：一年生草本。外来入侵杂草。株高20~80cm。根系深，主根明显，有分枝，细根多。茎直立，淡绿色，有时具紫色条纹，稍具钝棱，有分枝，密生短柔毛。叶互生，卵形至椭圆状卵形，长5~8cm，宽2.5~4cm，先端稍凸或略凹，有小芒尖，基部楔形，两面和边缘具柔毛。叶柄长3~5cm，被短柔毛。花序圆锥状，顶生或腋生，由多数穗状花序形成，顶生花穗较侧生者长，花簇刺毛多。雌雄同株。花被5片或4片，倒卵状长圆形，长3mm，先端圆钝或截形，具短凸尖，薄膜质，白色，具浅绿色中脉1条。雄蕊与花被片同数，5枚或4枚。柱头2~3

个。胞果扁球形，环状横裂，包裹在宿存花被片内。种子圆形至倒卵形，径1mm，表面黑色。

生物学特性：4—5月出苗，6—7月开花，果期7—9月。种子陆续成熟，成熟种子无休眠期。主要生于山坡、路旁、荒地、田边、沟旁、河岸等。

反枝苋花序（徐正浩摄）

反枝苋植株（徐正浩摄）

分布：原产于美洲热带地区。中国华东、华中、华南、华北、西北等地有分布。世界各地均有分布。紫金港校区、之江校区有分布。

10. 苋 *Amaranthus tricolor* Linn.

中文异名：雁来红、苋菜、三色苋

英文名：flower gentle, three coloured Amaranth

分类地位：苋科（Amaranthaceae）苋属（*Amaranthus* Linn.）

形态学鉴别特征：一年生草本。外来入侵杂草。株高50~150cm。主根明显，侧根发达，细根多数。茎直立，粗壮，常分枝，微具条棱，淡绿色至暗紫色，无毛，稍有细毛。叶互生，卵形或菱状卵形，长3~5cm，宽2~3.5cm，除绿色外，常呈红色、紫色、黄色或绿紫杂色，先端钝尖，微2裂或微缺，内具小凸尖，基部楔形，全缘或波状，无毛或微有毛。叶柄与叶片近等长。花簇生于叶腋，后期形成顶生穗状花序。单性或杂性，苞片短，花被片3片，细长圆形，先端钝而有微尖，向内曲，长为胞果的1/2，黄绿色，有时具绿色隆起的中肋。雄蕊3枚。柱头2~3个，线形。胞果球形或宽卵圆状，膜质，近平滑或具皱纹，不裂。种子近于扁圆形，两面凸，黑褐色，平滑有光泽。

苋花期植株（徐正浩摄）

逸生为杂草的苋（徐正浩摄）

生物学特性：6—8月开花，8—10月结果。最适生长温度为20~30℃。主要生于路边、农田、果园地等。

分布：原产于印度。中国南北各地栽培，多逸生为半野生。各校区有分布。

景观应用：镉超富集植物，可用于镉污染土壤的生物修复。

11. 皱果苋 *Amaranthus viridis* Linn.

中文异名：绿苋、野苋

英文名：wild Amaranth, wrinkled fruit amaranth

分类地位：苋科（Amaranthaceae）苋属（*Amaranthus* Linn.）

皱果苋花序（徐正浩摄）

皱果苋植株（徐正浩摄）

形态学鉴别特征：一年生草本。全株无毛。外来入侵杂草。株高40~80cm。主根不明显，侧根发达，细根多。茎直立，有不明显棱角，条纹明显，有分枝，绿色或带紫色。叶互生，卵形、卵状长圆形或卵状椭圆形，长3~7cm，宽2~5cm，先端常凹缺，少数圆钝，叶面常有"V"形白斑，有1个短尖头。叶柄细弱，长3~5cm。花簇排列成细穗状花序或再合成大型顶生的圆锥花序，圆锥花序有分枝，顶生花穗比侧生者长。苞片及小苞片披针形，长不及1mm，顶端具凸尖。花被片3片，长圆形或倒披针形，比苞片长，内曲，先端急尖，背部有1条绿色隆起中脉。雄蕊3枚，比花被片短。柱头2~3个。胞果扁球形，径2mm，绿色，不裂，果皮极皱缩，超出花被片。种子倒卵形或圆形，略扁，径1mm，黑色或黑褐色，有光泽，具细微的线状雕纹。

生物学特性：种子繁殖。在浙江省苗期4—5月，花果期6—11月。主要生于宅旁、路旁、荒地、田边等。

分布：原产于美洲热带地区。除西北外，中国各地均有分布。广泛分布于世界热带至温带地区。各校区有分布。

12. 喜旱莲子草 *Alternanthera philoxeroides* (Mart.) Griseb.

喜旱莲子草花（徐正浩摄）

中文异名：水花生、革命草、空心莲子草
英文名：alligator weed
分类地位：苋科（Amaranthaceae）莲子草属（*Alternanthera* Forsk.）
形态学鉴别特征：多年生草本。外来入侵杂草。根系属不定根系，茎节能生根，须根白色，有分枝。陆生植株的不定根可进一步发育为肉质贮藏根，称之为宿根，根部径1cm。水生型喜旱莲子草只有不定根主根。茎基部匍匐，上部伸展，中空，有分枝，节腋处疏生细柔毛。茎具两种生态类型，即水生型和陆生型，喜旱莲子草的茎结构朝哪个方向发展，取决于环境水分条件，在水分充沛时输导功能强，茎长1.5~2.5m，而在干旱时输导组织数量多，机械组织发达，韧皮纤维数量和厚度增加。在旱生环境中形成径1cm的肉质贮藏根。叶对生，长圆状倒卵形或倒卵状披针形，长2.5~5cm，宽0.7~2cm，顶端圆钝，有芒尖，基部渐狭，全缘，两面无毛或上面有伏毛，边缘有睫毛。头状花序单生于叶腋，具长1.5~3cm的总梗。花白色或略带粉红色，10~20朵无柄的小花集生成头状花序。苞片和小苞片干膜质，宿存。花被5片，披针形，长5mm，宽2~3mm，背部两侧扁压，膜质，白色有光泽。雄蕊5枚，花丝长3mm。子房球形，花柱粗短，柱头头状。胞果扁平。种子透镜状，种皮革质，胚环形。

喜旱莲子草单一优势群体（徐正浩摄）

生物学特性：以根茎繁殖。在水域，春后即出现新芽萌发，3月水域喜旱莲子草已具一定生长量，4月可布满一定水域，5—10月均可大量繁殖，能迅速蔓延整个河道，形成优势种群，堵塞河道。在旱地，新芽萌发期比在水域迟，一般要在4—5月，这可能与新芽在水域和旱地生境中所处的温度等条件相关。由于喜旱莲子草是多年宿根性杂草，并不断繁殖更新，因此花期长，一般4—11月均能开花。生于池塘、沟渠、河滩、湖泊、旱地、水田、苗圃、路边、宅旁等。

分布：原产于南美洲。在中国华东、华中、华南和西南等地皆入侵扩散。世界各大洲均有分布，危害重。各校区有分布。

13. 紫茉莉 *Mirabilis jalapa* Linn.

中文异名：胭脂花、粉豆花、夜饭花、状元花、丁香叶、苦丁香、野丁香
英文名：four o'clock flower, marvel of Peru
分类地位：紫茉莉科（Nyctaginaceae）紫茉莉属（*Mirabilis* Linn.）
形态学鉴别特征：一年生草本。外来入侵杂草。株高50~70cm。根粗大，呈倒圆锥形，黑色或黑褐色。茎直立，圆柱形，多分枝，节稍膨大。单叶对生。卵形或卵状三角形，长4~12cm，宽2.5~7cm，先端渐尖，基部心形，无毛。叶柄长

紫茉莉花（徐正浩摄）

紫茉莉植株（徐正浩摄）

2~6cm。头状花序。花两性，花常数朵簇生于枝端，花晨、夕开放而午收。总苞钟形，长1cm，顶端5深裂，果期宿存。花被紫红色、黄色、白色或杂色，漏斗状，筒部长4~6cm，顶部开展，5裂，径2.5cm，基部膨大成球形，包裹子房。雄蕊5枚，花丝细长，常伸出花外，花药扁圆形。花柱单一，线形，与雄蕊近等长。柱头头状，微裂。瘦果球形，革质，径5~8mm，黑色有棱，表面具皱纹。种子白色，胚乳粉质。
生物学特性：种子繁殖。在浙江省花期为7—10月，果期为8—11月。主要生于路旁、荒地、空杂地等。
分布：原产于南美洲。现中国各地有分布。各校区有分布。
景观应用：作为花卉种植，用作绿化美观，逸生为杂草。

14. 垂序商陆 *Phytolacca americana* Linn.

中文异名：美洲商陆、美国商陆、十蕊商陆、花商陆、野胭脂
英文名：common pokeweed, coakum, poke-berry, scoke
分类地位：商陆科（Phytolaccaceae）商陆属（*Phytolacca* Linn.）
形态学鉴别特征：多年生草本。全体无毛。外来入侵杂草。株高可达1m以上。根肥厚，倒圆锥状，分叉，皮淡黄色，断面粉红色。茎直立，圆柱形，分枝，绿色或微带紫红色，肉质。单叶互生。椭圆形或长椭圆形，长10~20cm，宽6~14cm，质薄，先端急尖，基部楔形，全缘，背面中脉突起。叶柄粗壮，长1.5~3cm。花两性。总状花序直立，顶生或侧生，常与叶成对，长10~20cm。总花梗长2~4cm。总苞片和苞片线状披针形，长1.5mm。花梗细，长7mm。萼片5片，白色，后期变成粉红色，椭圆形，长3~4mm，宽2.3~2.5mm，先端圆钝。雄蕊10枚，与萼片近等长，花丝锥形，白色，花药椭圆形，粉红色。心皮8~10个，离生。浆果扁球形，熟时紫黑色，径3~4mm。种子平滑，肾形，黑色。
生物学特性：花期7—8月，果期8—10月。常生于林缘、路旁、房前屋后、荒地。
分布：原产于北美洲。现世界各地引种和归化。各校区有分布。
景观应用：为中国发现的一种锰超积累植物。

垂序商陆花序（徐正浩摄）

垂序商陆果期植株（徐正浩摄）

15. 土人参 *Talinum paniculatum* (Jacq.) Gaertn.

中文异名：水人参、参草、紫人参、福参
英文名：panicled fameflower
分类地位：马齿苋科（Portulacaceae）土人参属（*Talinum* Adans.）
形态学鉴别特征：多年生草本。肉质，全体无毛。外来入侵杂草。株高达60cm。根粗壮，圆锥形，具分枝，表皮棕褐色，肉棕红色。茎直立，绿色，有分枝，基部稍带木质。叶互生，扁平，倒卵状或倒卵状长椭圆形，长5~7cm，宽2.5~3.5cm，顶端略凹，有细凸头，基部渐狭成短柄，全缘，肉质光滑。圆锥花序顶生或侧生，多分枝，枝呈2叉状。小枝和花梗的基部都有苞片。花淡紫色。花梗纤长。萼片2片，卵圆形，早落。花瓣5片，倒卵形或椭圆形。雄蕊10余枚。子房上位，球形。蒴果近球形，径3mm，3瓣裂。种子多数，黑色，光亮，有微细腺点。

土人参果实（徐正浩摄）

土人参植株（徐正浩摄）

生物学特性：苗期4—5月，花期6—7月，果期9—10月。主要是人为栽培作观赏和药用，多数地区已逸生，成为菜地、路旁等生境的杂草。
分布：原产于美洲热带地区。中国多数地区栽培，或逸为野生。各校区有分布。

16. 落葵薯 *Anredera cordifolia* (Tenore) Steenis

中文异名：心叶落葵薯、九头三七、马德拉藤、细枝落葵薯、藤三七
分类地位：落葵科（Basellaceae）落葵薯属（*Anredera* Juss.）
形态学鉴别特征：多年生缠绕草质藤本，常肉质。外来入侵杂草。具肉质根状茎。老茎灰褐色，皮孔粗而外突，幼茎带紫红色。单叶互生，肉质。宽卵圆形至卵状披针形，长2~6cm，宽1.5~4.5cm，先端急尖或钝，基部心形至近圆形，全缘。叶柄长5~9mm。叶腋常具珠芽。花小，整齐。花红色或白色，组成分枝或不分枝的花簇。两性，有梗，长3mm。花序腋生或顶生，穗状、总状或圆锥状，长20cm，分枝纤细，稍下垂。苞片2片，花被5深裂，裂片圆形或倒卵圆形，长3mm，有时多少结合，覆瓦状排列，常宿存，具色彩。雄蕊5枚，与花被片同数对生，花丝在蕾中弯曲。子房上位，圆球形，1室，子房基底具1个弯生胚珠，花柱3个，较雄蕊短，近中部合生。果期肉质的花被包于核果外，似浆果。

落葵薯叶（徐正浩摄）

落葵薯珠芽（徐正浩摄）

生物学特性：花芳香。花期6—10月，7—8月为快速生长期。经观察，未发现该种结实，通常不孕，无种子。生于旱地、园区等。一些地区已逸生。
分布：原产于美洲热带地区。现广植于世界各地，常作观赏植物或药用植物栽培。华家池校区有分布。

17. 小繁缕 *Stellaria pusilla* E. Schmid

中文异名：无瓣繁缕
英文名：little starwort
分类地位：石竹科（Caryophyllaceae）繁缕属（*Stellaria* Linn.）
形态学鉴别特征：二年生草本。外来入侵杂草。株高10~25cm。无明显主根，细根发达。茎下部平卧，多分枝。叶倒卵形至披针形，长1~2cm，宽0.5~1cm，基部下延至柄，下部叶具柄，长0.5cm，中上部叶无柄或由叶基下延渐狭成柄，叶顶端

小繁缕花（徐正浩摄）

小繁缕单一优势群体（徐正浩摄）

突尖。伞形花序。花萼5片。雄蕊3~5枚。子房卵形，1室，具胚珠多个，花柱3个，短小。蒴果长卵形。种子细小，红褐色，肾形。

生物学特性：苗期10—11月，花期3—4月，果期4—5月。种子随果实成熟落于土壤中。常生于路边、宅旁、荒地和农田。

分布：原产于地中海地区。在中国华东、华中、华南等地已入侵和归化。各校区有分布。

18. 水盾草 *Cabomba caroliniana* A. Gray

中文异名：绿菊花草、百花穗莼、水松、华盛顿草
英文名：Washington plant, fish-grass, green cabomba, fanwort, carolina fanwort
分类地位：莼菜科（Cabombaceae）水盾草属（*Cabomba* Aublet）
形态学鉴别特征：多年生水生草本植物，沉水性水草。外来入侵植物。根系发达，细根多。茎细长，具分枝，幼嫩部分有短柔毛。节上生根。叶对生或轮生，稀互生，有柄。叶2型。沉水叶对生，圆扇形，长0.8~1.2cm，宽1~1.5cm，掌状分裂，裂片3~4次2叉分裂，裂片狭线形或丝状。浮水叶少数，在花枝顶端互生，狭椭圆形或近圆形，长6~12mm，宽3~5mm，全缘，盾状着生。花单生于枝上部叶腋。花小，白、黄，稀紫色。萼片3片，花瓣状。花瓣3片，近基部有橙色腺斑，两侧常有瓣耳。雄蕊3~6枚，花药外向，纵裂。心皮2~6个。花各部均离生。果实革质，不开裂，具1~3粒种子。种子无成熟的胚。

水盾草植株（徐正浩摄）

水族馆应用的水盾草（徐正浩摄）

生物学特性：一般分布于0.3~2.5m的浅水域。花期10月，开花不结实。进入冬季，气温、水温较低时，生长缓慢或停滞。长于深水处植株，早春回暖时，生长相对较快。生于池塘、水库浅水处，在河流、湖泊、运河、渠道等生境，该草分布也较多。

分布：原产于南美洲。中国南方已野外逸生。玉泉校区、华家池校区、紫金港校区有分布。常被水族馆应用，后遭遗弃而入侵。

19. 臭荠 *Coronopus didymus* (Linn.) J. E. Smith

臭荠苗（徐正浩摄）

臭荠果期植株（徐正浩摄）

中文异名：臭滨芥、肾果荠

英文名：swine wart cress

分类地位：十字花科（Cruciferae）臭荠属（*Coronopus* J. G. Zinn）

形态学鉴别特征：一年生或二年生匍匐草本。全株有臭味。外来入侵杂草。株高50~80cm。主根明显，直长，有分叉，细根发达。茎通常匍匐，也有直立，主茎短且不明显，多分枝，自基部分枝，无毛或有长单毛。叶1~2回羽状全裂，裂片3~7对，线形或狭长圆形，长3~10mm，宽1mm，先端急尖，基部楔形，全缘，两面无毛。叶柄长5~8mm。总状花序腋生，长1~4cm。花小，白色，径为1mm。萼片具白色膜质边缘。花瓣白色，长圆形，有时无花瓣。雄蕊2枚。花柱极短，柱头凹陷，稍2裂。短角果扁肾球形，长1.5mm，宽2mm，顶端下凹，果瓣表面皱缩成网状，果熟时从中央分离但不开裂。每室有种子1粒。种子细小，肾形，长1mm，红棕色。

生物学特性：花期3—4月，果期4—6月。主要生于旱作物地、果园、荒地、路旁等。

分布：原产于美洲热带地区。在中国华东、华中、华南、西南等地已入侵和归化。各校区有分布。

20. 北美独行菜 *Lepidium virginicum* Linn.

中文异名：大叶香荠菜

英文名：Virginia pepperweed, poor-man's pepper, peppergrass

分类地位：十字花科（Cruciferae）独行菜属（*Lepidium* Linn.）

形态学鉴别特征：一年生或二年生草本。外来入侵杂草。株高20~50cm。主根明显，细根发达。茎单一，直立，上部分枝，具柱状腺毛。基生叶倒披针形，长1~5cm，先端急尖，羽状分裂，裂片大小不等，边缘有锯齿，两面被短伏毛，柄长1.5cm。茎生叶倒披针形或线形，长1.5~3.5cm，宽2~10mm，先端急尖，基部渐狭，边缘有锯齿或近全缘，两面无毛，有短柄。总状花序顶生。萼片椭圆形，长1mm。花瓣4片，白色，倒卵形，与萼片等长或比萼片稍长，有时无花瓣。雄蕊2枚或4枚，花丝扁平，花药近圆形。子房宽卵形，扁平，花柱不明显，柱头头状。短角果近圆形，径长4~5mm，扁平，顶端微凹，边缘有狭翅，花柱极短，果梗线形，长4~5mm。种子卵形，红棕色，长1mm，无毛，边缘有窄翅。

北美独行菜花果期植株（徐正浩摄）

北美独行菜植株（徐正浩摄）

生物学特性：花期4—5月，果期5—6月。生于路旁、荒地、农田等。
分布：原产于美洲热带地区。在中国华东、华中、华南等地已入侵扩散。之江校区、玉泉校区有分布。

21. 含羞草 *Mimosa pudica* Linn.

中文异名：知羞草、呼喝草、怕丑草、感应草
英文名：sensitive plant, sleepy plant, touch-me-not
分类地位：豆科（Fabaceae）含羞草属（*Mimosa* Linn.）
形态学鉴别特征：多年生草本或亚灌木。外来入侵杂草。因羽毛般的纤细叶子受到外力触碰，会立即闭合，故名含羞草。叶片也同样会对热和光产生反应，因此，每天傍晚的时候叶片同样会收拢。直根性植物，须根少。茎直立、蔓生或攀缘，圆柱状，茎、枝具散生钩刺及倒生刺毛。株高可达1m。叶2回羽状复叶，羽片通常4片，掌状排列。每羽片有小叶14~48片，触之即闭合而下垂。小叶线状长圆形，长8~11mm，宽1~2mm，先端短渐尖，基部稍不对称，两面散生刺毛，边缘及叶脉也有刺毛。托叶披针形，边缘有纤毛。头状花序圆球形，径1cm，单生或2~3个生于叶腋，具长的总花梗。花小，多数，淡红色。苞片线形，较花小。萼钟状，长仅为花瓣的1/6，有8个微小萼齿。花瓣4片，淡红色，基部合生，外面有短柔毛。雄蕊4枚，花丝基部合生，伸出花瓣外。子房具短柄，具胚珠3~5个，无毛。花柱丝状。荚果扁平，长圆形，长1.2~2cm，宽4mm，边缘有刺毛，有3~4个荚节，每荚节有1粒种子，成熟时节间脱落，有长刺毛的荚缘宿存。种子宽卵圆形，长3.5mm。

含羞草植株（徐正浩摄）

生物学特性：苗期4—5月，花期6—8月。喜肥沃沙壤土，喜光，怕寒冷。在15~20℃条件下，经7~10天出苗。生于山坡、路旁、丛林、果园、苗圃等。
分布：原产于美洲热带地区。现广布世界热带地区。中国各地栽培。紫金港校区、玉泉校区、华家池校区有分布。
景观应用：旱地作物和果园杂草。

22. 决明 *Cassia tora* Linn.

中文异名：假绿豆、马蹄决明、钝叶决明
英文名：sickle senna
分类地位：豆科（Fabaceae）决明属（*Cassia* Linn.）
形态学鉴别特征：一年生半灌木状草本。全体被短柔毛。外来入侵杂草。株高0.5~1.5m。根系发达，细根、须根多。茎直立，基部木质化，几无毛，有腐败气味。羽状复叶有4~8片小叶，柄长1.5~3cm，在最下两小叶间的叶轴上有1钻形腺体。托叶线形，长10~15mm，被柔毛，早落。小叶倒卵形或倒卵状长圆形，先端1对小叶最大，依次渐小，长1.3~6cm，宽0.8~3cm，先端圆，有小尖头，基部楔形，偏斜，叶面有疏柔毛，背面被柔毛。小叶柄长1.5~2mm。通常2花生于叶腋。总花梗极短，花梗长1~2.3cm，被疏柔毛。苞片线形，锐尖，长2~3mm，被疏柔毛。萼裂片5片，不等大，卵形或卵状长圆形，长8mm，宽2~4mm，外面被柔毛。花瓣倒卵形或椭圆形，黄色，不等大，下方2片稍

决明花（徐正浩摄）

决明植株（徐正浩摄）

长，先端钝圆，长15mm，宽7mm，具短瓣柄，其余的长12mm，宽6mm。雄蕊10枚，能育雄蕊6~7枚，近等长，花丝长1.5~2mm，花药长1.5~2.5mm，顶孔开裂，退化雄蕊3~4枚。子房密被短柔毛。花柱无毛。柱头截形。荚果线状圆柱形，长15~25cm，径0.5cm，微弯，顶端有长喙，有疏毛，具多数种子。种子菱形，棕色，光亮，长6mm，宽3mm，两侧面各有1条线形淡褐色斜凹纹。

生物学特性： 花期6—10月，果期10—12月。喜温暖，喜沙壤土。生于山坡、路旁、果园、苗圃等。

分布： 原产于美洲热带地区。现广布热带及亚热带地区。紫金港校区有分布。

23. 南苜蓿 *Medicago polymorpha* Linn.

南苜蓿花（徐正浩摄）

南苜蓿植株（徐正浩摄）

中文异名： 刺荚苜蓿、刺苜蓿、黄花苜蓿、金花菜

英文名： bur clover

分类地位： 豆科（Fabaceae）苜蓿属（*Medicago* Linn.）

形态学鉴别特征： 一年生或二年生草本。外来入侵杂草。株高30~100cm。须根发达。下胚轴发达，上胚轴不发育。茎自基部分枝，匍匐或稍直立。幼苗子叶长椭圆形，长6mm，宽3mm，先端钝圆，具柄。初生叶为单叶，半圆形，先端微凹具小尖头，柄基托叶披针形，有长柄。后生叶为3出复叶，小叶倒三角状卵形，长10~15mm，宽7~10mm，先端钝圆或微凹，有小尖头，基部楔形，叶上半部有锯齿，叶上面无毛，下面有疏柔毛，主脉明显直达叶尖。顶生小叶柄长3~7mm，两侧小叶柄长5mm，有柔毛。托叶卵形，边缘具深裂细齿。总状花序头状，腋生，长1~2cm，花小，2~8朵集生于花序上端。总花梗长0.7~1cm，花梗长1~1.5mm。小苞片丝状，长1mm。花萼钟状，萼齿披针形，长2.5mm，略长于萼筒，尖锐，有疏柔毛。花冠黄色，长4mm，略伸出萼外。旗瓣倒卵形，较翼瓣稍长。雄蕊二体。子房长圆形，镰状上弯，微被毛。柱头头状。荚果，螺旋形，边缘具疏刺。刺端钩状，表面黄绿色，含3~7粒种子。种子肾形，两侧稍扁，长2~3mm，宽1mm，厚1mm，表面黄色或黄褐色，近光滑，有光泽。

生物学特性： 9—10月出苗。花果期4—6月。较耐寒。生于路边、田边、山坡、草丛、荒野等。

分布： 原产于伊朗。紫金港校区有分布。

景观应用： 夏收作物田杂草。人工引种扩散。

24. 草木犀 *Melilotus officinalis* (Linn.) Pall.

中文异名： 黄香木犀、黄香草木犀

英文名： yellow sweet clover

分类地位： 豆科（Fabaceae）草木犀属（*Melilotus* Mill.）

形态学鉴别特征： 一年生或二年生草本。外来入侵杂草。株高50~150cm。主根呈分枝状胡萝卜形。具根瘤。茎直立，多分枝，具棱纹，无毛。羽状3出复叶，柄长1~2cm。托叶线形，长5~8mm，基部宽，与叶柄合生。小叶椭圆形至窄矩圆状倒披针形，长1~2.5cm，宽5~12mm，先端钝圆，边缘具细锯齿，上面近无毛，下面疏被伏贴毛，侧脉伸至顶端。顶生小叶柄长可达5mm，侧生小叶柄长1mm，被疏毛。总状花序腋生，长4~10cm，含花30~60朵。花梗长1.5~2mm，下弯。苞片线形，略短于花梗。花萼长1.5~2.5mm，萼齿5个，披针形，与萼筒近等长，疏被毛。花冠黄色，旗瓣近长圆形，长4~6mm，比翼瓣长或与翼瓣近等长，翼瓣与龙骨瓣具耳及细长瓣柄。雄蕊二体。子房

披针形。花柱细长。荚果卵圆形，长3mm，略扁平，先端具宿存花柱，浅灰色，有网纹，常不开裂，含种子1粒。种子长圆形，长2mm，黄色或黄褐色。

生物学特性：花期6—9月。耐盐、抗寒、耐旱。主要生于路边、田边、山坡草丛等。

分布：原产于欧洲。紫金港校区有分布。

草木犀花（徐正浩摄）

草木犀植株（徐正浩摄）

25. 白车轴草 *Trifolium repens* Linn.

中文异名：白三叶、白花苜蓿、白花车轴草、白三叶草

英文名：white clover

分类地位：豆科（Fabaceae）车轴草属（*Trifolium* Linn.）

形态学鉴别特征：多年生草本。外来入侵杂草。株高30~60cm。根系深扎，白色，下部有须根。地上匍匐茎部分的节上生根，细根深，白色。母株根系（种子繁殖植株根系）及分株根系（匍匐茎扩展植株根系）构成庞大的地下根系群。茎匍匐，节上生叶，无毛。复叶有3片小叶，柄长9~30cm。托叶披针形，长1~1.5cm，基部贴生叶柄上。小叶倒卵形或倒心形，长1.2~2.5cm，宽1~2cm，栽培的叶长可达5cm，宽达3.8cm，叶面中部有"V"形白斑，顶端圆或微凹，基部宽楔形，边缘有密而细的锯齿，上面无毛，背面微有毛，叶脉明显，柄极短。头状花序腋生，具多花，总花梗长于叶柄，具棱线，花梗长3~4.5mm。小苞片卵形，长1mm。花萼筒状，长5mm。萼齿5个，披针形，上方2齿与萼筒等长，下方3齿短于萼筒，有微毛。花冠白色，旗瓣椭圆形，长9mm，先端钝圆，基部具短瓣柄，翼瓣长7mm，具耳及细瓣柄，龙骨瓣最短，长7mm，具小耳及瓣柄。雄蕊二体。子房线形。花柱长，稍弯。荚果倒卵状椭圆形，长3mm，有3~4粒种子。种子细小，近球形，黄褐色。

白车轴草花（徐正浩摄）

白车轴草植株（徐正浩摄）

生物学特性：花期5—7月，果期8—9月。不耐干旱，能耐半阴，耐瘠薄土壤，适宜生于疏松肥沃、排水良好的沙壤土。主要生于路旁、荒地、田边、林缘、草地、果园等。

分布：原产于地中海地区。人工引种扩散。各校区有分布。

26. 红花酢浆草 *Oxalis corymbosa* DC.

中文异名：铜锤草、大酸味草

英文名：violet wood sorrel, corymb wood sorrel, red wood sorrel

分类地位：酢浆草科（Oxalidaceae）酢浆草属（*Oxalis* Linn.）

形态学鉴别特征：多年生宿根草本。外来入侵杂草。株高20~40cm。地下鳞茎纺锤形。主根倒圆锥状，肉质，银白色，有小分枝。细根长，有分枝，末端根毛分布多。地下有多数小鳞茎，鳞片褐色，有纵棱。3出复叶。基生。柄长15~25cm，基部绿色或稍带淡紫色，有开展长柔毛。小叶倒心形，长3.5cm，宽4.5cm，顶端凹缺，上面无毛，下

红花酢浆草花（徐正浩摄）

红花酢浆草植株（徐正浩摄）

面有短伏毛，散生橙黄色泡状斑点，无柄。二歧聚伞花序，花序梗基生，花茎长10~15cm，伞形花序有花6~10朵。总花梗比叶柄长或与叶柄近等长，有开展长柔毛。花径2cm。萼片5片，椭圆形，长7mm，先端有2个橙黄色小腺体。花瓣5片，狭长，长1.5cm，内面粉红色，基部淡绿色，有红色脉纹，外面苍白色略带淡绿色，先端近截平，向外反折。雄蕊10枚，5枚长，5枚短，花丝淡绿色，有微毛。花柱5个，花期比雄蕊长的较短，比雄蕊短的较长。柱头绿色，点状。蒴果短角果状，圆柱形，长2cm，被毛。种子长卵形，长1.5~2mm，棕褐色，具横向肋状网纹。

生物学特性：苗期4—5月，花果期5—11月。喜潮湿疏松土壤。花、叶对光有敏感性，晴天早晨开放、晚上闭合。生于低海拔的山地、田野、庭院、路旁。

分布：原产于南美洲。中国均有栽培，已广泛逸生。世界各地均有栽培。各校区有分布。

景观应用：作为观赏植物引入广为栽培，逸生后成为园圃和田间杂草。目前在花坛、花境广为种植，也用于盆栽。

27. 野老鹳草 *Geranium carolinianum* Linn.

中文异名：蒿子草、小红草

英文名：carolina, grane's-bill

分类地位：牻牛儿苗科（Geraniaceae）老鹳草属（*Geranium* Linn.）

形态学鉴别特征：一年生草本。外来入侵杂草。株高20~50cm。根分枝多，细长。茎直立或斜生，基部分枝，密生倒向柔毛。茎下部叶互生，上部叶对生。圆肾形，掌状5~7深裂，每深裂又3~5裂。裂片条形，两面有柔毛。基生叶有长柄，长10~20cm，茎生叶有短柄，短于叶片或等长，被密生倒向柔毛。托叶草质，三角形或披针形，先端具长尖头，无毛。伞形聚伞花序，成对生于茎端或叶腋。总花梗和花梗短，被腺毛或腺体脱落而成柔毛状。萼片5片，宽卵形，长5~7mm，果期增大，先端有硬芒尖，被开展的长腺毛。花瓣淡红色，5片，长倒卵形，与萼片等长或比萼片稍长，先端微凹。雄蕊10枚，花丝基部离生。子房5室，密生长毛。蒴果长2cm，顶端有长喙，成熟时裂开，5个果瓣向上卷曲。种子棕褐色，椭圆形，外面有细网纹。

野老鹳草花（徐正浩摄）

野老鹳草果实（徐正浩摄）

野老鹳草植株（徐正浩摄）

生物学特性：花期4—5月，果期7—8月。生于路边、荒地、庭院、田野等，常成片生长。

分布：原产于美洲。为常见入侵杂草。各校区有分布。

28. 蓖麻 *Ricinus communis* Linn.

中文异名：蓖麻子
英文名：castor oil plant, castor bean
分类地位：大戟科（Euphorbiaceae）蓖麻属（*Ricinus* Linn.）
形态学鉴别特征：一年生粗壮草本或草质灌木。枝、叶和花序通常被有白霜。外来入侵杂草。株高1~2m。根倒圆锥形，分枝多，根系发达，入土深。茎直立，中空，上部分枝，幼时粉绿色，被白粉。多液汁。叶互生。盾状着生，轮廓近圆形，径20~60cm，掌状5~11中裂，边缘有不规则锯齿，上面绿色，下面浅绿色，网脉明显。托叶长三角形，早落。叶柄长、粗，中空，基部具盘状腺体。圆锥花序顶生或与叶对生，长15~30cm。雄花着生于花序下部，花萼3~5裂，雄蕊极多数，花丝多分枝。雌花着生于花序上部，花萼同雄蕊，萼片不等大，子房3室，宽卵形，被软刺，稀无刺，花柱红色，3个，顶端深裂或羽毛状。蒴果卵球形或近球形，径1.5cm，具软刺，3室。种子椭圆形，稍扁，长0.7~1cm，宽0.4~0.7cm，平滑，黑褐色，有灰白色斑纹，有加厚种阜。
生物学特性：种子繁殖。花期7—9月，果期10—11月。生于低海拔村旁、疏林、低山坡、路旁、河岸和荒地等。
分布：原产于埃及、埃塞俄比亚、印度。中国引种栽培，逸生后扩散。紫金港校区、华家池校区、之江校区有分布。
景观应用：作为药用植物引进，20世纪50年代开始作为油料作物推广栽培。弃种后逸生为杂草，随种子散落、夹带等途径传播、扩散。蓖麻对铜具有较强的忍耐和较高的积累能力，是一种新发现的铜超积累植物。

蓖麻成株（徐正浩摄）

蓖麻花期植株（徐正浩摄）

29. 斑地锦 *Euphorbia maculata* Linn.

中文异名：美洲地锦、血筋草
英文名：spotted spurge
分类地位：大戟科（Euphorbiaceae）大戟属（*Euphorbia* Linn.）
形态学鉴别特征：一年生匍匐小草本。折断后有白色乳汁。外来入侵杂草。根纤细，分枝密。茎柔细，淡紫色，弯曲，匍匐地上，长10~30cm，分枝多，有白色细柔毛。叶对生，椭圆形或倒卵状椭圆形，长5~9mm，宽2~4mm，先端钝或微凹，基部近圆形，不对称，边缘上部有疏细锯齿，上面无毛，中央有紫斑，下面被稀疏白色长柔毛。叶柄短，长1~1.5mm。托叶披针形，长1.5~2mm，边缘有缘毛。花单一或数个排列成聚伞花序，腋生，被毛，具短柄。总苞倒圆锥形，顶端4裂，腺体4个，扁圆形。雄花4~5朵，雌花1朵。子房3室，子房柄伸出总苞外，被柔毛。花柱短，3个，柱头2裂。蒴果三棱状球形，径2mm，被有白色细柔毛。种子卵形，长0.6~1mm，具棱角，光滑，灰红色。

斑地锦花序（徐正浩摄）

斑地锦植株（徐正浩摄）

生物学特性：花期3—5月，果期5—11月。生态适应性强，耐贫瘠。主要生于山坡、路旁、荒地、田边、绿化带、苗圃、草坪等。

分布：原产于北美洲。在中国华东、华中、华南等地已入侵或归化。各校区有分布。

30. 飞扬草 *Euphorbia hirta* Linn.

中文异名：大乳汁草、大飞扬

英文名：garden spurge, asthma weed, snakeweed, pill-bearing spurge, asthma herb

分类地位：大戟科（Euphorbiaceae）大戟属（*Euphorbia* Linn.）

形态学鉴别特征：一年生草本。全体有乳汁。外来入侵杂草。株高30~60cm。根细长弯曲，表面土黄色。茎开展或匍匐，自基部膝曲状向上斜生，常带紫红色，近基部分枝，枝被粗毛，在上部的毛更密。单叶对生。披针状长圆形或长圆状卵形，长1~3cm，宽0.5~1.3cm，顶端急尖或钝，基部偏斜，不对称，边缘有细锯齿，两面被柔毛，背面及沿脉上的毛较密。叶柄长1~2mm。托叶膜质，叶披针形或线状披针形，边缘刚毛状撕裂，早落。杯状聚伞花序再排成紧密的腋生头状花序。总苞钟状，外面密生短柔毛，顶端4~5裂。腺体4个，漏斗状，有短柄及花瓣状附属物。小花淡绿色或紫色。雄花多数，每朵雄花仅具1枚雄蕊。雌花单生于总苞的中央，仅有1个3室的子房。花柱3个。蒴果卵状三棱形，径1.5mm，被贴伏的柔毛。种子卵状四棱形，长0.5~0.7mm，栗褐色，每面有多少明显的横沟，无种阜。

生物学特性：花果期6—12月。生于农田、荒地、路旁、草丛等。

分布：原产于非洲。在中国华东、华南、华中、西南等地已入侵或归化。世界热带地区广布。之江校区有分布。

飞扬草花序（徐正浩摄）

飞扬草植株（徐正浩摄）

31. 五叶地锦 *Parthenocissus quinquefolia* (Linn.) Planch.

中文异名：地锦、美国地锦、五叶爬山虎、美国爬山虎

英文名：Virginia creeper, Boston ivy, grape ivy, Japanese ivy, woodbine

分类地位：葡萄科（Vitaceae）爬山虎属（*Parthenocissus* Planch.）

形态学鉴别特征：落叶攀缘性木质藤本。外来入侵植物。根系深扎，细根多。老枝灰褐色，幼枝带紫红色，髓白色。卷须与叶对生，顶端吸盘大。掌状复叶，具长柄。具5片小叶，小叶长椭圆形至倒长卵形，先端尖，基部楔形，缘具大齿牙，叶面暗绿色，叶背稍具白粉并有毛。聚伞花序集成圆锥状。浆果近球形，熟时蓝黑色，被白粉。

生物学特性：7—8月开花，8—10月结果，9—10月成熟。主要生于公园、林地、荒野地。

分布：原产于美洲。中国各地用作园林篱栏攀缘观赏植

五叶地锦果实（徐正浩摄）

五叶地锦植株（徐正浩摄）

物。之江校区、华家池校区、紫金港校区有分布。
景观应用：园林中垂直绿化的优良物种。抗二氧化硫等有毒气体，可作工矿区绿化植物。根茎可药用。

32. 苘麻 *Abutilon theophrasti* Medicus

中文异名：青麻、野麻
英文名：China jute
分类地位：锦葵科（Malvaceae）苘麻属（*Abutilon* Mill.）
形态学鉴别特征：一年生草本。入侵杂草。株高30~150cm。有明显主根，有分枝，细根发达。茎直立，绿色，上部多分枝，全株密被柔毛和星状毛。叶互生，圆心形，长

苘麻花果（徐正浩摄）

苘麻植株（徐正浩摄）

5~12cm，宽与长几相等，先端长渐尖，基部心形，边缘具粗细不等的锯齿，两面全有毛。叶柄长3~12cm，被星状柔毛。托叶披针形，早落。花单生于叶腋，或有时组成近总状花序，花梗细长，长1~3cm，被柔毛，近顶端具关节。花萼杯状，5裂，裂片卵状披针形，长6mm。花瓣5片，鲜黄色，倒卵形，长1cm，无副萼。雄蕊多数，连合成筒，雄蕊柱光滑无毛。雌蕊心皮15~20个，顶端平截，排成轮状，密被柔毛，花柱枝与心皮同数，柱头球形。蒴果半球状，径2cm，长1.2cm，分果瓣15~20片，具粗毛，先端生2长芒，成熟时黑褐色。每分果具种子1粒至数粒。种子肾状卵形，长4mm，灰褐色，被星状柔毛。种脐下凹。
生物学特性：花期6—8月，果期8—10月。种子成熟后，9月中、下旬又可发生一个高峰，10月下旬下霜后死亡。常生于旱耕地、荒地、路旁、山坡、田边、堤边等。
分布：原产于印度。中国除西藏外各地有分布，因遗弃逸生。日本、越南、印度及欧洲、北美洲也有分布。华家池校区、之江校区有分布。

33. 野胡萝卜 *Daucus carota* Linn.

中文异名：鹤虱草
英文名：Queen Anne's lace, wild carrot, birds' nest, bees' nest
分类地位：伞形科（Umbelliferae）胡萝卜属（*Daucus* Linn.）
形态学鉴别特征：二年生草本。外来入侵植物。株高15~120cm。根圆锥状，有明显主根，有分枝。直根肉质，淡红色或近白色。侧根发达，细根多。茎单生。全体有白色粗硬毛。基生叶有长柄，长2~12cm。长圆形，2~3回羽状全裂，裂片长2~15mm，宽0.8~4mm，先端急尖，有小尖头，光滑或有糙硬毛。茎生叶近无柄，向上全部为鞘，末回裂片小或细长。复伞形花序，花序梗长10~55cm，伞辐多数。总苞有多数苞片，向下反折，叶状，羽状分裂，具缘毛，

野胡萝卜花序（徐正浩摄）

野胡萝卜植株（徐正浩摄）

裂片细长，线形，先端具长刺尖。小总苞片线形，不分裂或上部3裂，边缘白色，膜质，具缘毛。花梗多数，不等长。花瓣倒卵形，白色、黄色或淡紫色。果实卵球形，长3~4mm，宽2mm。分果主棱5条，上有白刺毛，次棱4条，具翅，上有1行短钩刺。胚乳腹面略凹陷。

生物学特性： 苗期3—4月，花期5—7月，果期7—9月。生于山坡、路旁、荒地、田间等。

分布： 原产于欧洲。广布中国南部各地。紫金港校区、华家池校区有分布。

34. 细叶旱芹 *Cyclospermum leptophyllum* (Pers.) Sprague ex Britton et P. Wilson

细叶旱芹花序（徐正浩摄）

细叶旱芹植株（徐正浩摄）

中文异名： 细叶芹

英文名： villous chervil

分类地位： 伞形科（Umbelliferae）细叶芹芹属（*Cyclospermum* Lag.）

形态学鉴别特征： 一年生草本。外来入侵杂草。有明显主根，有分叉，根系深扎，乳白色，细根多。茎直立，多分枝，无毛。株高30~45cm。基生叶柄长3~5cm，三角状卵形，长2.5~10cm，宽2~8cm，基部扩大成膜质叶鞘，3~4回羽状分裂，末回裂片线形至丝状。茎生叶常为3出式羽状分裂，末回裂片线形，长5~15mm。顶生和侧生的复伞形花序无总花梗或稍有短梗。无总苞片和小总苞片。伞辐2~5个，长1~2cm。小伞形花序有花5~20朵。萼刺无。花瓣卵圆形，先端内折成小舌片，白色或绿白色。花柱基扁压，极短。果实心状卵球形，长1.5~2mm，分果具5条棱，圆钝，每棱槽有油管1条，合生面油管2条。种子胚乳腹面平直。

生物学特性： 花期4—7月，果期6—7月。主要生于田野、荒地、草坪、路旁，常与其他杂草混生，在农田中也常见。

分布： 原产于加勒比海多米尼加岛。中国华东、华南等地已逸生。日本、马来西亚、印度尼西亚及大洋洲、美洲等也有分布。各校区有分布。

景观应用： 地被植物。

35. 三裂叶薯 *Ipomoea triloba* Linn.

中文异名： 小花假番薯、红花野牵牛

英文名： littlebell, Aiea morning glory

分类地位： 旋花科（Convolvulaceae）番薯属（*Ipomoea* Linn.）

形态学鉴别特征： 多年生攀缘草本，无毛或散生毛。外来入侵杂草。根系深扎，细根多。茎细长，蔓生，缠绕或匍匐，节疏生柔毛。叶卵形至圆形，长2~6cm，宽2~5cm，全缘或具粗锯齿或3深裂，基部心形，两面无毛或散生柔毛。叶柄长2.5~6cm，无毛或有时具小疣。花序腋生，数朵形成伞状花序，花序梗长2.5~5.5cm，无毛，具明显棱，上部有时具小疣。花梗多

三裂叶薯群体（徐正浩摄）

三裂叶薯植株（徐正浩摄）

少具棱，长5~7mm，无毛，有时具小疣。苞片小，椭圆状披针形。萼片近相等，长3~8mm，外萼片稍短，外面散生柔毛，边缘具缘毛，内萼片略宽，常无毛。花冠漏斗状，长2cm，无毛，淡红色或淡紫红色。雄蕊内藏，花丝基部有毛。子房近卵球形，被毛。柱头2裂。蒴果近球形，径5~6mm，具花柱形成的细尖头，并被细刚毛，4瓣裂。种子长3.5mm，暗褐色，无毛。

生物学特性：花期5—10月，果期8—11月。主要生于田边、路旁、沟旁、宅院、果园、山坡、苗圃等。

分布：原产于美洲热带地区。近代中国有意引入，通过人工引种扩散、蔓延。该草具有杂草性、入侵性，有快速蔓延的趋势。印度尼西亚、日本、马来西亚、巴布亚新几内亚、菲律宾、斯里兰卡、泰国、越南等引种栽培，或已遭入侵、归化。紫金港校区、华家池校区有分布。

36. 圆叶牵牛 Ipomoea purpurea (Linn.) Roth

中文异名：紫牵牛、毛牵牛
英文名：common morning glory
分类地位：旋花科（Convolvulaceae）番薯属（*Ipomoea* Choisy）
形态学鉴别特征：多年生攀缘草本。外来入侵杂草。主根明显，侧根发达，细根多。茎缠绕，长2~3m或更长，被短柔毛和倒向的粗硬毛，多分枝。叶互生。圆卵形或阔卵形，长4~18cm，宽3.5~16.5cm，被糙伏毛，基部心形，边缘全缘或3裂，先端急尖或渐尖。叶柄长2~12cm。花序有花1~5朵。花序轴长4~12cm。总花梗被糙伏毛。花梗长0.5~1.5cm，至少在开花后下弯，被倒向短柔毛。苞片线形，长6~7mm，被伸展的长硬毛。萼片近等长，长1~1.5cm，基部被开展的长硬毛，靠外的3片长圆形，先端渐尖，靠内的2片线状披针形。花冠漏斗状，长4~6cm，紫色、淡红色或白色，无毛。雄蕊内藏，不等长，花丝基部被短柔毛。雌蕊内藏，子房无毛，3室，每室胚珠2个。柱头头状，3裂。蒴果近球形，径6~10mm，3瓣裂。种子卵球状三棱形，长5mm，黑褐色，无毛或种脐处疏被柔毛。

圆叶牵牛花（徐正浩摄）

圆叶牵牛植株（徐正浩摄）

生物学特性：花期5—10月，果期8—11月。生于路边、野地、林地、开发区空旷地、河岸、篱笆旁等。

分布：原产于美洲热带地区，现广布世界各地。各校区有分布。

37. 牵牛 Ipomoea nil (Linn.) Roth

中文异名：裂叶牵牛、大花牵牛、日本牵牛、喇叭花、朝颜
英文名：white edge morning glory
分类地位：旋花科（Convolvulaceae）番薯属（*Ipomoea* Choisy）
形态学鉴别特征：一年生或多年生攀缘草本。全株有刺毛。外来入侵杂草。主根明显，深扎，侧根发达，细根多。茎细长，圆柱形，径3mm，缠绕，多分枝，略具棱，被倒向短柔毛或长硬毛。叶互生，宽卵形或近圆形，长5~16cm，宽5~18cm，通常3裂至中部，基部深心形，中间裂片长圆形或卵圆形，渐尖或骤尾尖，两侧裂片底部宽圆，较短，卵状三角形，两面被微硬柔毛。叶脉掌状。叶柄长2~13cm。聚伞花序有花1~3朵。总花梗长0.5~8cm，被毛。苞片线形，长5~8mm，被毛。花梗长2~10mm。小苞片2片，线形，长2~6mm。萼片5深裂，裂片近等长，线状披针形，长1.8~2.5cm，外被长硬毛，尤以下部为多。花冠漏斗状，长5~7cm，白色、淡蓝色至紫红色，管部白色，冠檐全缘或5浅裂。雄蕊5枚，内藏，不等长，贴生于花筒内，花丝基部被白色柔毛。子房3室，每室有2个胚

珠，无毛。柱头头状。蒴果球形，径0.9~1.3cm，3瓣裂或每瓣再分裂为2裂，内有种子5~6粒。种子卵状三棱形，长6mm，黑褐色或淡黄褐色，被灰白色短绒毛。

生物学特性： 花期5—10月，果期8—11月。常生于路边、野地和篱笆旁。

牵牛植株（徐正浩摄）

牵牛优势群体（徐正浩摄）

分布： 原产于美洲热带地区。现广布世界热带和亚热带地区。各校区有分布。

38. 马缨丹 *Lantana camara* Linn.

中文异名： 五色梅

英文名： big sage, wild sage, red sage, white sage, tickberry

分类地位： 马鞭草科（Verbenaceae）马缨丹属（*Lantana* Linn.）

形态学鉴别特征： 直立或蔓性的灌木。外来入侵植物。株高达1m。主根明显，侧根发达。茎小枝有柔毛，被短钩状皮刺。叶卵形或卵状长圆形，长3~8cm，宽2~6cm，先端急尖，基部心形或楔形，边缘具钝齿，上面具皱纹及短柔毛，下面被硬毛。侧脉5~7对。叶柄长1~3cm。花序顶生或腋生，径1.5~2.5cm。花序梗粗，长于叶柄。苞片披针形，外被粗毛。花萼管状，膜质，短于苞片。花冠黄或橙黄色，后转为深红色。花冠筒长1cm，上粗下细，顶端5浅裂，裂片平展。子房无毛。果实圆球形，径4mm，熟时紫黑色。无胚乳。

生物学特性： 花期5—10月。生于路边草丛。

马缨丹花序（徐正浩摄）

马缨丹植株（徐正浩摄）

分布： 原产于南美洲。紫金港校区有栽培。

39. 假酸浆 *Nicandra physalodes* (Linn.) Gaertn.

假酸浆花（徐正浩摄）

假酸浆果实（徐正浩摄）

中文异名： 冰粉、鞭打绣球

英文名： apple of Peru, wild hops

分类地位： 茄科（Solanaceae）假酸浆属（*Nicandra* Linn.）

形态学鉴别特征： 一年生草本。外来入侵杂草。株高50~80cm。主根长锥形，有纤细的须根。茎棱状圆柱形，有4~5条纵沟，绿色，有时带紫色，上部3叉状分枝。单叶互生，草质，连叶柄长4~15cm，宽1.5~7.5cm，先端渐尖，基部阔楔形下延，边缘有不规则的锯齿且呈皱波状，侧脉4~5对。花单生于叶腋，淡紫色。花萼5深裂，裂片基部心形。花冠漏斗状，径3cm，花筒内面基部有5个紫斑。蒴果球形，径2cm，外包5个宿存萼片。种子小，长1~2mm，淡褐色。

生物学特性：花期夏季。生于田边、荒地、路边、草丛等。

分布：原产于秘鲁。紫金港校区有分布。

假酸浆植株（徐正浩摄）

40. 毛酸浆 *Physalis pubescens* Linn.

中文异名：洋姑娘、黄姑娘、地樱桃

英文名：husk tomato, hairy groundcherry, ground cherry

分类地位：茄科（Solanaceae）酸浆属（*Physalis* Linn.）

形态学鉴别特征：一年生草本。植株密生短柔毛。外来入侵杂草。株高30~50cm。主根不明显，侧根发达。茎通常横卧而斜生，具棱，多分枝，被稀疏细柔毛或近光滑。叶对生，阔卵形至椭圆形或披针形，长4~8cm，宽3~5cm，顶端急尖，基部歪斜心形，边缘通常有不等大的尖牙齿，两面疏生毛，脉上毛较密。叶柄长3~8cm，密生短柔毛。花单生于叶腋，具梗，长0.5~2cm，密生短柔毛。花萼钟状，长5mm，5中裂，裂片披针形，急尖，边缘有缘毛。花冠淡黄色，径6~10mm，5裂，裂片基部常具紫色斑纹，被毛。雄蕊5枚，短于花冠，花药淡紫色，长1~2mm。子房2室，花柱线形。果萼卵状，长2~3cm，径2~2.5cm，具5个棱角和10条纵肋，顶端萼齿闭合，基部稍凹陷。浆果球状，径1.2cm，黄色或有时带紫色，被膨大的宿存花萼包被。种子近圆盘状，径2mm。

生物学特性：花期2—10月，果期3—11月。生于田边、路旁、荒地、低的山坡草地。

分布：原产于美洲。在中国各地已归化。现分布于热带与温带地区。随农作物引种无意引入，以农作活动、种子夹带等方式传播、扩散。华家池校区、之江校区有分布。

毛酸浆花（徐正浩摄）

毛酸浆植株（徐正浩摄）

41. 直立婆婆纳 *Veronica arvensis* Linn.

英文名：common speedwell, corn speedwell

分类地位：车前科（Plantaginaceae）婆婆纳属（*Veronica* Linn.）

形态学鉴别特征：一年生或二年生草本。全体被软毛。外来入侵杂草。主根不明显，细根多。茎直立或下部斜生，略伏地，基部分枝，枝斜上伸长。株高10~30cm。叶对生。卵圆状或三角状卵形，长1~1.5cm，宽5~8mm，先端钝，边缘有钝锯齿，基部圆形，下部叶有极短的柄，上部叶无柄。花单生于苞腋，或排列成疏松的穗形总状花序，花梗长1.5mm。苞片互生，倒披针形或披针形。花萼长2~3mm，裂片狭椭圆形或披针形，长于蒴果。花冠蓝而略带紫色，长2mm，4裂，裂片圆形至

直立婆婆纳花（徐正浩摄）

直立婆婆纳植株（徐正浩摄）

长圆形。雄蕊短于花冠。蒴果广倒扁心形，宽大于长，边缘有腺毛，顶端凹口深达果的1/2，裂片圆钝，宿存花柱略过凹口。种子细小，光滑，圆形或长圆形。

生物学特性：花期3—4月，种子于4月渐次成熟，经3~4个月休眠后萌发。耐贫瘠、干旱。主要生于荒地、林缘、路旁、旱耕地、草坪等。

分布：原产于欧洲。在中国华东、华中等地已归化。北温带广布。各校区有分布。

42. 婆婆纳 *Veronica didyma* Tenore

中文异名：双肾草

英文名：field speedwell, wayside speedwell

分类地位：车前科（Plantaginaceae）婆婆纳属（*Veronica* Linn.）

形态学鉴别特征：一年生或二年生草本。全体被长柔毛。外来入侵杂草。株高10~25cm。主根不明显，细根多。茎自基部分枝，纤细，被短柔毛，下部伏生地面，斜上。茎下部叶对生，上部互生。三角状圆形，长5~10mm，宽6~7mm，先端圆钝，基部圆形，边缘有钝锯齿，两面被白色长柔毛。具短柄。花单生于苞腋。苞片呈叶状，下部对生或全部互生。花梗长与苞片相等或稍短于苞片。花萼4深裂几达基部，裂片卵形，长3~6mm，先端急尖，果期稍增大，具3出脉，疏被短硬毛。花冠淡红紫色，径4~5mm，裂片卵形至圆形，长2~3mm，宽2~3mm。花两性。雄蕊2枚，比花冠短，花丝长2mm。雌蕊1枚。柱头长1.8mm。蒴果近肾形，稍扁，密被柔毛，略比萼短，宽大于长，凹口呈直角，裂片顶端圆，宿存的花柱与凹口齐或略过凹口。种子舟状深凹，背面有波状纵皱纹。

生物学特性：花期3—4月，种子于4月渐次成熟，经3~4个月休眠后萌发。生于荒地、林缘、路旁、田间等。各校区有分布。

分布：原产于西亚。在中国华东、华中、西南、西北等地已归化。广布欧亚大陆。各校区有分布。

婆婆纳花（徐正浩摄）

婆婆纳果实（徐正浩摄）

婆婆纳植株（徐正浩摄）

43. 阿拉伯婆婆纳 *Veronica persica* Poir.

中文异名：波斯婆婆纳、大婆婆纳

英文名：Persian speedwell, birdeye speedweel

分类地位：车前科（Plantaginaceae）婆婆纳属（*Veronica* Linn.）

形态学鉴别特征：一年生或二年生草本。外来入侵杂草。株高10~30cm。主根不明显，细根多。匍匐茎着地处产生不定根。茎自基部分枝，下部伏生地面，斜生，密生2列多节柔毛。基部叶对生，上部叶互生。卵圆形或卵状长圆形，长0.6~2cm，宽0.5~1.8cm，先端圆钝，基部浅心形、平截或圆形，边缘有粗钝齿，两面疏生柔毛。基部叶无柄，上部叶柄长0.2~0.5mm。花单生

阿拉伯婆婆纳花（徐正浩摄）

阿拉伯婆婆纳花果期植株（徐正浩摄）

于苞腋，苞片互生，与叶同形。花梗明显长于苞叶，或超过苞叶1倍。花萼4深裂，长6~8mm，裂片卵状披针形，有睫毛，具3出脉。花冠淡蓝色，有深蓝色脉纹，长5mm，宽4mm，裂片卵形至圆形，喉部疏被毛。花两性。雄蕊2枚，短于花冠，花丝长3.5mm。雌蕊1枚。柱头长3mm。蒴果肾形，宽过于长，顶端凹口开角大于90°，裂片顶端钝，宿存的花柱明显超过凹口。种子舟形或长圆形，背面具深皱纹，表面有颗粒状的突起。

生物学特性：花期2—5月，果期4—6月。秋冬出苗，偶尔也延至翌年春季。茎着土易长出不定根，新鲜的离体无叶茎段、带叶茎段在土中均能存活，形成植株，开花结实。生于路边、宅旁、旱地、草坪等。

分布：原产于亚洲西部及欧洲。在中国华东、华中、西南、华南等地已归化。各校区有分布。

44. 北美车前 *Plantago virginica* Linn.

中文异名：毛车前、白籽车前、弗吉尼亚车前
英文名：paleseed plantain
分类地位：车前科（Plantaginaceae）车前属（*Plantago* Linn.）
形态学鉴别特征：二年生草本。全株被白色柔毛。外来入侵杂草。株高10~25cm。根状茎粗短，细根多，形成簇生状根系。叶基生，莲座状。狭倒卵形或倒披针形，长4~7cm，宽1.5~3cm，先端急尖，基部楔形，下延成翅柄，边缘具浅波状齿。叶脉弧形，3~5条。翅柄长2~9cm。穗状花序长10~20cm，密生花。花序梗直立或微弯，长10~30cm，径0.2~0.6mm，具纵条纹。苞片狭卵形，比花萼短。花萼裂片长椭圆形，长2mm，中脉有龙骨状突起，被白色长柔毛。花冠4裂，白色至淡黄色，裂片狭卵形，花后直立。蒴果宽卵球形，包在宿存花萼内，于基部上方周裂，种子2粒。种子长卵状舟形，黄色、黄褐色至红褐色，长1.8mm，腹面有沟。

北美车前花序（徐正浩摄）

北美车前植株（徐正浩摄）

生物学特性：花果期4—6月。耐贫瘠，适应湿润的土壤。生于路边、田边、宅旁、疏林、果园、菜地、湿地、草坪和夏熟作物田等。

分布：原产于北美洲。在中国华东、华中等地已归化。华家池校区、紫金港校区、玉泉校区有分布。

45. 藿香蓟 *Ageratum conyzoides* Linn.

中文异名：胜红蓟、蓝翠球
英文名：goat weed, billy goat weed
分类地位：菊科（Asteraceae）藿香蓟属（*Ageratum* Linn.）

藿香蓟花序（徐正浩摄）

藿香蓟植株（徐正浩摄）

形态学鉴别特征： 一年生草本。外来入侵杂草。株高30~60cm。根分枝，须根多。茎直立，不分枝或自基部或自中部以上分枝，或基部平卧而节常生不定根，稍微带紫色，被白色多节长柔毛，幼茎、幼叶及花梗上的毛较密。单叶对生或顶端互生。叶片卵形或近三角形，长5~13cm，宽3~6cm，顶端钝，基部渐狭或楔形，边缘有钝齿，两面被稀疏的白色长柔毛并具黄色腺点，具基出3脉或不明显5出脉。叶柄长1~4cm。头状花序较小，在茎或分枝顶端排成伞房花序。总苞半球形，钟状，径5mm。总苞片长圆形或披针状长圆形，2~3层，顶端急尖，具刺状尖头，外面被稀疏白色多节长柔毛，边缘栉齿状。管状花淡紫色或浅蓝色或白色，顶端5裂。瘦果冠毛膜片状，5个或6个，长圆形，上部渐狭成芒状。种子长圆柱状，黑色，具5条棱，顶端有5片芒状的鳞片，鳞片中部以下稍宽，边缘有小锯齿。

生物学特性： 花果期几乎全年。在低山、丘陵及平原普遍生长。

分布： 原产于墨西哥。通过栽培观赏而逸生、归化，在中国长江流域以南地区已演绎为常见杂草。越南、老挝、柬埔寨、印度尼西亚、印度等也有分布。华家池校区、之江校区、玉泉校区有分布。

46. 加拿大一枝黄花 *Solidago canadensis* Linn.

加拿大一枝黄花花序（徐正浩摄）

加拿大一枝黄花成株（徐正浩摄）

中文异名： 金棒草

英文名： Canada goldenrod

分类地位： 菊科（Asteraceae）一枝黄花属（*Solidago* Linn.）

形态学鉴别特征： 多年生草本。外来入侵杂草。株高0.3~3m。或具主根系，自根茎向下有许多白色细根。根状茎白色，横走地表面的常带紫红色，具分叉。茎直立，全部或仅上部被短柔毛和糙毛，成株下部茎半木质化。茎上部色泽绿色，中下部紫红色或棕黄色，具明显顶端优势，切除顶端形成分枝。一般在顶端进入花芽分化阶段出现小分枝，均可形成花芽。叶互生，披针形或线状披针形，长5~12cm，宽1~2.5cm，深绿色，先端渐尖或钝，基部楔形，边缘具小锐齿。叶面粗糙，叶背相对光滑。中下部叶片常随植株生长而脱落，留下脱落痕迹。离基3出脉。无柄或下部叶具短柄。大型圆锥花序。头状花序小，单面着生，排列成蝎尾状圆锥花序，长4~6mm。总苞狭钟形，长3~5mm。总苞片线状披针形，长3~4mm，微黄色。缘花舌状，雌性，长3~4mm，10~17朵。中央管状花，两性，长2.5~3mm。瘦果具白色冠毛。每成株具2万~3万粒种子。种子极细小，千粒重0.07g。

生物学特性： 地下根茎是无性繁殖的重要器官，无性繁殖是主要方式。在自然条件下能结实，种子遇适宜条件萌发。具明显的顶端优势，再生能力强。一般3月份开始生长，暖冬可周年生长。9月进入花芽分化阶段，10月开花，进入冬季枯萎，但根茎和地上茎秆仍具活性。主要生于开发区、空闲地、荒地、公路沿线、铁路沿线、垃圾填埋场、河岸、绿化带等。

分布： 原产于北美洲。在中国长江中下游逸生明显，已归化为区域性恶性杂草。华家池校区、紫金港校区有分布。

47. 钻形紫菀 *Aster subulatus* Michx.

中文异名： 窄叶紫菀
英文名： sactmarsh aster, wild aster, annual saltmarsh aster
分类地位： 菊科（Asteraceae）紫菀属（*Asters* Linn.）
形态学鉴别特征： 一年生草本。外来入侵杂草。株高25~150cm。主根深，乳白色，有分叉，细根发达。茎直立，无毛而富肉质，上部稍有分枝，基部带紫红色。基生叶倒披针形，花后凋落。茎中部叶线状披针形，长6~10cm，宽0.5~1cm，先端尖或钝，有时具钻形尖头，全缘，无柄，无毛。上部叶渐狭窄至线形。头状花序小，排成圆锥状，径1cm。总苞钟状，总苞片3~4层，外层较短，内层较长，线状钻形，无毛，背部绿色，边缘膜质，顶端略带红色。舌状花细狭，淡红色，长与冠毛相等或稍长于冠毛。盘花管状，多数，短于冠毛。瘦果略有毛，冠毛淡褐色，长3~4mm，上被短糙毛。种子长圆形或椭圆形，长1.5~2.5mm，被疏毛，淡褐色，有5条纵棱。
生物学特性： 花果期9—11月。喜生长在潮湿的土壤，在沼泽或含盐土壤上亦能生长。表型可塑性大，对环境的适应能力强。主要生于河岸、沟边、洼地、荒地、路边等。
分布： 原产于北美洲。中国华东、华中、华南等地已逸生。各校区有分布。

钻形紫菀果实（徐正浩摄）

钻形紫菀花期植株（徐正浩摄）

48. 一年蓬 *Erigeron annuus* (Linn.) Pers.

中文异名： 白顶飞蓬
英文名： daisy fleabane, annual fleabane
分类地位： 菊科（Asteraceae）飞蓬属（*Erigeron* Linn.）
形态学鉴别特征： 一年生或二年生草本，全株被长硬毛及短硬毛。外来入侵杂草。株高30~100cm。主根不明显，分枝多，浅层根系发达。茎直立，粗壮，上部有分枝，下部被开展长硬毛，上部被上弯短硬毛。基生叶密集互生，莲座状，花期常枯萎，10~20片集生于基部茎，长圆形或宽卵形，稀近圆形，长5~12cm，宽2~4cm，顶端急尖或钝，基部狭成具翅的长柄，边缘具粗齿。茎生叶互生，披针形或线状披针形，长3~6cm，宽0.5~1.5cm，顶端尖，具短柄或无柄，边缘有不规则的尖齿或近全缘。最上部叶线形，全缘或具少量尖齿，无柄，被疏短硬毛，或近无毛。茎中下部叶腋芽潜伏，中上部叶具腋芽，上部腋芽发育成分枝，分枝花芽分化发育成花。头状花序多个，径1.2~1.6cm，排列成疏圆锥花序。总苞半球形，径0.6~0.8cm。总苞片3层，草质，披针形，近等长或外层稍短，长0.3~0.6cm，淡绿色，边缘半透明，中脉褐色，外面密被腺毛和疏长节毛。缘花舌状，雌性，线形平展，长0.6cm，白色或略带蓝紫色，雌蕊1枚，柱头2裂，呈叉状。中央花，两性，管状，黄色，先端5裂，雄蕊5枚，雌蕊1枚，柱头2浅裂。雌花瘦果冠毛1层，极短而

一年蓬花（徐正浩摄）

一年蓬植株（徐正浩摄）

连接成环状膜质小冠，两性花瘦果冠毛2层，外层鳞片状，内层粗毛状，外短内长。种子狭倒卵形至长圆形，长1.5mm，被疏柔毛，边缘翅状，且具冠毛，易被风传播。

生物学特性：以种子繁殖为主，在浙江省种子于早春或秋季萌发，6—10月开花，8—11月结果。常见于废耕地、路边、住宅四周、草地、荒野地、河谷、疏林、湿地等，也侵入果园、苗圃和农田。

分布：原产于北美洲。在中国华东、华中、西南、华南、东北等地已归化。各校区有分布。

49. 春飞蓬 *Erigeron philadelphicus* Linn.

春飞蓬花（徐正浩摄）

中文异名：费城飞蓬、春一年蓬
英文名：philadelphia fleabane
分类地位：菊科（Asteraceae）飞蓬属（*Erigeron* Linn.）
形态学鉴别特征：1年生或多年生草本，全株绿色，被开展长硬毛及短硬毛。外来入侵杂草。株高30~90cm。无明显主根，分枝多，须根发达。茎直立，粗壮，上部有分枝。叶互生。基生叶莲座状，匙形、卵形或卵状倒披针形，长5~12cm，宽2~4cm，顶端急尖或钝，基部楔形，下延成具翅长柄，叶柄基部常带紫红色，两面被倒伏的硬毛，叶缘具粗齿，花期不枯萎。茎生叶半抱茎。中上部叶披针形或条状线形，长3~6cm，宽5~16mm，顶端尖，基部渐狭，无柄，边缘有疏齿，被硬毛。头状花序具花数朵，径1.2~1.6cm，排列成伞房或圆锥状花序。蕾期下垂或倾斜，花期仍斜举。总苞半球形，径6~8mm。总苞片3层，草质，披针形，长3~5mm，淡绿色，边缘半透明，中脉褐色，背面被毛。缘花舌状，雌性，线形平展，长6mm，白色，略带粉红色。中央花，两性，管状，黄色。雌花瘦果冠毛1层，极短而连接成环状膜质小冠。两性花瘦果冠毛2层，外层鳞片状，内层糙毛状，长2mm。种子披针形，长1.5mm，扁压，被疏柔毛。

春飞蓬植株（徐正浩摄）

生物学特性：花期3—5月，果期5—7月。生于路边、草地、荒野地、河谷、疏林、湿地和旱地等。

分布：原产于北美洲。紫金港校区有分布。

50. 小蓬草 *Conyza canadensis* (Linn.) Cronq.

中文异名：小白酒草、加拿大蓬、飞蓬、小飞蓬
英文名：horseweed, Canadian fleabane
分类地位：菊科（Asteraceae）白酒草属（*Conyza* Less.）
形态学鉴别特征：一年生或二年生草本。植株呈黄绿色。外来入侵杂草。株高80~150cm。根系乳白色，有明显主根，下部或分枝，具纤维状细根。茎直立，圆柱形，具纵条纹，疏被长硬毛，上部分枝。基部叶5~12片，花期常枯萎，卵状倒披针形或长椭圆形，长3~7cm，宽1~3cm，绿色，叶脉及柄常带紫红色，先端圆钝、突尖或渐尖，基部楔形或渐狭成柄，边缘具疏锯齿或全缘，柄长1.5~4cm。下部叶倒披针形，长6~10cm，宽1~2cm，先端急尖、渐尖，基部渐狭成柄，边缘具疏锯齿或全缘。中部叶和上部叶较小，线状披针形或线形，两面疏被短

小蓬草花果（徐正浩摄）

毛，全缘或具1~2个齿，边缘有睫毛，近无柄或无柄。头状花序多数，单个花序径3~4mm，总花序排列成顶生多分枝的圆锥状或伞房圆锥状。总苞近圆柱状或半球形。总苞片2~3层，淡黄绿色，线状披针形或线形，先端渐尖，外层短，内层长，外面被疏毛，几无毛或有长睫毛。缘花舌状，白色或淡黄色，多数，舌片短，线形，长2~3mm，顶端具2个钝小齿，雌性，结实。盘花管状，黄色，顶端具4~5齿裂，两性，结实。瘦果冠毛污白色。种子长圆形或线状披针形，长1.2~1.5mm，扁平，淡褐色。

小蓬草苗（徐正浩摄）

小蓬草植株（徐正浩摄）

生物学特性：花果期5—10月，果实7月渐次成熟。种子成熟后，即随风飞扬，落地后，作短暂休眠，在10月始出苗，除严寒季节外，直至翌年5月均可出苗，并在每年的10月和4月出现2个出苗高峰。生于旷野、荒地、田边、路边、河谷、沟边、旱耕地、湿地等。

分布：原产于北美洲。在中国各地归化为广泛入侵的杂草。各校区有分布。

51. 香丝草 *Conyza bonariensis* (Linn.) Cronq.

中文异名：野塘蒿

英文名：flax-leaf fleabane, wavy-leaf fleabane, argentine fleabane

分类地位：菊科（Asteraceae）白酒草属（*Conyza* Less.）

形态学鉴别特征：一年生草本或二年生草本。全体灰绿色。外来入侵杂草。株高40~120cm。主根明显或不明显，有分枝，须根纤维状。茎直立或斜生，全体灰绿色，中部或中部以上常分枝，被密短柔毛并杂有开展的疏长毛。叶密集。基部叶有柄，在花期常枯萎。下部叶倒披针形或长圆状披针形，长3~5cm，宽0.3~1cm，先端急尖或稍钝，基部渐狭成长柄，边缘通常具粗齿或羽状浅裂。中部叶和上部叶狭披针形或线形，长3~7cm，宽0.3~0.5cm，具短柄或无柄。中部叶具齿，上部叶全缘。头状花序多数，径8~10mm，排列成总状或圆锥状。总苞椭圆状卵形，径8mm。总苞片2~3层，线形，先端尖，外密被白色短糙毛，外层短，内层长，边缘干膜质。缘花细管状，白色，多数，无舌片或顶端具3~4个细齿，雌性，结实。盘花管状，淡黄色，顶端具5齿裂，两性，结实。瘦果冠毛绵毛状，1层，淡红褐色。种子线状披针形，长1~1.5mm，扁压状，黑褐色，被疏短毛。

香丝草果实（徐正浩摄）

生物学特性：花果期5—10月。生于旷野、林地、路边、田野等。

分布：原产于南美洲。在中国各地广泛归化。各校区有分布。

香丝草花果期植株（徐正浩摄）

香丝草苗（徐正浩摄）

52. 苏门白酒草 *Conyza sumatrensis* (Retz.) Walker

英文名：guernsey fleabane, sumatre fleabane
分类地位：菊科（Asteraceae）白酒草属（*Conyza* Less.）
形态学鉴别特征：一年生或二年生草本。植株灰绿色。株高80~180cm。根直根系，倒圆锥形，有时分叉，须根纤维状，白色。根颈紫红色。茎直立，粗壮，绿色或下部红紫色，中部或中部以上有分枝，具灰白色上弯短糙毛和开展的疏柔毛。叶密集。基部叶在花期凋落。基部叶8~20片，卵状倒披针形或长椭圆形，长4~9cm，宽1.5~4cm，绿色，先端圆钝、急尖或渐尖，基部楔形或渐狭成柄，边缘具锯齿，柄长2~5cm。主茎叶片较大，多而密。下部叶倒披针形或披针形，长6~10cm，宽1~3cm，先端急尖或渐尖，基部渐狭成柄，边缘上部每边常有4~8个粗齿，基部全缘。中部叶和上部叶渐变细小，狭披针形或近线形，具齿或全缘，两面被密糙短毛，叶背尤密。头状花序多数，径5~8mm，在茎枝顶端排列成大型圆锥花序。总苞卵状圆柱形，长4mm，径3~4mm。总苞片3层，线状披针形或线形，先端渐尖，外面被糙短毛，外层短于内层之半。缘花细管状，淡黄色或淡紫色，多层，顶端2细裂，无舌片，雌性，结实。盘花管状，淡黄色，6~11朵，顶端5齿裂，两性，结实。瘦果具冠毛，冠毛初时白色，后变为黄褐色。种子线状披针形，扁压，被微毛。
生物学特性：花果期5—9月。生于山坡草地、旷野、路旁、荒地、河岸、沟边。
分布：原产于南美洲。在中国华东、华中、华南、西南等地已归化。各校区有分布。

苏门白酒草茎（徐正浩摄）

苏门白酒草植株（徐正浩摄）

苏门白酒草苗（徐正浩摄）

53. 豚草 *Ambrosia artemisiifolia* Linn.

中文异名：艾叶破布草、美洲艾、普通豚草
英文名：ragweed, bitterweed
分类地位：菊科（Asteraceae）豚草属（*Ambrosia* Linn.）
形态学鉴别特征：一年生草本。外来入侵杂草。株高20~150cm。根系发达，细根多，深扎。茎直立，上部分枝，有棱，被疏生密糙毛。下部叶对生，2~3回羽状分裂，裂片狭小，长圆形至倒披针形，全缘，中脉明显，上面深绿色，有细短伏毛或近无毛，下面灰绿色，被密短糙毛，具短叶柄。上部叶互生，羽状分裂，无柄。雄性头

豚草花序（徐正浩摄）

豚草花期植株（徐正浩摄）

状花序半球形或卵形，径2.5~5mm，具短梗，下垂，在枝端密集成总状，总苞宽半球形或碟形，总苞片全部结合，边缘具波状圆齿，稍被糙伏毛，花序托具刚毛状托叶，花冠淡黄色，管状钟形，顶端有5宽裂片，花药卵圆形，基部钝。雌性头状花序无梗，位于雄头状花序下方或在下部叶腋单生，或2~3朵簇生，密集成团伞状，仅1朵雌花，总苞闭合，具结合的总苞片，倒卵形或卵状长圆形，顶端具4~7个细尖齿，结果期残存瘦果上部，花柱分枝，丝状，伸出总苞的嘴部。瘦果倒卵形，包在总苞内，周围具短喙5~8个，先端有锥状喙。种子卵球形，长1~2mm，棕褐色，顶端具尖头。

豚草成株（徐正浩摄）

生物学特性：苗期3—6月，花期7—9月，果期9—11月。生于路旁、旷野、草丛、田间等。

分布：原产于北美洲。在中国长江流域已逸生或归化。紫金港校区有分布。

54. 菊芋 *Helianthus tuberosus* Linn.

中文异名：洋姜、鬼子姜、姜不辣

英文名：jerusalem artichoke

分类地位：菊科（Asteraceae）向日葵属（*Helianthus* Linn.）

形态学鉴别特征：多年生草本。外来入侵杂草。株高1~3m。匍匐茎上形成块茎，块茎无周皮，纺锤形或呈不规则瘤形。块茎皮可分为红皮、黄皮和白皮等，表面有芽眼。茎直立，具分枝，扁圆形，有不规则突起，被糙毛及刚毛。下部叶对生，上部叶互生。下部叶卵圆形或卵状椭圆形，长10~16cm，宽3~6cm，先端渐尖，基部宽楔形或圆形，有时微心形，边缘有粗锯齿，上面有短粗毛，下面被柔毛，离基脉3出，有长柄。上部叶长椭圆形至宽披针形，先端渐尖，基部渐狭，下延成具狭翅的短柄。头状花序径5~9cm，少数或多数，单生于枝端，直立。总苞片多层，披针形，先端长渐尖，外面被短伏毛。托叶长圆形，先端不等3浅裂。缘花舌状，黄色，舌片长椭圆形，长1.5~4cm，宽0.5~1.2cm，开展。盘花管状，黄色。瘦果有毛，上端有2~4个锥状扁芒。种子楔形。

菊芋花（徐正浩摄）

生物学特性：花果期8—10月。适应多种土壤质地，耐瘠，耐寒，耐旱，抗风沙。主要生于路边、农田、荒野地、宅边等。

分布：原产于北美洲。华家池校区、玉泉校区、紫金港校区、之江校区有分布。

菊芋植株（徐正浩摄）

菊芋花期植株（徐正浩摄）

55. 剑叶金鸡菊 *Coreopsis lanceolata* Linn.

中文异名：除虫菊、大金鸡菊、剑叶波斯菊

英文名：lance-leaf coreopsis

分类地位：菊科（Asteraceae）金鸡菊属（*Coreopsis* Linn.）

形态学鉴别特征：多年生草本。外来入侵杂草。株高30~80cm。根呈纺锤状。茎直立，无毛或稍被柔毛，上部分枝。基部叶成对簇生。匙形或线状倒披针形，长5~8cm，宽1~1.5cm，先端圆钝，基部楔形，下延。茎生叶少数，全缘或3~5裂，裂片长圆形或线状披针形，顶裂片较大，长5~11cm，宽1.5~2cm，先端钝，基部狭，全缘，两面具短毛，侧生裂片较小，线状披针形，中脉背面隆起，柄长3~7cm。头状花序腋生或顶生，径4~6cm，花梗长10~30cm。总苞片2层，每层8片，外层披针形，绿色，内层长椭圆形，黄绿色，近等长。花序托突起，托片线形。缘花舌状，黄色，1层，舌片倒卵形或楔形，先端具4浅齿，雌性，结实。盘花管状，黄色，多数，顶端5浅裂。瘦果冠毛短鳞片状。种子圆形或椭圆形，长2.5mm，紫褐色，扁，内弯，边缘具膜质宽翅，内面具少数乳状突起。

生物学特性：花果期6—10月。花境栽培植物，用于观赏，或逸生路边、草丛等。

分布：原产于北美洲。各校区有分布或逸生。

线叶金鸡菊花（徐正浩摄）

线叶金鸡菊植株（徐正浩摄）

逸生线叶金鸡菊（徐正浩摄）

56. 大狼杷草 *Bidens frondosa* Linn.

中文异名：接力草、外国脱力草

英文名：bur marigold, devil's beggarticks, devil's bootjack, pitchfork weed, sticktights, tickseed sunflower

分类地位：菊科（Asteraceae）鬼针草属（*Bidens* Linn.）

形态学鉴别特征：一年生草本。外来入侵杂草。株高40~180cm。根系乳白色，主根明显或不明显，有分枝，细根白色，有发达的横走的根。下部茎秆极易生不定根。茎直立。略呈四棱形，有明显凹凸痕，中上部多分枝，有时分枝带紫色，无毛。幼时节及节间分别被长短柔毛，后变光滑，或稍有钝刺。叶对生。奇数羽状复叶，偶有少数变态叶。小叶3~5片，茎中、下部复叶基部的小叶又常3裂，小叶披针形至长圆状披针形，长3~9.5cm，宽1~3cm，先端渐尖，基部楔形或偏斜，顶端尾尖无锯齿，边缘具粗锯齿，叶背被稀疏的短柔毛。下部叶柄较长，至茎上部渐短，顶生裂片具柄。

大狼杷草花（徐正浩摄）

大狼杷草果实（徐正浩摄）

大狼杷草花期植株（徐正浩摄）

头状花序径1.2~2.5cm，单生于茎顶及枝端，茎和枝上的头状花序由腋芽发育而来，一般仅中上部发育成花序。总苞钟状或半球形。外层总苞7~12片，分明显2层，外层3~5片，内层4~7片，膜质，倒披针状线形或长圆状线形，长1~2cm，边缘有纤毛。缘花舌状，常不发育，不明显或无舌状花。盘花管状，两性，顶端5裂，结实。花柱2裂，裂片顶端有三角状着生细硬毛的附器。瘦果圆球状。种子楔形，扁平，长0.5~0.9cm，宽2.1~2.3mm，顶部截平，被糙伏毛。顶端芒刺2个，长3~3.5mm，上有倒刺毛。

生物学特性： 花果期7—11月。属湿生性广布杂草，耐贫瘠，适应不同生境。生于林缘、荒地、路旁、沟边、旱耕地、湿地等。

分布： 原产于北美洲。中国多地逸生。各校区有分布。

57. 鬼针草 *Bidens pilosa* Linn.

中文异名： 三叶鬼针草

英文名： devil's needles, Black Jack, broomstick, broom stuff, cobbler's pegs, Spanish needle

分类地位： 菊科（Asteraceae）鬼针草属（*Bidens* Linn.）

形态学鉴别特征： 一年生草本。外来入侵杂草。株高25~100cm。根系深，细根发达。茎直立，钝四棱形，无毛或有时上部稀被柔毛。通常3或5~7深裂至羽状复叶。茎下部叶较小，3裂或不裂，有长柄，常于花前枯萎。中部叶对生，3全裂，稀羽状全裂，两侧裂片椭圆形或卵状椭圆形，长2~4.5cm，宽1.5~2.5cm，先端急尖，基部近圆形或宽楔形，有时偏斜，不对称，边缘具锯齿，具短柄，顶生裂片较大，长椭圆形或卵状长圆形，长3.5~7cm，先端渐尖，基部渐狭或近圆形，

鬼针草刺芒状冠毛（徐正浩摄）

鬼针草茎叶（徐正浩摄）

鬼针草果实（徐正浩摄）

鬼针草植株（徐正浩摄）

边缘有锯齿，无毛或疏被短柔毛，柄长1~2cm。上部叶小，3裂或不裂，线状披针形，柄短。头状花序径8~9mm，梗长1~6cm。总苞片7~8片，线状匙形，基部和边缘被短柔毛。外层托片狭长圆形，内层托片狭披针形。缘花舌状，白色或黄色，1~5朵，有时无。盘花管状，黄褐色，顶端5齿裂，两性，结实。瘦果冠毛3~4条，刺芒状，长1.5~2.5mm，具倒刺。

生物学特性： 花果期8—11月。开花至种子成熟为25天。生于村旁、路边、荒地。

分布： 原产于北美洲。在中国华东、华中、华南、西南等地已逸生或归化。华家池校区、玉泉校区、之江校区有分布。

58. 牛膝菊 *Galinsoga parviflora* Cav.

中文异名：辣子草
英文名：guasca, mielcilla, galinsoga, gallant soldier, potato weed
分类地位：菊科（Asteraceae）牛膝菊属（*Galinsoga* Ruiz et Cav.）
形态学鉴别特征：一年生草本。外来入侵杂草。株高10~70cm。根具分枝，须根多数。茎直立，圆柱形，径3~5mm，有细条纹，节膨大，不分枝或自基部分枝，分枝斜生，全部茎枝被疏散或上部稠密的贴伏短柔毛和少量腺毛，茎基部和中部花期脱毛或稀毛。单叶对生，草质，卵圆形或披针状卵圆形至披针形，长3~6.5cm，宽1.5~4cm，先端渐尖或钝，基部宽楔形至圆形，上面绿色，下面淡绿，边缘有浅圆齿。基出3脉或不明显5出脉，叶脉上凹下凸。叶柄长1~2cm。向上及花序下部的叶渐小，通常披针形，边缘浅、钝锯齿或波状浅锯齿，在花序下部的叶有时全缘或近全缘。全部茎叶两面粗糙，被白色稀疏贴伏的短柔毛，沿脉和叶柄上的毛较密。头状花序半球形，径0.4~0.6mm，有长花梗，多数在茎枝顶端排成疏松的伞房花序，总花序径3cm。总苞半球形或宽钟状，宽3~6mm。总苞片1~2层，5片，外层短，内层卵形或卵圆形，长3mm，顶端圆钝，白色，膜质。舌状花4~5个，舌片白色，顶端3齿裂，筒部细管状，外面被稠密白色短柔毛，冠毛毛状，脱落。管状花花冠长1mm，黄色，下部被稠密的白色短柔毛，冠毛膜片状，白色，披针形，边缘流苏状，固结于冠毛环上，脱落。瘦果长1.1~1.4mm，圆锥形，具3~5条棱，上部粗而下部渐细，宽0.4~0.5mm，厚0.3~0.4mm，黑色，具褐色粗毛，顶端有鳞片。种子黑色或黑褐色，常扁压，先端截形，被白色微毛。

牛膝菊花（徐正浩摄）

牛膝菊植株（徐正浩摄）

牛膝菊单一优势群体（徐正浩摄）

生物学特性：花果期7—10月。生于庭院、绿化带、园区、荒地、河谷地、溪边、路边、低洼农田等，在土壤肥沃而湿润的地带生长数量多。
分布：原产于南美洲。或随货物进口、植物引种等夹带传入，在中国西南、华南、华东、华中等地已归化。各校区有分布。

59. 裸柱菊 *Soliva anthemifolia* (Juss.) R. Br.

中文异名：座地菊、假吐金菊
英文名：camomileleaf soliva, flase soliva
分类地位：菊科（Asteraceae）裸柱菊属（*Soliva* Ruiz et Pavon.）
形态学鉴别特征：一年生或二年生草本。外来入侵杂草。株高5~15cm。无明显主根，母株有多数细根。根状茎密生多数细长须根，由根状茎长出匍匐枝，繁衍成的新植株，均形成多数细白根。叶互生，长5~15cm，宽2~3cm，2~3回羽状分裂，裂片线形，全缘或3裂，被长柔毛或近于无毛。具柄。头状花序无梗，集生于贴近地面的茎顶部，近球形，径6~12mm。总苞片2层，长圆形或披针形，边缘干膜质。缘花无花冠，多数，雌性，结实。盘花管状，少数，黄色，管长1.2mm，顶端3裂齿，基部渐狭，常不结实。瘦果花柱宿存，下部翅上有横皱纹。种子倒披针形，扁平，有厚翅，长2mm，顶端圆钝，有长柔毛。

生物学特性： 花果期全年。主要生于旱耕地、荒地、弃耕地、路边等。

分布： 原产于南美洲。属无意引进，随农作等活动传播、扩散。在中国华南、华东、西南等地或归化，种群不断扩大。华家池校区有分布。

裸柱菊植株1（徐正浩摄）

裸柱菊植株2（徐正浩摄）

60. 野茼蒿 *Crassocephalum crepidioides* (Benth.) S. Moore

中文异名： 革命菜、安南草

英文名： ebolo, thickhead, redflower ragleaf, fireweed

分类地位： 菊科（Asteraceae）野茼蒿属（*Crassocephalum* Moench.）

形态学鉴别特征： 多年生草本。外来入侵杂草。株高20~100cm。根系发达，密布细根，浅层根居多。茎直立，具纵条纹，少分枝或不分枝，无毛或被稀疏短柔毛。叶互生，卵形或长圆状椭圆形，长5~15cm，宽3~9cm，先端渐尖，基部楔形或渐狭下延至叶柄，边缘有重锯齿或有时基部羽状分裂，侧裂片1~2对，两面近无毛或下面被短柔毛。叶柄柔弱，有极狭的翅，长1~3cm。上部叶片较小。头状花序顶生或腋生，具长梗，排列成伞房状。总苞钟形，基部截平，有狭线形的外苞片。总苞片15~20片，先端尖，具狭的膜质边缘，外面疏被短柔毛。苞片2层，条状披针形，长1cm，边膜质，顶端有小束毛。花全为两性，管状，粉红色或橙红色。花柱基部小球形，白色。瘦果冠毛白色，绢毛状。种子狭圆柱状，橙红色，具纵肋，间有白短毛。

生物学特性： 花果期7—11月。生于山坡、路旁、草丛、荒地、田边、沟旁、河岸等。

分布： 中国华东、华中、华南等地有分布。印度、中南半岛及非洲也有分布。各校区有分布。

野茼蒿花序（徐正浩摄）

野茼蒿茎（徐正浩摄）

野茼蒿果期植株（徐正浩摄）

61. 花叶滇苦菜 *Sonchus asper* (Linn.) Hill

中文异名： 续断菊、石白头

英文名： prickly sowthistle, sharp-fringed sow thistle, spiny sow thistle, spiny-leaved sow thistle

分类地位： 菊科（Asteraceae）苦苣菜属（*Sonchus* Linn.）

花叶滇苦菜花（徐正浩摄）

花叶滇苦菜植株（徐正浩摄）

形态学鉴别特征：一年生或二年生草本。外来入侵杂草。株高30~100cm。圆锥状或纺锤状，褐色，具多数须根。茎直立，分枝或不分枝，中空，下部无毛，中上部及顶端被疏腺毛。下部叶长椭圆形或倒卵形，长5~13cm，宽1~5cm，先端渐尖，基部下延，具翅柄，边缘不规则羽状分裂或具密而不等长的刺状齿。中部叶和上部叶无柄，卵状狭长椭圆形，长3~6cm，宽1~3cm，缺刻状半裂或羽状分裂，裂片边缘密生长刺状尖齿，刺较长而硬，基部有扩大的圆耳，抱茎。头状花序具花3~7朵，在茎顶端密集排列成伞房状，总花梗长3~8cm。花径1~2cm，花梗长2~5cm，总花序梗或花序常有腺毛或初期有蛛丝状毛。总苞钟形或圆筒形，径8~11mm，长1.2~1.5cm。总苞片2~3层，草质，绿色或暗绿色，外层的披针形，内层的线状披针形，先端钝，边缘膜质。全为舌状花，舌片长0.5cm，黄色。瘦果长椭圆状倒卵形，扁压，短宽而光滑，两面具明显3纵肋，无横纹。种子长椭圆状，长4~6mm，褐色，冠毛白色。

生物学特性：花果期5—11月。主要生于山坡、路旁、荒地、田边、沟旁、宅边。

分布：原产于欧洲。在中国华东、华中、华北、西南、华南等地已入侵或归化。亚洲其他国家、欧洲、美洲、大洋洲等也有分布。各校区有分布。

景观应用：为镉超累积植物。

62. 苦苣菜 *Sonchus oleraceus* Linn.

中文异名：苦菜、滇苦菜、田苦卖菜、尖叶苦菜

英文名：common sowthistle, sow thistle, smooth sow thistle, annual sow thistle, hare's colwort, hare's thistle, milky tassel, swinies

分类地位：菊科（Asteraceae）苦苣菜属（*Sonchus* Linn.）

形态学鉴别特征：一年生或二年生草本。有乳汁。外来入侵杂草。株高50~100cm。直根圆锥状，须根多数，纤维状，有分枝。茎直立，中空，不分枝或上部分枝，具棱，下部无毛，中上部及顶端被稀疏短柔毛及褐色腺毛。叶互生，柔软无毛，长椭圆形至倒披针形，长15~20cm，宽3~8cm，先端渐尖，深羽裂或提琴状羽裂，裂片对称，狭三角形或卵形，边缘有不规则尖齿，顶端裂片大，宽心形、卵形或三角形，侧裂片狭三角形或卵形。基生叶基部下延成翼柄。茎生叶基部常为尖耳郭状抱茎，边缘具不规则锯齿。头状花序呈伞房状排列，花径2cm，花梗长，2~6cm，梗常有腺毛或初期有蛛丝状毛。总苞钟形或圆筒形，长1.2~1.5cm。总苞片2~3层，外层披针形，内层线形，先端渐尖，边缘膜质。花全为舌状花，多数，黄色，舌片

苦苣菜花（徐正浩摄）

苦苣菜果实（徐正浩摄）

苦苣菜植株（徐正浩摄）

长0.5cm。瘦果倒卵状椭圆形,冠毛白色。种子熟后红褐色,每面有3纵肋,肋间有粗糙细横纹,有长6mm的白色细软冠毛。

生物学特性：花果期3—11月。种子萌发生长对生境要求不严。主要生于山坡、路旁、荒地、田边、沟旁、宅旁。

分布：原产于欧洲。各校区有分布。

63. 毒莴苣 *Lactuca serriola* Linn.

中文异名：刺毛莴苣

英文名：prickly lettuce, milk thistle, compass plant, scarole

分类地位：菊科（Asteraceae）莴苣属（*Lactuca* Linn.）

形态学鉴别特征：一年生或二年生草本。限制进境检疫性杂草。株高30~180cm。根粗壮,具分枝。成株茎红色,无毛。含白色乳汁。

毒莴苣花序（徐正浩摄）

叶蜡质,长圆状披针形,长5~12cm,宽1.5~4cm,羽状分裂,下部叶片尤为明显,灰绿色。边缘具刺。叶背具白色脉。花径10~12mm,暗黄色,稍带紫色。苞片略带紫色。瘦果紫灰色,外表长短硬毛。冠毛白色。

生物学特性：花期7—9月。生于果园、路边、作物田。

分布：原产于英国东部和东南部。舟山校区有分布。

毒莴苣植株（徐正浩摄）

64. 大藻 *Pistia stratiotes* Linn.

中文异名：水浮莲、肥猪草、水芙蓉、水莲、大浮萍

英文名：water lettuce

分类地位：天南星科（Araceae）大藻属（*Pistia* Linn.）

形态学鉴别特征：一年生水生漂浮草本。外来入侵杂草。具白色的纤维状根。匍匐茎从叶腋间长出,顶端发出新植株。叶簇生成莲座状。叶片因发育的不同阶段而不同,通常倒卵状楔形,长2.5~10cm,先端浑圆或截形,基部厚,两面被茸毛。叶脉7~15条,扇状伸展,下面隆起。叶鞘托叶状,干膜质。无柄。佛焰苞小,长1.2cm,腋生,白色,外被茸毛,下部管状,上部张开。肉穗花序背面2/3与佛焰苞合生。雄花2~8朵生于上部,雌花单生于下部。浆果。种子卵圆形。

生物学特性：花期6—7月。喜高温多雨。生于池塘、沟渠、水库、湖泊等。

分布：原产于南美洲。现广布世界热带和亚热带地区。华家池校区、紫金港校区有分布。

景观应用：水域漂浮植物。可净化水体,但要防止扩散,严格控制再度逸生。

大藻花序（徐正浩摄）

大藻植株（徐正浩摄）

65. 凤眼蓝 *Eichhornia crassipes* (Mart.) Solms

凤眼蓝花期植株（徐正浩摄）

凤眼蓝单一优势群体（徐正浩摄）

中文异名：水葫芦
英文名：water hyacinth
分类地位：久雨花科（Pontederiaceae）凤眼蓝属（*Eichhornia* Kunth）
形态学鉴别特征：多年生水生漂浮草本。外来入侵杂草。株高30~50cm。根状茎粗短，密生多数细长须根，须根发达，白色，悬垂水中，在一些污水或富营养化水域，根系常呈褐黑色，并吸附大量水体悬浮物。具长匍匐枝，与母株分离后长成新植株。叶基生，丛生成莲座状，直伸，倒卵状圆形或卵圆形，长宽近相等，3~15cm，先端圆钝，基部浅心形、截形、圆形或宽楔形，通常叶色鲜绿，具光泽，质厚，全缘无毛，具弧形脉。叶柄长4~20cm，基部具鞘，略带紫红色，中下部膨大为海绵质气囊，似葫芦状，故又名"水葫芦"。花茎单生，长过于叶，中部具鞘状苞片。花多朵排成穗状花序。花瓣蓝紫色，长4.5~6cm，管长1.2~1.8cm，径3cm，6片，外有腺毛，裂片卵形、长圆形或倒卵形，上方裂片较大，正中有深蓝色块斑，斑中又具鲜黄色眼点，似孔雀羽毛，因此，又称"凤眼莲"。花互生。雄蕊6个，3长3短，雄蕊长的伸出花瓣外，花丝不规则结合于花瓣内。雌蕊1枚。子房卵圆形。花柱细长，上部有毛。蒴果卵圆形。花朵在花后弯入水中，子房大多在体中发育膨大，花后1个月种子成熟。每花序可结出300多粒种子。种子卵形，有棱。

生物学特性：海绵质气囊内具多数气室，使植株漂浮水面。一般4—5月开始繁衍，7—9月是快速的繁衍时期。以无性繁殖为主，依靠匍匐枝与母株分离方式，在条件适宜时植物数量可在5天内增加1倍。也能开花结实产生种子，进行有性繁殖。生于池塘、湖泊、水库、河道、水沟、低洼的渍水田和沼泽地等。喜浅水、静水。

分布：原产于美洲热带地区。20世纪50年代作为猪饲料在南方各地大量引种，随水流自然扩散。紫金港校区、华家池校区、玉泉校区有分布。

景观应用：在静水域，利用圈养净化水质，对富营养化河道、湖泊效果良好。

第四章 浙大校园外来野草野花

1. 扁穗雀麦 *Bromus catharticus* Vahl.

分类地位：禾本科（Gramineae）雀麦属（*Bromus* Linn.）

形态学鉴别特征：一年生草本。株高70~100cm。须根系。茎直立或倾斜，丛生，径3~5mm。叶线状披针形，长30~40cm，宽4~6mm，两面散生柔毛。叶鞘被柔毛或变无毛。叶舌膜质，长2~3mm。圆锥花序开展，向下弯曲，疏松，长达

扁穗雀麦圆锥花序（徐正浩摄）

扁穗雀麦圆锥植株（徐正浩摄）

20cm。小穗两侧扁压，长2~3cm，含6~12朵小花。颖披针形，脊上微刺毛。第1颖长0.8~1cm，具7~9条脉。第2颖长1.2~1.5cm，具9~11条脉。外稃具9~12条脉，顶端裂口处具小尖头。第1外稃长1.7~1.9cm。内稃狭窄，短小，长为外稃的2/3。雄蕊3枚。花药长0.3~0.6mm。颖果与内稃贴生，长7~8mm，顶端具茸毛。

生物学特性：花果期4—10月。生于山坡、草丛、荒野及路旁等。

分布：原产于南美洲。华家池校区、之江校区有分布。

景观应用：地被植物。

2. 蒲苇 *Cortaderia selloana* (Schult.) Aschers. et Graebn.

英文名：pampas grass, silber pampas grass, Uruguayan pampasgrass, Uruguayan pampass grass

分类地位：禾本科（Gramineae）蒲苇属（*Cortaderia* Stapf）

形态学鉴别特征：多年生高大草本。株高2m以上。大型须根系。具较大分枝根。茎丛生，直立，粗壮。叶长1~3m，叶舌为1圈长2~4mm的柔毛。圆锥花序长30~100cm，雄花序广金字塔形，雌花序较窄，银白色至粉红色。小穗含2~5朵小花，雌小穗具丝状长毛，雄小穗无毛。颖白色，膜质，细长，长10~12mm。外稃狭长，先端延伸至长而细弱的芒，连芒长10~20mm，内稃狭小，具2个脊，长3~4mm。颖果。种子长5~8mm。

生物学特性：花果期9—11月。生于堤岸、草地等。

蒲苇生境植株（徐正浩摄）

蒲苇花序（徐正浩摄）

分布：原产于南美洲。各校区有分布。
景观应用：观赏植物。

3. 黑麦草 *Lolium perenne* Linn.

黑麦草成株（徐正浩摄）

逸生黑麦草（徐正浩摄）

英文名：perennial ryegrass

分类地位：禾本科（Gramineae）黑麦草属（*Lolium* Linn.）

形态学鉴别特征：多年生草本。外来植物。株高20~80cm。须状根发达，但入土不深。茎多数丛生，直立，铺散，基部常倾卧，节上着地生根，具柔毛，具3~4个节。叶质地较软，长披针形，长10~20cm，宽3~6mm，深绿色，无毛或被微毛，幼时呈折叠状。叶鞘较疏松，光滑无毛。叶舌短，长2.5mm，或不明显。叶耳细小或缺。穗状花序直立或稍弯，长5~30cm，宽5~7mm，穗轴纤细，节间长7~13mm，下部的可长达2cm以上，蜿蜒状，无毛。小穗长5~20mm，宽3~7mm，有小花5~11朵。小穗轴节间长1mm，无毛。无外颖。第2颖披针形或狭长圆形，长为小穗的1/3或稍长，有时与小穗等长，边缘狭膜质，具3~9条脉，先端急尖或钝。外稃长圆形或长圆状披针形，长4~9mm，平滑无毛，先端钝或急尖，通常无芒，稀具长达8mm的芒，成熟时不膨胀。第1外稃长6~7mm。内稃与外稃等长或比外稃稍短，脊上有短纤毛。颖果长与宽的比大于3。

生物学特性：花果期4—7月。喜光，耐湿，不耐涝。适宜土壤pH值为6—7。生于草甸草场、路旁、湿地等。

分布：原产于欧洲。作为牧草引种栽培。华家池校区有分布。

景观应用：绿化植物和草坡利用。对铜、锌有极强的忍耐和较好的富集能力，是有潜力的铜、锌矿区复绿和修复铜、锌污染土壤的植物。

4. 风车草 *Cyperus alternifolius* Linn. subsp. *flabelliformis* (Rottb.) Kükenth.

中文异名：旱伞草、水棕竹、伞草

分类地位：莎草科（Cyperaceae）莎草属（*Cyperus* Linn.）

形态学鉴别特征：多年生草本。外来植物。株高30~150cm。根状茎粗短，须根坚硬。茎疏丛生，钝三棱状或近圆柱状，上部稍粗糙，基部具无叶片的叶鞘。叶鞘闭合，鞘口斜截形，棕色。叶状苞片10~20片，较花序长2倍，宽2~11mm，展开。长侧枝聚伞花序复出，疏展，第1次辐射枝多，长达8cm，每辐射枝具4~10条第2次辐射枝，长达15cm。穗状花序具3~8个小穗，花序轴短。小穗密集于第2次辐射枝上端，椭圆形或长圆状披针形，长3~8mm，宽1.5~3mm，稍扁，具6~26朵花。小穗轴不具翅。鳞片密覆瓦状排列，膜质，卵形，先端具短尖，长2mm，两侧苍白色或具锈

风车草叶（徐正浩摄）

风车草植株（徐正浩摄）

色斑点，脉3~5条。雄蕊3枚，花药线形。花柱短，柱头3个。小坚果椭圆形，近三棱形，长为鳞片的1/3，褐色。

生物学特性：花果期8—10月。生于湿地、浅水域。

分布：原产于非洲。华家池校区有分布。

景观应用：观赏植物。

5. 鸡冠花 *Celosia cristata* Linn.

分类地位：苋科（Amaranthaceae）青葙属（*Celosia* Linn.）

形态学鉴别特征：一年生草本。外来杂草。株高15~40cm。直根系，根系发达。茎直立，粗壮。叶卵形、卵状披针形或披针形，长5~13cm，宽2~6cm，顶端渐尖，基部渐狭，全缘。花序顶生，扁平鸡冠状，中部以下多花。苞片、小苞

逸生鸡冠花（徐正浩摄）

片和花被片紫色、黄色或淡红色，干膜质，宿存。雄蕊花丝下部合生成杯状。胞果卵形，长3mm，盖裂，包裹在宿存花被内。种子球形、卵形、双凸，侧扁，亮滑。

生物学特性：花果期7—10月。生于路边草丛。

分布：原产于印度。各校区偶有分布。

鸡冠花花序（徐正浩摄）

6. 田菁 *Sesbania cannabina* (Retz.) Poir.

中文异名：碱青、涝豆

分类地位：豆科（Fabaceae）田菁属（*Sesbania* Scop.）

形态学鉴别特征：一年生半灌木状草本。外来植物。株高1.2~2m。主根粗大，分枝多，根系庞大。茎直立，绿色，有时带褐色、红色，微被白粉，有不明显淡绿色线纹。茎平滑，基部有多数不定根，幼枝疏被白色绢毛，后秃净。茎折断有白色黏液，枝髓粗大充实。小枝和叶轴无刺。偶数羽状复叶，具小叶10~30对，叶轴长15~25cm，上面具沟槽，幼时疏被绢毛，后几无毛。托叶披针形，长可达1cm，早落。小叶对生或近对生，线状长圆形，长1~3cm，宽2~5mm，位于叶轴两端者较短小，先端钝至截平，具小尖头，基部圆形，两侧不对称，上面无毛，下面幼时疏被绢毛，后秃净，两面被紫色小腺点，下面尤密。小叶柄长1mm，疏被毛。小托叶钻形，短于或几等于小叶柄，宿存。总状花序长3~10cm，具2~6朵花，疏生。总花梗及花梗纤细，下垂，疏被绢毛。苞片线状披针形，小苞片2片，均早落。花萼斜钟状，长3~4mm，无毛，萼齿短三角形，先端具锐齿，各齿间常有1~3腺状附属物，内面边缘具白色细长曲柔毛。花冠黄色，旗瓣横椭圆形至近圆形，长9~10mm，先端微凹至圆形，基部近圆形，外面散生大小不等的紫黑点和

田菁花（徐正浩摄）

田菁果期植株（徐正浩摄）

线，胼胝体小，梨形，瓣柄长2mm，翼瓣倒卵状长圆形，与旗瓣近等长，宽3.5mm，基部具短耳，中部具较深色的斑块，并横向皱折，龙骨瓣较翼瓣短，三角状阔卵形，长宽近相等，先端圆钝，平三角形，瓣柄长4.5mm。雄蕊二体，对旗瓣的1枚分离，花药卵形至长圆形。雌蕊无毛，柱头头状，顶生。荚果细长，长圆柱形，长12~22cm，宽2.5~3.5mm，微弯，外面具黑褐色斑纹，喙尖，长5~10mm，果颈长5mm，开裂。种子间具横隔，有种子20~35粒。种子短圆柱状，长4mm，径2~3mm，绿褐色，有光泽，种脐圆形，稍偏于一端。

生物学特性：花果期7—12月。生于湿地、水沟旁、弃耕地等。

分布：原产于热带和亚热带地区。中国华东、华中、华南、西南、东北等地有分布。亚洲其他国家、大洋洲、非洲也有分布。紫金港校区、华家池校区有分布。

景观应用：快速逸生为习见杂草，发生量大，常形成优势种群。

7. 紫苜蓿 *Medicago sativa* Linn.

中文异名：碱青、涝豆

分类地位：豆科（Fabaceae）苜蓿属（*Medicago* Linn.）

形态学鉴别特征：一年生半灌木状草本。外来植物。株高10~34cm。根粗壮，深入，根茎发达。茎直立或偃卧，常丛生，自基部分枝，近无毛。羽状3出复叶。小叶片倒披针形或倒卵状长圆形，长1~4cm，宽0.4~1.2cm，纸质，先端钝圆，小凸尖自中脉伸出，基部宽楔形，上部边缘有细齿，上面几无毛，下面被贴伏长柔毛。叶柄长0.5~1.5cm。中央小叶柄长0.5~1cm，侧生小叶柄较短。托叶较大，斜卵状披针形，长0.8~1.2cm，基部与叶柄贴生，具脉纹。总状花序长4~6cm，花8~25朵集生于花序上端。花梗长0.5~1mm。小苞片丝状，长2~2.5mm。花萼长4~5mm，萼齿狭披针形，长3~3.5mm。花冠紫色或淡紫色。旗瓣长圆形，先端微凹，明显长于翼瓣和龙骨瓣。荚果黑褐色，1~3回旋卷，顶端具尖喙，被毛。具1~8粒种子。种子黄褐色，肾形，长1.5~2mm。

紫苜蓿花（徐正浩摄）

紫苜蓿花期植株（徐正浩摄）

生物学特性：花期4—5月，果期6—7月。逸生于草地、绿化带等。

分布：原产于伊朗及欧洲。紫金港校区、华家池校区有分布，玉泉校区零星出现。

8. 三角紫叶酢浆草 *Oxalis triangularis* A. St.-Hil.

中文异名：三角酢浆草、紫叶酢浆草

分类地位：酢浆草科（Oxalidaceae）酢浆草属（*Oxalis* Linn.）

形态学鉴别特征：多年生宿根草本。外来植物。株高10~20cm。根系为半透明的肉质根，有分叉，浅褐色，下部稍有须根，根顶端着生地下茎，地下茎由一片

三角紫叶酢浆草花（徐正浩摄）

三角紫叶酢浆草植株（徐正浩摄）

片鳞片组成，地下茎在地下形成的分枝呈珊瑚状分布。3出掌状复叶，柄长5~15cm。小叶片等腰三角形，柄极短。叶背深红色，具光泽。伞形花序。浅粉色，花瓣5片，倒卵形，微向外反卷，5~8朵簇生在花茎顶端。花茎细长，长14~20cm。萼片长圆形，顶端急尖，被柔毛。花丝基部合生成筒状。蒴果近圆柱状，具5条棱，被短柔毛。种子小，长1~1.5mm，扁卵形，红褐色，有横沟槽。

生物学特性： 花果期3—8月。生于草丛、路边等。

分布： 原产于南美洲。各校区有分布。

景观应用： 花境用草本植物。

9. 单刺仙人掌 *Opuntia monacantha* (Willd.) Haw.

中文异名： 仙人掌、扁金铜、绿仙人掌

英文名： prickly pear

分类地位： 仙人掌科（Cactaceae）仙人掌属（*Opuntia* Mill.）

形态学鉴别特征： 肉质灌木或小乔木。外来植物。根肉质，分枝，细长。茎分枝多数，开展。倒卵形、倒卵状长圆形或倒披针形，长10~30cm，宽7.5~12.5cm，先端圆形，边缘全缘或略呈波状，基部渐狭至柄状，嫩时薄而波皱，鲜绿而有光泽，无毛，疏生小窠。小窠圆形，径3~5mm，具短绵毛、倒刺刚毛和刺。刺针状，单生或2~3根聚生，直立，长1~5cm，灰色，具黑褐色尖头，基部径0.2~1.5mm，有时嫩小窠无刺，老时生刺，在主干上每小窠可具10~12根刺，刺长达7.5cm，短绵毛灰褐色，密生，宿存，倒刺刚毛黄褐色至褐色，有时隐藏于短绵毛中。叶钻形，长2~4mm，绿色或带红色，早落。花辐射状，径5~7.5cm。花托倒卵形，长3~4cm，先端截形，凹陷，径1.5~2.2cm，基部渐狭，绿色，无毛，疏生小窠，小窠具短绵毛和倒刺刚毛，无刺或具少数刚毛状刺。萼状花被片深黄色，外面具红色中肋，卵圆形至倒卵形，长0.8~2.5cm，宽0.8~1.5cm，先端圆形，有时具小尖头，边缘全缘。瓣状花被片深黄色，倒卵形至长圆状倒卵形，长2.3~4cm，宽1.2~3cm，先端圆形或截形，有时具小尖头，边缘近全缘。花丝长12mm，淡绿色。花药淡黄色，长1mm。花柱淡绿色至黄白色，长12~20mm，径1.5mm。柱头6~10个，长4.5~6mm，黄白色。浆果梨形或倒卵球形，长5~7.5cm，径4~5cm，顶端凹陷，基部狭缩成柄状，无毛，紫红色，每侧具10~20个小窠，小窠突起，具短绵毛和倒刺刚毛，通常无刺。种子多数，肾状椭圆形，长4mm，宽3mm，厚1.5mm，淡黄褐色，无毛。

单刺仙人掌植株（徐正浩摄）

逸生单刺仙人掌（徐正浩摄）

生物学特性： 花期4—8月。生于海边、石灰岩山地等。

分布： 原产于南美洲。在中国一些地区或归化。各校区有栽培。

景观应用： 栽培花卉。

10. 千屈菜 *Lythrum salicaria* Linn.

中文异名： 水柳、水枝柳、对叶莲

英文名： spiked loosestrlfe, purple lythrum, purple loosestrife

分类地位： 千屈菜科（Lythraceae）千屈菜属（*Lythrum* Linn.）

形态学鉴别特征： 多年生直立草本。外来植物。株高30~150cm。根状茎粗壮，横走。茎直立，多分枝，有4条棱而

千屈菜花枝（徐正浩摄）

千屈菜成株（徐正浩摄）

略具翅。被白色粗毛或初时被绒毛，后脱落至近无毛。叶对生，极少互生或3叶轮生。披针形或宽披针形，长3~7cm，宽0.4~1.5cm，先端稍钝或短尖，基部圆或心形，有时稍抱茎，全缘。无柄。花簇生于苞腋的小聚伞花序再组成顶生大型的穗状花序。苞片宽披针形至三角状卵形，长4~12mm。萼筒长5~8mm，具12条纵棱，稍被粗毛，裂片6片，三角形，附属体线形，直立，长于花萼裂片。花瓣6片，红紫色或淡紫色，倒长椭圆形，基部楔形，长5~7mm，着生于萼筒上部，有短瓣柄，稍皱缩。雄蕊12枚，6枚长，6枚短，伸出于萼筒外。子房无柄，2室，花柱圆柱状，长短不一，柱头头状。蒴果扁圆形，包藏于宿存的萼筒内，熟时2瓣裂。种子多数，细小。

生物学特性：花期7—8月。生于河岸、湖畔、溪沟边和潮湿草地。

分布：原产于欧洲和亚洲。分布几遍中国。亚洲其他国家、欧洲、非洲、大洋洲及北美洲也有分布。各校区有栽培或逸生。

景观应用：湿地或浅水域观赏植物。

11. 山桃草　*Gaura lindheimeri* Engelm. et Gray

中文异名：白桃花、白蝶花

分类地位：柳叶菜科（Onagraceae）山桃草属（*Gaura* Linn.）

山桃草花（徐正浩摄）

山桃草花枝（徐正浩摄）

形态学鉴别特征：二年生草本。外来植物。株高80~120cm。根系深，细根多。茎粗壮，直立，丛生，多分枝。入秋常变红色，被长柔毛与曲柔毛。叶椭圆状披针形或倒披针形，长3~9cm，向上渐小，先端锐尖，基部楔形，具远离的齿突或波状齿，两面被近贴生长柔毛。叶无柄。花序长穗状，生于茎枝顶部，不分枝或少分枝，直立，长20~50cm。花筒长4~9mm，内面上部有毛。萼片长10~15mm，被长柔毛，反折。花瓣白色，后变为粉红色，倒卵形或椭圆形，长12~15mm。花丝长8~12mm。花柱长20~23mm，近基部有毛。柱头4深裂。蒴果坚果状，熟时褐色，窄纺锤形，长6~9mm，具棱。种子卵状，长2~3mm，径1~1.5mm，淡褐色。

生物学特性：花期7—8月。生于草丛。

分布：原产于北美洲。紫金港校区有栽培或逸生。

景观应用：花境植物。

12. 粉花月见草　*Oenothera rosea* L' Hér. ex Ait.

英文名：rose evening primrose, pink evening primrose, rose of Mexico

分类地位：柳叶菜科（Onagraceae）月见草属（*Oenothera* Linn.）

形态学鉴别特征：宿根草本。外来植物。株高30~50cm。根木质化，具粗大主根，粗达1.5cm。茎丛生，匍匐上升，多分枝，近无毛，幼枝被曲柔毛。基生叶紧贴地面，多数，倒披针形，长1.5~4cm，宽1~1.5cm，先端锐尖或钝圆，自中部渐狭或骤狭，并不规则羽状深裂下延至柄，柄淡紫红色，长0.5~1.5cm，开花期基生叶枯萎。茎生叶互生，灰绿色，披针形或长圆状卵形，长3~6cm，宽1~2.2cm，先端下部的钝状锐尖，中上部的锐尖至渐尖，基部宽楔形并骤缩下延至柄，边缘具齿突，基部细羽状裂，侧脉6~8对，两面被曲柔毛。叶柄长1~2cm。花单生于茎、枝顶部叶腋。花蕾绿色，锥状圆柱形，长1.5~2.2cm，顶端萼齿紧缩成喙。花管淡红色，长5~8mm，被曲柔毛。萼片4片，披针形，长6~9mm，宽2~2.5mm，绿色，带红色，先端萼齿长1~1.5mm，背面被曲柔毛，开花期反折再向上翻。花瓣近圆形或宽倒卵形，长6~9mm，宽3~4mm，先端钝圆，具4~5对羽状脉，粉红至紫红色。雄蕊8枚，花丝白色至淡紫红色，长5~7mm。花药粉红色至黄色，长圆状线形，长3mm，背着，侧向纵裂。子房花期狭椭圆状，具4条棱，连同花梗长7mm，上部宽2mm，密被曲柔毛。花柱白色，长8~12mm，伸出花管部分长4~5mm。柱头红色，4裂，裂片线形，围以花药，裂片长2mm，花粉直接授在裂片上。蒴果棒状，长8~10mm，宽3~4mm，具4条纵翅，4室，室背开裂，翅间具棱，顶端具短喙。果梗长6~12mm。每室多数，近横向簇生。种子长圆状倒卵形，长0.7~0.9mm，径0.3~0.5mm，光滑。

生物学特性：花期4—11月，果期9—12月。近早晨日出开放，花粉50%发育。生于荒地草地、沟边半阴处。

分布：原产于美国得克萨斯州南部至墨西哥，在美国西南部及中美洲、南美洲暖温带的山地也有发现。喜马拉雅地区、缅甸、南非等有栽培，并逸为野生。中国华东、华中、华南等地也逸为野生。紫金港校区、华家池校区、玉泉校区、之江校区有栽培或逸生。

景观应用：用作花境植物。

粉花月见草花（徐正浩摄）

粉花月见草植株（徐正浩摄）

13. 洋常春藤 *Hedera helix* Linn.

中文异名：洋常春藤

英文名：common ivy

分类地位：五加科（Araliaceae）常春藤属（*Hedera* Linn.）

形态学鉴别特征：常绿木质藤本植物。外来植物。植株的幼嫩部分及花序均被灰白色星状毛。叶2型。不育枝上的叶片常为3~5裂，上面暗绿色，叶脉带白色，下面苍绿色或黄绿色。能育枝上的叶卵形、狭卵形至菱形，全缘，基部圆形或截形。伞形花序球状，常再组成总状花序，花黄色。浆果圆球形，熟时黑色。

生物学特性：花期9—12月，果期翌年4—5月。

分布：原产于欧洲。各校区有栽培。

景观应用：花境地被植物。

洋常春藤叶（徐正浩摄）

洋常春藤植株（徐正浩摄）

14. 南美天胡荽 *Hydrocotyle vulgaris* Linn.

湿地南美天胡荽（徐正浩摄）

水域南美天胡荽（徐正浩摄）

中文异名：香菇草、盾叶天胡荽、水金钱
英文名：whorled water pennywort, marsh pennywort
分类地位：伞形科（Umbelliferae）天胡荽属（*Hydrocotyle* Linn.）
形态学鉴别特征：多年生蔓生、漂浮草本。外来植物。株高5~15cm。根分枝，细根多、深长。茎柔弱，纤细，匍匐，节上生根，节间长3~10cm。叶互生，圆盾形，径2~4cm，缘波状，边缘有圆钝的锯齿，表面具光泽，暗绿色，叶脉15~20条，放射状。叶柄细长，长5~15cm。伞形花序总状排列，有10~50朵小花组成。花序细长，着生于根茎节上。单个头状伞形花序有花3~6朵，伞辐3mm。单花径1mm，花梗短，长2~6mm。花两性。花瓣5片，卵圆状披针形或卵状披针形，先端渐尖，中部下陷，全缘，基部截形或宽楔形，白色，略带粉红色或绿色，光亮。雄蕊5枚，花丝长1~2mm，花药棕褐色。雄蕊2枚，离生。花柱丝状，顶裂。子房下位，2室。分果扁圆形，长1~2mm，宽2~4mm，两侧扁平，背棱和中棱明显。种子细小，长0.5~1mm。
生物学特性：花期6—8月。喜光照充足的环境，如环境荫蔽，则植株生长不良。喜暖，怕寒。对水质要求不严。生于湿生地、池边或浅水域。
分布：原产于欧洲、北美洲南部及中美洲。各校区有分布，主要是引种栽培。
景观应用：可作水域景观植物，但过度引种，易造成扩散蔓延。

15. 芫荽 *Coriandrum sativum* Linn.

中文异名：香菜
英文名：coriander herb, parsley
分类地位：伞形科（Umbelliferae）芫荽属（*Coriandrum* Linn.）
形态学鉴别特征：一年生或二年生草本，全株无毛。外来植物。株高30~100cm。根细长，有多数纤细的支根。茎直立，多分枝，有网纹。基生叶1~2回羽状全裂，柄长2~8cm。羽片广卵形或扇形半裂，长1~2cm，宽1~1.5cm，边缘有钝锯齿、缺刻或深裂。上部茎生叶3回至多回羽状分裂，末回裂片狭线形，长5~15mm，宽0.5~1.5mm，先端钝，全缘。伞形花序顶生或与叶对生，花序梗长2~8cm。无总苞。伞辐3~8个。小总苞片2~5片，线形，全缘。小伞形花序有花3~10朵，花白色或带淡紫色，萼齿通常大小不等，卵状三角形或长卵形。花瓣倒卵形，长1~1.2mm，宽1mm，先端微凹，辐射瓣长2~4mm，深2裂，裂片长圆状倒卵形。药柱于果成熟时向外反曲。果实近球形，径1.5mm。背面主棱及相邻的次棱明显，油管不明显，或有1个位于次棱下方。胚乳腹面内凹。

芫荽花序（徐正浩摄）

芫荽花期植株（徐正浩摄）

生物学特性：有强烈香气。属于低温、长日照植物。耐寒，要求较冷凉湿润的环境条件，在高温干旱条件下生长不良。花果期4—11月。幼苗在2~5℃低温下，一般经过10~20天可完成春化。以后在长日照条件下，通过光周期而抽薹。浅根系，吸收能力弱，对土壤、水分和养分要求均较严格，保水保肥力强，有机质丰富的土壤最适宜生长。适宜的土壤pH值为6.0~7.6。

分布：原产于意大利。中国大部分地区有栽培。紫金港校区、华家池校区、玉泉校区有分布，通常为栽培。

16. 小白花牵牛　*Ipomoea lacunosa* Linn.

英文名：whitestar potato

分类地位：旋花科（Convolvulaceae）番薯属（*Ipomoea* Choisy）

形态学鉴别特征：一年生草本。外来杂草。根具分枝，细长。茎圆柱形，径2~3mm，略具棱，缠绕或平卧，被稀疏的疣基毛。叶互生，宽卵状心形或心形，长3~7cm，宽2~4cm，先端具尾状尖，上面粗糙，下面光滑，全缘。叶柄无毛或有时具小疣。花序腋生，花序梗无毛但具明显棱，具瘤状突起。苞片线形，长3~5mm，被毛。萼片5裂，裂片线状披针形，长1~1.5cm。花冠漏斗状，长2~4cm，白色、淡红色或淡紫红色。雄蕊内藏，花丝基部有毛。子房近卵球形，被毛。蒴果近球形，径0.5~1cm，中上部具疣基毛，具花柱形成的细尖头，4瓣裂。种子卵状三角形，长3~4mm，黄褐色，无毛。

生物学特性：花期6—8月，果期8—10月。生于荒野、草丛、路边、灌丛等。

分布：原产于北美洲。紫金港校区、之江校区有分布。

小白花牵牛花期植株（徐正浩摄）

逸生小白花牵牛（徐正浩摄）

17. 茑萝松　*Quamoclit pennata* (Desr.) Bojer.

中文异名：羽叶茑萝、茑萝松、五角星花

英文名：cypress vine

分类地位：旋花科（Convolvulaceae）茑萝属（*Quamoclit* Mill.）

形态学鉴别特征：一年生缠绕草本。外来杂草。根系发达，深扎，直根系。茎细长，缠绕蔓生。叶互生，无毛，卵形或长圆形，长4~7cm，宽5.5cm，羽状深裂至近中脉处，裂片线形，10~15对，最下面1对裂片呈2~3分叉状。叶柄长8~35mm，基部具纤细的叶状假托叶2片，与叶同形。聚伞花序腋生，有花2~5朵。总花梗长1.5~9cm。苞片细小，钻形。花梗长8~25mm，果期中上部增粗。萼片长圆形至倒卵状长圆形，不等长，长3~5mm，先端钝，具小短尖头。花冠高脚碟状，长3~3.5cm，红色，有白色及粉红色变种，花冠筒细，上部稍膨大，具小鳞毛。子房4室，胚珠4个，柱头头状。

茑萝松花（徐正浩摄）

茑萝松植株（徐正浩摄）

逸生茑萝松植株（徐正浩摄）

蒴果卵圆形，长7mm，4室，4瓣裂，含有种子4粒。种子长圆状卵形，长3~5mm，黑褐色，具淡褐色糠秕状毛。

生物学特性： 花期7—10月。耐贫瘠，对土壤要求不高。生于路边、野地、田边、沟旁、宅院、果园、山坡、苗圃和篱笆旁。

分布： 原产于南美洲。中国各地栽培。华家池校区、紫金港校区、玉泉校区有分布或逸生。

18. 美女樱 *Verbena hybrida* Voss

分类地位： 马鞭草科（Verbenaceae）马鞭草属（*Verbena* Linn.）

形态学鉴别特征： 多年生草本。外来植物。株高20~60cm。主根明显。茎圆柱形，具4条棱，枝横展，基部呈匍匐状，被灰色柔毛。叶对生，长圆形或长卵形，长3~8cm，宽1~2cm，先端急尖，基部楔形，下延至小叶柄，边缘具刻状圆锯齿，两边均有粗糙伏毛，柄短。顶生穗状花序长2~4cm。苞片长狭披针形，长5mm，外面有长硬毛。花萼长圆筒形，长1~1.5cm，外面有白色长毛。花冠筒状，具粉红、大红、玫瑰红、蓝、白、黄、橙、紫等深浅色泽及中间色等，长2~2.5cm，顶端5裂，花冠筒长1.8cm。雄蕊内藏。果实圆柱形，长为花萼的1/2，有明显网纹。

美女樱叶（徐正浩摄）

美女樱植株（徐正浩摄）

生物学特性： 花果期5—10月。生于路边草丛。

分布： 原产于南美洲。各校区有栽培或逸生。

景观应用： 可用作花境植物。

19. 毛地黄 *Digitalis purpurea* Linn.

中文异名： 洋地黄、德国金钟、紫红毛地黄、紫花洋地黄、紫花毛地黄

英文名： purple foxglove

分类地位： 玄参科（Scrophulariaceae）毛地黄属（*Digitalis* Linn.）

形态学鉴别特征： 一年生或多年生草本。除花冠外，全体被灰白色短柔毛和腺毛，有时茎上几无毛。外来植物。株高60~120cm。根粗壮。茎直立，单生或数条成丛。叶互生。基生叶多数，呈莲座状，卵形或长椭圆形，长5~15cm，宽4~6cm，先端尖或钝，基部渐窄，边缘具带短尖圆齿，两面网脉明显。下部茎生叶与基生叶同形，向上渐小。下部叶有柄，上部叶具短柄或无。总状花序

毛地黄花（徐正浩摄）

毛地黄植株（徐正浩摄）

顶生。苞片披针形。花萼钟状，长1cm，5裂几达基部，裂片长圆状卵形，不等大，先端钝至急尖。花冠钟状偏扁，上唇紫红色，内面具斑点，长3~4.5cm，裂片很短，先端被白色柔毛。雄蕊4枚，二强，内藏。花药成对靠近，药室叉开，顶端汇合。蒴果卵形，长1.5cm。室间开裂。具多粒种子。种子短棒状，有蜂窝状网纹，被极细的柔毛。

生物学特性：花果期5—7月。常生于草丛。

分布：原产于欧洲。紫金港校区有分布。

景观应用：地被花卉，用作花境植物。

20. 熊耳草 *Ageratum houstonianum* Mill.

中文异名：心叶藿香蓟

英文名：ageratum, blue billygoat weed, bluemink, flossflower, Mexican ageratum

分类地位：菊科（Asteraceae）藿香蓟属（*Ageratum* Linn.）

形态学鉴别特征：一年生草本。外来杂草。与藿香蓟的区别在于叶片基部心形或截形，总苞片狭披针形，长渐尖，花或有紫红色。株高30~50cm，有时可达1m。无明显主根，须根多数。茎直立，不分枝，或自中上部或自下部分枝，分枝斜生，或下部茎枝平卧而节上生不定根。基部径达6mm。全部茎枝淡红色、绿色或麦秆黄色，被白色绒毛或薄绵毛，茎枝上部及腋生小枝上的毛常稠密，开展。叶对生，有时上部的近互生。长卵形或三角状卵形，长2~6cm，宽1.5~3.5cm，或长宽相等，自中部向上及向下和腋生的叶渐小或小。顶端圆或急尖，基部心形或平截，边缘有规则的圆锯齿，齿大或小，密或稀，基脉3出或不明显5出脉，两面被稀疏或稠密的白色柔毛，下面及脉上的毛较密。叶柄长0.7~3cm，上部叶的叶柄、腋生幼枝及幼枝叶的叶柄通常被开展的白色长绒毛。头状花序在茎枝顶端排成径2~4cm的伞房状或复伞房状花序。花序梗被密柔毛或尘状柔毛。总苞钟状，径6~7mm。总苞片2层，狭披针形，长4~5mm，全缘，顶端长渐尖，外面被腺质柔毛。全为管状花，淡紫红色、蓝紫色或淡紫色。花冠长2.5~3.5mm，顶端5裂，裂片外面被柔毛。瘦果冠毛膜片状，5个，分离，膜长圆形或披针形，长2~3mm，顶端芒状长渐尖，有时冠毛膜片顶端截形，而无芒状渐尖，长0.1~0.15mm。种子黑色，有5条纵棱，长1.5~1.7mm。

熊耳草植株（徐正浩摄）

生物学特性：花果期6—12月。在低山、丘陵及平原普遍生长。

分布：原产于墨西哥。各地作栽培花卉。紫金港校区有分布。

21. 黑心金光菊 *Rudbeckia hirta* Linn.

中文异名：黑心菊、黑眼菊

分类地位：菊科（Asteraceae）金光菊属（*Rudbeckia* Linn.）

形态学鉴别特征：一年生或二年生草本。全株被毛。外来植物。株高60~100cm。须根系。茎直立，不分枝或上部分枝，全体被粗刺毛。叶近根生，互生，粗糙，长椭圆形至狭披针形，长10~15cm。叶基下延至茎呈翼状，羽状分裂，5~7裂。茎生叶3~5裂，边缘具稀锯齿。3出脉。

黑心金光菊花（徐正浩摄）

黑心金光菊植株（徐正浩摄）

具短柄或无。头状花序径5~7cm，重瓣花。总苞片外层长圆形，长12~15mm，内层较短，披针状线形，先端钝，被白色刺毛。花托圆锥形，托片线形，对折成龙骨瓣状，长5mm，边缘有纤毛。缘花舌状，黄色，10~14片，舌片长圆形，顶端具2~3个不整齐短齿，中性。盘花管状，暗褐色或暗紫色，两性，能育。瘦果四棱形，黑褐色，长2mm。无冠毛。

生物学特性：花期6—10月。耐寒耐旱。生于路边、草丛等。逸生为杂草。
分布：原产于美国东部地区。紫金港校区有分布。
景观应用：可用作切花、花境植物。

22. 紫竹梅 *Setcreasea purpurea* Boom.

中文异名：紫鸭跖草、紫叶草、紫锦草
分类地位：鸭跖草科（Commelinaceae）紫竹梅属（*Setcreasea* K. Schum. et Sydow）
形态学鉴别特征：多年生草本。茎匍匐生根。茎下部匍匐状，节上常生须根，多分枝，带肉质。叶互生，披针形，全缘，叶面内折，被细绒毛，长6~13cm，先端渐尖。基部抱茎而生叶鞘，鞘口有白色长睫行，叶紫红色，被短毛。花生于枝端，下具线状披针形苞片，长10~20cm。花柄细，绿褐色，光滑或微被疏毛，花冠径2~3cm。萼片3片，卵形，宿存。花瓣3片，蓝紫色，广卵形。雄蕊6枚，能育2枚，3枚退化，无花药。雌蕊1枚，子房卵形，3室，每室2个胚珠，花柱丝状而长，柱头头状。蒴果椭圆形，有3条隆起棱线。种子三棱状半圆形，长2.5~3mm，淡棕色。

紫竹梅花（徐正浩摄）

紫竹梅植株（徐正浩摄）

生物学特性：花期6—11月。生于路边草丛等。
分布：原产于墨西哥。各校区有分布。
景观应用：盆栽观赏。

23. 梭鱼草 *Pontederia cordata* Linn.

中文异名：北美梭鱼草、海寿花
英文名：pickerelweed
分类地位：雨久花科（Pontederiaceae）梭鱼草属（*Pontederia* Linn.）
形态学鉴别特征：多年生挺水或湿生草本。株高80~150cm。根须状，长15~30cm，具多数根毛。地下茎粗壮，黄褐色，有芽眼。叶形态变化大，多为倒卵状披针形，长10~20cm，光滑，橄榄色。基生叶广心形，端部渐尖。叶柄圆筒形，绿色，横切断面具膜质物。花葶直立，通常高出叶面。穗状花序顶生，长5~20cm，小花密集，在200朵以上，蓝紫色

梭鱼草花（徐正浩摄）

梭鱼草植株（徐正浩摄）

带黄斑点，径10mm。花被裂片6片，近圆形，裂片基部连接为筒状。果实初期绿色，熟后褐色，果皮坚硬。种子椭圆形，径1~2mm。

生物学特性：花果期5—10月。喜温，喜阳，喜肥，喜湿，怕风，不耐寒，适宜在静水及水流缓慢水域中生长。常生于浅水边或池塘。

分布：原产于北美洲。中国各地引种。各校区有分布。

景观应用：可用于园林观赏。对富营养化及黑臭水体中氮和磷去除效果较好。

24. 再力花 *Thalia dealbata* Fraser ex Roscoe

中文异名：水竹芋、水莲蕉、塔利亚
英文名：powdery alligator-flag, powdery thalia, water canna, alligator flag
分类地位：竹芋科（Marantaceae）再力花属（*Thalia* Fraser ex Roscoe）
形态学鉴别特征：多年生挺水草本。植株高达2m，全株被白粉。外来植物。株高80~150cm。具根状茎。根出叶。单叶互生，卵状披针形，浅灰蓝色，边缘紫色，长20~50cm，宽10~15cm。叶柄长15~50cm。复总状花序。花茎细长。小花多数，每对花外有苞片，萼细小，花冠管状，内有花瓣状退化雄蕊1枚，深紫色，有硬块的退化雄蕊1枚，基部浅紫色，顶部深紫色。帽状退化雄蕊1片包围着雌蕊，有2指状附着物。可孕雄蕊1枚。果实为蒴果。

再力花植株（徐正浩摄）

生物学特性：花期7—9月。
分布：原产于南美洲。各校区有分布。
景观应用：水景绿化植物。盆景观赏。

第五章　浙大校园其他野草野花

1. 淡竹叶 *Lophatherum gracile* Brongn.

淡竹叶基部叶片（徐正浩摄）

淡竹叶植株（徐正浩摄）

中文异名：山鸡米、碎骨草、山鸡米草、竹叶草
英文名：rumput kelurut, rumput jarang, rumput bulu, rumput bambu, tangkur gunung
分类地位：禾本科（Gramineae）淡竹叶属（*Lophatherum* Brongn.）
形态学鉴别特征：多年生草本。株高40~80cm。具木质短缩根头，须根稀疏，中部膨大呈纺锤形，块根状，形小。茎直立，疏丛生，光滑，具5~6个节。叶披针形，长6~20cm，宽1.5~4cm，具横脉，有时被柔毛或疣基小刺毛，基部狭缩成柄状，无毛或两面均有柔毛或小刺状疣毛。叶鞘平滑或外侧边缘具纤毛。叶舌质硬，短小，长0.5~1mm，褐色，背有糙毛。圆锥花序长12~40cm，分枝斜生或开展，长5~12cm。小穗在花序分枝上排列疏散，线状披针形，长7~12mm，宽1.5~2mm，具极短柄。颖顶端钝，具5条脉，边缘膜质，第1颖长3~4.5mm，第2颖长4.5~5mm。第1外稃长5~6.5mm，宽3mm，具7条脉，顶端具短尖头，内稃较短，其后具长3mm的小穗轴节间。不育外稃向上渐狭小，互相密集包卷，顶端具长1.5mm的短芒。雄蕊2枚，花药长2mm。颖果长椭圆形。
生物学特性：花果期6—10月。为林地和旱地常见杂草。
分布：中国长江流域及西南等地有分布。广布亚洲热带和亚热带地区，印度、斯里兰卡、缅甸、泰国、韩国、日本、马来西亚及澳大利亚等有分布。生于山坡、草丛、湿地、溪沟边、路旁树荫下或荫蔽处等。玉泉校区、之江校区有分布。
景观应用：地被植物。

2. 白顶早熟禾 *Poa acroleuca* Steud.

白顶早熟禾花序（徐正浩摄）

中文异名：细叶早熟禾、白顶草熟禾、顶早熟禾
英文名：white top bluegrass
分类地位：禾本科（Gramineae）早熟禾属（*Poa* Linn.）
形态学鉴别特征：二年生草本。株高30~60cm。须根系。茎直立，丛生，径1mm，具3~4个节。叶柔软，长7~15cm，宽2~5mm，光滑或表面微粗糙。叶鞘闭合，平滑无毛。叶舌膜质，顶端近圆形，长0.5~1mm。圆锥花序下垂，长10~20cm，每节着生2~5个分枝，微粗糙，基部分枝长3~8cm，分枝下部裸露。小穗粉绿色，卵圆形，长3~5mm，具2~4朵小花。颖质薄，披针形，顶端尖或稍钝，有狭膜质边缘，脊上部稍粗糙。第1颖长1.5~2mm，具1条脉。第2颖长2~2.5mm，具3条脉。外稃长圆形，长2.5mm，顶端钝，膜质，脊及边脉中部以下具柔毛，下部脉间具微毛或粗糙。第1外稃长2~3mm，内稃较外稃稍短，具2个脊，脊上具长丝状毛。花药淡黄色，长0.7~1mm。颖果纺锤形，长1.5mm。

生物学特性：花果期3—6月。生于路边、林下、山坡、草丛、湿地、沟溪边等。

分布：中国华东、华中、西南等地有分布。朝鲜、日本也有分布。为常见杂草，各校区有分布。

景观应用：地被植物。

白顶早熟禾植株（徐正浩摄）

3. 早熟禾 *Poa annua* Linn.

中文异名：小青草、小鸡草
英文名：bluegrass, annual meadowgrass
分类地位：禾本科（Gramineae）早熟禾属（*Poa* Linn.）
形态学鉴别特征：一年生或二年生草本。株高5~30cm。须根系。茎细弱，丛生，直立或基部倾斜，具2~3个节。叶扁平、柔弱、细长，长2~12cm，宽2~3mm。叶鞘质软，中部以下闭合，长于节间，或上部者短于节间，平滑无毛。叶舌膜质，长1~2mm，顶端钝圆。圆锥花序开展，呈金字塔形，长3~7cm，宽3~5cm，每节具1~2个分枝，分枝平滑。小穗绿色，长4~5mm，具3~5朵小花。颖质薄，顶端钝，具宽膜质边缘，第1颖具1条脉，长1.5~2mm，第2颖具3条脉，长2~3mm。外稃椭圆形，长2.5~3.5mm，顶端钝，边缘及顶端宽膜质，具明显的5条脉，脊的下部具柔毛，边缘下部1/2具柔毛，间脉的基部具柔毛，基盘无绵毛。内稃与外稃近等长或比外稃稍短，脊上具长丝状毛。花药淡黄色，长0.7~0.9mm。颖果纺锤形，长1.5mm，黄褐色。

生物学特性：花果期3—5月。主要生于路边、山坡草地、河边及沟边阴湿处。

分布：中国各地有分布。广布于欧、亚、美洲各地。为冬春季常见杂草。各校区有分布。

景观应用：地被植物。

早熟禾花果期植株（徐正浩摄）

早熟禾群体（徐正浩摄）

4. 耿氏硬草 *Sclerochloa kengiana* (Ohwi) Tzvel.

中文异名：硬草
英文名：keng stiffgrass
分类地位：禾本科（Gramineae）硬草属（*Sclerochloa* Beauv.）
形态学鉴别特征：一年生或二年生草本。株高10~40cm。须根系。茎直立或基部斜生，簇生，径2mm，平滑，具3个节，节较肿胀。叶线状披针形，长5~14cm，宽3~5mm，扁平或对折，平滑或上面与边缘微粗糙。叶鞘平滑无毛，有脊，下部闭合，长于节间，顶生叶鞘长4~11cm。叶片或叶鞘带紫绿色。叶舌三角形，膜质，长2~3.5mm，顶有3叉，先端截平或具裂齿。圆锥花序较密集而紧缩，坚硬而直立，

耿氏硬草花序（徐正浩摄）

耿氏硬草植株（徐正浩摄）

长8~12cm，宽1~3cm。分枝孪生，常1长1短，前者可达3cm，后者仅具1~2个小穗，粗壮而平滑，直立或平展。小穗柄粗壮，侧生者长0.5~1mm，顶生者长2.5mm。小穗有2~7朵小花，长4~5.5mm，草绿色或淡褐色。小穗轴节间粗壮，长1mm。颖卵状长圆形，顶端钝或尖。第1颖长1.5mm，具1条脉，第2颖长2~3mm，具3~5条脉。外稃宽卵形，具脊，顶端钝，微粗糙，具5条脉，边缘具狭窄的干膜质，基部平滑无毛。第1外稃长3mm，内稃长2~2.5mm，宽0.8mm，脊微粗糙，顶端有缺口。花药长1mm。颖果纺锤形，长1.4mm。种皮深灰色至草绿色。

生物学特性：秋冬季或迟至春季萌发出苗，花果期4—6月。耐盐碱性土壤。生于田间、园区、丘陵、草丛、沟边等。

分布：中国华北、华东、华中和华南有分布。各校区有分布。

景观应用：地被植物。

5. 疏花雀麦 *Bromus remotiflorus* (Steud.) Ohwi

分类地位：禾本科（Gramineae）雀麦属（*Bromus* Linn.）

形态学鉴别特征：多生草本。株高60~110cm。根状茎短。茎具6~7个节，节生柔毛。叶片长20~40cm，宽4~8mm，上面生柔毛。叶鞘闭合，密被倒生柔毛。叶舌长1~2mm。圆锥花序疏松开展，长20~30cm，每节具2~4个分枝。分枝细长孪生，粗糙，着生少数小穗，成熟时下垂。小穗疏生5~10朵小花，长15~40mm，宽3~4mm。颖窄披针形，顶端渐尖至具小尖头。第1颖长5~7mm，具1条脉，第2颖长8~12mm，具3条脉。外稃窄披针形，长10~15mm，每侧宽1.2mm，边缘膜质，具7条脉，顶端渐尖，伸出长5~10mm的直芒。内稃狭，短于外稃，脊具细纤毛。小穗轴节间长3~4mm，着花疏松而外露。花药长3mm。颖果长8~10mm，贴生于稃内。

生物学特性：花果期5—9月。喜温暖湿润，耐阴，抗旱，耐寒。生于山坡、林下、草丛。

分布：中国华东、西南、西北等地有分布。朝鲜、日本也有分布。之江校区有分布。

景观应用：地被植物。

疏花雀麦花（张宏伟摄）

疏花雀麦植株（徐正浩摄）

6. 雀麦 *Bromus japonicus* Thunb. ex Murr.

中文异名：唐本草、火燕麦

英文名：bromegrass, Japanese brome

分类地位：禾本科（Gramineae）雀麦属（*Bromus* Linn.）

形态学鉴别特征：一年生或二年生草本。株高30~100cm。须根细而稠密。茎直立或倾斜，丛生。叶长披针形，扁平，长5~30cm，宽2~8mm，两面均被白色柔毛，有时背面脱落无毛。叶鞘紧密贴生茎秆，外被白色柔毛。叶舌透明膜质，长1.5~2mm，顶端具不规则的裂齿。圆锥花序开展，向下弯曲，长达30cm。分枝细弱，每节具3~7个分枝，每枝近上部着生1~4个小穗。小穗幼时圆筒形，熟后扁压，长10~35mm，宽5mm，含7~14朵小花。颖片披针形，边缘膜质。第1颖长5mm，有3~5条脉，第2颖长8mm，具7~9条脉。外稃卵圆形，边缘膜质，具7~9条脉，顶端微2裂，芒长5~10mm。第1外稃长9mm，内稃较窄，短于外稃，脊上疏生刺毛。花药长2mm。颖果背腹扁压，线状，长

雀麦花序（徐正浩摄）　　　　　　　　　　　雀麦植株（徐正浩摄）

7mm，暗红褐色，顶端呈圆形，有绒毛，基部尖。胚细小。

生物学特性：花果期4—6月。生育期比小麦略短。生于山坡、草丛、荒野及路旁等。

分布：中国东北、长江、黄河流域、陕西、青海、新疆等地有分布。朝鲜、日本、巴基斯坦及欧洲、北美洲等也有分布。华家池校区、之江校区有分布。

景观应用：地被植物。

7. 乱草 *Eragrostis japonica* (Thunb.) Trin.

中文异名：碎米知风草

英文名：Japanese love grass, pond love grass

分类地位：禾本科（Gramineae）画眉草属（*Eragrostis* Wolf）

形态学鉴别特征：一年生杂草。株高30~100cm。须根系。茎丛生，直立或基部膝曲，具3~4个节。叶片长6~25cm，宽3~5mm，扁平或内卷，两面粗糙或下面光滑。叶鞘疏松裹茎，长于节间，光滑。叶舌干膜质，长0.5mm，截平。圆锥花序长圆柱形，长度超过植株的1/2，宽2~5cm，分枝细弱，簇生或近轮生。小穗卵圆形，长1~2mm，熟后呈紫色或褐色，含4~8朵小花。小穗轴自上面下逐节断落。颖近等长，卵圆形，先端钝，长0.5~0.8mm。外稃近等长。雄蕊2枚，花药长0.2mm。颖果红棕色，倒卵形，长0.5mm。

生物学特性：花果期7—10月。生于山坡、路旁、草地、田野、湿地等。

分布：中国长江以南及西南各地有分布。紫金港校区有分布。

乱草花序（徐正浩摄）　　　　　　　　　　　乱草植株（徐正浩摄）

景观应用：地被植物。

8. 画眉草 *Eragrostis pilosa* (Linn.) Beauv.

中文异名：蚊子草

英文名：lovegrass

分类地位：禾本科（Gramineae）画眉草属（*Eragrostis* Wolf）

形态学鉴别特征：一年生草本。株高20~60cm。须根系。茎直立或斜向上。叶片长5~20cm，宽1.5~3mm，扁平或内卷，上面粗糙，下面光滑。叶鞘扁压，鞘口具长柔毛。圆锥花序长15~25cm，分枝腋间有长柔毛。小穗熟后暗绿色

画眉草花序（徐正浩摄）

画眉草植株（徐正浩摄）

或带紫黑色，长2~7mm，含3~14朵小花。颖先端钝或第2颖稍尖，第1颖长0.5~0.8mm，无脉，第2颖长1~1.2mm，具1条脉。外稃侧脉不显，第1外稃长1.5~2mm。内稃弓形弯曲，长1.2~1.5mm，迟落或宿存，脊上粗糙至具短纤毛。花药长0.2mm。颖果长圆形。

生物学特性：花果期6—9月。生于山坡、路旁及荒野草丛。

分布：遍布世界温暖地区。华家池校区有分布。

景观应用：地被植物。

9. 知风草 *Eragrostis ferruginea* (Thunb.) Beauv.

中文异名：香草

分类地位：禾本科（Gramineae）画眉草属（*Eragrostis* Wolf）

形态学鉴别特征：多年生草本。株高30~80cm。须根系。茎丛生，直立或基部膝曲。叶片长20~40cm，宽3~6mm，质坚韧，扁平或内卷，最上面的1片叶超出花序。叶面粗糙或近基部疏生长柔毛，叶背光滑。叶鞘两侧极扁压，长于节间，基部互相跨覆，鞘口两侧密生柔毛，脉上具腺体。叶舌退化为1圈短毛。圆锥花序开展，长20~30cm，基部为顶生叶鞘包裹，分枝单生或2~3个聚生，腋间无毛，各具1~2回的小枝。小穗线状长圆形，紫色至紫黑色，长5~10mm，含5~12朵小花。小穗柄长4~10mm，中部或以上生1个腺体。颖卵状披针形，具1条脉，先端锐尖或渐尖。第1颖长1.5~2.5mm，第2颖长2.5~3mm。外稃卵形，先端稍钝，侧脉隆起。第1外稃长3mm，内稃短于外稃，脊被纤毛，宿存。花药长1mm。颖果长1.5mm。

知风草花序（徐正浩摄）

生物学特性：花果期7—11月。生于山坡路旁、田边草丛。

分布：几遍中国。日本、朝鲜、印度也有分布。华家池校区、玉泉校区、之江校区有分布。

景观应用：地被植物。

知风草植株（徐正浩摄）

知风草群体（徐正浩摄）

10. 芦竹 *Arundo donax* Linn.

中文异名：荻芦竹、旱地芦苇、芦竹笋
英文名：giant reed, carrizo, arundo, Spanish cane, Colorado river reed, wild cane, giant cane
分类地位：禾本科（Gramineae）芦竹属（*Arundo* Linn.）
形态学鉴别特征：多年生草本。株高2~6m。具根茎，须根粗壮。茎直立，粗大，径1~1.5cm，常具分枝。叶片长披针形，扁平，长30~60cm，宽2~5cm，嫩时表面及边缘微粗糙。叶鞘较节间为长，无毛或其颈部具长柔毛。叶舌膜质，截平，

芦竹茎叶（徐正浩摄）

芦竹花序（徐正浩摄）

长1.5mm，先端具短细毛。圆锥花序较紧密，直立，长30~60cm，分枝稠密，斜向上升。小穗长2~12mm，含2~4朵小花。小穗轴节间长1~1.5mm。颖披针形，长8~10mm，具3~5条脉。外稃亦具3~5条脉，中脉延伸成长1~2mm的短芒，背面中部以下密生略短于稃体的白柔毛，基盘长0.5mm，上部两侧具短柔毛。第1外稃长8~10mm。内稃倒卵状长椭圆形，长为外稃的1/2。颖果长0.35cm。胚为颖果长的1/2。
生物学特性：花果期9—11月。多生于河岸、路边。
分布：中国华东、华南、西南等地有分布。遍布欧亚大陆热带地区。各校区有分布。
景观应用：水生和湿生植物。

11. 芦苇 *Phragmites australis* (Cav.) Trin. ex Steud.

中文异名：苇子、芦柴
英文名：common reed
分类地位：禾本科（Gramineae）芦苇属（*Phragmites* Adans.）
形态学鉴别特征：多年生草本。株高1~3m。根状茎发达，节间中空，入土深，横走的根状茎黄白色，每节生有1芽，节上生须根。茎直立，具分枝，径1~4cm，具20多个节，基部和上部的节间较短，最长节间位于下部第4~6个节，长20~40cm，节下通常具白色蜡粉。叶片长线形或长披针形，排列成两行，长30cm，宽2cm，无毛，顶端长渐尖成丝形。下部叶鞘较短，上部叶鞘较长，通常长于其节间，圆筒形，无毛或有细毛。叶舌边缘密生1圈长1mm的短纤毛，两侧缘毛长3~5mm，易脱落。圆锥花序大型，顶生，长20~40cm，宽10cm。分枝多数，斜上伸展，长5~20cm，着生稠密下垂的小穗，下部枝腋间生有长柔毛。小穗柄长2~4mm，无毛，小穗长12mm，含小花4~7朵。颖具3条脉，第1颖长4mm，第2颖长7mm。第1外稃雄性，不育，长8~15mm。第2外稃长11mm，具3条脉，顶端长渐

芦苇花果期植株（徐正浩摄）

芦苇群体（徐正浩摄）

尖，基盘棒状，延长，两侧密生6~12mm长的丝状柔毛，与小穗轴连接处具明显关节，成熟后易自关节上脱落。内稃长3~4mm，脊上粗糙。雄蕊3枚，花药长1.5~2mm，黄色。颖果椭圆形，长1.5mm，与内稃和外稃分离。

生物学特性：根茎芽早春萌发，夏末抽穗开花，晚秋成熟。生于河旁、堤岸、湖边，常与荻混合生长形成大片芦苇荡。

分布：中国各地有分布。广布世界温带地区。各校区有分布。

景观应用：湿地植物。

12. 山类芦 *Neyraudia montana* Keng

分类地位：禾本科（Gramineae）类芦属（*Neyraudia* Hook. f.）

形态学鉴别特征：多年生草本。密丛。株高40~100cm。具下伸根茎。茎直立，草质。径2~3mm。基部具宿存枯萎的叶鞘，具4~5个节。叶内卷，长披针形，长50~70cm，宽4~6mm，光滑或上面具柔毛。叶鞘疏松裹茎，短于节间，上部者光滑无毛，基生者密生柔毛。叶舌密生柔毛，长1.5~2mm。圆锥花序长25~60cm，分枝微粗糙，斜生。小穗长7~10mm，含3~6朵小花。颖长4~5mm，先端渐尖或锥状。外稃长5~6mm，近边缘处具短柔毛，先端具短芒，长1~2mm，基盘具1.5~2mm的柔毛。内稃略短于外稃。花药长1~1.2mm。颖果长圆柱状。

生物学特性：花果期7—8月。

分布：中国华东、华中等地有分布。之江校区有分布。

景观应用：山地地被植物。

山类芦花序（张宏伟摄）

山类芦植株（张宏伟摄）

13. 纤毛鹅观草 *Roegneria ciliaris* (Trin.) Nevski

中文异名：北鹅观草、短芒鹅观草、缘毛鹅冠草、纤毛披碱草、日本纤毛草

英文名：ciliate roegneria

分类地位：禾本科（Gramineae）鹅观草属（*Roegneria* C. Koch）

形态学鉴别特征：多年生草本。株高40~80cm。须根系。茎直立或下部倾斜，单生或疏丛生，光滑无毛，常被白粉，具3~4个节，基部的节呈膝曲状。叶片条形或线状披针形，扁平，长10~25cm，宽3~10mm，两面均无毛，边缘粗糙。叶鞘无毛或基部近边缘有毛。叶舌极短。穗状花序直立或多少下垂，长10~20cm。小穗通常绿色，长15~25mm，含7~12朵小花。颖椭圆状披针形，先端常具短尖头，两侧或一侧常具齿，具5~7条脉，边缘与边脉上具纤毛。第1颖长7~8mm，第2颖长8~9mm。第2颖稍侧及腹面具极短的毛。外稃长圆状披针形，背面被粗毛或短刺毛，边缘具长而硬的纤毛，上部具明显的5条脉，通常在顶端两侧或一侧具齿，基盘两侧及腹面有极短的毛。第1外稃先端延伸成芒，长10mm，芒向外反

纤毛鹅观草茎叶（徐正浩摄）

纤毛鹅观草花序（徐正浩摄）

曲，长1~2.5cm，粗糙。内稃稍短于外稃，长圆状或倒卵形，先端钝，脊的上部具短纤毛。颖果长圆形，棕褐色。

生物学特性：花果期4—7月。生于路旁、潮湿草地、田间草丛及山坡上。

分布：广布于中国各地。日本、朝鲜及俄罗斯也有分布。之江校区、紫金港校区有分布。

景观应用：地被植物。

纤毛鹅观草植株（徐正浩摄）

14. 东瀛鹅观草　*Roegneria mayebarana* (Honda) Ohwi

中文异名：前原鹅观草

分类地位：禾本科（Gramineae）鹅观草属（*Roegneria* C. Koch）

形态学鉴别特征：多年生草本。株高50~90cm。须根系。茎直立或基部倾斜，疏丛生。叶片扁平或内卷，长10~30cm，宽5~10mm，两面粗糙或下面光滑。叶鞘无毛或基部边缘有纤毛。穗状花序长8~20cm，直立或稍弯曲。小穗长13~18mm，含5~8朵小花。颖长圆状披针形，具5~9条脉，隆起，彼此密接，先端尖。第1颖长5~7mm，第2颖长7~9mm。外稃长圆状披针形，背部无毛，有时先端两侧有小齿，边缘狭膜质。第1外稃长9~11mm，芒直立，长1.2~3cm，粗糙。内稃与外稃等长或比外稃稍短，脊上有短刺状纤毛。颖果长圆柱形。

生物学特性：花果期5—8月。生于路边、山坡草丛。

分布：中国华东等地有分布。之江校区有分布。

景观应用：地被植物。

东瀛鹅观草颖和外稃（张宏伟摄）

东瀛鹅观草植株（张宏伟摄）

15. 鹅观草　*Roegneria kamoji* Ohwi

中文异名：弯穗鹅观草、垂穗鹅观草、弯穗大麦草、柯孟披碱草

英文名：roegneria

分类地位：禾本科（Gramineae）鹅观草属（*Roegneria* C. Koch）

形态学鉴别特征：多年生草本。株高30~100cm。须根系簇生，长15~30cm。茎直立或基部倾斜，疏丛生。叶片线状长披针形，扁平，长5~40cm，宽3~13mm，光滑或稍粗糙。叶鞘长于节间或上部的较短，光滑或稍粗糙，外侧边缘常被纤毛。叶舌纸质，截平，长0.5mm。穗状花序长7~20cm，下垂，穗轴边缘粗糙或具纤毛。小穗绿色或呈紫色，长13~25mm（芒除外）。小穗排成2行，每小穗含小花3~10朵。颖卵状披针形至长圆状披针形，边缘宽膜质，顶端锐尖或渐尖，具长2~7mm的短芒，有3~5条明显和粗壮的脉，脉疏离，中脉上端通常粗糙。第1颖长4~7mm，第2颖长5~10mm。外稃披针形，边

鹅观草花序（徐正浩摄）

缘宽膜质，背部及基盘近无毛或微粗糙。第1外稃长7~11mm。芒劲直或上部稍曲折，长20~40mm，粗糙。内稃与外稃近等长，先端钝，脊有翼，翼缘有细小纤毛。颖果稍扁，黄褐色。

生物学特性：一般于3月底或4月初返青，6月中旬开花，6月底或7月初果熟，10月初或中旬地上部分枯黄。生于路边、山坡、庭院和湿润草地。

分布：除青海、西藏等外，中国广泛分布。日本、朝鲜也有分布。各校区有分布。

景观应用：地被植物。

鹅观草植株（徐正浩摄）

16. 千金子 *Leptochloa chinensis* (Linn.) Nees

中文异名：绣花草、畔茅
英文名：Chinese sprangletop
分类地位：禾本科（Gramineae）千金子属（*Leptochloa* Beauv.）
形态学鉴别特征：一年生草本。株高30~90cm。须状根。茎少数丛生，直立，或基部膝曲或倾斜，着土后节上易生不定根，平滑无毛，具3~6个节，下部节上常分枝。叶片长披针形，扁平或稍卷折，长10~25cm，宽2~6mm，先端长渐尖，基部圆形，两面及边缘微粗糙或下面平滑。叶鞘无毛，多短于节间，疏松包茎。叶舌膜质，长1~2mm，上缘截平，撕裂成流苏状，有小纤毛。圆锥花序多数，纤细，单一，直立或开展，呈尖塔形，长10~30cm，径5~8cm，主轴粗壮，中上部有棱和槽，无毛，主轴和分枝均微粗糙。小穗两侧扁压，多带紫色，长2~4mm，有3~7朵小花，小穗柄长0.8mm，稍粗糙。颖片具1条脉，脊上稍粗糙。第1颖长1~1.5mm，披针形，先端渐尖，第2颖长1.2~1.8mm，长圆形，先端急尖。外稃倒卵状长圆形，长1.5~1.8mm，先端钝，具3条脉，中脉成脊，中下部及边缘被微柔毛或无毛。第1外稃长1.5~2mm。内稃长圆形，比外稃略短，膜质透明，具2条脉，脊上微粗糙，边缘内折，表面疏被微毛。花药3个，长0.5mm。颖果长圆形或近球形。

生物学特性：苗期5—6月，花果期8—11月。种子经越冬休眠后萌发。生于路旁、山谷、溪边、园圃、潮湿地、田边或稻田等。

分布：中国长江流域以南和陕西等地有分布。亚洲东南部也有分布。华家池校区、紫金港校区有分布。

景观应用：地被植物。

千金子花序（徐正浩摄）

千金子植株（徐正浩摄）

17. 虮子草 *Leptochloa panicea* (Retz.) Ohwi

英文名：mucronate sprangletop
分类地位：禾本科（Gramineae）千金子属（*Leptochloa* Beauv.）
形态学鉴别特征：一年生草本或多年生草本。株高30~60cm。须状根。茎较细弱。叶质薄，扁平，长6~18cm，宽3~6mm，无毛或疏生具疣基柔毛。叶鞘疏生具疣基柔毛，除基部叶鞘外，均短于节间。叶舌膜质，多撕裂，或顶端呈不规则齿裂，长2mm。圆锥花序长10~30cm，分枝细弱，微粗糙。小穗灰绿色或带紫色，长1~2mm，具2~4朵小花。颖膜质，具1条脉，脊上粗糙。第1颖较狭窄，长1mm，顶端渐尖。第2颖较宽，长1.4mm。外稃具3条脉，脉上被细短毛，先端钝。第1外稃长1mm，顶端钝。内稃稍短于外稃，脊上具纤毛。花药长0.2mm。颖果圆球形。与千金子的主要

虮子草茎叶（徐正浩摄）

虮子草群体（徐正浩摄）

区别在于：叶鞘及叶片通常疏生疣基柔毛，小穗具2~4朵小花，长1~2mm，第2颖通常长于第1外稃。

生物学特性：花果期7—10月。多生于田野、园圃或路边草丛。

分布：中国华东、华中、华南、西南及陕西等地有分布。全球热带和亚热带地区均有分布。紫金港校区、玉泉校区有分布。

景观应用：地被植物和优良牧草。

18. 牛筋草 *Eleusine indica* (Linn.) Gaertn.

中文异名：蟋蟀草

英文名：goosegrass, wire grass, Indian goosegrass

分类地位：禾本科（Gramineae）䅟属（*Eleusine* Gaertn.）

形态学鉴别特征：一年生草本。株高15~90cm。根系极发达，须根细而密。茎丛生，直立或基部膝曲。叶片扁平或卷折，长达15cm，宽3~5mm，无毛或表面具疣状柔毛。叶鞘扁压，具脊，无毛或疏生疣状柔毛，口部有时具柔毛。叶舌长1mm。穗状花序长3~10cm，宽3~5mm，常数个呈指状排列（罕为2个）于茎顶端，有时其中1个或2个花序可生于其他花序之下。小穗有花3~6朵，长4~7mm，宽2~3mm。颖披针形，第1颖长1.5~2mm，第2颖长2~3mm。第1外稃长3~3.5mm，脊上具狭翼。内稃短于外稃，脊上具小纤毛。果实矩圆形，近三角形。种子卵形，长1.5mm，有明显的波状皱纹。

生物学特性：花果期6—10月。种子经冬季休眠后萌发。常生于山坡、旷野、荒地、路旁、湿地、草丛等。

分布：中国南北各地均有分布。广布于世界温带和热带地区。各校区有分布。

景观应用：旱地地被植物。

牛筋草花果期植株（徐正浩摄）

19. 龙爪茅 *Dactyloctenium aegyptium* (Linn.) Beauv.

中文异名：竹目草、埃及指梳茅

英文名：crowfoot grass

分类地位：禾本科（Gramineae）龙爪茅属（*Dactylocteniu* Willd.）

形态学鉴别特征：一年生草本。株高15~50cm。须根系。具细长根。茎直立或平卧，节处着地生根及分枝。叶片长2~10cm，宽2~5mm，扁平，具疣基柔毛或老时脱落。叶鞘松弛，鞘口具柔毛。叶舌膜质，长1~2mm，具纤毛。穗状花序2~7个指状排列于茎端，长1~4cm，宽3~6mm。小穗长3~4mm，宽2~3mm，含3~4朵小花。颖脊上被小刚毛，第2颖先端具长1~2mm的短芒。外稃脊上具小糙刺，第1外稃长2.5mm。内稃先端2裂，翼上具短纤毛。颖果长2mm。种子赤黄色，圆球

形，径1mm，具皱纹。

生物学特性：花果期5—10月。生于山坡、草地、海滩地。

分布：世界热带和亚热带地区有分布。紫金港校区有分布。

景观应用：旱地地被植物。

龙爪茅指状穗状花序（徐正浩摄）

龙爪茅花果期植株（徐正浩摄）

20. 狗牙根 *Cynodon dactylon* (Linn.) Pers.

狗牙根植株（徐正浩摄）

狗牙根群体（徐正浩摄）

中文异名：绊根草、爬根草、马拌草、草板筋

英文名：bermuda grass, Bahama grass, Indian couch, Australian couch, Fiji couch, devil grass, dog's tooth grass, dub, dhub, doob

分类地位：禾本科（Gramineae）狗牙根属（*Cynodon* Rich.）

形态学鉴别特征：多年生草本。株高10~30cm。具地下根状茎，横走，须根坚韧，节上生细根。茎匍匐地面，长可达1m，节上生根及分枝。花序轴直立。叶片狭披针形至线形，长1~6cm，宽1~3mm，互生，下部因节间短缩似对生。叶鞘有脊，鞘口常有柔毛。叶舌短，有纤毛。穗状花序长1.5~5cm，3~6个呈指状簇生于秆顶。小穗灰绿色或带紫色，长2~2.5mm，通常有1朵小花。颖狭窄，在中脉处形成背脊，有膜质边缘，长1.5~2mm，和第2颖等长或比第2颖稍长。外稃革质或膜质，与小穗等长，具3条脉，脊上有毛。内稃与外稃几乎等长，有2脊。花药黄色或紫色，长1~1.5mm。颖果矩圆形，长1mm，淡棕色或褐色，顶端具宿存花柱，无茸毛。种子细小。脐圆形，紫黑色。胚矩圆形，突起。

生物学特性：3—4月从匍匐茎或根茎上长出新芽，4—5月迅速扩展蔓延，交织成网状而覆盖地面，6月开始陆续抽穗、开花、结实，10月份颖果成熟、脱落。喜光而不耐阴，喜湿而较耐旱。对土壤质地的适应范围较宽，在黏壤土、沙壤土、酸性土、黏土都能生长。生于路边、荒地、园区、田边、旷野草地、农田等。

分布：中国黄河流域以南地区有分布。广布全球温带地区。各校区有分布。

景观应用：优良牧草品种，也是草坪的种质资源。

21. 菵草 *Beckmannia syzigachne* (Steud.) Fern.

中文异名：水稗子、菵米、老头稗

英文名：American sloughgrass, slough grass, Beckmann's grass

分类地位：禾本科（Gramineae）菵草属（*Beckmannia* Host）

形态学鉴别特征：一年生或二年生草本。株高15~70cm。须根细软。茎丛生，直立或略倾斜，具2~4个节。叶片宽条形，扁平，长5~20cm，宽3~10mm，粗糙或下面平滑。叶鞘多长于节间，无毛。叶舌扁平，长1.5~3mm，透明膜质。圆锥花序狭窄，长10~30cm，分枝稀疏，直立或斜生，由长为1~5cm的穗状花序排列而成。小穗扁压，圆形或倒卵圆形，长3mm，含小花1朵，灰绿色，呈覆瓦状排列于穗轴的一侧，基部有节，脱落于颖之下。颖等长，厚草质，呈囊状，有宽的白色膜质边缘，有淡绿色横脉纹，包裹小花。外稃披针形，具5条脉，具小尖头，内稃稍短于外稃。花药

菵草花序（徐正浩摄）

菵草植株（徐正浩摄）

黄色，长1mm。颖果长圆形，长0.7~1.2mm，宽0.5mm，深黄色，顶端具残存花柱。

生物学特性：苗期3—4月，花果期5—8月。生于稻田中、田边、沟边及低湿地。

分布：中国东北、华北、西北、华东、西南等地的水边湿地均有分布。在世界热带、温带区域有分布。华家池校区、紫金港校区有分布。

景观应用：湿地草本植物。

22. 三毛草 *Trisetum bifidum* (Thunb.) Ohwi

中文异名：蟹钓草

分类地位：禾本科（Gramineae）三毛草属（*Trisetum* Pers.）

形态学鉴别特征：多年生草本。株高30~80cm。须根细弱、稠密。茎直立或基部膝曲，具2~4个节，光滑无毛。叶扁平，柔软，长5~18cm，宽3~7mm，无毛。叶鞘松弛，短于节间，无毛。叶舌长1.5~2mm，膜质。圆锥花序长圆形，具光泽，黄绿色或褐绿色，长10~20cm，宽2~4cm，分枝细，平滑。小穗长6~10mm，含2~3朵小花。小穗轴节间长1~1.5mm，具短毛或下部近无毛。颖不等长。第1颖长2~4mm，第2颖长4~7mm，具3条脉。第1外稃长6~8mm，背部粗糙，顶端2裂，芒细弱，自先端以下1mm处伸出，常向外反曲，长7~10mm。内稃为外稃的1/2~2/3，背部拱曲呈弧形，脊上具小纤毛。花药0.6~1mm。颖果长圆形。

生物学特性：花果期4—7月。生于山坡、路旁、林缘、草丛。

分布：中国多数地区有分布。日本、朝鲜也有分布。之江校区、玉泉校区有分布，紫金港校区零星分布。

景观应用：山地地被植物。

三毛草花序（徐正浩摄）

三毛草植株（徐正浩摄）

23. 长芒棒头草 *Polypogon monspeliensis* (Linn.) Desf.

英文名：rabbitfoot polypogon, annual beard grass

分类地位：禾本科（Gramineae）棒头草属（*Polypogon* Desf.）

形态学鉴别特征：一年生草本。幼苗子叶留土。全株光滑无毛。株高20~60cm。须根系。直立或基部膝曲，疏丛生，光滑无毛，具4~5个节。叶片条形或长披针形，长6~13cm，宽3~9mm，表面及边缘粗糙，背面光滑。叶鞘疏松抱茎，大多短于节间，微粗糙。叶舌膜质，长4~8mm，2深裂或不规则撕裂状。圆锥花序穗状，长2~12cm，宽

长芒棒头草花序（徐正浩摄）

长芒棒头草植株（徐正浩摄）

5~20mm（包括芒）。小穗淡绿色，长2~2.5mm，基盘长0.3mm。颖倒卵状长圆形，粗糙，脊与边缘有细纤毛，顶端2浅裂，裂片伸出细长芒，芒微粗糙，长3~7mm，为小穗的2~4倍，有时第1颖的芒稍短。外稃光滑，长1~1.2mm，顶端有微齿，主脉延伸成与稃体等长的细芒，芒易脱落。雄蕊3枚，花药长0.5mm。颖果倒卵状圆柱形，米黄色，长1mm，宽0.5mm。脐不明显，腹面具沟，胚卵圆形，长占颖果的1/3~2/5。

生物学特性：花果期4—7月。生于山坡、林缘、路旁、沟旁等。

分布：中国南北各地有分布。广布于全世界的热带及温带地区。华家池校区有分布。

景观应用：旱地和湿地地被植物。

24. 棒头草 *Polypogon fugax* Nees ex Steud.

中文异名：狗尾稍草、稍草

英文名：Asia minor bluegrass, common polypogon

分类地位：禾本科（Gramineae）棒头草属（*Polypogon* Desf.）

形态学鉴别特征：一年生草本。株高15~75cm。须根系。丛生，上部直立，基部膝曲斜生，光滑无毛，具4~5个节。叶片长线状披针形，扁平，长5~15cm，宽4~9mm，微粗糙或背部光滑。叶鞘大多短于或下部稍长于节间，光滑无毛。叶舌膜质，长圆形，长3~8mm，常2裂或顶端不整齐齿裂。圆锥花序穗状，长圆形，较疏松，具缺刻或有间断，分枝可长达4cm。小穗长2.5mm，灰绿色或带紫色。颖几乎相等，长圆形，粗糙，先端2浅裂，芒从裂口伸出，细直，长2mm，微粗糙。外稃长1mm，光滑，先端具微齿，中脉延伸成长1.5mm的细芒，已脱落。花药长0.7mm。颖果椭圆形，一面扁平，长0.8~1mm。种子纺锤形，长1~1.1mm，宽0.5mm，深肉色。

生物学特性：以幼苗或种子越冬。在长江中下游地区，10月中旬至12月上中旬出苗，翌年2月下旬至3月下旬返青，同时越冬种子亦萌发出苗，4月上旬出穗、开花，5月下旬至6月上旬颖果成熟，盛夏全株枯萎。生于山坡、田边、潮湿处。稻田边、菜地、果园或苗圃等潮湿地多发。与长芒棒头草的区别在于：叶鞘光滑无毛，圆锥花序常有间断，小穗基盘较长，颖芒短于颖，外稃芒则长于稃。

分布：中国多地有分布。东南亚及俄罗斯等也有分布。各校区有分布。

景观应用：旱地和湿地地被植物。

棒头草花序（徐正浩摄）

棒头草植株（徐正浩摄）

25. 鼠尾粟 *Sporobolus fertilis* (Steud.) W. D. Glayt.

中文异名： 线香草、老鼠尾

英文名： Australian smutgrass, bloomsbury grass, giant Parramatta grass, smutgrass, herb of purple Indian dropseed

分类地位： 禾本科（Gramineae）鼠尾粟属（*Sporobolus* R. Br.）

形态学鉴别特征： 多年生草本。株高60~100cm。根系深长。丛生，直立，质较坚硬，基部径2~4mm，平滑无毛。叶片质硬，通常内卷，长10~65cm，宽1~5mm，先端渐尖，基部截头形，平滑无毛或于上面的基部疏生柔毛。叶鞘疏松抱茎，下部者长于节间，上部者短于节间，无毛或边缘及鞘口具短纤毛。叶舌纤毛状，长0.1~0.2mm。圆锥花序紧缩或开展，长10~45cm，宽0.5~1cm，分枝直立，密生小穗。小穗灰绿色，略带紫色，长2mm。第1颖长为第2颖的1/2，先端钝或截平，透明，无脉。第2颖卵圆形或卵状披针形，长1~1.5mm，先端钝或短尖，透明，具1条脉。外稃卵形，先端短尖，具1条脉及不明显的2条侧脉。内稃宽，先端钝，稍短于外稃，脉微细。雄蕊3枚，花药黄色，长0.8~1mm。颖果倒卵形或矩圆形，长1~1.2mm，熟后红褐色。

鼠尾粟植株（徐正浩摄）

生物学特性： 夏、秋抽穗。生于林下、山坡、路边、田野草丛及山谷湿处等。

分布： 中国华东、华中、西南及陕西、甘肃等地有分布。印度、缅甸、斯里兰卡、泰国、越南、马来西亚、印度尼西亚、菲律宾、日本、俄罗斯等也有分布。之江校区有分布。

景观应用： 林地或旱地地被植物。

鼠尾粟穗（徐正浩摄）

26. 日本看麦娘 *Alopecurus japonicus* Steud.

中文异名： 稍草、麦娘娘、麦陀陀草

英文名： Japanese alopecurus

分类地位： 禾本科（Gramineae）看麦娘属（*Alopecurus* Linn.）

形态学鉴别特征： 一年生草本。株高15~40cm。须根系。多数丛生，具3~4个节。叶片质地柔软，长3~12cm，宽3~7mm，粉绿色，上面粗糙，下面光滑。叶鞘疏松抱茎，其内常有分枝。叶舌薄膜质，长2~5mm。圆锥花序圆柱状，黄绿色，长3~10cm，宽4~10mm。小穗长圆状卵形，长5~6mm。颖仅基部互相连合，具3条脉，颖脊上具纤毛。外稃

日本看麦娘花序（徐正浩摄）

日本看麦娘植株（徐正浩摄）

厚膜质，略长于颖，下部边缘合生，芒自近稃基部伸出，长8~12mm，远伸出颖外，中部稍膝曲。花药淡黄色或白色，长1mm。颖果长椭圆形，长2~2.5mm，阔扁，淡肉色。

生物学特性：以幼苗或种子越冬。在长江中下游地区10月下旬出苗，冬前可长出5~6片叶，越冬后于2月中下旬返青，3月中下旬拔节，4月下旬至5月上旬抽穗开花，5月下旬开始成熟。生于海拔较低的田边、湿地，在稻区中性至微酸性黏土和壤土的低、湿麦田发生量大。

分布：中国华东、华南及湖北、陕西等地有分布。日本、朝鲜也有分布。各校区有分布。

景观应用：水田、旱耕地、绿化带等草本植物。

27. 看麦娘 *Alopecurus aequalis* Sobol.

中文异名：褐蕊看麦娘、棒棒草
英文名：orange foxtail, shortawned foxtail, Sonoma alopecurus
分类地位：禾本科（Gramineae）看麦娘属（*Alopecurus* Linn.）
形态学鉴别特征：一年生或二年生草本。株高15~40cm。须根系。少数丛生，细瘦，光滑，节处常膝曲，具3~5个节。叶近直立，长3~10cm，宽2~6mm，薄而柔软，扁平，绿色。叶鞘疏松抱茎，光滑，短于节间，其内常有分枝。叶舌膜质，长2~5mm。圆锥花序圆柱状，长3~7cm，宽3~5mm。小穗椭圆形或卵状椭圆形，长2~3mm。颖膜质，基部互相连合，具3条脉，脊上有细纤毛，侧脉下部有短毛。外稃膜质，先端钝，与颖等长或比颖稍长，下部边缘相连合，芒长2~3mm，于稃体下部1/4处伸出，隐藏或伸出颖外。花药橙黄色，长0.5~0.8mm。颖果线状倒披针形，长0.8~1mm。种子暗灰色。

生物学特性：以幼苗或种子越冬，种子休眠期为3—4个月。华北地区11月至翌年2月为苗期，其中11月为第1出苗高峰，4—5月为花果期，5—6月成熟。生于海拔较低的田边及潮湿地。

分布：中国华东、华南、华中及陕西等地有分布。欧亚大陆之寒温和温暖地区、北美洲也有分布。各校区有分布。

景观应用：常见地被植物。

看麦娘花序（徐正浩摄）

看麦娘植株（徐正浩摄）

28. 李氏禾 *Leersia hexandra* Swartz.

分类地位：禾本科（Gramineae）假稻属（*Leersia* Soland. ex Swartz.）

形态学鉴别特征：多年生草本。株高60~90cm。须根系，具地下根茎。下部匍匐或偃卧，节上生多分枝的须根。上部直立、近直立或斜生，径1~2.5mm，节上生有环状白色绒毛。叶片披针形，长5~15cm，宽4~10mm，粗糙或下面光

李氏禾花序（徐正浩摄）

李氏禾植株（徐正浩摄）

滑，中脉白色，叶脉及叶缘具倒生绒毛。叶鞘通常短于节间，粗糙或平滑。叶舌膜质，长1~3mm，先端截平，基部两侧与叶鞘愈合。圆锥花序长12~20cm，分枝细，具棱角，稍扁压，直立或斜生，光滑或粗糙，可再分小枝，下部1/3~1/2无小穗。小穗含1朵小花，矩圆形，长6~8mm，具长0.5~2mm的小柄，草绿色或带紫色。颖缺。外稃脊和两侧具刺毛。内稃具3条脉，中脉上有刺毛。雄蕊6枚，花药长3mm。颖果细长，棕黄色。

生物学特性：种子和根茎发芽，气温需稳定到12℃。一般4—5月出苗，5—6月分蘖，6月拔节，7—8月抽穗、开花、颖果成熟。种子边成熟边脱落，不耐水淹。通常生于河边、池塘浅水、湖边、水田、溪沟旁、湿地等。

分布：中国华东、华中、华北、西南、华南等地有分布。日本、朝鲜等也有分布。世界其他热带和暖温带地区也有分布。各校区有分布。

景观应用：浅水域或湿地草本植物。

李氏禾茎秆（徐正浩摄）

29. 假稻 *Leersia japonica* (Makino) Honda

假稻茎（徐正浩摄）

分类地位：禾本科（Gramineae）假稻属（*Leersia* Soland. ex Swartz.）

形态学鉴别特征：多年生草本。株高50~75cm。须根系。下部伏卧，上部斜生，着地节处须根多分枝，密生倒毛。叶片长披针形，长5~15cm，宽4~8mm，粗糙。叶鞘常短于节间。叶舌长1~3mm，顶端截平。圆锥花序长10~15cm，分枝光滑，具棱，直立或斜生，长达6cm，草绿色或紫色。外稃具5条脉，脊上具刺毛，内稃具3条脉，中脉具刺毛。雄蕊6枚。花药长2~3mm。颖果长圆形。

生物学特性：花果期5—10月。生于池塘、水田、溪沟旁、湿地等。

分布：中国华东、华中、西南等地有分布。日本也有分布。华家池校区有分布。

假稻植株（徐正浩摄）

假稻花序（徐正浩摄）

30. 秕壳草 *Leersia sayanuka* Ohwi

中文异名：秕谷草

分类地位：禾本科（Gramineae）假稻属（*Leersia* Soland. ex Swartz.）

形态学鉴别特征：多年生草本。株高50~100cm。须根系，有时具地下根茎。茎直立，丛生，基部倾斜，具鳞芽，节凹陷，被倒生微毛。叶扁平，灰绿色，粗糙，长6~20cm，宽5~15mm。叶鞘无毛，粗糙，倒刺状。叶舌质硬，长1~2mm，先端截平，基部两侧与叶鞘边缘结合。圆锥花序疏松，长15~25cm，幼时基部常包于叶鞘内，分枝细弱，上升，粗糙，具棱角，互生，长达11cm。小穗柄长0.5~2mm，顶端膨大。小穗长5~7mm，宽1.5~2mm。外稃两侧具

秕壳草茎秆（徐正浩摄）

秕壳草花果期植株（徐正浩摄）

秕壳草优势群体（徐正浩摄）

秕壳草叶鞘（徐正浩摄）

刺毛，脉上刺毛长。内稃两侧被细刺毛，中脉上刺毛粗、长。雄蕊2~3枚。花药长1~1.5mm。颖果长圆形，长4~5mm，种脐线形。

生物学特性：花果期9—11月。通常生于山坡、沟边、田边、林下、湿地等。

分布：中国华东、华中、华北、华南等地有分布。日本等也有分布。紫金港校区、玉泉校区、华家池校区有分布。

景观应用：浅水域或湿地草本植物。

31. 菰 *Zizania latifolia* (Griseb.) Stapf

中文异名：茭白、茭笋

英文名：water bamboo

分类地位：禾本科（Gramineae）菰属（*Zizania* Linn.）

形态学鉴别特征：多年生挺水草本。株高80~150cm。具根茎。须根粗壮。茎直立，基部节上具不定根。叶片长30~100cm，宽10~25mm，扁平，上面粗糙，下面光滑。叶鞘肥厚，长于节间，基部具横脉纹。叶舌膜质，三角形，长6~15mm。圆锥花序长30~60cm，分枝多数簇生。雄小穗生于下部分枝，紫色，长10~15mm。外稃具5条脉，先端渐尖或具短芒。内稃具3条脉。雄蕊6枚，花药长5~9mm。雌小穗生于上部分枝，长15~25mm。外稃具5条粗糙脉，芒长15~30mm。内稃具3条脉。颖果圆柱形，长10mm。

菰花序（徐正浩摄）

生物学特性：花果期8—10月。生于湖泊、水田、水塘及湿地浅水区。

分布：中国南北各地有分布。日本、俄罗斯等也有分布。紫金港校区、华家池校区有分布。

景观应用：湿地、浅水域草本植物。

菰植株（徐正浩摄）

杂草化菰（徐正浩摄）

32. 柳叶箬 *Isachne globosa* (Thunb.) Kuntze

中文异名：百珠箬、细叶箬
英文名：swamp millet
分类地位：禾本科（Gramineae）柳叶箬属（*Isachne* R. Br.）
形态学鉴别特征：多年生草本。株高30~60cm。须根系。下部倾卧或丛生，上部直立，基部径1~3mm，质柔软，节无毛。叶片线状披针形，长3~10cm，宽3~9mm，先端尖或渐尖，基部渐窄而近于心形，两面粗糙，边缘质较厚，粗糙而呈微波状。叶鞘短于节间，仅一侧之边缘及上部具细小有疣基的纤毛。叶舌纤毛状，长1~2mm。圆锥花序卵圆形，长3~11cm，分枝斜上或开展，每小枝着生1~3个小穗，分枝、小枝或小穗柄上均具黄色腺体。小穗椭圆状圆球形，长2~2.5mm，绿色，常带紫色。颖草质，近相等，具6~8条脉，无毛或先端粗糙。第1小花雄性，稍狭长，内外稃质地稍软。第2小花雌性，宽椭圆形，无毛。颖果近圆形，径2~3mm。

柳叶箬花序（徐正浩摄）

柳叶箬群体（徐正浩摄）

生物学特性：花果期5—10月。生于低海拔山坡、路旁、田边、园地、湿地、草地等。
分布：除东北外，中国广泛分布。日本、印度、马来西亚、菲律宾、不丹、斯里兰卡、印度尼西亚及大洋洲也有分布。紫金港校区有分布。
景观应用：园区或湿地草本植物。

33. 糠稷 *Panicum bisulcatum* Thunb.

中文异名：野稷、野糜子
英文名：wild panicgrass
分类地位：禾本科（Gramineae）黍属（*Panicum* Linn.）
形态学鉴别特征：一年生草本。株高60~120cm。须根系。直立或基部倾斜，径2~4mm，具10余个节。叶片长5~15cm，宽3~10mm，光滑或上面疏生柔毛。叶鞘松弛，无毛或边缘具纤毛。叶舌短小，长0.5mm，具小纤毛。圆锥花序长30cm，主轴直立，分枝细，斜向上或水平展开。小穗稀疏着生于分枝上部，灰绿色或褐紫色，长2~3mm，第1颖呈三角形，先端尖或稍钝，长为小穗的1/3~1/2，具1~3条脉，基部不包卷小穗。第2颖与第1外稃等长，均具5条脉，被细毛。第1小花内稃缺。第2小花椭圆形，长1.8mm，熟时黑褐色。颖果长1~2mm。

糠稷颖果（徐正浩摄）

糠稷植株（徐正浩摄）

生物学特性：花果期9—11月。主要分布于山坡、草丛、荒野、路旁及田野，旱作物地、果园、菜地等发生量或较重。
分布：中国华东、华南、西南和东北等地有分布。紫金港校区有分布。
景观应用：旱耕地、湿地草本植物。

34. 求米草 *Oplismenus undulatifolius* (Arduino) Beauv.

中文异名：皱叶茅

分类地位：禾本科（Gramineae）求米草属（*Oplismenus* Beauv.）

形态学鉴别特征：一年生草本。直立部分高30~50cm。须根系，具分枝。基部平卧或膝曲，较细弱，节处生根，具4~6个节。叶片披针形，通常皱缩不平，具横脉，长2~8cm，宽5~18mm，顶端尖，基部略圆而稍不对称，有细毛或疣毛。叶鞘遍布疣基刺毛，或仅边缘具纤毛。叶舌膜质，短小，长0.5~1mm。圆锥花序紧缩，主轴长2~10cm，密生疣基长刺毛，分枝短缩，或有时下部具长达2cm的分枝。小穗卵圆形，长3~4mm，有微毛或无毛，几无柄，簇生在主轴或分枝的一侧，或近顶端处孪生。颖草质。第1颖具3~5条脉，长为小穗的1/2，顶端具7~13mm的直芒。第2颖具5条脉，比第1颖长，顶端具2~5mm的直芒。第1外稃草质，与小穗等长，具7~9条脉，先端具长1~2mm的芒，内稃通常缺。第2外稃草质，椭圆形，长3mm，幼时纸质，后变硬，平滑光亮，包卷同质的内稃，顶端具微小的尖头。颖果椭圆形，长3mm。

生物学特性：花果期7—11月。生于阴湿的林下、路边、灌丛、草地、低山丘陵地。对土壤要求不严，可生长于不同类型的土壤。

分布：中国南北各地有分布。广布世界亚热带及温带地区。华家池校区、之江校区、玉泉校区有分布。

景观应用：林地、绿化带、竹林等区块草本地被植物。

求米草花序（徐正浩摄）

求米草植株（徐正浩摄）

35. 光头稗 *Echinochloa colonum* (Linn.) Link

中文异名：芒稷、扒草、穆草、光头稗子

英文名：Shama millet

分类地位：禾本科（Gramineae）稗属（*Echinochloa* Beauv.）

形态学鉴别特征：一年生草本。株高15~50cm。须根系。直立，细弱，径1~4mm。基部各节具分枝。叶片长3~20cm，宽3~7mm。扁平，无毛，边缘稍粗糙。圆锥花序主轴细弱，具棱，无毛，长3~8cm。分枝单纯，无小枝，斜生或贴向主轴，长1~2cm，粗糙。小穗卵圆形，长2~2.5mm，具小硬毛，无芒，4行规则排列于花序分枝一侧。第1颖三角形，长为小穗的1/2，具3条脉。第2颖与第1外稃等长，同形，具5~7条脉，先端具小尖头。第1外稃具7条脉及小尖头。内稃膜质，稍短于外稃。第2外稃长2mm，边缘包裹同质内稃。颖果长2mm。

生物学特性：花果期7—10月。生于田边、路旁、山坡等。

分布：广布世界温暖地区。各校区有分布。

景观应用：地被植物。

光头稗规则排列小穗（张宏伟摄）

光头稗生境植株（张宏伟摄）

36. 旱稗 *Echinochloa hispidula* (Retz.) Nees

中文异名：芒稗
英文名：barnyardgrass
分类地位：禾本科（Gramineae）稗属（*Echinochloa* Beauv.）
形态学鉴别特征：一年生草本。株高40~90cm。须根系。直立或基部斜生。叶片长10~30cm，宽6~12mm，扁平，线形。叶鞘平滑无毛。叶舌缺。圆锥花序狭窄，长5~15cm，宽1~1.5cm，分枝上不具小枝，有时中部轮生。小穗卵状椭圆形，长4~6mm。第1颖三角形，长为小穗的1/2~2/3。第2颖与小穗等长，具小尖头，有5条脉，脉上具刚毛或有时具疣基毛，芒长0.5~1.5cm。第1外稃草质，具7条脉，内稃薄膜质。第2外稃革质，坚硬，边缘包卷同质的内稃。颖果长2~3mm。
生物学特性：花果期6—11月。生于田边、路旁、湿地等。
分布：中国华东、华中、华南、华北等地有分布。日本、朝鲜、印度也有分布。各校区有分布。
景观应用：旱耕地或湿地地被植物。

旱稗花序（徐正浩摄）

旱稗植株（徐正浩摄）

37. 长芒稗 *Echinochloa caudata* Roshev.

英文名：long~awned barnyardgrass
分类地位：禾本科（Gramineae）稗属（*Echinochloa* Beauv.）
形态学鉴别特征：一年生草本。株高40~150cm。须根庞大。茎粗壮，幼时有时呈红色，丛生，直立或基部膝曲，光滑无毛。叶片线形至披针形，长10~40cm，宽1~2cm，先端锐尖，两面无毛，边缘增厚而粗糙，有绿色细锐锯齿，主脉明显。叶鞘光滑或常具瘤基毛（毛常脱落而仅存瘤基）或仅有糙毛或仅其边缘有毛。无叶舌及叶耳。圆锥花序下垂，长15~30cm，径1.5~4cm，芒长15~50mm，有时呈紫色。花序主轴粗糙，具棱，粗壮，上部紧密，下部稍松散，疏被瘤基长毛，分枝密集，常再分小枝。小穗卵椭圆形，常带紫色，长3~4mm，脉上具硬刺毛，有时疏生瘤基毛，密集于穗轴的一侧。第1颖小，三角状卵形，长为小穗的1/3~2/5，先端尖，具3条脉。第2颖与小穗等长，先端有0.1~0.2mm的短尖头，具5条脉。第1外稃草质，狭卵形，先端具1.5~5cm的长芒，具5条脉，脉上疏生刺毛，有细毛和长刚毛。内稃膜质，先端具细毛，边缘有纤毛。第2外稃革质，光亮，边缘包卷同质的内稃。鳞被2片，楔形，折叠，具5条脉。雄蕊3枚。花柱基分离。颖果椭圆形，骨质，长2.5~3.5mm，具光泽，凸面有纵脊，黄褐色。种子卵形，尖端长2.5~3mm，白色或棕色，密包于稃内不易脱出，腹面扁平，脐粒状，乳白色，无光泽。
生物学特性：晚春型杂草，花果期6—11月。喜温暖湿润环境，适应性强，耐酸碱，耐旱，也能生长在浅水中。在12~35℃种子都可以萌发，在0~10cm的土层内均可出苗，土壤表层出苗率高。生于沼泽、沟渠旁、低洼荒地、稻田、潮湿旱地。
分布：几遍中国。紫金港校区、华家池校区有分布。

长芒稗花序（徐正浩摄）

长芒稗生境植株（徐正浩摄）

景观应用：旱地、浅水域、湿地等区块草本植物。

38. 无芒稗 *Echinochloa crusgalli* var. *mitis* (Pursh) Peterm.

中文异名：落地稗
英文名：beardless barnyardgrass, awnless barnyardgrass
分类地位：禾本科（Gramineae）稗属（*Echinochloa* Beauv.）
形态学鉴别特征：一年生草本。株高60~120cm。须根系。茎单生或多蘖丛生，直立或倾斜，绿色或基部带紫红色。叶片条形，长20~30cm，宽6~10mm，边缘粗糙。叶鞘光滑无毛。无叶舌。圆锥花序尖塔形，较狭窄，直立或微弯，长15~18cm，分枝10个以上，长3~6cm。总状花序互生、对生或近轮生状，有小分枝，着生3~10个小穗，下部多，顶端少。小穗长4~5mm，无芒，或有短芒，但芒长不超过3mm，顶生小穗上具硬刺状疣基毛。颖果椭圆形，凸面有纵脊，黄褐色。

生物学特性：花果期6—7月。种子渐次成熟，边熟边落，经冬季休眠后萌发。生于水田、果园、菜地、路边等。

分布：世界温暖地区有分布。华家池校区、紫金港校区有分布。

景观应用：湿地、浅水域或旱地草本植物。

无芒稗穗（徐正浩摄）

无芒稗植株（徐正浩摄）

39. 西来稗 *Echinochloa crusgalli* var. *zelayensis* (H. B. K.) Hitchc.

分类地位：禾本科（Gramineae）稗属（*Echinochloa* Beauv.）
形态学鉴别特征：一年生草本。圆锥花序分枝单纯，不具小枝，小穗无芒，脉上无疣基毛，仅疏生硬刺毛。株高50~75cm。须根系。光滑无毛，基部倾斜或膝曲。叶片扁平，线形，无毛，长5~20cm，宽4~12mm。叶鞘疏松裹秆，平滑无毛。无叶舌。圆锥花序直立，长11~19cm。主轴具棱，分枝斜上举或贴向主轴，分枝上不再分枝。穗轴粗糙。小穗卵状椭圆形，长3~4mm，顶端具小尖头而无芒，脉上无疣基毛，但疏生硬刺毛。第1颖三角形，长为小穗的1/3~1/2，具3~5条脉。第2颖与小穗等长，先端渐尖或具小尖头，具5条脉。

生物学特性：花果期6—7月。生于水田、山坡、沟边、路边等。

分布：广布中国。美洲也有分布。紫金港校区有分布。

景观应用：湿地地被植物。

西来稗茎秆（徐正浩摄）

西来稗花序（徐正浩摄）

西来稗植株（徐正浩摄）

40. 孔雀稗 *Echinochloa cruspavonis* (H. B. K.) Schult.

分类地位：禾本科（Gramineae）稗属（*Echinochloa* Beauv.）

形态学鉴别特征：一年生草本。株高120~180cm。须根系。茎粗壮，基部倾斜而节上生根。叶扁平，线形，长10~40cm，宽1~1.5cm，两面无毛，边缘增厚而粗糙。鞘疏松裹茎，光滑，无毛。叶舌缺。圆锥花序下垂，长15~25cm，分枝上再具小枝。小穗卵状披针形，长2~2.5mm，带紫色，脉上无疣基毛。第1颖三角形，长为小穗的1/3~2/5，具3条脉。第2颖与小穗等长，顶端有小尖头，具5条脉，脉上具硬刺毛。第2朵小花通常中性，其外稃草质，顶端具长1~1.5cm的芒，具5~7条脉，脉上具刺毛。第2外稃革质，平滑光亮，顶端具小尖头，边缘包卷同质的内稃，内稃顶端外露。鳞被2片，折叠。花柱基分离。颖果椭圆形，长2mm。胚长为颖果的2/3。

孔雀稗花序（徐正浩摄）

孔雀稗植株（徐正浩摄）

生物学特性：花果期6—7月。生于水田、山坡、沟边、路边等。

分布：世界温暖地区有分布。华家池校区、紫金港校区有分布。

景观应用：湿地草本植物。

41. 野黍 *Eriochloa villosa* (Thunb.) Kunth

中文异名：拉拉草、唤猪草

英文名：woolly cup grass, hairy cup grass

分类地位：禾本科（Gramineae）野黍属（*Eriochloa* Kunth）

形态学鉴别特征：一年生草本。株高30~100cm。须根发达。直立或基部膝曲，节具毛。叶条状披针形，扁平，长15~20cm，宽5~15mm，边缘粗糙。叶鞘松弛抱茎，无毛或被微毛。叶舌短小，具长1mm的纤毛。总状花序长3~6cm，密被柔毛，2~7个排列于主轴一侧，在顶端排成圆锥状花序，长7~15cm。小穗单生，卵状椭圆形，长4.5~5mm，与穗轴愈合膨大成环状基盘，基盘长0.6mm，小穗柄极短，密生长柔毛。第1颖微小，短于或长于基盘。第2颖与第1外稃近膜质，与小穗等长，被白色柔毛，第2颖具5~7条脉，第1外稃具5条脉。第2外稃卵状椭圆形，革质，先端钝，稍短于小穗，背面具细点状皱纹，粗糙，离轴而生，边缘稍包卷同质之内稃。鳞被2片，折叠，长0.8mm，具7条脉。雄蕊3枚。花柱分离。颖果卵圆形，长2.5~3.5mm。

野黍花序（徐正浩摄）

野黍植株（徐正浩摄）

生物学特性：花果期7—11月。喜光，耐旱，也耐湿，适宜不同pH值的土壤环境。生于林缘、山坡、山谷、路边草丛、耕地、田边、荒地、宅旁、湿地等。

分布：几遍中国。日本、朝鲜及东南亚也有分布。在北美、欧洲等已归化或入侵。紫金港校区有分布。

景观应用：旱地或湿地地被植物。

42. 双穗雀稗 *Paspalum paspaloides* (Michx.) Scribn.

双穗雀稗花序（徐正浩摄）

双穗雀稗植株（徐正浩摄）

中文异名：红拌根草

英文名：knotgrass, water couch, gramilla blanca, salaillo, groffe doeba, eternity grass, gharib

分类地位：禾本科（Gramineae）雀稗属（*Paspalum* Linn.）

形态学鉴别特征：多年生草本。直立部分高20~60cm。须根系，根系深长。匍匐茎横走，粗壮，节上生根，长达1m。基部横卧地面，节上易生根，节生柔毛。叶披针形，稍扁平，质地较柔软，长3~15cm，宽2~6mm，无毛。叶鞘短于节间，背部具脊，边缘或上部被柔毛。叶舌长1.5~2mm，无毛。总状花序通常2个，长2~6cm，近对生，位于顶端，张开成叉状，稀于下方再生1个成3个。小穗2行排列，椭圆形，长3~3.5mm，顶端尖，疏生微柔毛。第1颖不存在或微小。第2颖膜质，具明显的中脉，背面被微毛，边缘无毛。第1外稃与第2颖同质同形，具3~5条脉，通常无毛，顶端尖。第2外稃草质，灰色，长2.5mm，顶端有少数细毛。颖果近圆形。种子棕黑色。

生物学特性：花果期5—9月，通常夏季抽穗。在长江中下游地区4月初根茎萌芽，6—8月生枝最快，并产生大量花枝，花期较长。生于稻田、田边、沟边、旱地低湿处、浅水域、路边等。

分布：世界温暖地区有分布。各校区有分布。

景观应用：湿地、浅水域草本植物。

43. 雀稗 *Paspalum thunbergii* Kunth ex Steud.

雀稗总状花序（徐正浩摄）

雀稗穗（徐正浩摄）

雀稗植株（徐正浩摄）

英文名：Japanese paspalum

分类地位：禾本科（Gramineae）雀稗属（*Paspalum* Linn.）

形态学鉴别特征：多年生草本。株高30~100cm。须根系。直立，通常丛生，具2~3个节，节具柔毛。叶披针形，扁平或内卷，长10~25cm，宽4~8mm，两面密被疏长毛，边缘粗糙。叶鞘松弛，具脊，长于节间，常聚集于秆基作跨生状，被疏长毛。叶舌膜质，褐色，长0.5~1.5mm。总状花序3~6个，长5~10cm，互生于长3~8cm的主轴上，疏离，形成总状圆锥花序，分枝腋间具长柔毛。穗轴扁平，宽1~2mm，边缘粗糙，腋间有白疏毛。小穗椭圆状倒卵形或圆形，长2~3mm，宽2mm，散生微柔毛，顶端圆或微凸，小穗柄长0.5~1mm。第2颖与第1外稃等长，膜质，具3或5条脉，边缘有明显微柔毛。第2外稃与小穗等长，薄革质，边缘窄内卷而有皱纹，具光泽，包围着内稃，具5条脉。颖果黑褐色。

生物学特性：花果期5—10

月。生于山坡、田野、路旁、沟边、溪旁、湿地、荒地、草丛等。

分布：中国华东、华中、西南及陕西等地有分布。日本、朝鲜、不丹、印度等也有分布。华家池校区、紫金港校区、玉泉校区、之江校区有分布。

景观应用：地被植物。

44. 长叶雀稗 *Paspalum longifolium* Roxb.

分类地位：禾本科（Gramineae）雀稗属（*Paspalum* Linn.）

形态学鉴别特征：多年生草本。株高80~120cm。须根系。丛生，直立，粗壮，具多节。叶披针形，长10~20cm，宽5~10mm，无毛。叶鞘较长于其节间，背部具脊，边缘生疣基长柔毛。叶舌长1~2mm。总状花序长5~8cm，6~20个着生于伸长的主轴上。穗轴宽1.5~2mm，边缘微粗糙。小穗柄孪生，长0.2~0.5mm，微粗糙。小穗排列成4行于穗轴一侧，宽倒卵形，长2mm。第2颖与第1外稃被卷曲的细毛，具3条脉，顶端稍尖。第2外稃黄绿色，后变硬。花药长1mm。

生物学特性：花果期7—10月。生于山坡、山麓草丛等。

分布：中国华东、华南等地有分布。印度等也有分布。玉泉校区、之江校区有分布。

景观应用：地被植物。

长叶雀稗茎叶（徐正浩摄）

长叶雀稗花序（徐正浩摄）

长叶雀稗生境植株（徐正浩摄）

45. 圆果雀稗 *Paspalum orbiculare* Forst.

英文名：kodo millet, rice grass paspalum

分类地位：禾本科（Gramineae）雀稗属（*Paspalum* Linn.）

形态学鉴别特征：多年生草本。株高30~90cm。须根系。直立，丛生。叶片长披针形至线形，长10~20cm，宽5~10mm，大多无毛。叶鞘长于其节间，无毛，鞘口有少数长柔毛，基部者生有白色柔毛。叶舌长1.5mm。总状花序长3~8cm，2~10个排列于长1~3cm的主轴上，分枝腋间有长柔毛。穗轴宽1.5~2mm，边缘微粗糙。小穗椭圆形或倒卵形，长2~2.3mm，单生于穗轴一侧，覆瓦状排列成2行。小穗柄微粗糙，长0.5mm。第2颖与第1外稃等长，具3条

圆果雀稗总状花序（徐正浩摄）

圆果雀稗植株（徐正浩摄）

脉，顶端稍尖。第2外稃等长于小穗，成熟后褐色，革质，有光泽，具细点状粗糙表面。

生物学特性： 花果期7—10月。生于溪边、田边等湿润处。

分布： 中国华东、华中、华南、西南等地有分布。亚洲东南部至大洋洲也有分布。玉泉校区、之江校区有分布。

景观应用： 地被植物。

46. 紫马唐 *Digitaria violascens* Link

紫马唐花序（徐正浩摄）

紫马唐植株（徐正浩摄）

中文异名： 紫果马唐、莩草、五指草、红茎马唐、五指马唐、紫花马唐

英文名： violet crabgrass, crab grass, purple crabgrass, smooth crabgrass

分类地位： 禾本科（Gramineae）马唐属（*Digitaria* Hall.）

形态学鉴别特征： 一年生草本。株高20~60cm。须状根。疏丛生，基部倾斜，具分枝，无毛。叶片线状披针形，质地较软，扁平，长5~15cm，宽2~6mm，粗糙，基部圆形，无毛或上面基部及鞘口生柔毛。叶鞘短于节间，无毛或生柔毛。叶舌长1~2mm。总状花序长5~10cm，4~10个呈指状排列于茎顶或散生于长2~4cm的主轴上。穗轴宽0.5~0.8mm，边缘微粗糙。小穗椭圆形，长1.5~1.8mm，宽0.8~1mm，2~3个生于各节。小穗柄稍粗糙。第1颖不存在。第2颖稍短于小穗，具3条脉，脉间及边缘生柔毛。第1外稃与小穗等长，具5~7条脉，脉间及边缘生柔毛，毛壁有小疣突，中脉两侧无毛或毛较少。第2外稃与小穗近等长，中部宽0.7mm，顶端尖，具纵行颗粒状粗糙表面，紫褐色，革质，有光泽。花药长0.5mm。颖果细小。

生物学特性： 花果期6—10月。生于山坡、草地、路边、荒野等。

分布： 中国长江流域以南各地有分布。美洲、大洋洲、亚洲的热带地区有分布。各校区有分布。

景观应用： 地被植物。

47. 升马唐 *Digitaria ciliaris* (Retz.) Koel.

中文异名： 拌根草

英文名： southern crabgrass

分类地位： 禾本科（Gramineae）马唐属（*Digitaria* Hall.）

形态学鉴别特征： 一年生草本。株高40~100cm。须状根。植株基部横卧、倾斜，着地后节处易生根，具多个节，节上分枝。叶片线形或披针形，长3~17cm，宽3~10mm，两面疏生柔毛，边缘稍厚，微粗糙。叶鞘常短于节间，多生具疣基的软毛。叶舌膜质，先端钝圆，长1~3mm。总状花序5~8个，长5~17cm，上部互生或呈指状排列于茎顶，下部的近轮生。穗轴宽1mm，边缘粗糙，中肋白色，翼绿色。小穗披针形，长3~3.5mm，孪生于穗轴一侧，一小穗具

升马唐花序（徐正浩摄）

升马唐植株（徐正浩摄）

长柄，另一小穗近无柄或具极短柄。小穗柄微粗糙，顶端截平。第1颖小，三角形。第2颖长，披针形，长为小穗的2/3，具3条脉，脉间及边缘有纤毛。第1外稃与小穗等长，具7条脉，脉平滑，正面具5条脉，脉间距离不等，中脉两侧的脉间距离较宽，无毛，侧脉间及边缘具柔毛。第2外稃椭圆状披针形，革质，黄绿色或带铅色，顶端渐尖，与小穗等长，覆盖内稃。花药长0.5~1mm。颖果椭圆形，透明。

生物学特性：花果期5—10月。生于田野、路旁草丛、荒野、荒坡、山坡草地，为马唐属中最常见的杂草。

分布：中国南北各地有分布。广泛分布于世界的热带、亚热带地区。各校区有分布。

景观应用：地被植物。

48. 毛马唐 *Digitaria chrysoblephara* Flig. et De Not.

分类地位：禾本科（Gramineae）马唐属（*Digitaria* Hall.）

形态学鉴别特征：一年生草本。株高30~100cm。须状根。基部倾卧，着土后节易生根，具分枝。叶片线状披针形，长5~20cm，宽3~10mm，两面多少生柔毛，边缘微粗糙。叶鞘多短于其节间，常具柔毛。叶舌膜质，长1~2mm。总状花序4~10个，长5~12cm，呈指状排列于顶端。穗轴宽1mm，中肋白色，占其宽的1/3，两侧的绿色翼缘具细刺状粗糙。小穗披针形，长3~3.5mm，宽1~1.2mm，孪生于穗轴一侧，一小穗具长柄，另一小穗无柄或极短。小穗柄三棱形，粗糙。第1颖小，三角形。第2颖披针形，长为小穗的2/3，具3条脉，脉间及边缘生柔毛。第1外稃与小穗等长，具7条脉，脉平滑，中脉两侧的脉间距离较宽而无毛，间脉与边脉间具柔毛及疣基刚毛，成熟后，柔毛和疣基刚毛均平展张开。第2外稃淡绿色，与小穗等长。花药长1mm。颖果细小。

毛马唐花序（徐正浩摄）

毛马唐花果期植株（徐正浩摄）

毛马唐植株（徐正浩摄）

生物学特性：花果期6—10月。生于路旁田野。

分布：中国华东、华北、西北、东北等地有分布。广布世界的亚热带、温带地区。舟山校区有分布。

景观应用：地被植物。

49. 皱叶狗尾草 *Setaria plicata* (Lam.) T. Cooke

中文异名：烂衣草、马草

英文名：folded leaf tussock grass

分类地位：禾本科（Gramineae）狗尾草属（*Setaria* Beauv.）

形态学鉴别特征：多年生草本。株高40~130cm。须根系。直立或基部倾斜，径3~5mm。叶片披针形至线状披针形，长10~25cm，宽1.5~2.5cm，具较浅的纵向皱褶，基部窄缩成柄状。圆锥花序长15~25cm。分枝斜向上升，长1~7cm。小穗卵状披针形，长3~4mm。第1颖宽卵形，先端钝圆，长为小穗的1/4~1/3，具3条脉。第2颖长为小穗的1/2~3/4，先端尖或钝，具5~7条脉。第1外稃具5条脉，内稃膜质，具2条脉。第2外稃与第1外稃等长或比第1外稃短，具明显的横皱纹，先端有短而硬的小尖头。颖果长1.5~2.5mm。

生物学特性：花果期6—10月。生于山坡、林下、沟谷地阴湿处、路边草丛、湿地等。

分布：中国长江以南各地有分布。印度、尼泊尔、斯里兰卡、马来西亚、日本等也有分布。之江校区、玉泉校区有分布。

景观应用：地被植物。

皱叶狗尾草茎叶（徐正浩摄）

皱叶狗尾草植株（徐正浩摄）

50. 大狗尾草 *Setaria faberii* Herrm.

中文异名：大狗尾巴草

英文名：giant foxtail, Japanese bristlegrass, large green bristle grass, tall green bristlegrass, Chinese foxtail, Chinese millet, giant bristlegrass, nodding foxtail

大狗尾草花序（徐正浩摄）

大狗尾草植株（徐正浩摄）

分类地位：禾本科（Gramineae）狗尾草属（*Setaria* Beauv.）

形态学鉴别特征：一年生草本。株高50~120cm。须状根密集。茎基部具支柱根，粗壮而高大，直立或基部膝曲，径可达6mm，光滑无毛。叶片线状披针形，长10~40cm，宽5~20mm，边缘具细锯齿，无毛或上面有疣毛。叶鞘松弛，边缘具细纤毛，部分基部叶鞘边缘膜质无毛。叶舌膜质，具密集的长1~2mm的纤毛。圆锥花序紧缩成圆柱状，长5~24cm，宽6~13mm（芒除外），直立、倾斜或下垂。主轴有柔毛。小穗椭圆形，长3mm，顶端尖，下有1~3条较粗而直的刚毛，刚毛通常绿色，粗糙，长5~15mm。小穗轴脱节于颖之下。第1颖长为小穗的1/3~1/2，宽卵形，先端尖，具3条脉，第2颖长为小穗的3/4或稍短，少数长为小穗的1/2，具5~7条脉。第1外稃与小穗等长，具5条脉，内稃膜质，狭小，长为小穗的1/3~1/2。第2外稃与第1外稃等长，先端尖，具细横皱纹，成熟后背部膨胀隆起。鳞被楔形。花柱基部分离。颖果椭圆形。

生物学特性：花果期6—10月。喜温暖湿润气候，耐旱。生于山坡、路旁、田野、荒野、湿地等。

分布：中国东北、华北、华东、华中、华南、西南等地有分布。日本、越南、老挝、柬埔寨等也有分布。各校区有分布。

景观应用：地被植物。

51. 狗尾草 *Setaria viridis* (Linn.) Beauv.

中文异名：绿狗尾草、谷莠子、狗尾巴草、狗毛草、莠

英文名：green bristle grass

分类地位：禾本科（Gramineae）狗尾草属（*Setaria* Beauv.）

形态学鉴别特征：一年生草本。株高20~90cm。须根系。茎疏丛生，直立或基部膝曲，通常较细弱，在花序以下

密生柔毛。叶片条状披针形，扁平，长3~15cm，宽4~12mm，顶端渐尖，基部略呈圆形或渐窄，通常无毛或疏生疣毛。叶鞘松弛，光滑，鞘口有柔毛，两侧扁压。叶舌膜质，具长1~2mm的纤毛。圆锥花序紧密，呈圆柱形，长2~10cm，直立或

狗尾草植株（徐正浩摄）

狗尾草群体（徐正浩摄）

微倾斜。小穗轴脱节于颖之下。刚毛多数，长4~12mm，粗糙，绿色、黄色或紫色。小穗椭圆形，长2~2.5mm，2至数个簇生于缩短的分枝上，具明显的总梗，成熟后与刚毛分离而脱落。第1颖卵形，长为小穗的1/3，具1~3条脉。第2颖与小穗等长或比小穗稍长，具5~7条脉。第1外稃与小穗等长，具5~7条脉，内稃狭窄。第2外稃长圆形，先端钝，较第1外稃短，边缘卷抱内稃，具细点状皱纹，熟时背部稍隆起。颖果灰褐色至近棕色，长圆形，腹面扁平。

生物学特性：花果期5—10月。种子经冬眠后萌发。喜光，耐旱，耐瘠。生于林缘、山坡、旱耕地、果园、苗圃、庭院、路旁、旷野、草地、湿地等。

分布：几遍中国。广布世界各地。各校区有分布。

景观应用：地被植物。

52. 金色狗尾草 *Setaria glauca* (Linn.) Beauv.

中文异名：牛尾草、黄狗尾草、黄安草

英文名：golden bristlegrass, yellow foxtail

分类地位：禾本科（Gramineae）狗尾草属（*Setaria* Beauv.）

形态学鉴别特征：一年生草本。株高20~90cm。须根系。单生或疏丛生，直立或基部倾斜膝曲，具4~6个节，近地面节可生根，光滑无毛，仅花序下面稍粗糙。叶片线状披针形或狭披针形，长5~35cm，宽4~8mm，先端长渐尖，基部钝圆，上面粗糙，通常两面无毛或仅于腹面基部疏被长柔毛。叶鞘下部扁压，具脊，淡红色，上部圆形，光滑无毛，边缘薄膜质。叶舌具一圈长1mm的柔毛。圆锥花序紧密，直立，呈圆柱状，长3~17cm，宽4~8mm（刚毛除外），主轴被微柔毛。刚毛金黄色或稍带褐色，稍粗。小穗椭圆形，含1~2朵小花，先端尖，通常在1簇中仅1个发育。第1颖宽卵形或卵形，长4~8mm，长为小穗的1/3~1/2，先端尖，具3条脉。第2颖宽卵形，长为小穗的1/2~2/3，先端稍钝，具5~7条脉。第1外稃与小穗等长或比小穗略短，具5条脉，内稃膜质，与外稃近等长，具2条脉。第2外稃革质，与第1外稃等长，先端尖，成熟时背部极隆起，通常为黄色，具明显的横皱纹。谷粒先端尖，成熟时有明显的横皱纹，背部极隆起。鳞被楔形。花柱基部连合。颖果宽卵形，暗灰色或灰绿色，脐明显，近圆形，褐黄色。腹面扁平。种子长1~2mm。胚椭圆形，长占颖果的2/3~3/4，色与颖果相同。

金色狗尾草花序（徐正浩摄）

金色狗尾草优势群体（徐正浩摄）

生物学特性：花果期6—10月。耐瘠耐旱，对土壤要求不严。生于苗圃、田间、荒野、路旁等。

分布：中国各地有分布。广布欧亚大陆的温暖地区。各校区有分布。

景观应用：旱地常见杂草。

53. 狼尾草 *Pennisetum alopecuroides* (Linn.) Spreng.

狼尾草花期植株（徐正浩摄）

狼尾草植株（徐正浩摄）

中文异名：狼茅
英文名：green bristlegrass
分类地位：禾本科（Gramineae）狼尾草属（*Pennisetum* Rich.）
形态学鉴别特征：多年生草本。株高30~100cm。须根粗壮，质硬。茎直立，丛生，径1~2mm，花序以下密生柔毛。叶片线形，长15~40cm，宽3~8mm，质地较硬，常内向折叠，先端长渐尖，基部生疣毛，基部常与鞘口同宽，叶面及边缘粗糙，叶背近平滑。叶鞘除鞘口附近的边缘常有细毛之外，光滑无毛，两侧扁压，主脉呈脊，基部者呈跨生状，茎上部者长于节间。叶舌短，长0.5mm，上缘具长2.5mm的纤毛。圆锥花序圆柱形，直立或稍弯，长5~20cm，径1~2cm（刚毛除外）。主轴粗壮而硬，有棱和槽，密生近平贴的柔毛。总梗稍粗壮，长2~3mm，密生灰白色柔毛，基部有关节，总梗常自关节处断落。刚毛多数，表面向上粗糙，长短不等，最短者仅3mm，最长者达28mm，粗细不一，粗者为细者的2倍，绿色，常带暗紫色。小穗单生，偶见孪生，披针形，长6~9mm。颖草质。第1颖微小或缺，卵形，脉不明显。第2颖长卵状披针形，长3.5mm，具3~5条脉，边缘膜质。第1外稃草质，与小穗等长，卵状披针形，具7~9条脉，边缘常包卷着第2朵小花。第2外稃与小穗等长，卵状披针形或舟形，具7~9条脉，中下部近软骨质，边缘包着同质同形的内稃。颖果长圆形，灰褐色至近棕色。
生物学特性：花果期8—10月。生于山坡、荒地、路旁、草地、田边、沟旁等。
分布：中国东北、华北、华东、西南等地有分布。日本、印度、朝鲜、缅甸、巴基斯坦、越南、菲律宾、马来西亚及大洋洲、非洲也有分布。各校区有分布。
景观应用：地被景观植物。

54. 野古草 *Arundinella anomala* Steud.

中文异名：野枯草、硬骨草、马牙草
分类地位：禾本科（Gramineae）野古草属（*Arundinella* Raddi）
形态学鉴别特征：多年生草本。株高60~100cm。根状茎横走。茎直立，坚硬，径2~4mm。叶片长15~30cm，宽1.5~3mm。扁平或边缘内卷。无毛或两面密生疣毛。叶鞘有毛或无。圆锥花序开展或紧缩，长10~30cm。分枝及小穗柄粗糙。小穗长3.5~5mm，灰绿色或略呈深紫色。颖卵状披针形，具3~5条隆起脉，脉粗糙。第1颖长为小穗的1/2~2/3。第2颖与小穗等长或比小穗稍

野古草花序（徐正浩摄）

野古草植株（徐正浩摄）

短。第1外稃具3~5条脉，内稃较短。第2外稃披针形，长2.5~3.5mm，稍粗糙，具不明显5条脉，无芒或先端具芒状小尖头，基盘两侧及腹面被柔毛。内稃稍短。颖果长2~3mm。

生物学特性：花果期8—11月。生于山坡草地及林缘。

分布：除青海、新疆、西藏外，中国广泛分布。俄罗斯东部、朝鲜、日本及中南半岛也有分布。之江校区有分布。

景观应用：山地或旱地地被植物。

55. 沟叶结缕草 *Zoysia matrella* (Linn.) Merr.

中文异名：台北草、菲律宾草

英文名：Manila templegrass, siglap grass, temple grass, Mascarene grass, Japanese carpet

分类地位：禾本科（Gramineae）结缕草属（*Zoysia* Willd.）

形态学鉴别特征：多年生草本。株高12~20cm。根茎横走，须根细弱。茎直立，基部节间短，每节具1至数个分枝。叶质硬，内卷，上部具沟，无毛，长达3cm，宽1~2mm，先端尖锐。叶鞘长于节间，鞘口具长柔毛，其余无毛。叶舌短而不明显，顶端撕裂为短柔毛。总状花序细柱形，长2~3cm，宽2mm。小穗柄长1.5mm，紧贴穗轴。小穗长2~3mm，宽1mm，卵状披针形，黄褐色或略带紫褐色。第1颖退化。第2颖革质，具3~5条脉，沿中脉两侧扁。外稃膜质，长2~2.5mm，宽1mm。花药长1.5mm。颖果长卵形，棕褐色。

沟叶结缕草花果期植株（徐正浩摄）

生物学特性：花果期7—10月。生于海岸沙地、草地、湿地等。

分布：中国台湾、广东、海南有分布。亚洲其他国家和大洋洲的热带地区也有分布。各校区有栽培，或逸生为杂草。

景观应用：草坪地被植物。

56. 芒 *Miscanthus sinensis* Anderss.

中文异名：芭茅

英文名：Chinese silvergrass, Japanese silvergrass, eulalia grass, maiden grass, pampas grass, plume grass, zebra grass

分类地位：禾本科（Gramineae）芒属（*Miscanthus* Anderss.）

形态学鉴别特征：多年生草本。株高1~2m。根系发达。茎粗壮，节下常被白粉。叶片长而扁平或内卷，边缘有细齿，长20~60cm，宽5~15mm，无毛或下面疏生柔毛，被白粉。叶鞘长于节间，上部边缘有毛，其余光滑无毛。叶舌钝圆，长1~2mm，先端具小纤毛。圆锥花序大，顶生，扇形，长15~40cm，主穗轴无毛或被短毛，最长仅延伸至中部以下。总状花序强壮而直立，每节具1个短柄小穗和1个长柄小穗。小穗披针形，长4.5~5mm，基盘有白色至深黄色的丝状毛，毛稍短于小穗或与小穗等长。小穗柄无毛，顶端膨大，短柄长1.5~3mm，长柄向外开展，长4~6mm。第1颖先端渐尖，具3条脉。第2颖舟形，先端渐尖，边缘具小纤毛。第1外稃长圆状披针形，先端钝，稍短于颖。第2外稃较窄，较颖短1/3，先端具2

芒茎叶（徐正浩摄）

芒花序（徐正浩摄）

芒圆锥花序（徐正浩摄）

芒花期植株（徐正浩摄）

个齿，齿间有1条长8~10mm的芒，显著膝曲扭转。内稃微小，长为外稃的1/2。颖果长椭圆形，具丝状毛。

生物学特性：花果期7—11月。喜湿润，也耐干旱，对温度要求不严。在酸性黄壤、黄棕壤上生长良好，能适应多种土壤类型，具有很强的适应性和再生能力。生于山坡、丘陵、河滩、溪边、荒野等。

分布：几遍中国。俄罗斯、朝鲜、日本、菲律宾、印度尼西亚等也有分布。各校区有分布。

景观应用：为河滩、湿地的景观植物。

57. 荻 *Triarrhena sacchariflora* (Maxim.) Nakai

中文异名：红刚芦、红柴
英文名：Amur silver grass, silver banner grass, silver plume grass
分类地位：禾本科（Gramineae）荻属（*Triarrhena* Nakai.）
形态学鉴别特征：多年生草本。株高50~150m。根状茎发达，细根多。地下茎粗壮，被鳞片。茎直立，无毛，具多个节，节有长须毛，径0.5~2cm。叶片线形，长10~60cm，宽4~12mm，除上面基部密生柔毛外，其余均无毛，主脉明显。叶鞘有毛或无毛，下部的长于节间。叶舌长0.5~1mm，先端钝圆，有1圈纤毛。圆锥花序扇形，长20~30cm，主轴无毛，仅在总状花序腋间有短毛。每节具1个短柄和1个长柄小穗。小穗草黄色，成熟后带褐色，无芒，藏于白色丝状毛内，基盘上的白色丝状毛长于小穗2倍。第1颖两脊间具1条脉或无脉，顶端膜质长渐尖，边缘和背部具长柔毛。第2颖舟形，稍短于第1颖，上部有1个脊，脊缘有丝状毛，边缘透明膜质，有纤毛。第1外稃披针形，较颖稍短，先端尖，具小纤毛和3条脉。第2外稃为颖长的3/4，先端尖，具小纤毛，无芒，稀具1条微小的短芒，有1条不明显的脉。内稃卵形，长为外稃的1/2，先端不规则齿裂，具长纤毛。雄蕊3枚，花药长2~2.5mm。颖果长圆形。

荻花序（徐正浩摄）

荻圆锥花序（徐正浩摄）

生物学特性：花果期8—10月。耐瘠薄土壤。生于山坡、山谷、荒野、滩地、沟边、湿地、路旁等。常形成优势植物群落。

分布：中国东北、西北、华北及华东等地有分布。俄罗斯、日本、朝鲜等也有分

荻植株（徐正浩摄）

荻优势群体（徐正浩摄）

布。在北美洲为归化种。各校区有分布。

景观应用：湿地和旱地景观地被植物。

🌿 58. 白茅 *Imperata cylindrica* (Linn.) Beauv.

中文异名：茅草、茅针、茅根、丝茅

英文名：cogongrass, lalang grass, pantropical weed

分类地位：禾本科（Gramineae）白茅属（*Imperata* Cyr.）

形态学鉴别特征：多年生草本。株高25~70cm。根茎密生鳞片。茎丛生，直立，具2~3个节，节上具长4~10mm的柔毛。叶片线形或线状披针形，扁平，长5~60cm，宽2~8mm，先端渐尖，基部渐狭，背面及边缘粗糙，主脉在背面明显突出，渐向基部变粗而质硬。叶鞘无毛，老时在基部常破碎成纤维状，或上部、边缘和鞘口有纤毛。叶舌膜质，长1mm。圆锥花序圆柱状，长5~20cm，宽1.5~3cm，分枝短缩密集，基部有时疏松或间断。小穗披针形或长圆形，长3~4mm，基部密生长10~15mm的丝状柔毛。第1颖狭，具3~4条脉。第2颖宽，具4~6条脉。第1外稃卵状长圆形，长1.5mm，先端钝。第2外稃披针形，长1.2mm，先端尖。内稃长1.2mm，宽1.5mm，雄蕊2枚，花药黄色，长3mm。柱头2个，黑紫色。带稃颖果基部密生长7.8~12mm的白色丝状柔毛。种子细小，长0.5~1.5mm。

白茅花序（徐正浩摄）

生物学特性：花果期7—9月。抗逆性强，喜光，耐阴，耐瘠薄，耐旱，喜湿润疏松土壤，根状茎能穿透树根，断节再生能力强。生于路旁、田边、旷野草丛。

分布：中国各地有分布。亚洲其他国家、东非及大洋洲也有分布。各校区有分布。

白茅果期植株（徐正浩摄）

白茅花期群体（徐正浩摄）

景观应用：地被植物。

🌿 59. 斑茅 *Saccharum arundinaceum* Retz.

英文名：reedlike sweetcane root

分类地位：禾本科（Gramineae）甘蔗属（*Saccharum* Linn.）

形态学鉴别特征：多年生草本。株高2~4m。根茎粗壮，被鳞片。茎直立，径2cm，无毛，具多个节，节具长须毛。叶片互生，线状披针形，长60~150cm，宽2~2.5cm，上面基部密生柔毛，下面无毛，边缘小刺状粗糙。叶鞘无毛或有毛，下部的长于节间，上部的短于节间。叶舌长1~2mm，先端截平，具小纤毛。圆锥花序顶生，大型，长30~60cm，主轴无毛，穗轴节间长3~6mm，具长纤毛。小穗披针形，长3.5~4mm，基盘具短柔毛。颖纸质。第1颖先端渐尖，具2脊，背部具长柔毛。第2颖舟形，先端渐尖，上部边缘具小纤毛，背面具长柔毛或无毛。第1外稃长圆状披针形，较颖稍短，先端尖，具1条脉，上部边缘具小纤毛。第2外稃披针形，较颖短1/4，先端具小尖头。内稃长圆形，长为外稃的1/2~2/3。雄蕊3枚。花柱长，羽毛状。颖果离生，长圆形。种子长1.5~2mm，胚长为颖果的1/2。

斑茅花序（沈国军摄）

斑茅花期植株（徐正浩摄）

生物学特性：花果期5—11月。生于山坡和河岸草地及村落附近。

分布：中国华东、华南、西南及陕西等地有分布。印度等也有分布。紫金港校区、西溪校区、玉泉校区、之江校区有分布。

景观应用：景观地被植物。

60. 金茅 *Eulalia speciosa* (Debeaux) Kuntze

金茅茎叶（徐正浩摄）

分类地位：禾本科（Gramineae）黄金茅属（*Eulalia* Kunth）

形态学鉴别特征：多年生草本。株高60~120cm。须根粗壮。茎直立，径0.5~1.5cm，无毛或紧接花序之下部分有白色柔毛，具节。叶片长披针形，扁平或边缘内卷，质硬，长25~50cm，宽4~8mm，上面被白粉。下部叶鞘长于节间，上部叶鞘短于节间，基部叶鞘密生棕黄色绒毛。叶舌截平，长0.5~1mm。总状花序5~8个，长7~15cm，淡黄棕色至棕色。穗轴节间长3~4mm，具白色或淡黄色纤毛。小穗长圆形，长4~5mm，基盘具毛，柔毛长0.8~1.5mm。第1颖先端稍钝，背部微凹，具2个脊，脊间具2条脉，脉在先端不呈网状汇合，中部以下常被淡黄色长柔毛。第2颖舟形，先端稍钝，具3条脉，脊两旁具柔毛，上部边缘具纤毛。第1外稃长圆状披针形，几与颖等长，上部边缘具微小纤毛，内稃缺。第2外稃较狭，长2~3mm，芒长1.2~1.5cm。内稃卵状长圆形，长1.5~2mm。雄蕊3枚。花药

金茅花序（徐正浩摄）

金茅生境植株（徐正浩摄）

长3~3.5mm。颖果长圆形。

生物学特性：花果期5—11月。生于山坡、河岸草地及村落附近。

分布：中国华东、华中、华南、西南、华北及陕西南部等地有分布。朝鲜、印度也有分布。紫金港校区、玉泉校区、之江校区有分布。

景观应用：景观地被植物。

61. 柔枝莠竹 *Microstegium vimineum* (Trin.) A. Camus

英文名：Nepalese browntop

分类地位：禾本科（Gramineae）莠竹属（*Microstegium* Nees）

形态学鉴别特征：一年生草本。株高45~80cm。须根粗而稀。秆下部匍匐地面，节生根，无毛。叶片长4~8cm，宽5~8mm，先端渐尖，基部窄。叶鞘短于节间，鞘口具柔毛。叶舌平截，长0.5mm，背面生毛。总状花序2~6个，

长5cm，近指状排列于长5~6mm的主轴，总状花序轴节间稍短于小穗，较粗扁，生微毛，边缘疏生纤毛。无柄小穗长4~4.5mm，基盘具短毛或无毛。第1颖披针形，背部有沟，贴生微毛，先端具网状横脉，沿脊锯齿状粗糙，内折边缘具丝状毛，先端尖或具2个齿。第2颖先端渐尖，无芒。雄蕊3枚，花药长1~1.5mm。

生物学特性：花果期9—11月。生于林下阴湿处、草丛、沟边等。
分布：中国华东、中南、西南、华北等地有分布。日本、朝鲜、菲律宾、印度、缅甸等也有分布。紫金港校区、之江校区有分布。
景观应用：地被植物。

柔枝莠竹总状花序（徐正浩摄）

柔枝莠竹植株（徐正浩摄）

柔枝莠竹优势群体（徐正浩摄）

62. 矛叶荩草 *Arthraxon lanceolatus* (Roxb.) Hochst.

中文异名：茅叶荩草、钩齿荩草、柔叶荩草
英文名：cogongrass's leaflike hairy jointgrass, cogongrass's leaflike small carpgrass
分类地位：禾本科（Gramineae）荩草属（*Arthraxon* Beauv.）

形态学鉴别特征：多年生草本。株高45~60cm。须根系。茎坚硬，直立或基部横卧，常分枝，具3~7个节，节上易长气生根。叶片披针形至卵状披针形，长2~7cm，宽4~12mm，先端渐尖，基部心形，抱茎，常具疣基柔毛，边缘常具疣基纤毛。叶鞘短于节间，无毛或有短疣毛。叶舌长0.5~1mm，具纤毛。总状花序2个至数个，呈指状排列于茎顶，稀单生。穗轴节间具白色纤毛。无柄小穗长圆状披针形，长6~7mm。第1颖淡绿色或顶端带紫色，背部光滑或具小瘤点状粗糙，

矛叶荩草茎叶（徐正浩摄）

矛叶荩草花果期植株（徐正浩摄）

矛叶荩草成株（徐正浩摄）

矛叶荩草植株（徐正浩摄）

边缘具锯齿状疣基钩毛。第2颖与第1颖等长，质较薄。第1外稃透明膜质，长圆形，长2~2.5mm。第2外稃透明膜质，长3~4mm，背面近基部具1膝曲的芒，芒长1.2~1.4cm。雄蕊3枚，花药黄色，长2.5~3mm。有柄小穗雄性，长4.5~5.5mm。第1颖草质，具6~7条脉，其脊与钩毛均不如无柄小穗明显。第2颖质较薄，与第1颖等长，具3条脉，边缘内折成2脊。外稃与内稃均透明膜质，长为颖的1/2，无芒。花药黄色，长2~2.5mm。颖果短圆柱状。种子长2.5~3mm。

生物学特性：花果期7—11月。生于山坡、沟边、旷野阴湿处等。

分布：中国华东、华北、华中、西南及陕西等地有分布。印度至埃塞俄比亚和中南半岛等也有分布。紫金港校区、之江校区有分布。

景观应用：地被植物。

63. 荩草 *Arthraxon hispidus* (Thunb.) Makino

中文异名：黄草

英文名：hairy jointgrass, small carpgrass

分类地位：禾本科（Gramineae）荩草属（*Arthraxon* Beauv.）

形态学鉴别特征：一年生草本。株高20~40cm。须根系。茎细弱无毛，基部倾斜，具多个节，节着地易生根，常多分枝。叶片卵状披针形，长2~4cm，宽5~15mm，基部心形抱茎，下部边缘生纤毛。叶鞘短于节间，有短硬疣毛。叶舌膜质，长0.5~1mm，边缘具纤毛。总状花序细弱，长1.5~4.5cm，2~10个呈指状排列或簇生于茎顶。穗轴节间无毛，长为小穗的2/3~3/4。小穗成对生于各节。有柄小穗退化，仅存短柄或退化殆尽。无柄小穗卵状披针形，长4~4.5mm，灰绿色或带紫色。第1颖边缘带膜质，有7~9条脉，脉上粗糙，先端钝。第2颖近膜质，与第1颖等长，侧脉不明显，先端尖。第1外稃先端尖，长为第1颖的2/3。第2外稃与第1外稃等长，基部较硬，芒长6~9mm，中部膝曲，下部扭转。雄蕊2枚，花药长0.7~1.2mm。颖果长圆形，棕黄色。

荩草花序（徐正浩摄）

生物学特性：种子繁殖。花果期8—11月。生于山坡低湿地、耕地、田埂、沟边、路旁、湿地等。通常群集生长。

分布：中国各地有分布。广布欧亚大陆的温暖地区。华家池校区、紫金港校区、玉泉校区、之江校区有分布。

荩草花果期植株（徐正浩摄）

荩草成株（徐正浩摄）

景观应用：地被植物。

64. 橘草 *Cymbopogon goeringii* (Steud.) A. Camus

中文异名：五香草

英文名：herb of goering lemongrass

分类地位：禾本科（Gramineae）香茅属（*Cymbopogon* Spreng.）

形态学鉴别特征：多年生草本。株高60~100cm。须根粗而稀。茎丛生，具3~5个节，节下被白粉或微毛。叶片线形，长15~40cm，宽3~5mm，先端长渐尖成丝状。叶鞘无毛，下部者聚集秆基，老后外卷，上部者均短于节间。叶舌长0.5~3mm，两侧有三角形耳状物并下延为叶鞘边缘膜质部分，叶颈常被微毛。圆锥花序长15~30cm，窄，具

 橘草花序（徐正浩摄）  橘草植株（徐正浩摄）

1~2回分枝。佛焰苞长1.5~2cm，宽2mm，带紫色。总梗长5~10mm。总状花序长1.5~2cm，反折。花序轴节间与小穗柄长2~3.5mm，先端杯形，边缘被长1~2mm的柔毛。无柄小穗长圆状披针形，长5.5mm，中部宽1.5mm。第1颖背部扁平，下部稍窄，稍凹陷，上部具宽翼，翼缘密锯齿状。第2外稃长3mm，芒长12mm，中部膝曲。有柄小穗长4~5.5mm，花序上部的较短，披针形。第1颖背部较圆，具7~9条脉，上部侧脉与翼缘微粗糙，具纤毛。颖果长圆状披针形。胚大型，为果体长的1/2。

生物学特性：花果期8—11月。生于山坡、草地、林缘等。

分布：中国华东、华南、华北、西南等地有分布。日本、朝鲜、越南、老挝、柬埔寨也有分布。之江校区有分布。

景观应用：林地、旱地地被植物。

65. 扁秆荆三棱 *Bolboschoenus planiculmis* (F. Schmidt) T. V. Egorova

中文异名：扁秆藨草、海三棱、紧穗三棱草、野荆三棱
英文名：flatstalk bulrush
分类地位：莎草科（Cyperaceae）藨草属（*Bolboschoenus*（Asch.）Palla）
形态学鉴别特征：多年生草本。株高30~90cm。具匍匐根状茎和块茎。茎较细，三棱柱形，平滑，基部膨大，接近花序部分粗糙。叶基生或茎生，线形，扁平，宽2~5mm，基部具长叶鞘。叶状苞片1~3片，长于花序，边缘粗糙。聚伞花序头状，具小穗1~6个。小穗卵形或长圆卵形，长10~16mm，褐锈色，具多数花。鳞片长圆形或椭圆形，长6~8mm，膜质，褐色或深褐色，疏被柔毛，背面有1条稍宽的中脉，先端有撕裂状缺刻，具芒。下位刚毛4~6条，有倒刺，长为小坚果的1/2~2/3。雄蕊3枚，花隔突出。花柱长，柱头2个。小坚果倒卵形或广倒卵形，长3~3.5mm，两侧扁压微凹，或稍凸。种子浅褐色。

 扁秆荆三棱地下块茎（龚罕军摄）

生物学特性：花果期5—9月。生于沼泽地、稻田、河岸浅水区、低洼湿地等。

分布：中国东北、华北及内蒙古、江苏、浙江、云南、新疆等地有分布。欧洲、中亚、西亚及蒙古、朝鲜、日本等也有分布。舟山校区有分布。

景观应用：浅水域及湿地地被植物。

 扁秆荆三棱植株（龚罕军摄）  扁秆荆三棱花果期植株（龚罕军摄）

66. 百穗薹草 *Scirpus ternatanus* Reinw. ex Miq.

百穗薹草花序（沈国军摄）

中文异名：百球薹草、百穗莎草、大莞草
分类地位：莎草科（Cyperaceae）薹草属（*Scirpus* Linn.）
形态学鉴别特征：多年生草本。株高60~100cm。根状茎粗壮。茎粗壮，三棱形，有节，具秆生叶。叶片坚硬，革质，扁平，常长于秆，宽10~15mm，边缘稍粗糙，下部叶鞘黑紫色，稍有光泽。叶状苞片5~6片，下面3~4片长于花序。长侧枝聚伞花序复出或多次复出，具5个至多个辐射枝。辐射枝粗壮，平滑，长可达9cm。小穗无柄，4~10个聚合为头状着生于辐射枝顶端，卵形、椭圆形或长圆形，顶端圆，长3~8mm，径2mm，具多数花。鳞片排列紧密，宽卵球形，顶端钝或近于圆形，膜质，长1mm，棕色，背面具1条中肋，淡棕色。下位刚毛2~3条，较小坚果稍长，直立，中部以上有稀疏刺。柱头2个。小坚果椭圆形，倒卵形或近于圆形，双凸状，长不及1mm，淡黄色。
生物学特性：花果期5—8月。生于山坡路旁、溪沟边等潮湿处。
分布：中国华东、华中、华南、西南等地有分布。日本等也有分布。华家池校区有分布。
景观应用：水域草本植物。

67. 水葱 *Schoenoplectus tabernaemontani* (C. C. Gmelin) Palla

水葱花序（徐正浩摄）

水葱植株（徐正浩摄）

中文异名：莞蒲、葱蒲、莞草
英文名：tabernaemontanus bulrush, great bulrush, soft-stem bulrush
分类地位：莎草科（Cyperaceae）水葱属（*Schoenoplectus*（Rchb.）Palla）
形态学鉴别特征：多年生草本。株高1~2m。根状茎匍匐，粗壮，须根多。茎直立，单生，粗壮，圆柱形，径5~12mm，平滑。叶片线形，长1.5~11cm。叶鞘位于茎基部，一般3~4个，长可达38cm，管状，膜质，仅最上部的1个具叶片。苞片1片，为秆的延长，直立，钻状，常短于花序，极少数稍长于花序。花序长，侧枝聚伞形，简单或复生，假侧生，具4~13条长短不等的辐射枝。辐射枝长可达5cm，一面凸，一面凹，边缘有锯齿，每枝有1~3个小穗。小穗单生或2~3个簇生于辐射枝顶端，长圆形或卵形，顶端急尖或钝圆，长5~10mm，具多数花。鳞片椭圆形或宽卵形，膜质，长3mm，先端稍凹，具短尖，棕色或紫褐色，基部色淡，背面有铁锈色小突起，具1条脉，边缘具缘毛。下位刚毛6条，长2mm，红棕色，有倒刺。雄蕊3枚，花隔突出。花柱中等长。柱头2个，稀3个，长于花柱。小坚果倒卵形或广倒卵形，褐色，双凸状，少有三棱形。种子长1~2mm。
生物学特性：花果期6—9月。生于沼泽地、湖边、池塘浅水区、湿地和稻田等。
分布：中国东北、华北、华东、华中、华南、西南等地有分布。朝鲜、日本及美洲、大洋洲也有分布。紫金港校区、华家池校区、西溪校区、玉泉校区有分布。
景观应用：湿地和田间水生植物。对镉有很高的耐性。对五氯酚具有富集作用。

68. 三棱水葱 *Schoenoplectus triqueter* (Linn.) Palla

中文异名：藨草
英文名：triangular club-rush
分类地位：莎草科（Cyperaceae）水葱属（*Schoenoplectus*（Rchb.）Palla）
形态学鉴别特征：多年生草本。株高20~90cm。匍匐根状茎细长，径1~5mm，干时呈红棕色。茎秆散生，粗壮，三棱形，基部具2~3鞘，鞘膜质。叶扁平，长1.3~8cm，宽1.5~2mm。苞片三棱形，长1.5~7cm。简单长侧枝聚伞花序假侧生，有1~8个辐射枝。辐射枝三棱形，粗糙，长达5cm。小穗1~8个簇生辐射枝顶端，卵形或长圆形，长6~14mm，宽3~7mm，具多花。鳞片长圆形、椭圆形或宽卵形，长3~4mm，膜质，黄棕色，具1条脉，边缘疏生缘毛。下位刚毛3~5条，与小坚果等长或比小坚果稍长，生倒刺。花柱短，柱头2个，细长。小坚果倒卵形，平凸状，长2~3mm，成熟时褐色，具光泽。
生物学特性：花果期5—9月。生于水沟、水塘、江边、沼泽地等。
分布：除广东、海南外，中国广泛分布。欧洲及印度、朝鲜、日本等也有分布。紫金港校区有分布。
景观应用：湿地杂草。

三棱水葱植株（徐正浩摄）

69. 牛毛毡 *Heleocharis yokoscensis* (Franch. et Sav.) Tang et Wang

中文异名：松毛蔺、牛毛草、绒毛头
英文名：needle spikesedge
分类地位：莎草科（Cyperaceae）荸荠属（*Heleocharis* R. Br.）
形态学鉴别特征：多年生草本。株高2~12cm。具白色纤细匍匐茎，节上生须根和枝。植株直立，密丛生，细如牛毛，密集如毡。叶退化成鳞片状。茎基部2~3cm处具膜质叶鞘，管状，淡红色。小穗单一顶生，卵形，长2~4mm，稍扁平，全部鳞片内有花。鳞片膜质，下部鳞片近于2列，卵形或卵状披针形，长1.5~2mm，先端急尖，背面具绿色的龙骨状突起，具1条脉，两侧紫色，边缘无色透明。下位刚毛1~4条，长为小坚果的2倍，褐色，具粗硬倒刺。柱头3个。花柱基稍膨大，呈圆锥形，与果顶连接处收缩。小坚果长圆状倒卵形，长1.8mm，无棱，淡黄色或苍白色，有细密整齐横向长圆形的网纹，花柱基短尖状。种子长1~2mm。
生物学特性：花果期7—9月。5—6月越冬根茎和种子相继萌发出土，夏季开花结实，8—9月种子成熟。生于田边、河滩、湿地浅水、池塘边潮湿处。
分布：几遍中国。朝鲜、日本、俄罗斯、印度、印度尼西亚、缅甸、菲律宾、越南等也有分布。华家池校区、紫金港校区有分布。
景观应用：浅水域地被植物。

牛毛毡植株（徐正浩摄）

牛毛毡群体（徐正浩摄）

70. 野荸荠 *Heleocharis plantagineiformis* Tang et F. T. Wang

野荸荠花序（徐正浩摄）

野荸荠植株（徐正浩摄）

英文名：wild water chestnut
分类地位：莎草科（Cyperaceae）荸荠属（*Heleocharis* R. Br.）
形态学鉴别特征：多年生草本。株高30~100cm。具细长的匍匐根状茎，端部膨大生成球状或扁球状块茎，球茎顶部生有数个突出的长2~6mm的芽。茎多数，丛生，直立，圆柱状，径4~7mm，灰绿色，中有横隔膜，干后茎的表面现有节。无叶片。只在茎的基部有2~3个叶鞘，鞘膜质，紫红色或微红色或深、淡褐色或麦秆黄色，光滑，无毛，鞘口斜，顶端急尖。小穗圆柱状，长1.5~4.5cm，径4~5mm，微绿色，顶端钝，有多数花。在小穗基部有2片、少有1片不育鳞片，各抱小穗基部1周，其余鳞片全有花，紧密覆瓦状排列，宽长圆形，顶端圆形，长5mm，苍白微绿色，有稠密的红棕色细点，中脉1条。下位刚毛7~8条，较小坚果长，有倒刺。柱头3个。花柱基从宽的基部向上渐狭，呈等腰三角形，扁，不为海绵质。小坚果宽倒卵形，扁双凸状，黄色，平滑，表面呈四至六角形，顶端不缢缩。种子长2~2.5mm，宽1.7mm。
生物学特性：花果期7—10月。种子发芽率低，田间实生苗少见。生于稻田、沼泽地、湿地等。
分布：中国华东、华南、西南等地有分布。日本、朝鲜及中亚、欧洲等也有分布。华家池校区、紫金港校区有分布。
景观应用：浅水域及湿地地被植物。

71. 水虱草 *Fimbristylis miliacea* (Linn.) Vahl

中文异名：水虱草、扁机草、扁头草、扁排草
英文名：agor, globe fringerush, grass-like fimbry, grasslike fimbristylis, hoorahgrass
分类地位：莎草科（Cyperaceae）飘拂草属（*Fimbristylis* Vahl）
形态学鉴别特征：一年生草本。株高10~60cm。根状茎缺。须根系。茎丛生，扁四棱形，具纵槽，基部包着1~3个无叶片的鞘。叶片剑形，长于或短于茎或与茎等长，先端刚毛状，基部宽1.5~2mm，边缘有稀疏的细齿。叶鞘侧扁，背面呈锐龙骨状，边缘膜质、锈色，鞘口斜裂。无叶舌。苞片2~4片，刚毛状，基部较宽，具锈色、膜质的边，较花序短。聚伞花序复出或多次复出，辐射枝3~6个。小穗单生于辐射枝顶端，球形或近球形，长1.5~5mm，宽1.5~2mm。鳞片膜质，卵形，长1mm，先端钝，栗色，具白色狭边，背面龙骨状突起，具3条脉，中脉绿色，沿侧脉处深褐色。雄蕊2枚，花药长圆形，顶端钝，长为花丝的1/2。花柱三棱形，基部稍膨大，无缘毛。柱头3个。小坚果倒卵状，长1mm，具3条钝棱，麦秆黄色，具疣状突起和横裂圆形网纹。

水虱草花序（徐正浩摄）

水虱草生境植株（徐正浩摄）

生物学特性：花果期7—10

月。生于田边、湖边、溪边草丛、潮湿沼泽地、稻田、湿地等。

分布：除东北、西北外，中国广泛分布。日本、朝鲜及亚洲南部和东南部、大洋洲等也有分布。紫金港校区、华家池校区、玉泉校区有分布。

景观应用：浅水域及湿地地被植物。

72. 两歧飘拂草 *Fimbristylis dichotoma* (Linn.) Vahl

分类地位：莎草科（Cyperaceae）飘拂草属（*Fimbristylis* Vahl）

形态学鉴别特征：一年生草本。株高15~50cm。须根。茎丛生，无毛或被疏柔毛。叶片线形，略短于秆或与秆等长，宽1~2.5mm，被柔毛或无。鞘革质，上端近平截，膜质部分较宽，浅棕色。苞片3~4条，叶状。长侧枝聚伞花序复出，稀简单。小穗单生于辐射枝顶端，卵形、椭圆形或长圆形，长4~12mm，宽2.5mm，具多花。鳞片卵形、长圆状卵形或长圆形，长2~2.5mm，褐色，脉3~5条，具短尖。雄蕊1~2枚，花丝较短。花柱扁平，长于雄蕊，上部有缘毛，柱头2个。小坚果宽倒卵形，双凸状，长1mm，纵肋7~9条，网纹近似横长圆形，无疣状突起，柄褐色。

生物学特性：花果期7—10月。生于路边、沟边、田边湿地等。

分布：除西北外，中国广泛分布。日本、朝鲜及大洋洲、非洲也有分布。紫金港校区有分布。

景观应用：湿地植物。

两歧飘拂草花序（徐正浩摄）

两歧飘拂草植株（徐正浩摄）

73. 复序飘拂草 *Fimbristylis bisumbellata* (Forsk.) Bubani

中文异名：大畦畔飘拂草

分类地位：莎草科（Cyperaceae）飘拂草属（*Fimbristylis* Vahl）

形态学鉴别特征：一年生草本。株高4~20cm。具须根，无根状茎。植株密丛生，较细弱，扁三棱形，平滑，基部具少数叶。叶片短于秆，宽0.7~1.5mm，平展，顶端边缘具小刺，有时背面被疏硬毛。叶鞘短，黄绿色，具锈色斑纹，被白色长柔毛。苞片叶状，2~5条，近直立，下面的1~2条较长，其余短于花序，线形，长侧枝聚伞花序复出或多次复出，疏散。辐射枝4~10个，纤细，长达4cm。小穗单生于第1次或第2次辐射枝顶端，长圆状卵形、卵形或长圆形，长2~7mm，宽1~1.8mm，花10~20朵。鳞片稍紧密螺旋状排列，膜质，宽卵形，棕色，长1.2~2mm，龙骨状突起绿色，具3条脉。雄蕊1~2枚，花药长圆状披针形，药隔稍突出。花柱长而扁，无毛，具缘毛，柱头2个。小坚果宽倒卵形，双凸状，长0.8mm，黄白色，柄极短，具横的长圆形网纹。

生物学特性：花果期6—10月。生于草丛、田边、荒地等。

复序飘拂草花序（徐正浩摄）

复序飘拂草植株（徐正浩摄）

分布：中国华东、华中、华南、西南等地有分布。日本、印度及非洲也有分布。紫金港校区有分布。
景观应用：湿地植物。

74. 夏飘拂草 *Fimbristylis aestivalis* (Retz.) Vahl

夏飘拂草植株（徐正浩摄）

分类地位：莎草科（Cyperaceae）飘拂草属（*Fimbristylis* Vahl）
形态学鉴别特征：一年生草本。株高5~15cm。根状茎缺。具须根。茎密丛生，纤细，扁三棱形，平滑，基部具少数叶。叶基生，丝状，短于杆，宽0.5~1mm，扁平或边缘稍内卷。叶鞘短，棕色，外面被长柔毛。苞片叶状，3~5条，丝状，被疏硬毛。聚伞花序复出，疏散。小穗单生，卵形、长圆状卵形或披针形，具棱角，长2.5~5mm，宽1~1.5mm，具多数花。鳞片膜质，卵形或长圆形，长0.5~1mm，先端圆，具短尖，红棕色，背面具绿色龙骨状突起，具3条棱。雄蕊1枚。药隔突出，红色。花柱长，扁平，基部膨大，上部具缘毛。柱头2个，极短。小坚果双凸状倒卵形，长0.4~0.6mm，黄色，基部无柄，表面近于光滑或具极不明显六角形网纹。
生物学特性：花果期5—10月。生于草丛、田边、荒地等。
分布：中国华东、华中、华南、西南等地有分布。印度、尼泊尔及大洋洲等也有分布。各校区有分布。
景观应用：湿地或旱地地被植物。

75. 香附子 *Cyperus rotundus* Linn.

中文异名：莎草、香头草
英文名：nutgrass flatsedge, nut grass, coco-grass, Java grass, purple nut sedge, red nut sedge
分类地位：莎草科（Cyperaceae）莎草属（*Cyperus* Linn.）
形态学鉴别特征：多年生草本。株高15~60cm。根系纤维状。根状茎匍匐，细长，在地表可形成椭圆形的基生球茎或块茎，产生芽、根和根状茎。根状茎也可形成地下块茎，贮存淀粉，能产生根状茎和新植株。茎锐三棱形，散生直立。叶丛生于茎基部，比茎短，窄线形，宽2~5mm，先端尖，全缘，具平行脉，主脉于背面隆起，质硬。叶鞘棕色，老时常裂成纤维状。苞片叶状，3~5片，通常长于花序。聚伞花序简单或复出，有3~6个开展的辐射枝，辐射枝末端穗状花序有小穗3~10个。小穗斜展开，线状披针形，长1~3cm，宽1.5~2mm，压扁，具花10~30朵。小穗轴有白色透明宽翅。鳞片密覆瓦状排列，卵形或长圆状卵形，长2~3mm，膜质，先端钝，中间绿色，两侧紫红色或红棕色，具5~7条脉。雄蕊3枚，花药线形，暗血红色，药隔突出于花药顶端。花柱细长，柱头3个，伸出鳞片外。小坚果三棱状长圆形，表面灰褐色，具细点，果脐圆形至长圆形，黄色。

香附子花序（徐正浩摄）

香附子植株（徐正浩摄）

生物学特性：花果期5—10月。实生苗发生期较晚，当年只长叶不抽茎。喜潮湿，怕水淹。生于荒地、路边、沟边、旱地等。
分布：广布于世界各地。各校区有分布。
景观应用：旱地及湿地地被植物。

76. 头状穗莎草 *Cyperus glomeratus* Linn.

中文异名：聚穗莎草、球形莎草
英文名：glomerate galingale
分类地位：莎草科（Cyperaceae）莎草属（*Cyperus* Linn.）
形态学鉴别特征：一年生杂草。株高40~80cm。根状茎短，须根多。茎粗壮，散生，钝三棱形，光滑，基部稍膨大。叶片线形，短于茎，宽4~8mm，先端狭尖，边缘不粗糙。叶鞘长，红棕色。花序顶生，叶状苞片3~4片，长于花序，边缘粗糙。聚伞花序复出，有3~8个辐射枝，辐射枝长短不等，最长可达12cm。穗状花序无总花梗，近圆形、椭圆形或长圆形，长1~3cm，宽6~15mm。小穗多数，排列紧密。小穗线状披针形或线形，稍扁平，长5~10mm，宽1.5~2mm，有花8~16朵。小穗轴有白色透明的翅。鳞片排列疏松，膜质，近长圆形，长2mm，棕红色，先端钝，背部无龙骨状突起，边缘内卷，脉不明显。雄蕊小，花药长圆形，暗血红色，药隔突出。花柱长，柱头3个，较短。小坚果长圆状三棱形，灰褐色，有明显的网纹。
生物学特性：花期6—8月，果期8—10月。生于河岸、湖边、水沟、路旁草丛中。
分布：中国南北均有分布。朝鲜、日本、印度及欧洲等也有分布。紫金港校区有分布。
景观应用：浅水域及湿地地被植物。可用于污染环境修复。

头状穗莎草花序（徐正浩摄）

头状穗莎草植株（徐正浩摄）

77. 碎米莎草 *Cyperus iria* Linn.

中文异名：三方草
英文名：grasshopper's cyperus, ricefield flatsedge, umbrella sedge
分类地位：莎草科（Cyperaceae）莎草属（*Cyperus* Linn.）
形态学鉴别特征：一年生草本。株高10~60cm。须根系。无根状茎。茎丛生，扁三棱形。叶基生，短于秆，宽2~5mm，平展或折合。叶鞘红棕色。叶状苞片3~5片，下面2片常长于花序。聚伞花序复出，少为简单，具4~9个辐射枝，辐射枝最长达12cm，每个辐射枝具5~10个穗状花序，或更多。穗状花序卵形或长圆状卵形，长1~4cm，具5~22个小穗。小穗排列松散，斜展开，长圆形、披针形或线状披针形，扁压，长4~10mm，宽2mm，具6~22朵花。小穗轴上近于无翅。鳞片排列疏松，膜质，宽倒卵形，长1.5mm，顶端微缺，具短尖，不突出于鳞片的顶端，背面具龙骨状突

碎米莎草植株1（徐正浩摄）

碎米莎草植株2（徐正浩摄）

起，具3~5条脉，两侧呈黄色或麦秆黄色，上端具白色透明的边。雄蕊3枚，花丝着生在环形的胼胝体上，花药短，椭圆形，药隔不突出于花药顶端。花柱短，柱头3个。小坚果倒卵形或椭圆形，三棱状，与鳞片等长，褐色，具密的微突起细点。

生物学特性：花果期6—10月。生于山坡、路旁、旱地、稻田、田边、沟边、湿地等。

分布：几遍中国。俄罗斯、澳大利亚及东南亚、非洲北部、美洲等也有分布。各校区有分布。

景观应用：湿地草本植物。

🍃 78. 阿穆尔莎草　*Cyperus amuricus* Maxim.

分类地位：莎草科（Cyperaceae）莎草属（*Cyperus* Linn.）

形态学鉴别特征：一年生草本。株高10~60cm。须根多数。茎丛生，稀单生，纤细，扁三棱形，平滑，基部具较多叶。叶基生，短于秆，宽2~4mm，扁平，边缘平滑。苞片3~5片，叶状，长于花序。聚伞花序3~8个辐射枝。穗状花序蒲扇形、宽卵形或长圆形，长1~2.5cm，5个至多个小穗。小穗排列疏松，斜展，后期平展，线形或线状披针形，长0.5~1.5cm，具8~20朵花，小穗轴具白色透明的翅，翅宿存。鳞片膜质，圆形或宽倒卵形，长0.5~1mm，先端短尖，背部龙骨状突起，中脉绿色，具5条脉，两侧紫红色或褐色，稍具光泽。雄蕊3枚。花药椭圆形，花隔突出，红色。花柱极短。柱头3个。小坚果倒卵形或长圆形，三棱形，与鳞片近等长，顶端短尖，黑褐色，具密的微突起细点。

生物学特性：花果期7—9月。生于山坡草丛、河岸沙地、沟边、湿地等。

分布：中国华东、华中、西南、东北、西北等地有分布。日本、朝鲜、俄罗斯等也有分布。各校区有分布。

景观应用：湿地草本植物。

阿穆尔莎草花序（徐正浩摄）

阿穆尔莎草植株（徐正浩摄）

🍃 79. 扁穗莎草　*Cyperus compressus* Linn.

英文名：flat ear sedge

分类地位：莎草科（Cyperaceae）莎草属（*Cyperus* Linn.）

形态学鉴别特征：丛生草本。株高5~25cm。须根系。茎稍纤细，丛生，锐三棱形，基部具较多叶。叶线形，短于茎，或与茎几等长，宽1.5~3mm，折合或平展，灰绿色。叶鞘紫褐色。苞片3~5片，叶状，长于花序。聚伞花序简单，具2~7个辐射枝，辐射枝最长达5cm。穗状花序近于头状。花序轴很短，具3~10个小穗。小穗排列紧密，斜展，线状披针形，长8~17mm，宽4mm，近于四棱形，具8~20朵花，小穗轴具狭翅。鳞片覆瓦状排列，紧密，稍厚，卵形，长3mm，顶端具稍长的芒，背

扁穗莎草花序（徐正浩摄）

扁穗莎草生境植株（徐正浩摄）

面具龙骨状突起，有9~13条脉，中间较宽部分为绿色，两侧苍白色或麦秆色，有时有锈色斑纹。雄蕊3枚，花药线形，药隔突出于花药顶端。花柱长，柱头3个，较短。小坚果三棱状倒卵形，长1mm，侧面凹陷，深棕色，表面具密的细点。

生物学特性：花果期6—10月。生于旷野、荒地、路边、沟旁等。

分布：中国华东、华中、华南、西南等地有分布。日本、越南、印度等也有分布。各校区有分布。

景观应用：湿地草本植物。

80. 异型莎草 *Cyperus difformis* Linn.

中文异名：球穗碱草、球穗莎草、咸草

英文名：difformed galingale, variable flatsedge, smallflower umbrella-sedge, small flower umbrella plant

分类地位：莎草科（Cyperaceae）莎草属（*Cyperus* Linn.）

形态学鉴别特征：一年生草本。株高5~50cm。须根系。茎丛生，扁三棱形，平滑。叶基生，条形，短于茎，宽2~5mm，平展或折合。叶正面中脉处具纵沟，背面突出成脊。叶鞘稍长，淡褐色，有时带紫色。苞片叶状，2~3片，长于花序。聚伞花序简单，少数为复出。穗状花序伞梗末端密集成头状，具多数小穗，径5~15mm。小穗密集，披针形，长2~5mm，具小花8~12朵。小穗轴无翅。鳞片排列疏松，膜质，近于扁圆形，顶端圆，长不及1mm，中间淡黄色，两侧深红紫色或栗色，边缘白色透明，具3条不很明显的脉。雄蕊2枚，稀1枚，花药椭圆形，药隔不突出于花药顶端。花柱短，柱头3个。小坚果三棱状倒卵形，几与鳞片等长，淡黄色，表面具微突起，顶端圆形。果脐位于基部，边缘隆起，白色。

异型莎草花序（徐正浩摄）

异型莎草群体（徐正浩摄）

生物学特性：花果期6—10月。籽实极多，成熟后即脱落，春季出苗。生于水田、水沟边等。

分布：中国大部分地区有分布。俄罗斯、日本、朝鲜、印度及非洲、中美洲等也有分布。各校区有分布。

景观应用：湿地草本植物。

81. 畦畔莎草 *Cyperus haspan* Linn.

分类地位：莎草科（Cyperaceae）莎草属（*Cyperus* Linn.）

形态学鉴别特征：多年生或一年生草本。株高15~50cm。须根系。茎丛生或散生，扁三棱形，平滑。叶片线形，短于茎，宽2~4mm，有时仅剩叶鞘，无叶片。苞片叶状，2片，短于花序。聚伞花序复出，有时简单。小穗2~6个，指状

畦畔莎草花序（徐正浩摄）

畦畔莎草群体（徐正浩摄）

排列，线形或线状披针形，长2~12mm，宽1~1.5mm，具6~16朵花。小穗轴无翅。鳞片覆瓦状排列，膜质，长圆状卵形，长1.5mm，先端具短尖，背面稍呈龙骨状突起，绿色，两侧紫红色或白色，具3条脉。雄蕊1~3枚，花药线状长圆形，顶端有白色刚毛状附属物。柱头3个。小坚果宽倒卵形，三棱状，0.5mm，淡黄色，具疣状小突起。

生物学特性：花果期7—10月。生于水田、水沟边潮湿处等。

分布：中国大部分地区有分布。东南亚、非洲等也有分布。紫金港校区有分布。

景观应用：浅水域草本植物。

82. 白鳞莎草　*Cyperus nipponicus* Franch. et Sav.

分类地位：莎草科（Cyperaceae）莎草属（*Cyperus* Linn.）

形态学鉴别特征：一年生草本。株高5~20cm。须根细长。茎密丛生，细弱，扁三棱形，平滑，基部具少数叶。叶通常短于秆或与秆等长，宽1.5~2mm，平张或折合。叶鞘短，膜质，淡红棕色或紫褐色。叶状苞片3~5条，较花序长。长侧枝聚伞花序头状，近圆球形，径1~2cm，有时辐射枝稍长，小穗多数密生。小穗无柄，披针形或卵状长圆形，扁平，长3~8mm，宽1.5~2mm，具8~30朵花。小穗轴具白色透明翅。鳞片稍疏覆瓦状排列，宽卵形，具小短尖，长2mm，膜质，中脉绿色，两侧白色透明，有时具疏的锈色短条纹，多脉。雄蕊2枚，花药线状长圆形。花柱长，柱头2个。小坚果椭圆形，平凸状或稍凹凸状，长为鳞片的1/2，黄棕色。

生物学特性：花果期7—10月。生于水边、湿地、溪边、滩地、路旁、田间、田埂等。

分布：中国华东、华中及河北等地有分布。日本、朝鲜等也有分布。各校区有分布。

景观应用：湿地及旱地草本植物。

白鳞莎草花序（徐正浩摄）

白鳞莎草植株（徐正浩摄）

83. 褐穗莎草　*Cyperus fuscus* Linn.

分类地位：莎草科（Cyperaceae）莎草属（*Cyperus* Linn.）

形态学鉴别特征：一年生或多年生草本。株高6~30cm。须根系。茎丛生，较细，扁锐三棱形，平滑，基部具少数叶。叶短于秆或与秆近等长，宽2~4mm，平展或折合，边缘不粗糙。叶鞘短。叶状苞片2~3片，长于花序。长侧枝聚伞花序复出或简单，第1次辐射枝3~5个，长达3cm，每辐射枝具1~5个第2次辐射枝。小穗5~10个密聚在辐射枝顶端，近头状，窄披针形或线形，长3~6mm，宽1.5mm，稍扁，具8~24朵花。小穗轴无翅。鳞片覆瓦状排列，膜质，宽卵形，先端钝圆，长1mm，背面中间黄绿色，两侧深紫褐色或褐色，3条脉不明显。雄蕊2枚，花药椭圆形，花柱短，柱头3个。

褐穗莎草植株1（徐正浩摄）

褐穗莎草植株2（徐正浩摄）

小坚果椭圆形，三棱形，长为鳞片的2/3，淡黄色。

生物学特性：花果期6—8月。生于稻田、旱地、河滩、湖边浅水、山谷湿草甸、沼泽、湿地、溪边草丛。

分布：中国东北、华北、西南、华中、华东、华南等地有分布。北非、北美洲、欧洲中南部等也有分布。各校区有分布。

景观应用：湿地和旱地草本植物。

84. 旋鳞莎草 *Cyperus michelianus* (Linn.) Link

中文异名：白莎草、护心草、旋颖莎草、头穗蔍草

英文名：herb of michel galingale

分类地位：莎草科（Cyperaceae）莎草属（*Cyperus* Linn.）

形态学鉴别特征：一年生草本。株高2~25cm。须根。茎密丛生，扁三棱形，平滑。叶长于或短于茎，线形，宽1~2.5mm，平展或有时对折，基部叶鞘紫红色。苞片3~6片，叶状，基部宽，较花序长很多。聚伞花序缩短成卵状球形，径5~15mm，具多数密集小穗。小穗卵形或披针形，长3~4mm，宽1.5mm，具10~20朵小花。鳞片螺旋状排列，膜质，长圆状披针形，长2mm，淡黄白色，稍透明，有时上部中间具黄褐色条纹，具3~5条脉，中脉呈龙骨状突起，绿色，延伸出顶端呈一短尖。雄蕊2枚，少1枚，花药长圆形。花柱长，柱头2个，少3个，通常具黄色乳头状突起。小坚果狭长圆形，三棱形，长为鳞片的1/3~1/2。

旋鳞莎草花序（徐正浩摄）

生物学特性：花果期6—10月。生于水边、湿地、路旁、田间、田埂等。

分布：中国东北、华北、华东、华中、西南等地有分布。日本、俄罗斯及欧洲中部、非洲北部也有分布。各校区有分布。

景观应用：湿地及旱地草本植物。

旋鳞莎草植株（徐正浩摄）

旋鳞莎草群体（徐正浩摄）

85. 水莎草 *Juncellus serotinus* (Rottb.) C. B. Clarke

中文异名：三棱草

英文名：late juncellus, Cyperus serotinus

分类地位：莎草科（Cyperaceae）水莎草属（*Juncellus*（Griseb.）C. B. Clarke）

形态学鉴别特征：多年生草本。株高30~90cm。根状茎长、匍匐。须根多数。茎单一，粗壮，扁三棱形，光滑，基部具叶。叶长线形，扁平，宽5~10mm，比茎短，先端狭尖，基部折合，全缘，上面平展，背面中脉明显，上部边缘稍粗糙。苞片3片，叶状，长于花序。聚伞花序复出，有4~7个辐射枝，最长达16cm，开展，每枝有1~4个穗状花序。穗

水莎草花序（徐正浩摄）

水莎草植株（徐正浩摄）

状花序有5~17个小穗，花序轴具棱角，被稀疏的短硬毛。小穗线状披针形，长5~12mm。鳞片宽卵形，长1.8~2mm，具多数脉，背面绿色，两侧淡红褐色，边缘白色透明。雄蕊3枚，花药线形，紫红色。花柱短，柱头2个，有红褐色半点。小坚果椭圆形，平凸状，具细点。种子长1~1.5mm，棕色。

生物学特性：花果期8—10月。生于河岸、沟边、田间、田埂、湿地等。

分布：中国各地有分布。日本、朝鲜、俄罗斯、印度等也有分布。各校区有分布。

景观应用：湿地和浅水域草本植物。

86. 红鳞扁莎 *Pycreus sanguinolentus* (Vahl) Nees

红鳞扁莎花序（徐正浩摄）

分类地位：莎草科（Cyperaceae）扁莎属（*Pycreus* P. Beauv.）

形态学鉴别特征：一年生草本。株高15~40cm。须根系。茎密丛生，高7~40cm，扁三棱形，平滑。叶常短于秆，稀长于秆，宽2~4mm，平张，边缘具细刺。鞘稍短，淡绿色，最下部叶鞘棕色。叶状苞片3~4片，近平展，长于花序。长侧枝聚伞花序简单，辐射枝3~5个，长达4.5cm，有的极短，4~10个小穗密聚成短穗状花序。小穗辐射展开，窄长圆形或长圆状披针形，长5~20mm，宽2.5~3mm，具6~24朵花。小穗轴直，四棱形，无翅。鳞片稍疏松覆瓦状排列，膜质，卵形，先端钝，长2mm，背面中间黄绿色，具3~5条脉，两侧麦秆黄色或褐黄色，具较宽微凹槽，边缘暗褐红色。雄蕊2~3枚，花药线形。花柱长，柱头2个，细长。小坚果宽倒卵形或长圆状倒卵形，双凸状，长为鳞片的1/2~3/5，成熟时黑色。

生物学特性：花果期8—10月。生于田边、沟边、湿地等。

分布：中国各地有分布。日本、朝鲜、俄罗斯、菲律宾、越南、印度尼西亚、印度及中亚、南欧、非洲等也有分布。各校区有分布。

景观应用：湿地和旱地草本植物。

87. 砖子苗 *Mariscus umbellatus* Vahl

分类地位：莎草科（Cyperaceae）砖子苗属（*Mariscus* Gaertn.）

形态学鉴别特征：多年生草本。株高20~50cm。具须根，根状茎短。茎疏丛生，锐三棱形，平滑，基部膨大。叶短于秆或稍长于秆，宽3~6mm，下部常折合，向上渐平展，边缘不粗糙，叶鞘褐色或红棕色。叶状苞片5~8片，长于花序。长侧枝聚伞花序简单，辐射枝5~12个，长达10cm。穗状花序圆筒形或长圆形，长10~25mm，宽6~10mm，密生多数小穗。小穗平展或稍俯垂，线状披针形，长3~5mm，宽0.7mm，具4~5片鳞片和1~2朵花。小穗轴具宽翅。鳞片

砖子苗花序（徐正浩摄）

砖子苗植株（徐正浩摄）

膜质，长圆形，先端钝，无短尖，长3mm，边缘常内卷，紧包小坚果，淡黄色或绿白色，具多条脉，中间3条脉稍粗，绿色。雄蕊3枚，花药线形。花柱短，柱头3个，细长。每小穗具1~2个坚果，小坚果窄长圆形，三棱形，长为鳞片的2/3，初麦秆黄色，具微突起细点。

生物学特性：花果期3—8月。生于沟边、湿地、草丛、山坡等。

分布：中国华东、华中、华南、西南等地有分布。日本、朝鲜、菲律宾、越南、缅甸、马来西亚、印度尼西亚、尼泊尔、印度及美洲、大洋洲等也有分布。舟山校区有分布。

景观应用：湿地和旱地草本植物。

88. 莎草砖子苗 *Mariscus cyperinus* Vahl

分类地位：莎草科（Cyperaceae）砖子苗属（*Mariscus* Gaertn.）

形态学鉴别特征：多年生草本。株高15~70cm。具须根，根状茎短。茎散生，稍粗壮，锐三棱形，平滑，基部叶多数。叶短于秆，宽5~7mm，下部常折合，向上渐平展，边缘粗糙。叶鞘紫红色。苞片6~10片，叶状长于或稍短于花序。长侧枝聚伞花序简单，辐射枝6~10个，长达4.5cm，穗状花序生于辐射枝顶端，宽圆筒形或宽长圆形，长12~18mm，小穗多数，紧密排列，近于直立或斜展，窄披针形，长4~6.5mm，宽1mm，具4~7片鳞片和2~3朵花。小穗轴具宽翅。鳞片紧贴，椭圆形，先端钝或急尖，长3.5mm，背面稍龙骨状突起，绿色，两侧灰绿色或麦秆黄色，具淡褐色短条纹，具多条脉，中间3条脉较粗。雄蕊3枚，花药线形。柱头3个。小坚果窄长圆形，三棱形，稍弯，长为鳞片的2/3，栗色，密被微突起细点。

生物学特性：花果期7—9月。生于路边草丛。

分布：中国华东、华南、西南等地有分布。日本、菲律宾、越南、缅甸、印度尼西亚、印度等也有分布。各校区有分布。

莎草砖子苗花序（徐正浩摄）

莎草砖子苗植株（徐正浩摄）

景观应用：湿地和旱地草本植物。

89. 短叶水蜈蚣 *Kyllinga brevifolia* Rottb.

中文异名：水蜈蚣、金钮草、水金钗、散寒草

英文名：green kyllinga, shortleaf spikesedge

分类地位：莎草科（Cyperaceae）水蜈蚣属（*Kyllinga* Rottb.）

形态学鉴别特征：多年生具茎草本。株高10~40cm。须根系。匍匐根状茎带紫色。茎散生，纤细，秃净，扁三棱形，下部具叶。叶质软，长于茎或与茎等长。狭线形，长3~10cm，宽1.5~3mm，末端渐尖，下部带紫色，鞘状，前缘和背面上部中脉上稍粗糙，最下1~2片为无叶片的叶鞘。叶鞘淡紫红色，鞘口斜形。苞片3片，叶状，开展。穗状花序单一，近球形或卵状球形，淡绿色，径4~7mm。小穗多数，稠密。小穗基部具关节，长椭圆形或长圆状披针形，长3mm，宽1mm，先端稍钝，具1朵两性花。成熟后全穗脱落。鳞片卵形，膜质，长2.8~3mm，下面的鳞片短于上面的鳞片，淡绿色，具5~7条脉，先端由中肋延伸成外弯的

短叶水蜈蚣花序（徐正浩摄）

突尖，背面龙骨状突起，具数个白色透明的刺，两侧常具锈色斑点。雄蕊3枚，花药线形。花柱细长，柱头2个。小坚果倒卵状长圆形，扁双凸状，长1mm，表面具微突起的细点。种子褐色。

生物学特性：花果期6—10月。生于沟边、路旁、水田及旷野湿地等。

分布：中国大部分地区有分布。日本、菲律宾、越南、缅甸、马来西亚、印度尼西亚及大洋洲、非洲、美洲等也有分布。各校区有分布。

景观应用：湿地、草坪等区块的常见草本植物。

短叶水蜈蚣植株（徐正浩摄）

90. 穹隆薹草 *Carex gibba* Wahlenb.

分类地位：莎草科（Cyperaceae）薹草属（*Carex* Linn.）

形态学鉴别特征：多年生草本。株高20~60cm。根状茎短，木质。茎丛生，径1.5mm，直立，三棱形，基部老叶鞘褐色、纤维状。叶长于或等长于秆，宽3~4mm，柔软。苞片叶状，长于花序。小穗卵形或长圆形，长0.5~1.2mm，宽3~5mm，雌雄顺序，花密生。穗状花序上部小穗较接近，下部小穗疏离，基部1小穗有分枝，长3~8mm。雌花鳞片圆卵形或倒卵状圆形，长1.8~2mm，两侧白色膜质，中间绿色，具3条脉，先端芒长0.7~1mm。果囊宽卵形或倒卵形，平凸状，长3.2~3.5mm，宽2mm，膜质，淡绿色，平滑，无脉，边缘具翅，上部边缘具不规则细齿，喙短、扁，喙口具2个齿。小坚果紧包于果囊中，近圆形，平凸状，长2.2mm，宽1.5mm，淡绿色。花柱基部增粗，圆锥状，柱头3个。

生物学特性：花果期4—5月。生于山坡路旁、田边、地边草丛、湿地等。

分布：中国华东、华中、东北、西南及陕西等地有分布。紫金港校区、华家池校区、玉泉校区有分布。

景观应用：旱地和湿地草本植物。

穹隆薹草花序（徐正浩摄）

穹隆薹草植株（徐正浩摄）

91. 书带薹草 *Carex rochebrunii* Franch. et Sav.

分类地位：莎草科（Cyperaceae）薹草属（*Carex* Linn.）

形态学鉴别特征：多年生草本。株高30~50cm。根状茎短，粗壮，木质。茎丛生，纤细，三棱形，平滑，中部以下具叶，基部具无叶叶鞘，褐色或淡褐色。叶长于秆，线形，宽1.5~2mm，下垂。苞片叶状，下部的2~3片长于花序，上部的刚毛状。穗状花序间断。小穗6~10个，疏生，长圆形，长8~15mm，宽3~4mm。基部小穗疏离，上部小穗接近。雌花鳞片卵状披针形，长2~2.5mm，先端渐尖，中间绿色，两侧白色，膜质，具1条脉。果囊较鳞片长，卵状披针形，平凸状，长3~3.5mm，淡绿色，背面具脉，腹面脉纹不清晰，边缘有狭翅，翅缘粗糙，基部渐狭，具短柄，顶端渐狭成长喙，喙口具2个小齿。花柱基部增大。柱头2个。小坚果长圆形，长1~1.5mm。

生物学特性：花果期5—6月。生于林下、路旁、湿地等。

分布：中国华东、华中、西南、西北等地有分布。紫金港校区、华家池校区、玉泉校区有分布。

景观应用：湿地和旱地草本植物。可用作花境植物。

书带薹草花序（徐正浩摄）

书带薹草植株（徐正浩摄）

92. 中华薹草 *Carex chinensis* Retz.

分类地位：莎草科（Cyperaceae）薹草属（*Carex* Linn.）

形态学鉴别特征：多年生草本。株高20~55cm。根状茎短，斜生，木质。茎丛生，纤细，钝三棱形，老叶鞘褐棕色，纤维状。叶线形，长于秆，宽3~9mm，边缘粗糙，淡绿色，革质。苞片短叶状，具长鞘，鞘扩大。小穗4~5个，疏离。顶生者为雄性，窄圆柱形，长2.5~4.2cm，小穗柄长2.5~3.5cm。侧生小穗雌性，顶端和基部常具几朵雄花，花稍密，柄直立，纤细。雌花鳞片长圆状披针形，先端平截，有时微凹或渐尖，淡白色，3条脉绿色，具粗糙长芒。果囊长于鳞片，斜展，菱形或倒卵形，长3~4mm，膜质，黄绿色，疏被短柔毛，具多条脉，基部渐窄成柄，喙中等长，喙口具2个齿。小坚果紧包于果囊中，三棱形，棱面凹陷，喙短，喙顶端环状。花柱基部膨大，柱头3个。

生物学特性：花果期4—6月。生于山坡、路旁、林下草丛、溪沟旁。

分布：中国华东、华南、西南等地有分布。紫金港校区有分布。

中华薹草花序（张宏伟摄）

中华薹草植株（张宏伟摄）

景观应用：湿地和旱地草本植物。可用作花境植物。

93. 乳突薹草 *Carex maximowiczii* Miq.

分类地位：莎草科（Cyperaceae）薹草属（*Carex* Linn.）

形态学鉴别特征：多年生草本。株高30~75cm。根状茎短，稀匍匐。茎丛生，锐三棱形，稍坚硬，基部叶鞘褐色或红褐色，无叶片，纤维状。叶短于或近等长于秆，宽3~4mm，平展或边缘反卷。基部的苞片叶状，长于小穗，上部的苞片

乳突薹草植株1（徐正浩摄）

乳突薹草植株2（徐正浩摄）

刚毛状或鳞片状。小穗2~3个，顶生1个雄性，窄圆柱形，长2~4cm，具柄。侧生小穗雌性，长圆形，长2.5~3cm，宽8~9mm。小穗柄纤细，基部的长1.5~2cm，下垂，上部的柄较短，直立或下垂。雌花鳞片长圆状披针形，具短芒尖，长4~4.5mm，红褐色，中间绿色，具3条脉。果囊宽倒卵形或宽卵形，双凸状，长4~4.2mm，红褐色，密生乳头状突起和红棕色树脂状小突起，近无脉，具短柄，喙短，喙口全缘。花柱长，柱头2个。小坚果疏松包于果囊中，扁圆形，褐色，长2~2.2mm。

生物学特性： 花果期4—5月。生于沟边、河岸、路边草丛。

分布： 中国东北、华东等地有分布。紫金港校区有分布。

景观应用： 湿地和旱地草本植物。可用作花境植物。

94. 青绿薹草 *Carex breviculmis* R. Br.

分类地位： 莎草科（Cyperaceae）薹草属（*Carex* Linn.）

形态学鉴别特征： 多年生草本。株高10~40cm。根状茎短缩，木质，茎丛生，纤细，三棱形，棱上粗糙，基部有纤维状细裂的褐色叶鞘。叶短于秆。线形，扁平，宽2~4mm，质硬，边缘粗糙。最下部的苞片叶状，较花序长，其余的刚毛状。小穗2~5个，直立，顶生者雄性，苍白色，棍棒状，长1.1~1.3cm，侧生者雌性，椭圆形或圆柱形，长达1.5cm，上部的接近雄小穗，最下部的疏远，具短柄。雌花鳞片长圆形、长圆状倒卵形，长2~2.5mm，先端截形或微凹，具突出的长芒，中间绿色，两侧绿白色或黄绿色，膜质，具3~4条脉。果囊长卵圆状三棱形，长2~3mm，黄绿色，具4~5脉，顶端聚尖成短喙，喙口微凹。柱头3个。小坚果紧包于果囊中，倒卵形，长1.5~1.7mm，具3条棱，顶端膨大成环状，花柱基尖塔形。

生物学特性： 花果期4—5月。生于沟边、河岸、路边草丛。

分布： 中国东北、华东等地有分布。各校区有分布。

景观应用： 湿地和旱地草本植物。

青绿薹草花序（徐正浩摄）

青绿薹草生境植株（徐正浩摄）

95. 节节草 *Equisetum ramosissimum* Desf.

中文异名： 木贼草、笔杆草

分类地位： 木贼科（Equisetaceae）木贼属（*Equisetum* Linn.）

节节草植株（徐正浩摄）

节节草群体（徐正浩摄）

形态学鉴别特征： 多年生草本。株高30~80cm。根茎黑褐色，根状茎横走，在节和根上疏生少数黄色长毛。茎直立，单生或丛生，地上茎灰绿色，基部分枝，中空，有脊6~20条，粗糙。叶轮生，退化连接成筒状鞘，似漏斗状，具棱。鞘口随棱纹分裂成长尖三角形的裂齿，齿短，外面中心部分及基部黑褐色，先端及缘渐成膜质，常脱落。孢子囊穗紧密，生于分枝的顶端，矩圆形，无柄，长0.5~2cm，有小尖头。孢子同型，具2条丝状弹丝，十字形着生，绕于孢子上。

生物学特性：孢子遇水弹开，以便繁殖。生于湿地、溪边、路旁、荒地、田边、果园、苗圃和庭院等。

分布：中国分布广泛。日本、朝鲜、韩国、印度、蒙古及非洲、欧洲、北美洲有分布。各校区有分布。

景观应用：旱地、湿地等生境的草本植物。根系对土壤中的铜具有较强的吸收和积累能力。

96. 芒萁 *Dicranopteris dichotoma* (Thunb.) Bernh.

中文异名：小里白、芒萁骨、芒萁、芒基、草芒、山芒、山蕨

英文名：fern, terreneous

分类地位：里白科（Gleicheniaceae）芒萁属（*Dicranopteris* Bernh.）

形态学鉴别特征：多年生草本。直立或蔓生，无限生长。株高40~120cm。根状茎横走，细长，褐棕色，密被深棕色节状毛。叶远生。叶柄圆柱形，褐禾秆色，有光泽，长度悬殊，为40~50cm，基部以上光滑。叶背多少呈灰白色或灰蓝色，幼时沿叶轴及叶脉有黄色绒毛，叶片长24~56cm，叶片疏生。叶轴1~2回或多回分叉，各回分叉的腋间有1个密被绒毛的休眠芽，密被柔毛，并有1对叶状苞片。第1回分叉处基部两侧有1对羽状深裂的阔披针形羽片。末回羽片披针形，长15~25cm，宽4~6cm，齿状羽裂几达羽轴。裂片条形，长3~5cm，宽4~5mm，顶端钝或微凹。孢子囊群小，圆形，生于每组侧脉的上侧小脉的中部，有孢子囊5~7个。

芒萁生境植株（徐正浩摄）

生物学特性：喜酸性土壤。生于茶果园、苗圃、坡地及马尾松林下，为酸性土指示植物，多分布于酸性土的丘陵山地。

分布：中国广泛分布于长江以南各地。日本、越南、印度也有分布。玉泉校区、之江校区有分布。

芒萁优势群体（徐正浩摄）

景观应用：林地和山坡地被植物。

97. 里白 *Diplopterygium glaucum* (Thunb. ex Houtt.) Nakai

分类地位：里白科（Gleicheniaceae）里白属（*Diplopterygium* Nakai）

形态学鉴别特征：多年生草本。直立。株高40~120cm。根状茎横走，被褐棕色宽披针形鳞片。叶纸质，羽片1对至多对，对生，卵状长圆形，长60~75cm，宽20~25cm，先端渐尖，基部略缩狭。叶2回羽裂。小羽片互生，平展，与羽轴几成直角，线状披针形，长10~13cm，宽1.5~2cm，先端渐尖，基部截形，1回羽裂。裂片互生，近平展，与小羽轴几成直角，披针形，长8~12mm，宽2~3mm，先端钝，全缘。侧脉2叉。叶面绿色，叶背灰绿色，叶边有棕色星状毛。叶柄长50~60cm，或更长，基部有鳞片，向上光滑。叶柄顶端有1个密被棕色鳞片的大顶芽，发育形成新羽片。孢子囊群圆形，着生于分叉侧脉的上侧1脉，由3~4个孢子囊组成。

里白植株（徐正浩摄）

生物学特性：适宜酸性土壤。生于林下、山坡等。

分布：中国华东、华中、华南、西南等地有分布。日本、印度也有分布。玉泉校区、之江校区有分布。

景观应用：林地、山坡和湿地草本植物。可用作花境植物。

98. 海金沙 *Lygodium japonicum* (Thunb.) Sw.

中文异名：铁蜈蚣、金砂截、罗网藤、铁线藤、蛤唤藤、左转藤
英文名：japanese climbing fern spore
分类地位：海金沙科（Lygodiaceae）海金沙属（*Lygodium* Sw.）
形态学鉴别特征：多年生攀缘草本。根茎细长，横走，黑褐色，密生有节的毛。茎无限生长。叶多数生于短枝两侧，短枝长3~8mm，顶端有被茸毛的休眠小芽。叶3回羽状，羽片多数。羽片异型，纸质，对生于叶轴的短枝两侧。叶和叶轴生有短毛。不育羽片三角形，长宽相等，10~12cm，2回羽状。小羽片掌状3裂。裂片短而宽，中间1片长3cm，宽6mm，边缘有浅锯齿。能育羽片卵状三角形，长与宽均为10~20cm。小羽片边缘生有流苏状的孢子囊穗，穗长2~5mm，排列稀疏，暗褐色。孢子囊生于小脉顶端，被由叶边外长出的1反折小瓣包裹，似囊群盖。孢子囊大，多少呈鸭梨形，横生短柄上，环带位于小头上，由几个厚壁细胞组成，以纵缝开裂。孢子表面有小疣。孢子四面体形，辐射对称，极面观为钝三角形，赤道面观为半圆形，具3裂缝，具周壁，周壁具瘤状或网状纹饰。
生物学特性：孢子期5—11月。生于路边及山坡灌草丛中。
分布：中国分布于长江以南，北达秦岭南坡。日本、朝鲜、越南、澳大利亚也有分布。各校区有分布。
景观应用：可供栽培观赏用。

海金沙孢子囊群（徐正浩摄）

海金沙生境植株（徐正浩摄）

99. 边缘鳞盖蕨 *Microlepia marginata* (Houtt.) C. Chr.

分类地位：姬蕨科（Dennstaedtiaceae）鳞盖蕨属（*Microlepia* Presl）
形态学鉴别特征：陆生中型植物。株高30~60cm。根状茎长，横走，密被锈色长柔毛。叶远生，柄长20~30cm，深禾秆色，几光滑。叶纸质，上面多少被毛，长圆状三角形，长达55cm，宽13~25cm，1回羽状。羽片20~25对，基部对生，远离，上部互生，近生，有短柄。羽片披针形，长10~15cm，宽1~1.8cm，基部不等，上侧稍呈耳状突起，下侧楔形，边缘缺刻状或浅裂，裂片三角形，偏斜，全缘或有少数齿牙。叶脉羽状。孢子囊群圆形，生于羽片边缘的小脉先端，每裂片着生1粒至数粒。囊群盖半杯状，多少被短硬毛。

边缘鳞盖蕨孢子叶（徐正浩摄）

边缘鳞盖蕨植株（徐正浩摄）

生物学特性：喜温暖、潮湿、疏松而富含腐殖质的土壤。生于林下、林缘、溪边等。
分布：中国长江以南各地有分布。越南、日本、尼泊尔、印度、斯里兰卡也有分布。各校区有分布。
景观应用：地被植物，适宜湿地、旱地、林下等生境。

100. 乌蕨 *Sphenomeris chinensis* (Linn.) Maxon

中文异名：乌韭、大叶金花草、小叶野鸡尾、细叶凤凰尾
分类地位：鳞始蕨科（Lindsaeaceae）乌蕨属（*Sphenomeris* Maxon）
形态学鉴别特征：陆生中型植物。株高30~50cm。根状茎短而横走，粗壮，密被赤褐色的钻状鳞片。叶近生或近簇生，坚挺，草质。叶柄长15~50cm，禾秆色至褐禾秆色，具光泽，上面有纵沟，基部被鳞片，向上光滑。叶披针形、卵状披针形或长圆状披针形，长20~80cm，宽10~20cm，先端渐尖或尾尖，基部不缩狭或缩狭，4回羽状。羽片15~25对，互生，具短柄，卵状披针形，长10~15cm，宽3~6cm，先端尾尖，基部楔形，近基部3回羽状。末回小羽片倒披针形或狭楔形，宽1.5~2mm，先端截形或圆截形，有不明显的小牙齿，基部楔形，下延。下部的末回小羽片常再分裂成具1~2条小脉的短裂片。叶脉明显，在小裂片上为2叉分枝。孢子囊群边缘着生，顶生于1~2条细脉上，每裂片上1~2粒。囊群盖灰棕色，革质，半杯形，近全缘或多少啮蚀，宿存。
生物学特性：可耐5℃低温。生于林缘、沟边、路旁、山坡、林下。
分布：中国长江以南、陕西南部等地有分布。亚洲其他国家也有分布。各校区有分布。
景观应用：地被植物。可用作边坡、立地等生境的地被景观植物。

乌蕨孢子叶（徐正浩摄）

乌蕨植株（徐正浩摄）

101. 蕨 *Pteridium aquilinum* (Linn.) Kuhn var. *latiusculum* (Desv.) Underw. ex Heller

中文异名：蕨菜、如意菜、狼萁、拳头菜
英文名：fern
分类地位：蕨科（Pteridiaceae）蕨属（*Pteridium* Scop.）
形态学鉴别特征：多年生草本。植株可达1m以上。根状茎长而粗，横生，表面被棕色茸毛，后渐脱落。叶远生，幼时拳卷，成熟后展开。叶柄长而粗壮，深禾秆色，基部黑褐色。轮廓三角形至广披针形。2~4回羽状复叶，长60~100cm，宽30~50cm，革质。羽片10~15对，近对生或互生，斜向上，具柄，基部1对最大，长25~45cm，宽12~20cm，卵形或卵状披针形，先端长渐尖或尾尖，基部近截形，2~3回深羽裂。小羽片10~15对，互生，斜展，有柄，卵形至长圆状披针形，先端长渐尖或尾尖，基部近截形，下部的较大，长达20cm，宽10cm，1回羽状或2回深羽裂。2回小羽片12~15对，互生，近平展，有短柄，卵状披针形至狭披针形，先端尾状，基部缩狭近平截，长5~10cm，宽1.2~1.5cm，1回深羽裂。裂片5~11对，互生，近平展，无柄，矩圆形，长0.5~1.5cm，宽3~4mm，先端圆钝，基部

蕨生境植株（徐正浩摄）

蕨植株（徐正浩摄）

稍狭。叶脉羽状，侧脉分叉，上凹下凸。叶面无毛，叶背沿主脉、各回羽轴有淡棕色或灰白色细长毛。孢子囊棕黄色，在小羽片或裂片背面边缘集生成线形孢子囊群，被囊群盖和叶缘背卷所形成的膜质假囊群盖双层遮盖。

生物学特性：春季从根状茎长出新株。生于林缘、坡地阳坡、茶园、果园及苗圃等地。

分布：中国广布。热带、亚热带及温带均有分布。各校区有分布。

102. 井栏边草 *Pteris multifida* Poir.

中文异名：凤尾草

分类地位：凤尾蕨科（Pteridaceae）凤尾蕨属（*Pteris* Linn.）

形态学鉴别特征：多年生常绿草本。株高30~80cm。根状茎短，直立，顶端密被栗褐色、线状钻形鳞片。叶簇生，具不育叶和孢子叶。叶柄细，黄褐色，具4条棱，光滑，上面有沟。叶椭圆至卵形，长20~45cm，宽15~25cm，1回羽状复叶，羽片常4~6对，仅基部有1对叶柄。羽片条形，宽3~7mm，顶端尖。不育叶侧生羽片2~4对，无柄，顶生羽片和上部羽片单一，线状披针形或披针形，长可达15cm，宽2~10mm，先端短尖或长渐尖，边缘有不整齐的锯齿，具软骨质的边，下部羽片常有1或2片斜卵形或长倒卵形的小羽片。能育叶侧生羽片4~6对，与顶生羽片同为线形，长达30cm，宽3~7mm，先端常渐尖，全缘。不育叶草质，能育叶坚纸质，两面无毛。叶轴禾秆色，两侧有由羽片的基部下延而成的翅。孢子囊群沿叶边呈线形排列。囊群盖线形，膜质，全缘。孢子棕黄色。

井栏边草孢子叶（徐正浩摄）

生物学特性：喜温暖湿润和半阴环境，为钙质土指示植物。生于竹林边、河谷、墙壁、井边、石缝和山地丘陵等。

分布：中国长江以南、河南南部等地有分布。日本、朝鲜、越南、菲律宾等也有分布。各校区有分布。

景观应用：具较高的观赏性，为砷超积累植物。

井栏边草植株（徐正浩摄）

井栏边草群体（徐正浩摄）

103. 半边旗 *Pteris semipinnata* Linn.

中文异名：半边梳、半边蕨

英文名：semi-pinnated brake

分类地位：凤尾蕨科（Pteridaceae）凤尾蕨属（*Pteris* Linn.）

形态学鉴别特征：陆生中型植物。株高30~90cm。根状茎长而横走，粗1~1.5cm，先端及叶柄基部被褐色披针形鳞片。叶簇生，近1型。叶柄长15~55cm，径1.5~3mm。叶轴、叶柄栗红色，光滑，具光泽。叶长圆披针形，长15~60cm，宽6~15cm，2回半边深裂。顶生羽片宽披针形至长三角形，长10~18cm，基宽3~10cm，先端尾状，篦齿状，深羽裂几达叶轴。裂片6~12对，对生，开展，镰刀状阔披针形，长2.5~5cm，向上渐短，宽6~10mm，先端短渐尖。侧生羽片4~7对，对生或近对生，开展，下部有短柄，向上无柄，半三角形而略呈镰刀状，长5~18cm，基宽

4~7cm，先端长尾头，基部偏斜，两侧极不对称，上侧仅有1条阔翅，宽3~6mm，不分裂或很少在基部有1片或少数短裂片，羽裂几达羽轴，裂片3~6片或更多，镰刀状披针形，基部1片最长，向上的逐渐变短，先端短尖或钝，基部下侧下延。

半边旗孢子囊（徐正浩摄）　　　　　半边旗植株（徐正浩摄）

不育裂片有尖锯齿，能育裂片仅顶端有1个尖刺或具2~3个尖锯齿。羽轴下面隆起，下部栗色，向上禾秆色，上面有纵沟，纵沟两旁有浅灰色啮蚀状、狭翅状边。侧脉明显，斜上，小脉通常达锯齿的基部。孢子囊群线形，沿能育羽片叶缘着生，顶部常不育。囊群盖线形，膜质，全缘。

生物学特性：喜相对干燥的环境。生于林下、林缘等。

分布：中国华东、华中、华南、西南等地有分布。东南亚分布广泛。之江校区有分布。

景观应用：地被植物。可用作林下或边坡等地被景观植物。

104. 金星蕨 *Parathelypteris glanduligera* (Kze.) Ching

中文异名：密腺金星蕨

分类地位：金星蕨科（Thelypteridaceae）金星蕨属（*Parathelypteris* Ching）

形态学鉴别特征：中型植物。株高30~60cm。根状茎长而横走，先端略被鳞片。叶近生，草质，干后草绿色或褐绿色。叶片披针形或宽披针形，长18~30cm，宽7~13cm，羽裂渐尖头。叶2回羽状深裂。羽片15对，披针形或线状披针形，长4~7cm，宽1~1.5cm，基部平截，羽裂几达羽轴，无柄。裂片15~20对或更多，长圆状披针形，长5~6mm，宽2mm，全缘。叶脉明显，侧脉单一，每裂片5~7对。羽片下面密被橙黄色腺体，无毛或疏被短毛，上面沿羽轴纵沟密被针状毛，沿叶脉偶有短毛，叶轴多少有短毛。叶柄长15~30cm，禾秆色，多少被毛或光滑。孢子囊群圆形，着生于侧脉近顶端，靠近叶边。囊群盖圆肾形，被灰白色刚毛。

生物学特性：喜温耐湿。生于平原、丘陵、山地林下、林缘、沟边、旱地边等。

分布：中国长江以南地区有分布。日本、朝鲜、越南、老挝等也有分布。玉泉校区、之江校区有分布。

景观应用：可用作地被景观植物。

金星蕨孢子囊（徐正浩摄）　　　　　金星蕨植株（徐正浩摄）

105. 狗脊 *Woodwardia japonica* (Linn. f.) Smith

中文异名：金毛狗脊、金狗脊

英文名：East Asian tree fern rhizome

分类地位：乌毛蕨科（Blechnaceae）狗脊属（*Woodwardia* Smith）

形态学鉴别特征：多年生树蕨。高2~3m。株高50~130cm。根状茎粗短，带木质，直立或斜生，被棕色或褐棕色

狗脊孢子囊群（徐正浩摄）

狗脊生境植株（徐正浩摄）

披针形大鳞片。叶簇生，叶柄粗壮，褐色，叶柄长20~50cm，基部密被金黄色长柔毛和黄色狭长披针形鳞片。叶片卵圆形，长30~80cm，宽20~30cm，先端渐尖并为深羽裂，基部不缩狭，2回羽裂。羽片7~13对，互生或近对生，近平展或斜向上，无柄，间隔2~6cm，披针形或线状披针形，长11~15cm，宽2.5~4.5cm，先端渐尖，基部近对称，边缘羽裂大1/2或较深。裂片近下部先出，三角形。

生物学特性：孢子繁殖。生于山脚沟边及林下阴处酸性土上。

分布：中国华南、西南、华东等地有分布。华家池校区、之江校区有分布。

景观应用：林下地被植物。

106. 贯众 *Cyrtomium fortunei* J. Smith

分类地位：鳞毛蕨科（Dryopteridaceae）贯众属（*Cyrtomium* Presl）

形态学鉴别特征：陆生中型植物。株高30~60cm。细根多数、发达。根状茎粗短，直立或斜生，密被阔卵形或披针形鳞片。叶簇生，叶柄长10~25cm，禾秆色，基部密被大鳞片，向上渐疏。叶片长圆状披针形或披针形，1回羽状，羽片10~20对，互生或近对生，有短柄。叶脉网状，每网眼有内藏小脉1~2条。孢子囊群圆形，着生于内藏小脉中部或近顶端。囊群盖圆盾形，质厚，全缘。

贯众茎叶（徐正浩摄）

贯众孢子叶（徐正浩摄）

贯众植株（徐正浩摄）

生物学特性：孢子繁殖。生于林下、山地丘陵。

分布：中国除台湾外长江以南有分布。日本、朝鲜也有分布。各校区有分布。

景观应用：地被植物。

107. 阔鳞鳞毛蕨 *Dryopteris championii* (Benth.) C. Chr.

分类地位：鳞毛蕨科（Dryopteridaceae）鳞毛蕨属（*Dryopteris* Adans.）

形态学鉴别特征：陆生中型植物。株高40~80cm。根状茎横卧或斜生。叶簇生，纸质，干后褐绿色。叶片卵状披针形，长24~60cm，宽20~30cm，羽裂渐尖头或长渐尖头，2~3回羽状。羽片10~15对，披针形或线状披针形。

基部羽片长10~20cm，宽3~6cm，有柄。小羽片8~13对，卵形或卵状披针形，长2~3cm，宽0.7~1cm，基部宽楔形或浅心形，顶端钝圆并具细尖齿，边缘羽状浅裂至羽状深裂。裂片圆钝头，顶端具尖齿，叶脉羽状，上面不显，下面可见，具短柄

阔鳞鳞毛蕨孢子囊群（徐正浩摄）

阔叶鳞毛蕨植株（徐正浩摄）

或无柄。叶轴密被具齿宽披针形鳞片，羽轴和主脉具棕色泡状鳞片。叶柄长30~40cm，禾秆色，连同叶轴密被具尖齿鳞片。孢子囊群大，在小羽片中脉两侧或裂片两侧各1行，位于中脉与边缘之间或略靠近边缘着生。囊群盖圆肾形，全缘。

生物学特性：陆生中型植物。生于林下、林缘、山坡、沟边、石坎和岩石缝隙等。
分布：中国华东、华中、华南、西南等地有分布。华家池校区、之江校区有分布。
景观应用：地被植物。

108. 肾蕨 *Nephrolepis auriculata* (Linn.) Trimen

中文异名：篦子草
分类地位：肾蕨科（Nephrolepidaceae）肾蕨属（*Nephrolepis* Schott）
形态学鉴别特征：株高40~70cm。根状茎直立，被蓬松的淡棕色的狭长钻形鳞片。具圆形块茎，径1~1.5cm，密被鳞片。细根多。叶簇生，叶柄长6~30cm，深禾秆色或褐禾秆色，密被淡棕色的线形鳞片。叶片披针形，1回羽状，互生，无柄。侧脉纤细，小脉伸达叶边外，顶端有1个纺锤形的水囊体。叶草质，两面无毛，也无鳞片，仅叶轴两侧被纤维状鳞片。孢子囊群着生于每组侧脉的上侧小脉顶端，沿中脉两侧各排成1行，囊群盖肾形。

肾蕨孢子囊（徐正浩摄）

生物学特性：喜光耐阴。生于低山丘陵的向阳生境或林下。
分布：广布世界热带、亚热带。华家池校区、之江校区有分布。
景观应用：用作景观植物。

肾蕨小羽片（徐正浩摄）

肾蕨植株（徐正浩摄）

109. 石韦 *Pyrrosia lingua* (Thunb.) Farwell

中文异名：石茶
英文名：tongue fern, Japanese felt fern
分类地位：水龙骨科（Polypodiaceae）石韦属（*Pyrrosia* Mirbel）
形态学鉴别特征：小型至中型附生或石生植物。株高10~25cm。根状茎长而横走，密被鳞片。鳞片披针形，长渐尖

石韦优势群体（徐正浩摄）

头，淡棕色，边缘有睫毛。叶疏生，近2型，干后革质。叶柄的长短与叶片大小变化很大。能育叶通常比不育叶长而褶皱，两者叶片比叶柄略长，稀等长。不育叶近长圆或长圆披针形，下部1/3处最宽，向上渐窄，渐尖头，基部楔形，宽1.5~5cm，长5~20cm，全缘。叶面灰绿色，近无毛，叶背淡棕或砖红色，被厚星状毛层。能育叶长于不育叶1/3，较其窄1/3~2/3。主脉下面稍隆起，上面不明显下凹，侧脉在下面隆起，小脉不明显。孢子囊群近椭圆形，在侧脉间排列成整齐的多行，布满整个叶片下面，或聚生于叶片的大上半部，初时为星状毛覆盖，呈淡棕色，熟后开裂外露，呈砖红色。

生物学特性：喜阴凉干燥的气候。附生于低海拔林下树干上，或稍干的岩石上。

分布：中国华东、华中、华南、西南等地有分布。日本、朝鲜、越南、印度也有分布。各校区有分布。

景观应用：附生植物或观赏植物。

110. 瓦韦 *Lepisorus thunbergianus* (Kaulf.) Ching

中文异名：剑丹、七星草、骨牌草、小叶骨牌草、七星剑、小舌头草

英文名：weeping fern

分类地位：水龙骨科（Polypodiaceae）瓦韦属（*Lepisorus*（J. Smith）Ching）

瓦韦孢子叶（徐正浩摄）

形态学鉴别特征：小型附生或石生植物。株高10~25cm。根茎粗壮，横生，柱状，外被须根及鳞片。鳞片黑褐色，钻状披针形，基部卵圆形，边缘有微齿。叶疏生或近生，有短柄，或几无柄，禾秆色，基部被鳞片。叶线状披针形，土黄色至绿色，长11~20cm，中部或中部以上最宽，宽0.5~1.5cm，先端短渐尖或锐尖，基部渐狭而下延，全缘。中脉两面隆起，小脉不明显。叶薄革质，下面沿中脉常有小鳞片，皱缩卷曲，沿两边向背面反卷。孢子囊群大，圆形，径2~3mm，10~20个，在叶背排列成2行，位于中脉与叶边之间，稍近叶边，彼此分开。隔丝褐棕色，边缘先波状。

生物学特性：耐贫瘠，阴湿更利于生长。附生于岩石或树干上。

分布：中国华东、华中、华南、西南等地有分布。日本、朝鲜也有分布。玉泉校区、之江校区有分布。

景观应用：景观植物。

瓦韦植株（徐正浩摄）

瓦韦优势群体（徐正浩摄）

111. 江南星蕨 *Microsorum fortunei* (T. Moore) Ching

中文异名：大叶骨牌草、七星剑、旋鸡尾、福氏星蕨、大星蕨

分类地位：水龙骨科（Polypodiaceae）星蕨属（*Microsorum* Link）

形态学鉴别特征：中型附生植物。株高30~80cm。根状茎长，横走，顶部被盾状鳞片，易脱落。鳞片棕色，卵形，

先端锐尖，基部圆形，全缘，筛孔较密。叶远生，厚纸质，线状披针形，长25~60cm，宽2.5~5cm，先端长渐尖，基部渐狭，下延成狭翅。叶全缘，有软骨质边。中脉明显隆起，侧脉不显，小脉网状，网眼有分叉的内藏小脉。叶下面淡绿色或灰绿色，两面无毛。叶柄长5~20cm，淡褐色。孢子囊群大，圆形，橙黄色，沿中脉两侧排成较整齐1行或有时为不规则2行，靠近中脉。无隔丝。

江南星蕨孢子囊群（徐正浩摄）

江南星蕨植株（徐正浩摄）

江南星蕨群体（张宏伟摄）

生物学特性：耐贫瘠，喜阴湿。生于林下湿润处，多数附生在岩石上。

分布：中国长江以南，向北至陕西南部有分布。日本、越南也有分布。之江校区有分布。

景观应用：观赏植物。

🌱 112. 苹 *Marsilea quadrifolia* Linn.

中文异名：四叶苹、田字苹、夜合草

分类地位：苹科（Marsileaceae）苹属（*Marsilea* Linn.）

形态学鉴别特征：多年生水生、沼生草本。根状茎横走，细长，埋于地下或伏地横生，常匍匐泥中，具节。节上生不定根和叶1片至数片，节下生须根数条。多数细根，幼时白色，渐变为黄棕色至黑褐色。叶柄自茎节生出，基部生单一或分叉的短柄。小叶4片，基部相连，着生于叶柄顶端。小叶倒三角形，先端弧形，全缘，无毛。叶脉扇形分叉，网状。孢子果卵圆形或椭圆状肾形，幼时有密毛，长3mm，通常2~3个簇生于长1.5cm的梗上，梗着生于叶柄基部或近叶柄基部的根状茎上。大孢子囊和小孢子囊同生在一个孢子果内，大孢子囊有1个大孢子，小孢子囊有多数小孢子。

生物学特性：以根茎及孢子繁殖。3月下旬至4月上旬从根茎处长出新叶，5—9月继续扩展或形成新的根芽和根茎，9—10月产生孢子囊，11月至翌年2月孢子成熟。生于池塘、水田、沟边。

分布：广布世界各地。华家池校区、紫金港校区有分布。

景观应用：稻田、湿地常见草本植物。

苹植株（徐正浩摄）

苹优势群体（徐正浩摄）

🌱 113. 槐叶苹 *Salvinia natans* (Linn.) All.

分类地位：槐叶苹科（Salviniaceae）槐叶苹属（*Salvinia* Adans.）

形态学鉴别特征：一年生小型漂浮水生植物。成株植株浮生水面。横走根茎节上生数根细根，根上有根毛。茎细

槐叶苹植株（徐正浩摄）

槐叶苹群体（徐正浩摄）

长横走，被褐色茸毛。叶2型，3叶轮生，1片细裂悬垂水中形成假根，2片漂浮于水面，在茎两侧紧密排列，形似槐叶。漂浮叶片长圆形至椭圆形，长8~15mm，先端圆钝，基部略呈心形，上面绿色，密被乳头状突起，突起处簇生粗短毛，下面灰褐色。孢子果球形或近球形，不开裂，簇生于沉水叶的基部。

生物学特性：喜温暖、光照充足的环境。生于水稻田、池塘及沟渠中。孢子繁殖，或以植株断裂进行营养繁殖。秋末冬初产生孢子果，翌年春季萌发。

分布：分布于北温带。紫金港校区、华家池校区有分布。

景观应用：水上漂浮植物。对汞、铜、镍和砷都有较好的清除效果。

114. 满江红 *Azolla imbricata* (Roxb.) Nakai

中文异名：红浮飘、红浮萍、紫藻、三角藻

分类地位：满江红科（Azollaceae）满江红属（*Azolla* Lam.）

形态学鉴别特征：一年生草本。漂浮植物。成株浮水生小型蕨类，植株卵状三角形，径1cm。根状茎横走，纤细，假二歧分枝，枝出自叶腋，数目与茎生叶几相等。不定根产生于茎的下侧，细长，悬垂于水中，多为单生，个别簇生，幼时绿色，老时褐色，并逐渐衰老而脱落。叶无柄，互生，覆瓦状排列，长1mm。每叶2裂，上裂片浮于水面，广卵形或近长方形，肉质，幼时绿色，秋冬时转为红紫色，下裂片沉在水中，透明膜质。孢子果在侧枝第1叶的叶腋间发生，其中大孢子果内有1个大孢子发育为雌配子体，小孢子果内的部分小孢子囊发育产生许多雌配子体。

生物学特性：孢子繁殖或营养繁殖。营养繁殖通过营养体的侧枝断离和主秆上次生侧芽的形成两种形式进行。常生于水田、池塘中。

满江红植株（徐正浩摄）

满江红群体（徐正浩摄）

分布：中国山东、河南以南有分布。朝鲜、日本也有分布。华家池校区有分布。

景观应用：水生漂浮植物。可用于地表水氮磷控制，用用防止水体富营养化的漂浮植物。

115. 三白草 *Saururus chinensis* (Lour.) Baill.

中文异名：三白草

英文名：Chinese lizardtail rhiaomeor herb, herb of purple Chinese lizardtail

分类地位：三白草科（Saururaceae）三白草属（*Saururus* Linn.）

形态学鉴别特征：多年生草本。株高30~80cm。根状茎粗壮，白色。茎直立，具纵长粗棱和沟槽，基部匍匐状，节上常生不定根。叶互生，厚纸质，密生腺点，阔卵形至卵状披针形，长4~15cm，宽2~6cm，先端渐尖或短渐尖，基部心状耳形，全缘，基出脉5条，两面无毛。叶柄长1~3cm，基部与托叶合生成鞘状，略抱茎。上部叶较小，位于花序下的2~3片叶常为乳白色花瓣状。总状花序生于茎顶，与叶对生。花序轴和花梗密被短毛。花小，两性，无花被，生于苞

三白草花期植株（徐正浩摄）

三白草植株（徐正浩摄）

片腋内。苞片卵圆形或近匙形，长1mm，边缘有细缘毛。雄蕊6枚，花丝与花药等长。雌蕊1枚，由4个近完全合生的心皮组成，柱头4个，向外卷曲。果实分裂为4个分果瓣，分果瓣近球形，表面多疣状突起，不开裂。种子球形。

生物学特性：地下茎繁殖。花期4—7月，果期7—9月。生于低湿沟边、水塘边、溪边及常年积水、腐殖质较多的沼泽地。

分布：中国华东、华中、华北、华南等地有分布。日本、越南和菲律宾也有分布。华家池校区、之江校区、玉泉校区有分布。

景观应用：湿地和浅水域景观植物。

116. 蕺菜 *Houttuynia cordata* Thunb.

中文异名：鱼腥草

英文名：lizard tail, chameleon plant, heartleaf, fishwort, bishop's weed

分类地位：三白草科（Saururaceae）蕺菜属（*Houttuynia* Thunb.）

形态学鉴别特征：多年生有腥臭草本植物。株高30~60cm。弦状根着生于地下茎节上，轮生，长3~6cm，根毛很少。地下根茎细长，匍匐蔓延繁殖，白色，圆形，粗0.4~0.6cm，节间长3.5~4.5cm，每节除着生根外还能萌发芽，每个芽均可萌发长成新的植株。茎上部直立，下部匍匐地面，有的带紫色，节上生根，无毛或疏毛。单叶互生。叶片心形或宽卵形，长4.8~7cm，宽4~6cm，先端渐尖，基部心形，全缘。叶面平展，光滑，深绿色，叶背紫红色，叶脉5~7条，呈放射状，略有柔毛。叶柄长1~3.5cm，基部鞘状抱茎，托叶下部与叶柄合成线状，短圆形。穗状花序着生于茎顶端，与叶对生，穗长1.5~2cm，花序柄长1.5~3cm。总苞片4片，白色或淡绿色，花瓣状。花小而密，两性，淡绿色，无花被。雄蕊3枚，长于子房，雌蕊由下部合生的3个心皮组成。蒴果顶端分离。种子多数，卵形，有条纹。

蕺菜花（徐正浩摄）

栽培逸生蕺菜（徐正浩摄）

生物学特性：以地下茎越冬，对温度适应范围广，气温在-5~0℃时地下茎一般不会冻死，在12℃时地下茎生长并可出苗，生长前期适温范围为16~20℃，成熟期适温范围为20~25℃。对土壤质地要求不严，以沙壤土、沙土为好，在黏土上也能生长。花期5—6月，果期10—11月。喜生于阴湿多水的环境，极耐水湿，常生于田埂、水边及阴湿的坡地上。

分布：中国华东、华中、华南、西南及陕西等地有分布。日本也有分布。华家池校区、玉泉校区、之江校区有分布。

景观应用：地被景观植物。

117. 葎草 *Humulus scandens* (Lour.) Merr.

中文异名：拉拉秧、拉拉藤、五爪龙、割人藤
英文名：Japanese hop herb
分类地位：桑科（Moraceae）葎草属（*Humulus* Linn.）

形态学鉴别特征：一年生或多年生缠绕草本。幼苗下胚轴发达，微带红色，上胚轴不发达。子叶条形，长2~3cm，无柄。根分枝明显，细根发达。茎蔓生，有分枝，具纵棱，长3~5m，粗3~4mm，茎、枝密生倒刺。叶纸质，对生，柄长5~20cm，密生倒刺。叶掌状深裂，3~7裂，裂片卵形或卵状披针形，基部心形，两面生粗糙刚毛，下面有黄色小油点，叶缘有粗锯齿。花单性，腋生，雌雄异株。雄花小，黄绿色，单1朵，排列成15~25cm的圆锥花序。萼5裂。花被片5片。雄蕊5枚。雌花排列成球状的穗状花序，腋生，由紫褐色且带点绿色的苞片所包被，苞片的背面有刺。每个苞片内有2片小苞片，每片小苞片内都有1朵雌花，小苞片卵状披针形，被有白刺毛和黄色小腺点。花被片退化为全缘的膜质片，紧包子房。子房单一，柱头2个，红褐色。聚花果绿色，近松球状。单个果为扁球状的瘦果，径4~6mm，黄褐色，有紫褐色斑纹，外包有覆瓦状宿存苞片。种子宽0.3~0.5cm。

生物学特性：花期7—8月，果期9—10月。抗逆性强，生境多样，耐瘠薄，耐干旱。匍匐茎生长蔓延迅速，常缠绕在农作物或者果树上。

分布：除新疆、青海外，中国广泛分布。朝鲜、日本也有分布。各校区有分布。

葎草花序（徐正浩摄）

葎草雌花序（徐正浩摄）

葎草植株（徐正浩摄）

118. 花点草 *Nanocnide japonica* Blume

中文异名：幼油草
分类地位：荨麻科（Urticaceae）花点草属（*Nanocnide* Blume）

形态学鉴别特征：多年生草本。株高10~20cm。根状茎短。茎直立，细弱，基部分枝，生有向上短伏毛。叶互生，三角形至扇形，长宽近相等，均为1~2.5cm。先端钝，基部宽楔形至截形，边缘有粗钝圆锯齿，上面疏生长柔毛和线状或点状的钟乳体，下面疏生短柔毛，基脉3出。叶柄长0.5~2mm，具柔毛。托叶斜卵形，长1~2mm。花单性，雌雄同

花点草花序（徐正浩摄）

花点草植株（徐正浩摄）

株，粉红色。雄花序生于枝梢叶腋，具细长总花梗，较叶长。雄花花被片5片，卵形，长1~1.5mm，先端及边缘有毛。雄蕊5枚，伸出花被之外。雌花序生于上部叶腋，密集成聚伞花序，总花梗极短。雌花花被片4片，披针形，不等大，先端有白色刺毛1条。子房卵形，柱头画笔状。瘦果卵形，有点状突起。

生物学特性：花期4月，果期5—6月。生于田边或山坡溪旁阴湿地。
分布：中国长江中下游等地有分布。日本也有分布。各校区有分布。
景观应用：草坪、旱耕地常见草本地被植物。

119. 透茎冷水花 *Pilea pumila* (Linn.) A. Gray

中文异名：直苎麻、肥肉草、冰糖草
分类地位：荨麻科（Urticaceae）冷水花属（*Pilea* Lindl.）
形态学鉴别特征：一年生草本。株高40~100cm。根肉质，具分枝。茎直立，常分枝，淡绿色，无毛，肉质，有时呈透明状。叶对生，菱状卵形或宽卵形，长2~10cm，宽1~7cm，先端渐尖，基部宽楔形，两面均有线状钟乳体，边缘于基部以上有粗锯齿。叶柄长1~4cm，相对叶柄不等长。托叶小，早落。基出脉3条。花雌雄同株、同序，有时异株。聚伞花序蝎尾状，有时呈簇生状，雄花被片2片，舟形，背面近先端有短角，雄蕊2枚，与花被对生。雌花被片3片，狭披针形，雌蕊1枚。瘦果扁卵形，褐色，光滑。

生物学特性：花期8—10月，果期9—11月。生于山坡、路旁、林下阴湿处。
分布：除新疆、青海、台湾外，中国广泛分布。俄罗斯、蒙古、朝鲜、日本及北美等也有分布。玉泉校区有分布。
景观应用：地被植物，可用作湿生地景观植物。

透茎冷水花花序（徐正浩摄）

透茎冷水花植株（徐正浩摄）

120. 苎麻 *Boehmeria nivea* (Linn.) Gaud.

中文异名：家苎麻、野麻、白叶苎麻
英文名：radix boehmeriae
分类地位：荨麻科（Urticaceae）苎麻属（*Boehmeria* Jacq.）
形态学鉴别特征：多年生宿根性半灌木状草本植物。株高50~120cm。根状茎横生，呈不规则圆柱形，略弯曲。茎直立，基部分枝，绿色，小枝、叶柄密生灰白色硬毛。叶互生，宽卵形或近圆形，长5~15cm，宽3.5~13cm，先端渐尖或具尾状尖，基部宽楔形或截形，边缘具三角状的粗锯齿。叶面粗糙，叶背密生交织的白色柔毛。基脉3出，侧脉2~3对。托叶离生，早落。花单性，雌雄同株，团伞花序集成圆锥

苎麻植株（徐正浩摄）

苎麻花序（徐正浩摄）

状。雄花花被片4片，卵形，外面密生柔毛，雄蕊4枚。雌花位于雄花序之上。雌花花被管状，先端2~4齿裂，外面生柔毛，花柱线形。瘦果椭圆形，包于宿存的花被内。

生物学特性：花期5—8月，果期8—10月。不耐淹水。再生能力强，每年可收获3次。单纤维长度为60~250mm，是麻类作物中最长的。成片生于路边、林下草丛、水沟旁、湿地、石缝及旱地。

分布：中国中部和南部有分布。各地常见栽培，现逸生。各校区有分布。

景观应用：旱地和湿地地被植物。为重金属污染生物修复的优良种质。

121. 大叶苎麻 *Boehmeria longispica* Steud.

中文异名：山苎麻

分类地位：荨麻科（Urticaceae）苎麻属（*Boehmeria* Jacq.）

形态学鉴别特征：亚灌木或多年生草本。株高90~150cm。根系发达。茎上部被较密糙毛。叶对生，近圆形、圆卵形或卵形，长7~26cm，先端骤尖，有时不明显3骤尖，基部宽楔形或平截，具7~12对粗牙齿，上面被糙伏毛，下面沿脉网被柔毛，叶缘上部牙齿长1.5~2cm，较下部牙齿长3~5倍。叶柄长6~8cm。穗状花序单生于叶腋，雄花序长3cm，雌花序长7~30cm。雄团伞花序径1.5mm，有3朵花，雌团伞花序径2~4mm，有多朵花。苞片长0.8~1.5mm。雄花花被片4片，椭圆形，长1mm，基部合生，雄蕊4枚。雌花花被片长1~1.2mm，顶端具2个小齿。瘦果倒卵球形，长1mm，光滑。种子细小。

生物学特性：花果期6—9月。生于山坡草丛、路旁乱石处。

分布：中国华东、华中、华南、西南、华北及陕西等地有分布。之江校区有分布。

景观应用：地被植物。可用作旱地和湿地景观植物。

大叶苎麻花序（徐正浩摄）

大叶苎麻植株（徐正浩摄）

122. 悬铃叶苎麻 *Boehmeria tricuspis* (Hance) Makino

分类地位：荨麻科（Urticaceae）苎麻属（*Boehmeria* Jacq.）

形态学鉴别特征：亚灌木或多年生草本。株高80~120cm。根系直生。茎上部与叶柄及花序轴被短毛。叶对生，稀顶部叶互生，纸质，扁五角形或扁圆卵形。上部叶常卵形，长8~18cm，宽7~22cm，先端3骤尖或3浅裂。基部平截、浅心形或宽楔形。叶缘牙齿长1~2cm。叶上面被糙伏毛，下面密被短柔毛。叶柄长1.5~10cm。花单性，雌雄异株或同株。穗状花序单生于叶腋，分枝，雌花序长5.5~24cm，雄花序长8~17cm。团伞花序径1~2.5mm。雄花花被片4片，椭圆形，长1mm，下部合生，雄蕊4枚，长1.6mm。退化雌蕊无短尖头。雌花花被片长0.5~0.6mm，齿不明显。

生物学特性：花果期6—9月。生于山坡路旁、溪旁、湿地等。

分布：中国华东、华中及陕

悬铃叶苎麻花序（徐正浩摄）

悬铃叶苎麻植株（徐正浩摄）

西等地有分布。日本、朝鲜也有分布。之江校区有分布。
景观应用：地被植物。可用作花境植物。

123. 小赤麻 *Boehmeria spicata* (Thunb.) Thunb.

中文异名：小红活麻
分类地位：荨麻科（Urticaceae）苎麻属（*Boehmeria* Jacq.）
形态学鉴别特征：多年生草本或亚灌木。株高40~80cm。根系直生。茎常分枝，疏被伏毛或近无毛。叶对生，卵状菱形或近菱形，长2.4~7.5cm，宽1.5~5cm，先端长骤尖，基部宽楔形，叶缘具3~8对窄三角形牙齿，两面疏被短伏毛或近无毛。叶柄长1~6.5cm。花单性，雌雄异株或同株。穗状花序单生于叶腋，不分枝，雄花序长2.5cm，雌花序长4~10cm。团伞花序径1~2mm。雄花花被片3~4片，长1mm，下部合生，雄蕊3~4枚。雌花花被片窄椭圆形，长0.6mm，顶端齿不明显。瘦果近卵球形或椭圆状球形，长1mm，基部具短雌蕊柄。
生物学特性：花果期6—8月。生于山沟溪旁。
分布：中国东北、华北、华东等地有分布。日本也有分布。玉泉校区有分布。
景观应用：地被植物。可用作花境植物。

小赤麻花果期植株（徐正浩摄）　　小赤麻植株（徐正浩摄）

124. 雾水葛 *Pouzolzia zeylanica* (Linn.) Benn.

中文异名：粘榔根、啜脓羔
分类地位：荨麻科（Urticaceae）雾水葛属（*Pouzolzia* Gaudich.）
形态学鉴别特征：多年生草本。株高25~50cm。根具分枝。茎披散或多少匍匐状，不分枝或仅下部有少量分枝，秃净或多少被疏毛。叶对生或茎上部的互生，革质，卵形至卵状披针形，长1.5~3.5cm，先端短尖或钝，基部浑圆或钝，全缘，两面均粗糙而薄被疏毛，上面生密点状钟乳体。基脉3出，网脉不显。叶具短柄，长3~10mm。托叶卵状披针形，早落。花小，单性，团伞花序腋生。雌雄花生于同一花序上，混生。雄花淡绿色或染紫，花被4裂，裂片长圆形，外被柔毛，雄蕊4枚，白色，突出。雌花被管状，长不及2mm，有棱，先端4裂，外被柔毛。子房包藏于花被内，花柱线形，结实时脱落。瘦果卵形，尖，黑色，有光泽。
生物学特性：花果期3—10月。生于潮湿山地、沟边、田边及低山灌丛中。
分布：中国华东、华中、华南、西南等地有分布。亚洲东南部也有分布。紫金港校区、之江校区有分布。
景观应用：旱地和湿地草本植物。

雾水葛花序（徐正浩摄）　　雾水葛植株（徐正浩摄）

125. 糯米团 *Gonostegia hirta* (Blume) Miq.

中文异名：糯米草、糯米藤、糯米条、红石藤、蔓苎麻
英文名：glutinousmass
分类地位：荨麻科（Urticaceae）糯米团属（*Gonostegia* Turcz.）
形态学鉴别特征：多年生草本。根具分枝，细根多。茎匍匐或倾斜，长可达1m，通常分枝，有白色短柔毛。叶对生，卵形或卵状披针形，长3~10cm，宽1~4cm，顶端渐尖，基部浅心形，全缘，表面密生点状钟乳体和散生柔毛，背面叶脉上有柔毛。基脉3出，直达叶尖。叶柄短或近无柄。花淡绿色，单性，雌雄同株。雄花簇生于上部的叶腋，花被片5片，背面有1横脊，上部有柔毛。雌花簇生于稍下部的叶腋，花被管状，外被白色柔毛。柱头钻形，密生短毛，脱落性。瘦果卵状三角形，黑色，有纵肋，先端尖锐，完全为花被管所包裹。

糯米团花序（徐正浩摄）

糯米团植株（徐正浩摄）

生物学特性：花果期8—9月，果期9—10月。生于山坡、溪旁或林下阴湿处。
分布：中国长江以南有分布。亚洲东南部、大洋洲也有分布。紫金港校区、之江校区有分布。
景观应用：湿地和旱地草本植物。

126. 金线草 *Antenoron filiforme* (Thunb.) Roberty et Vautier

分类地位：蓼科（Polygonaceae）金线草属（*Antenoron* Rafin.）
形态学鉴别特征：多年生草本。株高20~40cm。根茎粗壮。茎直立，被糙伏毛。叶椭圆形或长椭圆形，稀倒卵形，长6~15cm，先端渐尖或尖，基部楔形，全缘，两面被糙伏毛。叶柄长1~1.5cm。托叶鞘筒状，褐色，长5~10mm，具缘毛。穗状花序常数个，花稀疏。苞片漏斗状，绿色，具缘毛。花被片4片，深裂，红色，卵形，果期稍增大。花柱2个，果期长3.5~4mm，顶端钩状，宿存，伸出花被之外。瘦果卵形，扁平，双凸，褐色，长3mm，包于宿存花被内。

金线草花序（徐正浩摄）

金线草植株（徐正浩摄）

生物学特性：花果期9—11月。生于山地林缘、路旁阴湿处、草丛等。
分布：中国广布。亚洲东南部及北美洲也有分布。舟山校区有分布。
景观应用：地被植物。可用作花境植物。

127. 萹蓄 *Polygonum aviculare* Linn.

中文异名：扁竹蓼、乌蓼、地蓼
英文名：common knotgrass herb
分类地位：蓼科（Polygonaceae）蓼属（*Polygonum* Linn.）

形态学鉴别特征：一年生草本。主根粗，生多数褐色或黄褐色须根。茎基部分枝较多，平卧、斜上或近直立，绿色，其上常有白粉。茎具明显节及纵沟纹。幼枝微有棱角。株高10~40cm。叶互生，狭椭圆形或线状披针形，长5~16mm，宽1.5~5mm，先端

萹蓄花（徐正浩摄）

萹蓄植株（徐正浩摄）

钝或急尖，基部楔形，全缘，绿色，两面均无毛。侧脉明显。托叶鞘膜质，抱茎，下部绿色，上部透明无色，具明显脉纹，其上之多数平行脉常伸出呈丝状裂片。叶具短柄或近无柄，2~3mm。花遍生于全株叶腋，通常1朵或5朵簇生，全露或半露于托叶鞘之外。花梗短，顶部具关节。苞片及小苞片均为白色透明膜质。花被绿色，5深裂，具白色边缘，结果后，边缘变为粉红色。雄蕊通常8枚，短于花被片。花丝短。子房长方形，花柱短，柱头3个，甚短，柱头头状。瘦果卵状三棱形，包围于宿存花被内，仅顶端小部分外露，具3条棱，具不明显的细纹及小点，无光泽。种子长2~3mm，黑褐色。

生物学特性：花期6—8月。果期9—10月。喜湿润，在轻度盐碱地亦能生长。耐严寒，对干旱、水涝、高温等逆境适应性强。生于田野、路旁、草地、荒地、山坡、荒田杂草丛中及沙地上。

分布：中国广布。亚洲其他国家、欧洲及美洲也有分布。各校区有分布。

景观应用：旱地和湿地常见草本植物。可用作园林地被植物。

128. 习见蓼 *Polygonum plebeium* R. Br.

中文异名：腋花蓼

分类地位：蓼科（Polygonaceae）蓼属（*Polygonum* Linn.）

形态学鉴别特征：一年生草本。株高40~70cm。主根粗壮，侧根细小。茎平卧，基部分枝，小枝节间较叶片短。叶窄椭圆形或倒披针形，长0.5~1.5cm，宽2~4mm，基部窄楔形，无毛，侧脉不明显。叶柄极短。托叶鞘膜质，白色，透明，长2.5~3mm，顶端撕裂。花3~6朵簇生于叶腋，遍布全植株。苞片膜质。花梗中部具关节。花被5片，深裂。花被片长椭圆形，绿色，背部稍隆起，边缘白或淡红色，长1~1.5mm。雄蕊5枚，花丝基部稍宽。花柱2~3个，极短。瘦果宽卵形，具3条棱或扁平双凸，长1.5~2mm，黑褐色，平滑，有光泽，包于宿存花被内。种子褐色，有光泽。

生物学特性：花果期5—6月。生于向阳山坡、路旁、河边等。

分布：中国华东、华中、华南等地有分布。亚洲其他国家及欧洲亚热带地区也有分布。紫金港校区有分布。

景观应用：旱地和湿地地被植物。

习见蓼茎叶（徐正浩摄）

习见蓼植株（徐正浩摄）

129. 尼泊尔蓼 *Polygonum nepalense* Meisn.

中文异名：野荞麦草、头状蓼

分类地位：蓼科（Polygonaceae）蓼属（*Polygonum* Linn.）

尼泊尔蓼茎叶（徐正浩摄）

尼泊尔蓼花序（徐正浩摄）

形态学鉴别特征：一年生草本。株高10~60cm。须根系。茎多分枝，细弱上升，常为红色，节上有毛。叶互生，卵形或三角状卵形，长1.5~4.5cm，宽1~3cm，先端渐尖或急尖，基部截形或圆形，沿叶柄下延成翅状或耳垂形抱茎，边缘微波状。叶上面无毛，下面常密生黄色腺点。上部叶近无柄。托叶鞘筒状，斜截形，长0.5~1cm，淡褐色。头状花序顶生或腋生，下面具叶状总苞，总苞基部及总花梗上均被腺毛。苞片卵状椭圆形，长2~4mm，内有1朵花。花被淡紫色或白色，4裂，长2~3mm。雄蕊5~6枚，花药黑紫色。花柱细长，上部2裂，柱头头状。瘦果圆卵形，双凸镜状，径2mm，顶端微尖，熟时有线纹及凹点，黑褐色，包藏于宿存花被内。

生物学特性：花果期4—11月。生于湿地、沟边、旱耕地及路边草丛，有时亦可生在潮湿岩石上。

分布：中国华东、华南、西南、华北及西北等地均有分布。日本、朝鲜、印度、菲律宾、尼泊尔、俄罗斯及中亚、非洲等也有分布。之江校区有分布。

景观应用：地被植物。可用作地被景观植物。

130. 火炭母 *Polygonum chinense* Linn.

中文异名：赤地利

分类地位：蓼科（Polygonaceae）蓼属（*Polygonum* Linn.）

形态学鉴别特征：多年生草本。株高30~60cm。根具分枝。茎略带红色，直立或半攀缘状。节短，基部匍匐节上可生不定根。茎上部多分枝，无毛或具腺毛。叶互生，三角状卵形或卵状长圆形，长2.5~8cm，宽1~5cm，先端急尖或渐尖，基部截形或宽楔形，全缘，有短缘毛或极微小齿。两面无毛，下面有细点。叶柄长0.5~1.5cm。托叶鞘斜截，无毛。头状花序径4~8mm，具柄，有2~4个分枝，排列成伞房状或圆锥状。总花梗密被粗腺毛。苞片膜质，卵形，长4~5mm，无毛。花梗极短。花被乳白色，基部略呈淡红色，5深裂，裂片长2~3mm。雄蕊8枚，与花被等长或伸出于花被。柱头3个。瘦果卵状三棱形，黑色，具光泽，包藏于宿存花被内。种子长0.5~1.5mm。

火炭母花果（徐正浩摄）

火炭母花果期植株（徐正浩摄）

生物学特性：花果期8—10月。生于沟边、灌丛、路边草丛等。

分布：中国华东、华中、华南、西南等地有分布。日本、印度、菲律宾、印度尼西亚也有分布。玉泉校区、之江校区有分布。

景观应用：地被植物。

131. 红蓼 *Polygonum orientale* Linn.

中文异名：荭草、大蓼、水红花、东方蓼

英文名：orientale

分类地位：蓼科（Polygonaceae）蓼属（*Polygonum* Linn.）

形态学鉴别特征：一年生大型草本。株高1~3m。根分枝，根系大，细根多。茎直立，中空，多分枝，全株密被粗长毛。叶互生，长10~20cm，宽6~12cm。叶片卵形或宽卵形，先端渐尖，基部近圆形，全缘，两面疏生软毛。托叶鞘筒状，下部膜质，褐色，顶端有绿色的革质或膜质裂片，具腺毛，有长柄。穗状花序粗壮，长圆柱形，顶生或腋生，长2~8cm，紧密，不间断。苞片鞘状，宽卵形，被稀疏长柔毛，边缘具缘毛，内有1~5朵花。花被淡红色，5深裂，裂片椭圆形，长3mm。雄蕊7枚，伸出花被外。柱头2个，近中部合生。瘦果近圆形，两面微凹，先端具小柱状突起。种子扁平，黑褐色，有光泽。

生物学特性：4—5月出苗，7—9月开花结果，9月以后果实渐次成熟。地上根茎越冬休眠后萌发。生于村旁、路边或荒田湿地上。

分布：广布中国南北各地。日本、朝鲜、菲律宾、印度、马来西亚、俄罗斯及大洋洲也有分布。华家池校区、紫金港校区有分布。

景观应用：常用作地被观赏植物。

红蓼花序（徐正浩摄）

红蓼植株（徐正浩摄）

132. 粘毛蓼 *Polygonum viscosum* Buch.-Ham. ex D. Don

中文异名：香蓼

分类地位：蓼科（Polygonaceae）蓼属（*Polygonum* Linn.）

形态学鉴别特征：一年生草本。全株具开展长柔毛及有柄的腺毛。株高20~80cm。根具分枝。茎下部倾斜或匍匐，节上生不定根，上部分枝直立，有黏性。叶互生，卵状披针形或椭圆状披针形，稀长卵形，先端急尖稍钝头，基部渐狭下延成带翼的叶柄。托叶鞘圆筒状，顶端截形，具较短喙毛。穗状花序密生，圆柱形。苞片绿色，宽卵形，有长毛，内有花3朵。花梗略伸出或不伸出。花被鲜红色，4~5深裂，无腺点。雄蕊8枚。花柱3个。瘦果卵状三角形或扁压，褐色，有光泽。种子长2.5~3mm。

生物学特性：具香气。花果期5—6月。生于荒地、田野路边、沟边、塘边及湿田中。

分布：中国广布。日本、朝鲜、印度、越南也有分布。华家池校区、紫金港校区、之江校区有分布。

景观应用：湿地、浅水域或旱地草本植物。

粘毛蓼花序（徐正浩摄）

粘毛蓼植株（徐正浩摄）

133. 酸模叶蓼 *Polygonum lapathifolium* Linn.

中文异名：大马蓼、旱苗蓼、斑蓼、柳叶蓼

酸模叶蓼花序（徐正浩摄）

酸模叶蓼植株（徐正浩摄）

英文名：dockleaf knotweed

分类地位：蓼科（Polygonaceae）蓼属（*Polygonum* Linn.）

形态学鉴别特征：一年生草本。株高30~120cm。分枝多，根系长，细根多。茎直立，上部分枝，光滑无毛，较粗壮，表面具紫红色斑点，节部膨大。叶互生，披针形、长圆形或长圆状椭圆形，长3~20cm，宽0.5~5cm，先端急尖或渐尖至尾尖，基部楔形或宽楔形，上面常有黑褐色斑块，全缘，边缘有粗硬毛，下面有腺点。中脉常有伏贴硬粗毛，侧脉显著，有7~30对。托叶鞘筒状，膜质，长0.7~2cm，被硬伏毛，顶端截形，无缘毛。叶柄长0.2~1.5cm，被粗伏毛。穗状花序圆柱状，长1.5~8cm，顶生或腋生，常有分枝。总花梗被腺点。苞片斜漏斗状，膜质，边缘生稀疏短毛，内有数花。花多数密集，花被淡红色或绿白色，4深裂，长2mm，外轮2片，具脉纹，有黄色腺点。雄蕊6枚。花柱2个，基部稍合生，上部向外弯曲。瘦果圆卵形，扁平，两面微凹，黑褐色，有光泽，外包宿存花被。

生物学特性：种子繁殖。多次开花结实。花果期4—11月。生于路边、田边、沟边、旱地、荒地、水田、沼泽地、浅水处。

分布：中国广布。印度、菲律宾、朝鲜、日本及欧洲等也有分布。各校区有分布。

景观应用：湿地和旱地常见草本植物。

134. 绵毛酸模叶蓼 *Polygonum lapathifolium* Linn. var. *salicifolium* Sibth.

中文异名：绵毛大马蓼、白绒蓼

分类地位：蓼科（Polygonaceae）蓼属（*Polygonum* Linn.）

形态学鉴别特征：一年生草本植物。株高30~100cm。根分枝多，根系长，细根多。茎直立，具分枝，下部茎紫红色至褐色，中部有少量海绵状髓，上部茎淡棕黄色至棕色，中空，嫩枝密被白色绵毛。叶互生，皱缩，易破碎，披针形至宽披针形，长4~20cm，宽0.5~5.5cm，顶端渐尖，基部楔形。叶背密被白色绵毛层，叶面常有黑褐色新月形斑点。托叶鞘褐色，顶端截形。叶柄长0.3~1.2cm。花序圆锥状，由数个花穗组成。柱头2裂，宿存。花被棕红色，4深裂，宿存。瘦果卵形，扁平，两面微凹，黑褐色，全部包于宿存花被内。

绵毛酸模叶蓼花序（徐正浩摄）

绵毛酸模叶蓼成株（徐正浩摄）

生物学特性：花果期4—11月。生于农田、路旁、湿地、浅水域等。

分布：中国广布。印度、菲律宾、朝鲜、日本及欧洲等也有分布。之江校区、华家池校区、紫金港校区、玉泉校区有分布。

景观应用：湿地和旱地常见草本植物。

135. 蚕茧蓼 *Polygonum japonicum* Meisn.

分类地位：蓼科（Polygonaceae）蓼属（*Polygonum* Linn.）

形态学鉴别特征： 多年生草本。株高50~110cm。根状茎横走。茎直立，无毛或疏被平伏硬毛。叶披针形，近薄革质，长7~15cm，宽1~2cm，先端渐尖，基部楔形，两面疏被平伏硬毛，缘毛长1~1.2cm。穗状花序长6~12cm。苞片漏斗状，绿色，上部淡红色，具缘毛。花单性，雌雄异株。花梗长2.5~4mm。花被5片，深裂，白色或淡红色，花被片长椭圆形，长2.5~3mm。雄蕊8枚。花柱2~3个，中下部连合。瘦果卵形，具3条棱或双凸，长2.5~3mm，包于宿存花被内。

生物学特性： 花果期8—11月。生于沟边、沼泽湿地、路边草丛等。

分布： 中国华东、华中、华南、西南、东北及陕西等地有分布。朝鲜、日本也有分布。紫金港校区、玉泉校区、之江校区有分布。

景观应用： 湿地和旱地草本植物。

蚕茧蓼花（徐正浩摄）

蚕茧蓼花序（徐正浩摄）

蚕茧蓼植株（徐正浩摄）

136. 水蓼 *Polygonum hydropiper* Linn.

中文异名： 辣蓼

分类地位： 蓼科（Polygonaceae）蓼属（*Polygonum* Linn.）

形态学鉴别特征： 一年生草本。株高20~80cm。须根系。茎直立或下部伏地，红紫色，无毛，节常膨大。叶互生，披针形或长圆状披针形，长4~9cm，宽0.5~1.5cm，先端渐尖或稍钝，基部楔形，两面密被腺状小点，无毛或叶脉及叶缘上有小刺状毛。托鞘膜质，筒状，紫褐色，顶端有短缘毛。叶柄短，长2~5mm。穗状花序腋生或顶生，细弱下垂，下部的花间断不连。苞片漏斗状，内含3~5朵小花，有疏生小腺点和缘毛。花具细花梗，伸出苞外，间有1~2朵花包于膨胀的托鞘内。花被白色或淡红色，5深裂，卵形或长圆形，有明显腺状小点。雄蕊通常6枚，稀8枚。雌蕊1枚，花柱2裂，稀3裂。瘦果卵形，扁平，双凸镜状，少有3条棱，无光泽，表面有粗点，包于宿存的花被内。种子长2~2.5mm，暗褐色。

生物学特性： 花果期5—11月。成熟种子陆续散落后，营养体逐渐枯死，地下茎进入休眠。生于水边、稻田及低湿耕地。

水蓼茎叶（徐正浩摄）

水蓼花序（徐正浩摄）

水蓼植株（徐正浩摄）

分布：除西藏、青海、新疆外，中国广泛分布。亚洲其他国家、欧洲和北美洲也有分布。华家池校区、紫金港校区、玉泉校区、之江校区有分布。

景观应用：浅水域、湿地和旱地草本植物。为锰超积累植物。

137. 愉悦蓼 *Polygonum jucundum* Meisn.

分类地位：蓼科（Polygonaceae）蓼属（*Polygonum* Linn.）

形态学鉴别特征：一年生草本。株高60~110cm。根常分枝，具须根。茎直立或基部倾卧，通常分枝，呈丛生状，节上生不定根。叶互生，椭圆状披针形，长3~8cm，宽1~2.5cm，先端渐尖，基部楔形，两面无毛或上面疏被伏毛，中脉与叶缘常生细伏毛。托叶鞘膜质，筒状，长5~9mm，疏被伏毛，顶端具长缘毛，长6~12mm。叶柄短，3~5mm。穗状花序顶生或腋生，长1~6cm，宽4~9mm，花排列紧密。花枝2叉状，2~3级分枝，末位分枝通常具2~3个穗状花序。苞片斜漏斗状，长2~4mm，径3~5mm，顶端具长缘毛，内含3~5朵小花。花梗伸出苞外，长5~7mm，常紫红色，微垂。花被粉红色，5深裂，裂片卵形或长圆形，长2~4mm，宽1~3mm，无腺点。雄蕊8枚。子房上位，1室。雌蕊1枚。花柱3裂，基部合生。瘦果卵形，具3条棱，黑色，具光泽，长1.5~2mm。

生物学特性：花果期9—11月。生于水边、沟边、湿地及路边草丛。

分布：中国华东、华中、华南及西南等地有分布。紫金港校区启真湖畔已形成群落。

景观应用：浅水域、湿地或旱地草本植物。

愉悦蓼托叶鞘和长缘毛（徐正浩摄）

愉悦蓼花序（徐正浩摄）

愉悦蓼细长花梗（徐正浩摄）

愉悦蓼植株（徐正浩摄）

138. 丛枝蓼 *Polygonum posumbu* Buch.-Ham. ex D. Don

中文异名：长尾叶蓼

分类地位：蓼科（Polygonaceae）蓼属（*Polygonum* Linn.）

形态学鉴别特征：一年生草本。株高30~70cm。根具分枝，须根细长。茎基部伏卧，斜生，下部分枝多。主干不明显，无毛。叶卵状披针形或卵形，长3~8cm，宽1~3cm，先端尾状，基部宽楔形，两面疏被平伏硬毛或近无毛，具缘毛。叶柄长5~7mm，被平伏硬毛。托叶鞘长4~6mm，被平伏硬毛，缘毛粗，长7~8mm。穗状花序长5~10cm。苞片漏斗状，无毛，淡绿色，具缘毛。花梗短。花被5片，深裂，淡红色，花被片椭圆形，长2~2.5mm。雄蕊8枚，较花被短。瘦果卵形，具3条棱，长2~2.5mm，包于宿存花被内。

丛枝蓼花序（徐正浩摄）

生物学特性：花果期8—11月。生于林下、林缘、路边草丛、沟旁等。

分布：中国广布。日本、朝鲜、菲律宾、印度、印度尼西亚等也有分布。紫金港校区、之江校区、玉泉校区有分布。

景观应用：湿地或旱地草本植物。

丛枝蓼植株（徐正浩摄）

丛枝蓼生境植株（徐正浩摄）

139. 杠板归 *Polygonum perfoliatum* Linn.

英文名：perfoliate knotweed herb

分类地位：蓼科（Polygonaceae）蓼属（*Polygonum* Linn.）

形态学鉴别特征：多年生蔓性草本。根分枝，细根多。茎有棱，红褐色，有倒生钩刺。叶互生，盾状着生，近三角形，长4~6cm，宽5~8cm，先端尖，基部近心形或截形，下面沿脉疏生钩刺。托叶鞘近圆形，抱茎。叶柄长，疏生倒钩刺。花序短穗状，长1~3cm，顶生或腋生。苞片圆形，内含2~4朵花。花被5深裂，淡红色或白色，结果期增大，肉质，变为深蓝色。雄蕊8枚。花柱3裂。瘦果球形，有光泽，包于蓝色多汁的花被内。种子径3~4mm，黑色。

生物学特性：花期6—8月，果期9—10月。常见于山坡灌丛和疏林中、沟边、河岸和路旁。

分布：中国南北各地有分布。东南亚、俄罗斯等也有分布。各校区有分布。

杠板归果实（徐正浩摄）

杠板归群体（徐正浩摄）

140. 刺蓼 *Polygonum senticosum* (Meisn.) Franch. et Sav.

中文异名：廊茵

分类地位：蓼科（Polygonaceae）蓼属（*Polygonum* Linn.）

形态学鉴别特征：多年生蔓性草本。茎、枝、叶柄、叶片下面中脉及总花梗均有倒生小钩刺。根具分枝。茎蔓生或上升，长可达1m，有分枝，具4条棱，红褐色或淡绿色，沿棱有倒生刺。叶互生，三角形或三角状戟形，长3~7cm，宽2~3cm，基部微心形或深凹，有时呈明显的叶耳，先端渐尖，边缘有细毛和钩

刺蓼花（徐正浩摄）

刺蓼花期植株（徐正浩摄）

刺，通常两面无毛或被疏细毛，背面沿脉疏生刺。托叶鞘短筒状，具半圆形的叶状翅，有毛。叶柄长3~5cm，有倒钩刺和细毛。花序头状，径5~10mm，顶生或腋生，分枝，通常花序成对生。花序梗长2~5cm，密被具柄的腺毛和细毛，下部疏生小刺。苞片卵状披针形，边缘膜质，有疏腺毛。花被粉红色，5裂，裂片长圆形，先端钝圆。雄蕊8枚，花药粉红色。花柱3个，下部合生。瘦果近球形，包于宿存的花被内。种子长2.5~3mm，黑色。

生物学特性：花果期7—10月。生于沟边、路旁、草丛、山谷灌丛中。

分布：中国华东、华中、华南、华北等地有分布。亚洲其他国家也有分布。之江校区、紫金港校区有分布。

景观应用：湿地和旱地草本植物。

刺蓼成株（徐正浩摄）

141. 大箭叶蓼 *Polygonum darrisii* Levl.

分类地位：蓼科（Polygonaceae）蓼属（*Polygonum* Linn.）

形态学鉴别特征：多年生蔓性草本。茎、枝、叶柄、叶片下面脉上及总花梗均有倒生小钩刺。根具分枝。茎蔓生或上升，长可达1m，有分枝，具4条棱，棱密生倒钩刺。叶互生，三角状箭形，长3~7cm，宽1.5~6cm，基部箭形或深心形，具三角形或披针状三角形耳状物，长3cm，先端渐尖，下面中脉及边缘疏生小钩刺。托叶鞘下部膜质，筒状，顶端具2片绿色三角状披针形裂片，长0.5~1.5cm。叶柄与叶片近等长或比叶片短。花序头状，单生枝端，不分枝，径1cm。总花序梗长3~8cm。苞片卵圆形或卵形，无毛。花被粉红色或带绿色，5深裂，裂片卵圆形。雄蕊8枚，较花被短。花柱3个，下部合生。瘦果圆球形，上部具3条钝棱，径3~3.5mm，黑褐色，具光泽，包藏于宿存花被内。

生物学特性：花果期7—10月。生于沟边、路旁、草丛、灌丛等。

分布：中国华东、华中、华南、西南及陕西等地有分布。之江校区有分布。

景观应用：旱地草本植物。

大箭叶蓼花序（徐正浩摄）

大箭叶蓼植株（徐正浩摄）

142. 二歧蓼 *Polygonum dichotomum* Bl.

分类地位：蓼科（Polygonaceae）蓼属（*Polygonum* Linn.）

形态学鉴别特征：一年生草本。株高40~100cm。根系粗壮，具主根或发达支根。茎直立或斜生，疏被倒生皮刺，具纵棱。叶卵状披针形或狭椭圆形，长4~11cm，宽1~1.5cm，先端渐尖或急尖，基部楔形、截形或近戟形。边缘全缘。叶上面绿

二歧蓼茎叶（徐正浩摄）

二歧蓼花序（徐正浩摄）

色，无毛，背面灰绿色，有时沿中脉疏生短皮刺。叶柄长0.5~2cm。托叶鞘筒状，膜质，无毛或疏生刺毛，具缘毛。花序头状，长0.5~1.2cm，顶生或腋生。花序梗1~3个，被腺毛，二歧分枝。苞片宽椭圆形，长2~3mm，具腺毛。每苞片内含2~3朵花。花梗较苞片短。花被片5片，深裂，宽椭圆形，长2~3mm。雄蕊5枚。花柱2个。柱头头状。瘦果近圆形，双凸镜状，长2~2.5mm，褐色，无光泽，包于宿存花被内。

二歧蓼二歧分枝花序（徐正浩摄）

二歧蓼群体（徐正浩摄）

生物学特性： 花果期5—11月。生于沟边、湿地、田边等。

分布： 中国华东、华南等地有分布。亚洲其他国家也有分布。紫金港校区有分布。

景观应用： 湿地草本植物。

143. 箭叶蓼 *Polygonum sieboldii* Meisn.

中文异名： 雀翘

分类地位： 蓼科（Polygonaceae）蓼属（*Polygonum* Linn.）

形态学鉴别特征： 一年生蔓性草本。全株无毛，具倒生钩刺。根系较长。茎细长，长达1m，具分枝，具4条棱，上密被倒生钩刺。叶卵状披针形，长2.5~8cm，宽1~3cm，先端急尖或稍钝，基部深心形或箭形，两侧裂片卵状三角形，两面无毛，下面稍带粉白色，沿中脉具倒钩刺。叶柄短，下面的长可达1.5cm，具1~2列或3~4列倒生钩刺，上面的近无柄。托叶鞘干膜质，长0.5~1.2cm，顶端渐尖，2裂，无缘毛。头状花序顶生，径0.5~1cm，常二歧分枝。总花梗平滑无毛。苞片漏斗状长卵形，长2.5mm，急尖。花梗极短，不伸出苞片外。花被5深裂，白色或粉红色，裂片长圆形，长2.5mm。雄蕊8枚，比花被短。花柱3个，基部合生。瘦果球状三棱形，径2~2.5mm，黑褐色，稍有光泽，包藏于宿存花被内。

生物学特性： 花果期6—11月。生于路边湿地、河岸、沟边等。

分布： 中国华东、华中、西南、东北及陕西有分布。华家池校区、之江校区有分布。

景观应用： 浅水域、湿地或旱地草本植物。

箭叶蓼茎叶（徐正浩摄）

箭叶蓼花期植株（徐正浩摄）

144. 何首乌 *Fallopia multiflora* (Thunb.) Harald.

中文异名： 多花蓼

英文名： Chinese knotweed

分类地位： 蓼科（Polygonaceae）何首乌属（*Fallopia* Adns.）

形态学鉴别特征： 多年生草本。块根肥厚，长椭圆形，黑褐色。茎缠绕，长2~4m，多分枝，具纵棱，无毛，微粗糙，下部木质化。叶互生，卵形或长卵形，长3~7cm，宽2~5cm，顶端渐尖，基部心形或近心形，两面粗糙，边缘全缘。叶柄长

何首乌植株（徐正浩摄）

何首乌群体（徐正浩摄）

何首乌花序（徐正浩摄）

1.5~3cm。托叶鞘膜质，偏斜，无毛，长3~5mm。花序圆锥状，顶生或腋生，长10~20cm，分枝开展，具细纵棱，沿棱密被小突起。苞片三角状卵形，具小突起，顶端尖，每苞内具2~4花。花梗细弱，长2~3mm，下部具关节，果期延长。花被5深裂，白色或淡绿色。花被片椭圆形，大小不相等，外面3片较大背部具翅，果期增大，花被果期近圆形，径6~7mm。雄蕊8枚，花丝下部较宽。花柱3个，极短，柱头头状。瘦果卵形，具3条棱，有光泽，包于宿存花被内。种子长2.5~3mm，黑褐色。

生物学特性：花期8—9月，果期9—10月。喜阳，耐阴，喜湿，怕涝，要求排水良好的土壤。生于山谷灌丛、山坡林下、沟边石隙。

分布：中国华东、华中、华南、西南、华北及西北均有分布。日本也有分布。紫金港校区、之江校区、玉泉校区、华家池校区有分布。

景观应用：地被植物或攀缘植物。可用作篱栏攀缘观赏植物。

145. 虎杖 *Reynoutria cuspidatum* Sieb. et Zucc.

中文异名：酸筒杆、酸桶芦、大接骨、斑庄根
英文名：giant knotweed
分类地位：蓼科（Polygonaceae）虎杖属（*Reynoutria* Linn.）
形态学鉴别特征：多年生灌木状草本，无毛。株高1~1.5m。根状茎横走，木质化，外皮黄褐色。茎直立，丛生，中空，表面散生红色或紫红色斑点。叶互生，宽卵状椭圆形或卵形，长6~12cm，宽5~9cm，顶端急尖，基部圆形或阔楔形。托叶鞘褐色，早落。花单性，雌雄异株。圆锥花序腋生。花梗细长，中部有关节，上部有翅。花被5深裂，裂片2轮，外轮3片结果期增大，背部生翅。雄蕊8枚。花柱3裂。柱头鸡冠状。瘦果椭圆形，具3条棱，黑褐色，光亮。

虎杖花（徐正浩摄）

虎杖植株（徐正浩摄）

生物学特性：花期6—7月，果期9—10月。生于山谷溪旁、河岸、沟边、路边草丛。

分布：中国华东、华中、华北及西北均有分布。日本、朝鲜也有分布。玉泉校区、之江校区有分布。

景观应用：旱地灌木性植物。可用作花境植物。

146. 酸模 *Rumex acetosa* Linn.

中文异名：山大黄、当药、山羊蹄、酸母
英文名：sheep sorrel

分类地位：蓼科（Polygonaceae）酸模属（*Rumex* Linn.）

形态学鉴别特征：多年生草本。株高40~100cm。地下有短的根茎及数个肉质根。茎直立，通常不分枝，圆柱形，具线纹，上部呈红色，中空。单叶互生。基生叶有长柄，质薄，宽披针形至卵状长圆形，长4~9cm，宽1.5~3.5cm，先端急尖或圆钝，基部箭形，全缘，有时微波状，下面及叶缘常具乳头状突起。茎生叶小，披针形，无柄或抱茎。托叶鞘膜质，易破裂。圆锥花序顶生。单性，雌雄异株。花梗中部具关节。花被片6片，红色，排成2轮。雄花内有雄蕊6枚，花丝短，花药大。雌花内轮花被片在果期增大成圆形。柱头3个，细裂，淡红色。瘦果椭圆形，具3条棱，黑褐色，有光泽。

生物学特性：花期3—5月，果期4—7月。生于山坡林缘、阴湿山沟边，也可生长在海滨岩石旁。

分布：中国南北各地有分布。北半球温暖地区广泛分布。之江校区、紫金港校区、华家池校区有分布。

景观应用：湿地和旱地草本植物。酸模在镉污染土壤的植物修复中具有一定价值。用作人工湿地植物，对处理生活污水也有一定的作用，有较高的污染物去除率。

酸模基生叶（徐正浩摄）

酸模茎生叶（徐正浩摄）

酸模花序（徐正浩摄）

酸模果实（徐正浩摄）

147. 羊蹄 *Rumex japonicus* Houtt.

中文异名：东方宿、羊蹄大黄、土大黄、野菠菜、牛舌大黄

英文名：Japanese dock root

分类地位：蓼科（Polygonaceae）酸模属（*Rumex* Linn.）

形态学鉴别特征：多年生草本。株高40~120cm。主根粗大，长圆形，断面黄色。茎直立，粗壮，绿色，具沟纹，通常不分枝。基生叶具长柄，卵状长圆形至狭长椭圆形，长13~34cm，宽4~12cm，先端稍钝，基部心形，边缘波状。茎生的上部叶片较小而狭，基部楔形，具短柄或近无柄。托叶鞘膜质，筒状，长3~5cm，易破裂。基部圆形至微心形，边缘微波状皱褶。花小，两性，花轮密集成狭长圆锥花序，下部花轮夹杂有叶。花梗下部具关节。花被片6片，淡绿色，排成2轮，外轮花被片长圆形，内轮花被片在果期增大成圆心形，具明显网纹，边缘有三角状浅牙齿，背部有瘤状突

羊蹄果实（徐正浩摄）

羊蹄植株（徐正浩摄）

起。雄蕊6枚，柱头3个，细裂。瘦果宽卵形，具3条锐棱，褐色，有光泽。种子长2~3mm。

生物学特性：花果期4—6月。生于山坡疏林边、沟边、溪边、路旁湿地及沙丘上。

分布：中国华东、华中、华南及西南等地有分布。日本、朝鲜也有分布。各校区有分布。

景观应用：湿地和旱地草本植物。可用作湿地植物，治理污水。

148. 齿果酸模 *Rumex dentatus* Linn.

齿果酸模果实（徐正浩摄）

齿果酸模植株（徐正浩摄）

中文异名：牛舌草

分类地位：蓼科（Polygonaceae）酸模属（*Rumex* Linn.）

形态学鉴别特征：一年生或多年生草本。株高20~80cm。直根肉质，肥大，具小分枝。茎直立，分枝，枝纤细，表面具沟纹，无毛。基生叶长圆形或宽披针形，长4~16cm，宽1.5~6cm，先端钝或急尖，基部圆形或心形，边缘波状或微皱波状，两面均无毛，柄长2~5cm。茎生叶渐小，基部多为圆形，具短柄，长0.5~1.5cm。托叶鞘膜质，筒状，易破裂。圆锥花序顶生或腋生，花簇呈轮状排列，具叶。花两性，花梗基部具关节。花被片黄绿色，6深裂，排成2轮，外花被片长圆形，长4.5mm，宽3mm，内花被片果期增大，卵形，先端急尖，长4mm，具明显的网脉，各具1卵状长圆形小疣，边缘具3~4对，稀为5对不整齐的针状牙齿，背面基部有瘤状突起。雄蕊6枚。花柱3个，细裂。瘦果卵状三棱形，具尖锐角棱，平滑。种子长1.5~2mm，褐色，有光泽。

生物学特性：花期5—6月，果期6—10月。生于沟旁、路旁湿地、河岸或水边。

分布：中国华东、华中、华北、西北等地有分布。东南亚、欧洲东南部等也有分布。华家池校区、之江校区、紫金港校区有分布。

景观应用：湿地和旱地草本植物。

149. 灰绿藜 *Chenopodium glaucum* Linn.

中文异名：翻白藜、小灰菜

英文名：oakleaf goosefoot

分类地位：藜科（Chenopodiaceae）藜属（*Chenopodium* Linn.）

形态学鉴别特征：一年生草本。株高10~40cm。主根及分枝明显，细根多。茎通常基部分枝，斜上或平卧，有沟槽与条纹，紫红色或绿色。叶互生，肉质厚，椭圆状卵形至卵状披针形，长2~4cm，宽0.5~2cm，顶端急尖或钝，边缘有波状齿，基部渐狭，表面绿色，背面灰白色，密被粉粒。中脉明显。叶柄短，长5~10mm。花序穗状或复穗状，腋生或顶生，两性或兼有雌性。花被裂片3~4片，少为5片，浅绿色。雄蕊1~2枚，有时3~4枚，花药球形，柱头2个。胞果伸出花

灰绿藜果期植株（徐正浩摄）

灰绿藜成株（徐正浩摄）

被片，果皮薄膜质，黄白色。种子横生、斜生及直立，扁圆形，暗褐色或红褐色，表面具细点纹，有光泽。

生物学特性： 花期6—9月，果期8—10月。生于盐碱地、江河边、荒地、田野及村旁。

分布： 中国华北、东北、西北、华东、华中及四川、西藏等地有分布。舟山校区有分布。

景观应用： 主要生长在轻盐碱地区块的草本植物。

灰绿藜植株（徐正浩摄）

150. 小藜 *Chenopodium serotinum* Linn.

中文异名： 小灰菜、灰条菜、灰灰菜

英文名： small goosefoot

分类地位： 藜科（Chenopodiaceae）藜属（*Chenopodium* Linn.）

形态学鉴别特征： 一年生草本。株高20~50cm。根具分枝，细根多。茎直立，分枝，具棱及绿色条纹，幼时具白粉粒。叶较薄，卵状长圆形，长1.5~5cm，宽0.5~3cm。下部叶长圆状卵形，通常3浅裂，中裂片较长，近基部的2裂片下方通常有1小齿。中部叶片椭圆形，边缘有波状齿，顶端钝，基部楔形。上部叶片渐小，狭长，有浅齿或近全缘。叶柄细弱。花两性，簇生为穗状或圆锥状花序，顶生或腋生。花被淡绿色，被片5片。雄蕊5枚。柱头2个，线形。胞果全部包在花被内，果皮膜质，有明显的蜂窝状网纹，干后，密生白色粉末状干涸小泡。种子横生，扁圆形，双凸镜状，径1mm，黑色，有光泽，边缘有棱。胚环形。

生物学特性： 早春萌发，花期4—6月，果期5—7月。生于农田、河滩、荒地和沟谷湿地。

分布： 除西藏外，中国广泛分布。日本及欧洲也有分布。各校区有分布。

景观应用： 旱地常见草本植物。

小藜花序（徐正浩摄）

小藜植株（徐正浩摄）

151. 藜 *Chenopodium album* Linn.

中文异名： 灰菜、灰条菜

英文名： Lamb's-quarters, melde, goosefoot, fat-hen

分类地位： 藜科（Chenopodiaceae）藜属（*Chenopodium* Linn.）

形态学鉴别特征： 一年生草本。株高60~120cm。主根明显，分枝多，细根密布。茎直立，粗壮，具棱及绿色或紫红色的条纹，多分枝。叶菱状卵形至披针形，长3~6cm，宽2.5~5cm，先端急尖或微钝，叶基部宽楔形，边缘常有不整齐的锯齿，下面生粉粒，灰绿色。叶具长柄。花两性，黄绿色，数个集成团伞花簇，多数花簇排成腋生或顶生的圆锥状花序。花被片5片，宽卵形或椭圆形，具纵隆脊和膜质的边缘，先端钝或微凹。雄蕊5枚。柱头2个，线形。胞果完全包于花被内或顶端稍露，果

藜植株1（徐正浩摄）

皮薄，和种子紧贴。种子横生，双凸镜形，径1.2~1.5mm，光亮，表面有不明显的沟纹及点洼。胚环形。

生物学特性：春季出苗，4—5月生长旺盛。花期6—9月，果期8—10月。生于路边、村旁、庭院、耕地及荒地，常和小藜、灰绿藜、萹蓄等组成群落。

分布：世界广布种。各校区有分布。

景观应用：旱地常见草本植物。

藜植株2（徐正浩摄）

152. 地肤 *Kochia scoparia* (Linn.) Schrad.

中文异名：扫帚草、地麦、落帚、扫帚苗、扫帚菜、孔雀松
英文名：broomsedge, belvedere, burningbush, broom cypress
分类地位：藜科（Chenopodiaceae）地肤属（*Kochia* Roth）

地肤花序（徐正浩摄）

形态学鉴别特征：一年生草本。株高50~100cm。根系发达，分枝、细根密布。茎直立，多分枝而斜展，淡绿色或浅红色，生短柔毛。叶互生，披针形至条状披针形，长3~7cm，宽0.3~1cm，近基3出脉。叶面无毛或具细软毛，上部的叶较小，具1条脉。近无柄。花序穗状，稀疏。花两性或雌性，通常1~3朵生于叶腋。花被黄绿色，被片5片，果期自背部生三角状横突起或翅。雄蕊5枚，花丝丝状，花药淡黄色。柱头2个，紫褐色，花柱极短。胞果扁球形，包于宿存的花被内。种子扁平，倒卵形，长1.5~1.8mm，宽1.1~1.2mm，表面暗褐色至淡褐色，有小颗粒，无光泽。

生物学特性：春季出苗，花期6—9月，种子于8—10月成熟。耐旱，也适生于湿地。生于农田、路旁、荒地，在各种土壤均能生长，在轻度盐碱地生长较多。

分布：遍布中国。亚洲其他国家和欧洲也有分布。华家池校区、紫金港校区有分布。

景观应用：湿地和旱地草本植物。可用作花境植物。

地肤成株（徐正浩摄）

地肤花期植株（徐正浩摄）

153. 青葙 *Celosia argentea* Linn.

中文异名：野鸡冠花
英文名：feather cockscomb
分类地位：苋科（Amaranthaceae）青葙属（*Celosia* Linn.）

形态学鉴别特征：一年生草本。株高30~100cm。根分枝，细根多。茎直立，有分枝，绿色或红色，具明显条纹。叶互生，叶片披针形或椭圆状披针形，长5~8cm，宽1~3cm，全缘，先端急尖或渐尖，基部渐狭成柄，柄短。花多数，密生，在茎端或枝端成单一、无分枝的塔状或圆柱状穗状花序，长3~10cm。苞片及小苞片披针形，长

3~4mm，白色，光亮，顶端渐尖，延长成细芒。花被片5片，长圆状披针形，长7~10mm，膜质，透明，有光泽。花丝基部合生成杯状，花药紫色。子房卵形，胚珠数个，花柱紫红色，长4mm。胞果卵形，长3~3.5mm，包裹于宿存花被片内。种子扁球形，黑色，有光泽。

生物学特性： 苗期5—7月，花期7—8月，果期8—10月。生于田间、山坡及荒地，为旱地杂草。

分布： 中国各地有分布。亚洲其他国家和非洲也有分布。之江校区有分布。

景观应用： 旱地和湿地植物。可用作花境植物，抗旱性良好。

青葙花（徐正浩摄）

青葙花序（徐正浩摄）

青葙初花期植株（徐正浩摄）

青葙花期植株（徐正浩摄）

154. 凹头苋 *Amaranthus lividus* Linn.

中文异名： 野苋菜、光苋菜

英文名： emarginate amaranth

分类地位： 苋科（Amaranthaceae）苋属（*Amaranthus* Linn.）

形态学鉴别特征： 一年生草本，植株无毛。株高30~50cm。主根明显，细根发达。茎平卧上升，基部分枝，淡绿色或紫红色。子叶椭圆形，长0.8cm，宽0.3cm，先端钝尖，叶基楔形，具短柄。初生叶阔卵形，先端截平，具凹缺，叶基阔楔形，具长柄，后生叶除叶缘略呈波状外，与初生叶相似。叶片卵形或菱状卵形，长1.5~4.5cm，宽1~3cm，顶端凹缺，具1个芒尖，基部宽楔形，全缘或呈波状。叶柄长1~3.5cm。花簇生于叶腋，直至下部叶腋，生在茎端或枝端者呈直立穗状花序或圆锥花序。苞片和小苞片长圆形。花被片3片，膜质，长圆形或披针形，顶端急尖，向内弯曲，黄绿色。雄蕊3枚。柱头2~3个。胞果近扁圆形，略皱缩而近平滑，不开裂。种子黑色，有光泽，边缘具环状边。

生物学特性： 花期7—8月，果期8—10月。喜湿润环境，亦耐旱。为厂矿企业、居住村、公园、苗圃、路旁、荒地常见的杂草。尤以荒地和路边为多。在作物田常形成优势种。

凹头苋花序（徐正浩摄）

凹头苋植株（徐正浩摄）

分布：除内蒙古、宁夏、青海、西藏外，中国广泛分布。日本及欧洲、非洲、北美洲、南美洲也有分布。常生于田野、路埂、宅旁及路旁，发生量大，常形成优势种群。各校区有分布。

景观应用：为茶园、果园、苗圃、庭院伴生棉花、大豆、玉米、烟草、花生、蔬菜的常见草本植物。

155. 土牛膝 *Achyranthes aspera* Linn.

中文异名：倒扣草、倒钩草、倒梗草

英文名：twotooth achyranthes root

分类地位：苋科（Amaranthaceae）牛膝属（*Achyranthes* Linn.）

形态学鉴别特征：多年生草本。株高60~150m。根具分枝。茎直立或披散，四棱形，节膨大，有分枝，被柔毛。叶对生，卵形、倒卵形或椭圆状长圆形，长4.5~10cm，宽1.5~6cm，先端圆钝或急尖，具突尖，全缘，基部楔形。叶上面绿色，下面常呈紫红色，两面密生贴伏柔毛。叶柄长0.5~2cm。穗状花序腋生或顶生，直立，长10~30cm，花序轴密生柔毛。花多数，绿色，开放后反折而贴近花序轴。苞片1片，先端有齿。小苞片2片，刺状，紫红色，基部两侧各有1卵圆形小裂片，长0.6mm。花被片5片，绿色，线形，长5mm，具3条脉。雄蕊5枚，花丝下部合生，退化雄蕊顶端截平，具流苏状长缘毛。花柱长2mm。胞果长卵形。

土牛膝茎（徐正浩摄）

生物学特性：以宿根上芽进行营养繁殖和种子繁殖。花期6—8月，果期10月以后。生于路旁、沟边、果园、苗圃、山坡林缘和茶园等。

土牛膝花序（徐正浩摄）

土牛膝花期植株（徐正浩摄）

分布：中国华东、华南、西南等地有分布。印度、越南、菲律宾、马来西亚等也有分布。各校区有分布。

景观应用：旱地草本植物。

156. 牛膝 *Achyranthes bidentata* Blume

中文异名：怀牛膝、鼓槌草、对节草、牛磕膝、倒扣草

英文名：marjorram green

分类地位：苋科（Amaranthaceae）牛膝属（*Achyranthes* Linn.）

牛膝茎（徐正浩摄）

牛膝花果期植株（徐正浩摄）

形态学鉴别特征：多年生草本。株高70~120cm。根圆柱形，土黄色。茎直立，常具4条棱，有分枝，几无毛，节部膝状膨大，绿色或带紫色。叶对生，卵形至椭圆形，或椭圆状披针形，长5~12cm，宽2~6cm，先端锐尖至渐尖，基部楔形或宽楔

形，两面有柔毛。叶柄长0.5~3cm。穗状花序腋生或顶生，长3~12cm。花后总花梗伸长，花向下折而贴近总花梗。苞片宽卵形，顶端渐尖，小苞片贴生于萼片基部，刺状，基部有卵形小裂片。花被片5片，披针形，长3~5mm，具1条中脉，边缘膜质，绿色。雄蕊5枚，退化雄蕊顶端平圆波状。胞果矩圆形，长1.3~2mm，黄褐色，光滑。

生物学特性：花期7—9月，果期9—11月。生于山坡林下、丘陵及平原的沟边和路旁阴湿处。

分布：除东北外，中国广泛分布。俄罗斯及非洲、东南亚等也有分布。各校区有分布。

景观应用：旱地常见草本植物。

157. 柳叶牛膝 Achyranthes longifolia (Makino) Makino

柳叶牛膝植株1（徐正浩摄）

中文异名：长叶牛膝

分类地位：苋科（Amaranthaceae）牛膝属（*Achyranthes* Linn.）

形态学鉴别特征：多年生草本。株高70~120cm。主根明显。茎披散，多分枝，节稍膨大，疏被柔毛。叶长圆状披针形或宽披针形，长10~18cm，宽2~3cm，先端长渐尖，基部楔形，全缘，两面疏被柔毛。柄长0.2~1cm，被柔毛。花序穗状，顶生及腋生，长2.5~7cm，花序梗被柔毛。苞片卵形，小苞片2片，针状，基部两侧具耳状膜质裂片。花被片5片，披针形，长3mm。雄蕊5枚，花丝基部合生，退化雄蕊方形，顶端具不明显牙齿。胞果近椭圆形，长2~2.5mm。种子长圆形，双凸。

柳叶牛膝植株2（徐正浩摄）

生物学特性：花果期8—11月。生于山坡疏林、路边草丛。

分布：中国华东、华中、华南、西南及陕西等地有分布。玉泉校区、之江校区有分布。

景观应用：湿地、旱地和山地草本植物。

158. 莲子草 Alternanthera sessilis (Linn.) DC.

中文异名：虾钳菜、满天星

英文名：sessile joyweed, dwarf copperleaf

分类地位：苋科（Amaranthaceae）莲子草属（*Alternanthera* Forsk.）

形态学鉴别特征：一年生草本。株高10~50cm。地下根状茎横走，节上生根。茎细长，上升或匍匐，着地生根，绿色或稍带紫色，有2行纵列的白色柔毛，节上密被柔毛。叶对生，椭圆状披针形或披针形，长2.5~6.5cm，宽0.5~2cm，先端急尖或钝，基部渐狭成短柄，全缘或中部呈波状，两面无毛或疏生被毛。头状花序1~4个簇生于叶腋，无总花梗，径3~6mm。苞片及小苞片卵状披针形，长1mm，白色，干膜质。

莲子草花序（徐正浩摄）

莲子草植株（徐正浩摄）

花被片5片，长卵形，长2mm，先端急尖，中脉粗。雄蕊3枚，花丝基部合生成杯状。不育雄蕊三角状钻形，全缘。雌蕊1枚，心皮1个，柱头头状，花柱极短。胞果倒卵形，稍扁平，两侧有狭翅，深棕色。

生物学特性：花期5—9月，果期7—10月。生于水沟、池塘边、田埂及海边等。

分布：中国华东、华中、华南和西南等地有分布。印度、缅甸、越南、马来西亚、菲律宾等也有分布。玉泉校区、之江校区有分布。

景观应用：湿地和旱地草本植物。

159. 粟米草 *Mollugo stricta* Linn.

中文异名：万能解毒草、降龙草、珍珠莲

英文名：carpetweed

分类地位：番杏科（Aizoaceae）粟米草属（*Mollugo* Linn.）

形态学鉴别特征：一年生草本，全体无毛。株高10~30cm。主根不明显，具分枝，细根多。茎铺散，多分枝。基生叶莲座状，倒披针形。茎生叶常3~5片轮生或对生，披针形或条状披针形，长1.5~3cm，宽3~7mm，先端急尖或渐尖。叶柄短或近无柄。花小，黄褐色。二歧聚伞花序顶生或腋生。花梗长2~6mm。萼片5片，宿存，椭圆形或近圆形，长2mm，边缘膜质。无花瓣。雄蕊3枚，花丝基部扩大。子房3室，上位。花柱3个。蒴果卵圆形或近球形，长2mm，3瓣裂。种子多数，肾形，黄褐色，有多数瘤状突起。

生物学特性：花果期8—9月。生于旱耕地、园地、路旁、田边等。

分布：中国华东、华中、华南、西南及陕西等地有分布。日本、印度、斯里兰卡、马来西亚等也有分布。华家池校区、之江校区、玉泉校区有分布。

景观应用：湿地和旱地草本植物。可用作花境植物。

粟米草花果期植株（徐正浩摄）

粟米草植株（徐正浩摄）

粟米草群体（徐正浩摄）

160. 马齿苋 *Portulaca oleracea* Linn.

中文异名：马齿菜、长命菜、马舌菜、酱瓣草、酸菜

英文名：purslane, common purslane, verdolaga, pigweed, little hogweed, pursley, moss rose

分类地位：马齿苋科（Portulacaceae）马齿苋属（*Portulaca* Linn.）

形态学鉴别特征：一年生草本，肉质，光滑无毛。具主根或大分枝。茎多分枝，平卧或斜倚，伏地铺散，圆柱

形，长10~15cm，淡绿色或带暗红色。叶互生，有时近对生，扁平肥厚，肉质，多汁，楔状长圆形或倒卵形，长1.0~2.5cm，宽0.5~1.5cm，先端钝圆，截形或微凹，基部楔形，全缘。叶上面暗绿色，下面淡绿色或带暗红色，中脉微隆起。叶柄粗短。花无梗，径4~5mm，常3~5朵簇生于枝端。总苞片4~5片，三角状卵形。萼片2片，基部与子房合生。花瓣5片，黄色，先端凹，倒卵状长圆形。雄蕊通常8~12枚，长12mm，花药黄色。子房无毛，花柱比雄蕊稍长。柱头4~6裂，线形。蒴果圆锥形，长5mm，盖裂。种子细小，极多，扁圆，黑褐色，有光泽，表面具小疣状突起。

生物学特性：花期6—8月，果期7—9月。性喜肥沃土壤，耐旱亦耐涝，适应性强。生于田间、菜园及路旁等。

分布：广布世界温带和热带地区。各校区有分布。

景观应用：湿地和旱地草本植物。

马齿苋花（徐正浩摄）

马齿苋花期植株（徐正浩摄）

马齿苋植株（徐正浩摄）

161. 繁缕 *Stellaria media* (Linn.) Cyrill.

中文异名：小鸡草

英文名：chickweed

分类地位：石竹科（Caryophyllaceae）繁缕属（*Stellaria* Linn.）

形态学鉴别特征：一年生或二年生草本。株高10~30cm。主根不显，细根多。茎纤细平卧，节上生出多数直立枝，枝圆柱形，茎表一侧有1行短柔毛，其余部分无毛。茎基部节上生不定根。叶对生，卵圆形或卵形，长0.5~2.5cm，宽0.5~2cm，先端急尖或短尖，基部近截形或浅心形，全缘或呈波状，密生柔毛和睫毛。生于基部、茎下部及中部的叶有长柄，向上叶柄变短或近无柄。花单生于枝腋或顶生，或为松散的二歧聚伞花序。花梗细长，花后下垂。萼片5片，外面有白色柔毛和短腺毛，边缘干膜质。花瓣5片，白色，短于萼，2深裂直达基部。雄蕊5枚，花药紫褐色。子房卵圆形，花柱3~4个，扁平。蒴果卵圆形，先端6裂。种子多数，卵圆形，稍扁，黑褐色，长0.5~1mm，表面密生疣状突起。

生物学特性：花期3—5月，果期4—6月。耐阴，喜湿，耐低温，对土壤要求不严。生于田间路旁、溪边草地。

分布：欧亚大陆广布种。各校区有分布。

景观应用：湿地和旱地草本植物。

繁缕花（徐正浩摄）

繁缕植株（徐正浩摄）

162. 雀舌草　Stellaria uliginosa Murr.

中文异名：滨繁缕
分类地位：石竹科（Caryophyllaceae）繁缕属（Stellaria Linn.）
形态学鉴别特征：一年生草本。全株无毛。株高10~20cm。主根不明显，细根多。茎单出或成簇，基部平卧，上部直立，有多数疏散的分枝，常四棱形，有时略带紫色。叶匙状长卵状披针形，长0.5~1.5cm，宽0.2~0.5cm，先端尖，基部渐狭，全缘或呈微波状。叶无柄或近于无柄。二歧聚伞花序顶生，有时花单生于叶腋。花梗纤细，花后下垂。萼片5片，披针形，先端急尖，边缘膜质。花瓣5片，白色，狭椭圆形，2深裂几达基部，与萼近等长或比萼片稍短。雄蕊5~10枚，长为花瓣的1/2。子房卵圆形，花柱3个，短线形。蒴果卵圆形，与宿萼近等长或比宿存萼长，成熟时先端6瓣裂。种子圆肾形，0.3~0.5mm，表面具皱纹状疣状突起。

雀舌草花（徐正浩摄）

雀舌草花期植株（徐正浩摄）

生物学特性：花期4—5月，果期6—7月。生于田间、路边及山脚溪旁阴湿处。
分布：广布北半球温带地区。各校区有分布。
景观应用：湿地和旱地草本植物。可用作花境植物。

163. 鹅肠菜　Myosoton aquaticum (Linn.) Moench

中文异名：牛繁缕、鹅儿肠
英文名：aquatic malachium
分类地位：石竹科（Caryophyllaceae）鹅肠菜属（Myosoton Moench）
形态学鉴别特征：多年生草本。株高30~80cm。主根不显，分枝多，根尖部细根发达。茎自基部分枝，有棱，带紫红色，先端渐向上，柔弱，下部伏地生根，上部渐直立，生白色短柔毛。叶对生。基生叶片小，卵状心形，有明显叶柄。上部叶较大，卵形或宽卵形，长1~4cm，宽0.5~2cm，先端锐尖，基部近心形并稍抱茎，全缘，无柄。聚伞花序生于枝端或单生于叶腋。花梗长1~2cm，花后下垂。萼片5片，卵状披针形，基部稍连合，外面有短柔毛。花瓣白色，5片，与萼片互生，顶端2深裂达基部，裂片长圆形，稍短于萼。雄蕊10枚，短于花瓣。花柱5个，丝状。蒴果卵形或长圆形，长于宿存萼片，成熟时5瓣裂。种子多数，圆肾形，略扁，长1cm，深褐色，表面有疣状突起。
生物学特性：花期4—5月，果期5—6月。生于田间、路旁草地、山野或阴湿处。
分布：广布世界温带及亚热带地区。各校区有分布。

鹅肠菜花（徐正浩摄）

鹅肠菜花期植株（徐正浩摄）

景观应用：旱地和湿地常见草本植物。

164. 球序卷耳 *Cerastium glomeratum* Thuill.

中文异名：粘毛卷耳、婆婆指甲菜
英文名：sticky chickweed
分类地位：石竹科（Caryophyllaceae）卷耳属（*Cerastium* Linn.）
形态学鉴别特征：一年生或二年生草本。全株密生长柔毛。株高10~25cm。根具分枝，细根多。茎单生或丛生，直立，下部紫红色，上部绿色，有腺毛混生，节间长2~3cm，向上逐渐伸长。叶对生。下部叶片倒卵状匙形，基部渐狭成短柄，略抱茎。上部叶片卵形至长圆形，长1~2cm，宽0.5~1.2cm，先端钝或略尖，基部近无柄，全缘，两面密生柔毛，主脉明显。二歧聚伞花序顶生，幼时密集成球状。花梗纤细，长1~3mm，花后伸长，与总花梗均密被长腺毛。基部有叶状苞片，卵状椭圆形，绿色，有腺毛。萼片5片，披针形，长3~4mm，上部密生长腺毛，边缘膜质。花瓣5片，白色，狭椭圆形，长于萼片，先端2浅裂，基部被柔毛。雄蕊10枚，花药黄色，短于萼片。子房圆卵形，花柱5个，短线形。蒴果圆柱形，长超过宿萼近1倍，顶端10齿裂。种子略呈三角形，径0.5mm，淡褐色，具疣状突起。
生物学特性：花期4月，果期5月。喜生于干燥疏松的土壤。生于旱耕地、路边、荒地及山坡草丛中。
分布：中国华东、华中、华南等地有分布。俄罗斯、印度也有分布。各校区有分布。
景观应用：湿地和旱地常见草本植物。

球序卷耳花序（徐正浩摄）

球序卷耳植株（徐正浩摄）

165. 漆姑草 *Sagina japonica* (Sw.) Ohwi

中文异名：瓜槌草、腺漆姑草、日本漆姑草
分类地位：石竹科（Caryophyllaceae）漆姑草属（*Sagina* Linn.）
形态学鉴别特征：一年生或二年生草本。株高5~15cm。分枝根粗壮，密布细根。茎由基部分枝，丛生状，稍铺散，无毛或上部疏生短柔毛。叶对生，线形，长5~15mm，宽0.5~1mm，基部有薄膜并连成短鞘状，具1条脉，无毛。花小，单生于上部叶腋。花梗细长，直立，长1~2.5cm，疏生腺毛。萼片5片，卵形至长卵形，长2mm，先端渐尖，边缘膜质，外面疏生腺毛。花瓣5片，白色，卵形，全缘，稍短于萼片。雄蕊5枚，比花萼短。子房卵圆形。花柱5个，短线形。蒴果广卵形，稍长于宿存的萼片，长1~1.5mm，成熟时5瓣裂开。种子多数，细小，圆肾形，径0.3~0.5mm，褐色，表面密生成行的乳头状疣状突起。
生物学特性：花期4—5月，果期5—6月。耐瘠，抗旱。生于田间、苗圃、路旁、沟边等。
分布：中国长江流域、黄河流域及东北等地有分布。俄罗斯、东南亚等也有分布。各校区有分布。
景观应用：湿地和旱地草本植物。

漆姑草花（徐正浩摄）

漆姑草植株（徐正浩摄）

166. 无心菜 *Arenaria serpyllifolia* Linn.

中文异名：鹅不食草、蚤缀、卵叶蚤缀
英文名：creeping thymeleaved sandwort, serpoletleaf sandwort
分类地位：石竹科（Caryophyllaceae）无心菜属（*Arenaria* Linn.）
形态学鉴别特征：一年生或二年生草本。全株被白色短柔毛。株高10~30cm。细根多。茎丛生，叉状分枝，基部匍匐，上部直立，节间长1~3cm，密生倒毛。叶小，对生，卵形或倒卵形，长3~7mm，宽2~4mm，先端渐尖，基部近圆形，具缘毛，两面疏生柔毛和细乳头状腺毛。无柄。聚伞花序疏生枝端。苞片和小苞片叶状。花梗纤细，直立，长6~12mm。萼片5片，有明显的3条脉，倒卵形，边缘膜质。花瓣5片，白色，倒卵形，全缘，长为萼片的1/3~1/2。雄蕊10枚，2轮，与花瓣近等长。子房卵球形，花柱3个，线形。蒴果卵球形，稍长于宿存萼片，成熟时顶端6裂。种子细小，肾形，淡褐色，径0.6mm，表面密生细小的疣状突起。
生物学特性：花期4—5月，果期5—6月。常生于田野、路旁、荒地、庭院、旱地及山坡草丛。
分布：中国广布。亚洲其他国家、欧洲也有分布。玉泉校区、之江校区有分布。
景观应用：旱地草本植物。

无心菜茎叶（徐正浩摄）

无心菜花（徐正浩摄）

无心菜花果期植株（徐正浩摄）

167. 石竹 *Dianthus chinensis* Linn.

中文异名：洛阳花
分类地位：石竹科（Caryophyllaceae）石竹属（*Dianthus* Linn.）
形态学鉴别特征：多年生草本。全株无毛，带粉绿色。株高30~50cm。直根系。茎直立，疏丛生，光滑无毛或有时被疏柔毛。叶线状披针形，长3~7cm或更长，宽4~8mm，先端渐尖，基部稍窄，全缘或具微齿。叶具3条脉，主脉明显。花单生或呈聚伞花序。花梗长1~3cm。苞片4~6片，卵形，长渐尖，长达花萼的1/2以上。花萼圆筒形，长15~25mm，径4~5mm，具纵纹，萼齿5个，披针形，长5mm，先端尖。花瓣5片，瓣片倒卵状三角形，长13~15mm，紫红、粉红、鲜红或白色，先端不整齐齿裂，喉部具斑纹，疏生髯毛。雄蕊10枚，贴生子房基部。子房长圆形。花柱2个，线形。蒴果圆筒形，包于宿存萼内，顶端4裂。种子黑色，扁圆形，径1.5~2mm，边缘有狭翅。
生物学特性：花期5—7月，果期8—9

石竹花（徐正浩摄）

石竹植株（徐正浩摄）

月。生于田边、路旁、草丛等。
分布：原产于中国。各校区有分布。
景观应用：观赏花卉。常用作花境植物。

168. 金鱼藻 *Ceratophyllum demersum* Linn.

中文异名：松藻
英文名：hornwort, rigid hornwort, coontail, coon's tail
分类地位：金鱼藻科（Ceratophyllaceae）金鱼藻属（*Ceratophyllum* Linn.）
形态学鉴别特征：多年生沉水草本。根系深长，具分枝。茎长40~150cm，平滑，具分枝。叶4~12片轮生，1~2回2叉状分歧，裂片丝状，或丝状条形，长1.5~2cm，宽1~4mm，先端带白色软骨质，边缘仅一侧有数细齿。花径1.5~2.5mm。苞片9~12片，条形，长1.5~2mm，浅绿色，透明，先端有3齿及带紫色毛。雄蕊10~16枚，微密集，花丝极短，花隔附属体上有2个短刺尖。子房卵形。雌蕊1枚。花柱宿存，钻状。坚果宽椭圆形，长4~5mm，宽2mm，黑色，平滑，边缘无翅，有3刺，顶生刺（宿存花柱）长8~10mm，先端具钩，基部2刺向下斜伸，长4~7mm，先端渐细成刺状。
生物学特性：花期6—7月，果期8—10月。群生于淡水池塘、水沟、稳水小河、温泉流水及水库中。
分布：世界广布种。各校区水域有分布。
景观应用：富营养化水域生物修复常用沉水植物。

金鱼藻茎叶（徐正浩摄）

金鱼藻植株（徐正浩摄）

169. 天葵 *Semiaquilegia adoxoides* (DC.) Makino

中文异名：千年耗子屎、老鼠屎草、夏无踪
分类地位：毛茛科（Ranunculaceae）天葵属（*Semiaquilegia* Makino）
形态学鉴别特征：多年生草本。株高10~25cm。块根椭圆形或纺锤形，棕黑色，断面白色。茎丛生，上部具分枝，疏被白色柔毛。基生叶多数，掌状3出复叶。小叶扇状菱形或倒卵状菱形，长1.5~3cm，宽1~2.5cm，3深裂，边缘疏生粗齿，两面无毛。叶柄长5~7cm，基部扩大成鞘。茎生叶较小。花小，径3~5mm。花梗纤细，长1~2.5cm，被伸展的白色短毛。萼片白色或淡紫色，狭椭圆形，长4~6mm，宽1~2mm，先端急尖。花瓣匙形，长3mm，先端近截形，基部囊状。退化雄蕊2枚，线状披针形，白膜质，与花丝近等长。雄蕊8~14枚，花药椭圆形。心皮3~5个，花柱短。蓇葖果卵状长椭圆形，表面具突起的横向脉纹。种子卵状椭圆形，表面有许多小瘤状突起。
生物学特性：花期3—4月，果期4—5月。生于山坡旱地、园区、林缘、路旁、沟边及阴湿处。
分布：中国东北、中国华

天葵花（徐正浩摄）

天葵花果期植株（徐正浩摄）

东、华中、华南、西南等地有分布。日本也有分布。各校区有分布。
景观应用：湿地或旱地草本植物。

170. 毛茛 *Ranunculus japonicus* Thunb.

毛茛花（徐正浩摄）

毛茛植株（徐正浩摄）

中文异名：老虎脚底板
英文名：Japan buttercup
分类地位：毛茛科（Ranunculaceae）毛茛属（*Ranunculus* Linn.）
形态学鉴别特征：多年生草本。株高20~60cm。根粗壮，具多数簇生须根。茎直立，中空，有槽，具分枝，被伸展或贴伏的白色柔毛。基生叶为单叶，多数，五角形或三角状肾圆形，长3~6cm，宽5~8cm，掌状3深裂，但不达基部，中央裂片宽菱形或倒卵圆形，3浅裂，边缘疏生锯齿，侧生裂片不等2裂，两面贴生柔毛，柄长15cm，被开展柔毛。茎下部叶与基生叶相似，渐向上叶柄变短，叶片变小，最上部呈线形，全缘，无柄。花单生或聚生成稀疏的花簇，花径2cm。花梗长可达8cm，贴生柔毛。萼片5片，椭圆形，长5mm，绿色，生白色柔毛。花瓣5片，黄色，有光泽，倒卵圆形，长6~11mm，宽4~8mm，基部蜜腺有鳞片。雄蕊多数。花药长1.5mm。花托短小，无毛。心皮多数，离生。子房内有1个胚珠。聚合果近球形，径3.5~5mm。瘦果卵球形，扁平。
生物学特性：花期3—5月。生于田野、湿地、路边、沟边、山坡及阴湿的草丛中。
分布：中国广布。各校区有分布。
景观应用：湿地和旱地草本植物。

171. 禺毛茛 *Ranunculus cantoniensis* DC.

分类地位：毛茛科（Ranunculaceae）毛茛属（*Ranunculus* Linn.）
形态学鉴别特征：多年生草本。株高20~70cm。须根簇生。茎直立，中空，上部具分枝，与叶柄均密生开展的黄白色糙毛。3出复叶，变异大。基生叶和下部叶宽卵形，长3~6cm，宽3~8cm，具长柄，小叶片卵形至宽卵形，宽2~4cm，2~3中裂，或不裂，小叶的末回裂片倒卵形或卵形，边缘密生细锯齿，先端急尖，两面贴生糙毛，小叶柄长1~2cm，侧生小叶柄短。上部叶渐小，3全裂，或有短柄。花生于茎和分枝的顶端，花梗长2~5cm，与萼片均生糙毛。萼片卵形，长3mm，开展。花瓣5片，黄色，有光泽，卵圆形，长5mm，宽3mm，基部渐狭，蜜槽上有倒卵形的小鳞片。雄蕊多数，花药长1mm。花托长圆形，生白色短毛。心皮多数，无毛。聚合果球形，径1cm。瘦果扁平，无毛，边缘有0.3mm的棱翼，喙基部扁宽，顶端弯钩状，长0.5~1.5mm。
生物学特性：花期4—5月，果期5—6月。生于路边、沟边、田野、湿地等。

禺毛茛花（徐正浩摄）

禺毛茛花期植株（徐正浩摄）

分布：中国广布。各校区有分布。
景观应用：湿地和旱地草本植物。

172. 茴茴蒜 *Ranunculus chinensis* Bunge

中文异名：鸭脚板、蝎虎草
英文名：Chinese buttercup
分类地位：毛茛科（Ranunculaceae）毛茛属（*Ranunculus* Linn.）
形态学鉴别特征：多年生草本。株高15~40cm。须根多数簇生。茎直立，多分枝，中空，有纵棱，与叶柄均密生开展的淡黄色糙毛。3出复叶。基生叶与下部叶具长柄，宽卵形至三角形，长2.5~7cm，先端尖，两面伏生糙毛，中间小叶具长柄，3深裂，末回裂片条状或倒披针形，上部边缘疏生不规则锯齿，侧生小叶具短柄，不等2~3裂。上部小叶渐变小，叶柄短。花序有较多疏生的花。花梗有糙毛。萼片5片，狭卵形，长4mm，外面被柔毛。花瓣5片，宽卵圆形，与萼片近等长或比萼片稍长，黄色，基部有短爪，蜜槽有卵形的小鳞片。雄蕊多数。花托在果期伸长，圆柱形，长可达1cm，密被白短毛。心皮多数，无毛。聚合果长圆形，径8mm。瘦果扁平，长3mm，宽2mm，无毛，边缘有宽0.2mm的棱，喙极短，呈点状。

茴茴蒜花（徐正浩摄）

生物学特性：花期4—6月，果期5—7月。生于溪边或湿草地。
分布：中国华东、华中、东北、西北、西南等地有分布。朝鲜、日本、俄罗斯、印度、尼泊尔也有分布。各校区有分布。

茴茴蒜果实（徐正浩摄）

茴茴蒜花期植株（徐正浩摄）

景观应用：湿地和旱地草本植物。

173. 扬子毛茛 *Ranunculus sieboldii* Miq.

中文异名：西氏毛茛
分类地位：毛茛科（Ranunculaceae）毛茛属（*Ranunculus* Linn.）
形态学鉴别特征：多年生草本。株高20~30cm。须根簇生。茎铺散，斜生，下部匍匐，节上生根，多分枝，密生伸展的白色或黄色柔毛。3出复叶。基生叶与茎生叶相似。宽卵形至圆肾形，长2~5cm，宽3~6cm，基部心形，背面疏被柔毛。中央小

扬子毛茛花（徐正浩摄）

扬子毛茛果期植株（徐正浩摄）

扬子毛茛植株（徐正浩摄）

叶宽卵形或菱状卵形，3浅裂至深裂，裂片上部边缘疏生锯齿，具长或短柄。侧生小叶较小，不等2裂。叶柄长2~5cm。单花与叶对生，具长梗。萼片5片，反曲，狭卵形，长4mm，外面疏被柔毛。花瓣5片，黄色，狭椭圆形，长达7mm，宽4mm，蜜槽上有小鳞片。雄蕊多数，长2mm。花托粗短，密生白柔毛。心皮多数。聚合果圆球形，径1cm。瘦果扁平，无毛，边缘有宽棱，果喙短钩状。

生物学特性：花期4—5月，果期5—10月。生于旱地、草坪、湿地、溪边或林边阴湿处。

分布：中国华东、华中、华南、西南等地有分布。日本也有分布。各校区有分布。

景观应用：湿地及旱地地被植物。

174. 刺果毛茛 *Ranunculus muricatus* Linn.

刺果毛茛花（徐正浩摄）

刺果毛茛果实（徐正浩摄）

刺果毛茛植株（徐正浩摄）

分类地位：毛茛科（Ranunculaceae）毛茛属（*Ranunculus* Linn.）

形态学鉴别特征：一年生草本。全体近莲座状。株高10~30cm。须根系，具分枝。茎自基部分枝，斜生。叶近圆形，长与宽均为2~5cm，先端钝，基部截形。3中裂至深裂，裂片边缘缺刻状浅裂。叶柄长2~9cm，基部有膜质鞘。花与叶对生。萼片长椭圆形，长5~6mm，带膜质，有时被柔毛。花瓣5片，黄色，狭倒卵形或宽卵形，长5~10mm，先端圆，基部渐狭成爪，蜜槽有小鳞片。花丝长圆形，长2mm。花托疏生柔毛。聚合果球形，径0.8~1.2cm。瘦果扁平，椭圆形，长5mm，宽3mm，边缘有棱翼，两面各生弯刺，有疣毛，喙长2mm，顶端稍弯。种子长1~1.5mm。

生物学特性：花期3—5月，果期5—6月。生于路旁、田边、湿地、草丛。

分布：中国华东、华南有分布。各校区有分布。

景观应用：湿地和旱地草本植物。

175. 小毛茛 *Ranunculus ternatus* Thunb.

中文异名：猫爪草

分类地位：毛茛科（Ranunculaceae）毛茛属（*Ranunculus* Linn.）

形态学鉴别特征：一年生草本。株高5~17cm。须根纤维状簇生，或基部粗厚呈纺锤形或近球形，少数有根状茎。茎直立、斜生或匍匐，细弱，无毛或几无毛，多分枝。基生叶丛生，具长柄，单叶或3出复叶，叶片长0.5~1.7cm，宽0.5~1.5cm，3浅裂至3深裂，无毛。茎生叶多无柄，较小，全裂或细裂。花单生于茎或分枝顶端。萼片5片，绿色，长3mm，外被疏生柔毛。花瓣5~7片或更多，黄色，卵形，长6mm，基部具袋状蜜槽。雄蕊和心皮均为多数。聚合果近球形，径5mm。瘦果卵球形，无毛，边缘有纵肋，喙细短。

生物学特性：花期3—4月，果期4—7月。喜温暖湿润气候。生于丘陵、旱坡、田埂、路旁、荒地阴湿处。

分布：中国华东、华中、西南、华南等地有分布。各校区有分布。

景观应用：湿地和旱地草本植物。

小毛茛花（徐正浩摄）

小毛茛花期植株（徐正浩摄）

176. 石龙芮 *Ranunculus sceleratus* Linn.

中文异名：水虎掌草

英文名：poisonous buttercup herb, cursed buttercup, celery-leaved buttercup

分类地位：毛茛科（Ranunculaceae）毛茛属（*Ranunculus* Linn.）

形态学鉴别特征：一年生或二年生草本。株高15~50cm。须根簇生。茎直立，粗壮，上部多分枝，无毛或疏生柔毛。基生叶和下部叶具长柄，长3~13cm，肾状圆形至宽卵形，长1~3cm，宽1~3.5cm，基部心形，3~5掌状深裂，中央裂片菱状倒卵形，2浅裂，侧生裂片3~4浅裂，无毛。上部叶具短柄或近无柄，3全裂，裂片狭长，全缘，无毛，基部扩大成膜质宽鞘。聚伞花序具较多小花，径5mm，多生枝顶。萼片5片，淡绿色，长3mm，外被短柔毛。花瓣5片，狭倒卵形，黄色，与萼片等长，基部具短爪，基部蜜槽无鳞片。雄蕊多数，花药长0.2mm。花托在果期伸长增大成圆柱形，长5~8mm，径1~3mm，被短柔毛。心皮多数，分离。聚合果长圆形，长1cm，为宽的2~3倍。瘦果倒卵形，黄绿色，扁平，无毛，两侧有皱纹，喙极短，近点状，长0.1~0.2mm。

生物学特性：花期3—5月，果期5—7月。生于湿地、沟边及稻田边。

分布：中国各地有分布。欧洲、亚洲、北美洲的亚热带至温带地区广布。各校区有分布。

景观应用：湿地和旱地草本植物。

石龙芮花（徐正浩摄）

石龙芮植株（徐正浩摄）

177. 千金藤 *Stephania japonica* (Thunb.) Miers

分类地位：防己科（Menispermaceae）千金藤属（*Stephania* Lour.）

形态学鉴别特征：多年生草质或近木质缠绕藤本。块根粗长。根圆柱状，皮暗褐色，内面黄白色。小枝细弱而韧，表面有细槽，老茎木质化，圆柱形。叶草质或纸质，盾状着生，阔卵形，长4~8cm，宽4~7cm，顶端钝，基部近截形或圆形，全缘，上面深绿色，有光泽，背面粉白色，两面无毛，有时沿叶脉有细毛，掌状脉7~9条。叶柄盾状着生，长5~10cm，有细条纹。花序伞状至聚伞状，腋生。总花梗长2~3cm，无毛。花小，黄绿色。雄花萼片6~8片，卵形或倒卵形，花瓣3~5片，卵形，长为萼片的1/2，花丝连合或柱状体，雄蕊6枚，合生，环列于柱状体的

千金藤果实（徐正浩摄）

千金藤花果期植株（徐正浩摄）

千金藤果期植株（徐正浩摄）

顶部。雌花萼片和花瓣3~5片，子房上位，卵圆形，花柱3~6裂，外弯。核果球形，径6mm，熟时红色，内果皮坚硬，扁平马蹄形，背部有小疣状突起。

生物学特性： 花期5—6月，果期8—9月。生于山坡溪畔、路旁、疏林草丛中。

分布： 中国长江流域以南各地有分布。日本、印度也有分布。各校区有分布。

景观应用： 缠绕攀缘植物。

178. 金线吊乌龟 *Stephania cepharantha* Hayata

中文异名： 头花千金藤、金线吊鳖、白首乌

分类地位： 防己科（Menispermaceae）千金藤属（*Stephania* Lour.）

形态学鉴别特征： 多年生缠绕、草质、落叶、无毛藤本。块根团块状或近圆锥状，褐色，皮孔突起。小枝紫红色，纤细。叶三角状扁圆形或近圆形，长2~6cm，宽2.5~6.5cm，先端具小凸尖，基部圆或近平截。掌状脉7~9条，向下的纤细。叶柄细，长1.5~7cm。雌雄花序头状，具盘状托，雄花序梗丝状，常腋生，组成总状，雌花序梗粗，单生于叶腋。雄花萼片4~8片，匙形或近楔形，长1~1.5mm。花瓣3~4片，稀6片，近圆形或宽倒卵形，长0.5mm，聚药雄蕊短。雌花萼片1~5片，长0.8mm。花瓣2~4片，肉质，比萼片小。核果宽倒卵圆形，长6.5mm，红色。果核背部两侧各具10~12条小横肋状雕纹，胎座迹常不穿孔。种子常弯，种皮薄。

生物学特性： 花期6—7月，果期8—9月。生于山坡、林缘、路边、沟溪旁等。

分布： 中国长江以南各地有

金线吊乌龟花序（徐正浩摄）

金线吊乌龟果实（徐正浩摄）

金线吊乌龟植株（徐正浩摄）

分布。亚洲其他国家和美洲也有分布。紫金港校区、之江校区有分布。

景观应用： 攀缘植物。

179. 木防己 *Cocculus orbiculatus* (Linn.) DC.

中文异名： 土木香、白木香

分类地位： 防己科（Menispermaceae）木防己属（*Cocculus* DC.）

形态学鉴别特征： 草质或近木质缠绕性藤本。根为不整齐的圆柱形，粗长，外皮黄褐色，有明显纵沟，质坚硬。茎木质化，纤细而韧，上部分枝表面有纵棱纹，小枝有纵线纹和柔毛。叶互生，纸质，卵形、宽卵形或卵状长圆形，长4~14cm，宽2.5~6cm，先端形多变化，基部圆形、楔形或心形，全缘或微波状，两面被短柔毛，老时上面毛脱落，下面毛仍较密。中脉明显，侧脉1~2对。叶柄长1~3cm，表面有纵棱，被细柔毛。花单性异株。聚伞花序排成圆锥状，腋生或顶生。花小，黄绿色，有短梗。雄花萼片6片，2轮排列，外轮萼片较小，长1~1.5cm，内轮萼片较大，花瓣6片，先端2裂，基部两侧耳状，内折，雄蕊6枚，与花瓣对生，分离。雌花序短，花数少，萼片和花瓣与雄花相同，有退化雄蕊6枚，心皮6个，离生，子房三角状卵形。核果近球形，蓝黑色，径0.6~0.8cm，被白粉。外果皮膜质，中果皮肉质，内果皮坚硬，扁马蹄形，两侧有小横纹突起。

生物学特性： 花期5—8月，果期8—9月。生于丘陵、山坡、路边、灌丛及疏林中。

分布： 中国华南、西南、华东、华北及东北有分布。亚洲东部其他国家、亚洲南部及夏威夷群岛也有分布。各校区有分布。

景观应用： 攀缘植物。

木防己花期植株（徐正浩摄）

木防己果期植株（徐正浩摄）

180. 博落回 *Macleaya cordata* (Willd.) R. Br.

中文异名： 山火筒、喇叭竹、空洞草

英文名： pink plumepoppy herb

分类地位： 罂粟科（Papaveraceae）博落回属（*Macleaya* R. Br.）

形态学鉴别特征： 多年生大型草本。株高80~150cm。根茎粗大，橙红色。茎直立，中空，呈灌木状，光滑，绿色，有时带红紫色，被白粉。单叶互生，宽卵形或近圆形，长5~30cm，宽5~25cm，7~9浅裂，边缘波状或具波状牙齿，下面被白粉和灰白色细毛。叶柄长2~15cm。圆锥花序长14~30cm，具多数小花。花两性。萼片2片，黄白色，有时稍带红色，有膜质边缘，开花期脱落。无花瓣。雄蕊20~36枚，花丝丝状。花药线形。黄色，长3mm，与花丝近等长。子房狭长椭圆形或倒卵形，花柱短，柱头2裂，肥厚。蒴果倒披针形或倒卵形，长8~18mm，宽5mm，外被白粉。种子褐色，长圆形，长2mm，表面具网纹。

博落回果实（徐正浩摄）

博落回果期植株（徐正浩摄）

生物学特性：花期6—8月，果期10月。喜温暖湿润环境，耐寒，耐旱。对土壤要求不严，但以肥沃的沙壤土和黏壤土生长较好。生于低山草地、丘陵、山麓及郊野。

分布：中国长江中下游流域有分布。日本也有分布。紫金港校区、之江校区有分布。

景观应用：湿地和旱地高大草本植物。

181. 刻叶紫堇 *Corydalis incisa* (Thunb.) Pers.

中文异名：紫花鱼灯草

分类地位：罂粟科（Papaveraceae）紫堇属（*Corydalis* DC.）

形态学鉴别特征：一年生或多年生草本。株高15~30cm。根茎狭椭圆体或倒圆锥形，长1~1.5cm，径5mm，周围密生须根。茎多数簇生，具分枝。叶基生与茎生，具长柄。基生叶叶柄基部稍膨大成鞘状，羽状全裂，1回裂片2~3对，具细柄，2~3回裂片倒卵状楔形，不规则羽状分裂，小裂片先端具2~5细缺刻。总状花序长3~12cm，具花9~26朵。苞片卵状菱形或楔形，1~2回羽状深裂，末回裂片狭披针形或钻形，花梗长5~12mm。萼片2片，极小，边缘撕裂。花瓣蓝紫色，上花瓣连距长1.5~2cm，边缘具小波状齿，先端微凹，具小短尖，与下花瓣背部均具明显的鸡冠突起，距圆筒形，长8~10mm，略长于瓣片，蜜腺体长2mm，下花瓣的瓣片平展，瓣柄与瓣片近等宽，基部具囊状突起，内花瓣狭小，先端内面暗紫色，瓣柄与上花瓣边缘连合。子房线形，柱头2裂，边缘具小瘤状突起。蒴果线形，长1.5~2cm，宽2mm，成熟后下垂，弹裂。种子黑色，多数，扁圆球形，长2mm，宽1.8mm。

刻叶紫堇羽状复叶（徐正浩摄）

刻叶紫堇花序（徐正浩摄）

刻叶紫堇花果期植株（徐正浩摄）

生物学特性：花期3—4月，果期4—5月。生于山坡林下、沟边草丛中或石缝、墙角边。

分布：中国华东、华中及陕西等地有分布。日本也有分布。各校区有分布。

景观应用：地被植物。

182. 伏生紫堇 *Corydalis decumbens* (Thunb.) Pers.

伏生紫堇花（徐正浩摄）

中文异名：夏无天、野元胡

分类地位：罂粟科（Papaveraceae）紫堇属（*Corydalis* DC.）

形态学鉴别特征：二年生草本。株高15~40cm。块茎状根近球形或稍长，具匍匐茎，无鳞叶。茎多数，不分枝，具2~3叶。叶2回3出，小叶倒卵圆形，全缘或深裂，裂片卵圆形或披针形。总状花序具3~10朵花。苞片卵圆形，全缘，长5~8mm。花梗长10~20mm。花近白至淡粉红或淡蓝色，外花瓣先端凹缺，具窄鸡冠状突起。上花瓣长14~17mm，瓣片稍上弯。距稍短于瓣片，渐窄，平直或稍上弯。蜜腺占距长的1/3~1/2，下花瓣宽匙形，无基生小囊。内花瓣鸡冠状突起伸出顶端。蒴果线形，稍扭曲，长13~18mm，种子6~14粒。种子具龙骨状突起及泡状小突起。

生物学特性：花期3—4月，果期5月。生于低山坡林缘、山谷阴湿处、草丛、山脚沟溪边、湿地等。

分布：中国华东、华中等地有分布。日本也有分布。紫金港校区、玉泉校区、之江校区有分布。

景观应用：可用作花境植物。

伏生紫堇生境植株（徐正浩摄）

伏生紫堇花期植株（徐正浩摄）

183. 紫堇 *Corydalis edulis* Maxim.

中文异名：楚葵、蜀堇

分类地位：罂粟科（Papaveraceae）紫堇属（*Corydalis* DC.）

形态学鉴别特征：一年生或二年生草本。株高15~30cm。具细长直根。茎稍肉质，呈红紫色，自基部分枝。叶基生与茎生，具柄，三角形，长5.5~11cm，2~3回羽状全裂。1回裂片3~4对，2~3回裂片倒卵形，不等地羽状分裂，末回裂片狭倒卵形，先端钝。总状花序长4~9.5cm，具花6~10朵。苞片卵形或狭卵形，长4~5mm，全缘，先端急尖或骤尖。花梗长2~4mm。萼片2片，膜质，微红色，宽卵形，边缘撕裂状。花瓣淡蔷薇色至近白色，上花瓣连距长1.4~1.8cm，瓣片先端扩展，微下凹，无小短尖，背面与下花瓣背面均具有龙骨状隆起，距圆柱形，蜜腺体长3~3.5mm，下花瓣具瓣柄，柄与瓣片近等长，基部具浅囊状突起，内花瓣狭小，先端内面深红色，瓣柄与瓣片近等长。子房线形，柱头宽扁，与花柱成下字形着生。蒴果线形，

紫堇羽状复叶（徐正浩摄）

紫堇花序（徐正浩摄）

紫堇植株（徐正浩摄）

长2.5~3cm，宽1.5~2mm。种子黑色，扁球形，长1.2~1.6mm，宽0.6~0.8mm，表面密布环状排列的小凹点。

生物学特性：花期3—4月，果期4—5月。生于荒山坡、宅旁隙地或墙头屋檐上。

分布：中国华东、华中、西南和陕西有分布。紫金港校区、玉泉校区、之江校区有分布。

景观应用：可用作花境植物。

184. 小花黄堇 *Corydalis racemosa* (Thunb.) Pers.

中文异名：山黄堇

分类地位：罂粟科（Papaveraceae）紫堇属（*Corydalis* DC.）

小花黄堇（徐正浩摄）

小花黄堇果实（徐正浩摄）

小花黄堇植株（徐正浩摄）

形态学鉴别特征： 一年生草本。株高10~40cm。具细长直根。茎具分枝。叶基生与茎生。基生叶具长柄。叶片三角形，长3~12cm，2~3回羽状全裂，1回裂片3~4对，2回裂片卵形或倒卵形，浅裂或深裂，末回裂片狭卵形至宽卵形或线形，先端钝或圆形。总状花序长1.5~7cm，具花9~26朵。苞片卵状菱形或楔形，长2~5mm，1~2回羽状深裂，末回裂片狭披针形或钻形，花梗长3~12cm。萼片小，狭卵形，先端尖。花瓣淡黄色，上花瓣连距长6~9mm，瓣片先端钝，稍突尖，与下花瓣背部均稍隆起，距囊状，长1~2mm，末端圆形，蜜腺体长1mm，下花瓣具瓣柄，柄略长于花瓣，内花瓣狭小，瓣柄短于花瓣。子房线形，柱头椭圆形，2浅裂，具小瘤状突起。蒴果线形，长2~3.5cm，宽1.5~2mm。种子黑色，扁球形，长1mm，表面密生小圆锥状突起。

生物学特性： 花期3—4月，果期4—5月。生于路边石缝、墙缝，沟边阴湿处及林下等。

分布： 中国华东、华中、华南及陕西等地有分布。日本也有分布。紫金港校区、玉泉校区、之江校区有分布。

景观应用： 可用作景观地被植物。

185. 菥蓂 *Thlaspi arvense* Linn.

中文异名： 遏蓝菜

分类地位： 十字花科（Cruciferae）菥蓂属（*Thlaspi* Linn.）

形态学鉴别特征： 一年生草本。株高10~60cm。分枝根多。茎直立，无毛，不分枝或分枝，具纵棱。基生叶倒卵状长圆形，先端钝圆，近全缘，有柄。茎生叶长圆状披针形或倒披针形，长2.5~7cm，宽0.5~2.5cm，先端钝或稍尖，基部心形或箭形，抱茎，边缘具疏齿。总状花序顶生和腋生，花后伸长可达20cm。萼片长圆形或近披针形，长2mm。花瓣长圆形，长2.5~4mm，宽1~1.5mm，先端圆钝或微凹。短角果扁平，近圆形或倒宽卵形，长7~18mm，宽5~13mm，顶端微凹，边缘具宽3mm的翅。每室有种子5~10粒。种子卵形，黑褐色，稍扁平，长2mm，表面有多轮向心的环纹。

生物学特性： 花期3—4月，果期5—6月。生于旱耕地、路边、荒地等。

分布： 几遍中国。之江校区有分布。

景观应用： 可用作地被植物。

菥蓂花序（徐正浩摄）

菥蓂植株（徐正浩摄）

186. 荠 *Capsella bursa-pastoris* (Linn.) Medic.

中文异名：荠菜

英文名：shepherdspurse

分类地位：十字花科（Cruciferae）荠属（*Capsella* Medic.）

形态学鉴别特征：一年生或二年生草本。株高10~50cm。根系浅，具分枝，须根不发达。茎直立，绿色，单一或基部分枝，具白色单一、叉状分枝或星状的细绒毛。基生叶丛生，平铺地面，莲座状，大头羽状分裂、深裂或不整齐羽裂，有时不分裂，长2~8cm，宽0.5~2.5cm，顶端裂片大，侧裂片3~8对，长三角状长圆形或卵形，向前倾斜，柄有狭翅。茎生叶叶片长圆形或披针形，长1~3.5cm，宽2~7mm，先端钝尖，基部箭形，抱茎，边缘具疏锯齿或近全缘。总状花序顶生和腋生，花后伸长可达20cm。花小。萼片长卵形，膜质，近直立，长1~2mm。花瓣白色，倒卵形，有短瓣柄。短角果倒三角状心形，扁平，长5~8mm，宽4~6mm，果瓣无毛，具显著网纹，熟时开裂。种子多数，长椭圆形，长1mm，淡褐色，表面具细小凹点。

生物学特性：花期3—4月，果期6—7月。大多早春返春，随后即开花。种子量很大。早春、晚秋均可见到实生苗。生于潮湿而肥沃的土壤，是菜地、旱地、路边、庭院常见杂草。

分布：广布于世界温暖地区。各校区有分布。

荠花（徐正浩摄）

荠花果序（徐正浩摄）

荠植株（徐正浩摄）

荠生境植株（徐正浩摄）

187. 广州蔊菜 *Rorippa cantoniensis* (Lour.) Ohwi

中文异名：细子蔊菜

英文名：Chinese yellowcress

分类地位：十字花科（Cruciferae）蔊菜属（*Rorippa* Scop.）

形态学鉴别特征：一年生或二年生草本。株高20cm。须根密，细根多。茎分枝或不分枝，直立或铺散状，有时带紫红色。基生叶羽状深裂，长2~5cm，宽0.5~1.5cm，裂片4~6对，顶裂片较大，边缘具缺刻状齿，具柄。茎生叶羽状浅裂，裂片2~5对，卵状披针形，顶裂片大，边缘具不整齐的缺刻或疏锯齿，基部具耳状小裂片，抱茎，无柄。总状花序顶生或生于上部叶腋。苞片叶状，宽披针形。花小，无花梗，单生于苞片腋内。萼片长圆形。花瓣黄色，宽倒披针形，长3mm。雄蕊花药长圆形。短角果圆柱形至长圆形，长6~8mm，宽1.5mm。果梗长2mm。种子多数，细小，扁卵形，长0.5~1mm，宽0.3~0.5mm，红褐色，表面有

广州蔊菜花期植株（徐正浩摄）

广州葶苈果期植株（徐正浩摄）

广州葶苈苗（徐正浩摄）

网纹，一端凹缺。

生物学特性：花期4月，果期5月。喜湿性植物。生于路旁、湿地、沟旁、山坡、果园或田边。

分布：中国华北、华中、华东、华南及西南等地有分布。俄罗斯、朝鲜、日本也有分布。紫金港校区有分布。

188. 风花菜 *Rorippa globosa* (Turcz.) Hayek

中文异名：球果蔊菜、沼生蔊菜

英文名：globe yellowcress

分类地位：十字花科（Cruciferae）蔊菜属（*Rorippa* Scop.）

形态学鉴别特征：二年生或多年生草本。株高15~90cm。根具分枝，细根多。茎稍斜上，无毛或稍有毛，有分枝。基生叶多数簇生，羽状深裂，长达12cm，顶生裂片较大，卵形，侧生裂片较小，5~8对，边缘有钝齿，只在叶柄和中脉疏生短毛，其他部分无毛。茎生叶互生，不分裂，披针形。总状花序顶生或腋生。花小，黄色。萼片长椭圆形，长1.5mm。花瓣倒卵形，淡黄色，与萼片近等长。四强雄蕊，花药长圆形。雌蕊1枚。花梗长2~3mm。长角果圆柱状长椭圆形，长2~4mm，宽2mm，稍弯曲。果梗丝状，长2~6mm。种子多数，细小，卵形，长0.5mm，稍扁平，棕褐色，表面有纵沟。

风花菜花果序（徐正浩摄）

风花菜植株（徐正浩摄）

生物学特性：花期5—6月，果期7—8月。生于山坡、石缝、路旁、田边、水沟旁。

分布：东北、中国华东、华中等地有分布。朝鲜、俄罗斯、越南也有分布。之江校区有分布。

189. 蔊菜 *Rorippa indica* (Linn.) Hiern

中文异名：印度蔊菜

英文名：India yellowcress

分类地位：十字花科（Cruciferae）蔊菜属（*Rorippa* Scop.）

形态学鉴别特征：一年生或二年生草本。株高15~50cm。根具分枝，须根多。茎直立或斜生，有分枝，具纵棱槽，有时带紫色。基生叶和茎下部叶叶片大头羽裂，长7~12cm，宽1~3cm，顶生裂片较大，卵形或长圆形，先端圆钝，边缘有齿牙，侧生裂片2~5对，向下渐小，两面无毛，有叶柄。茎上部叶向上渐小，叶片长圆形或匙形，多不分裂，边缘具疏齿，基部有短叶柄或稍耳状抱茎。幼苗期的叶贴地生长，根出叶匙形，长5~12cm、宽2~6cm，基部叶有浅羽状裂，叶柄长1~3cm，上部叶菱形，

蔊菜花（徐正浩摄）

几乎全缘，无叶柄。总状花序顶生和腋生。萼片4片，卵圆形，长2.5mm。花瓣黄色，匙形，与萼片近等长。雄蕊6枚，花药长戟形。雌蕊1枚。长角果线状圆柱形或长圆状棒形，长1.5cm，宽1.5mm，直伸或稍内弯。果梗纤细，长5~9mm，斜上或

蔊菜果实（徐正浩摄）

蔊菜植株（徐正浩摄）

近水平开展。种子30多粒，宽卵形，长0.7~1mm，宽0.5~0.6mm，黄褐色，种脐一端下凹，外皮有稀疏毛。

生物学特性：9月中下旬开始出苗，10—11月为发生高峰，个别植株在11月底开花结果。一般翌年2—3月有另一个发生高峰。4—9月开花，花后果实渐次成熟。生于路旁、宅边墙脚下或田边。

分布：中国广布。朝鲜、日本、菲律宾、印度尼西亚、印度等也有分布。各校区有分布。

190. 无瓣蔊菜　*Rorippa dubia* (Pers.) Hara

英文名：variableleaf yellowcress

分类地位：十字花科（Cruciferae）蔊菜属（*Rorippa* Scop.）

形态学鉴别特征：一年生草本。株高10~35cm。根具分枝，根尖具细毛。茎直立或铺散，多分枝。叶质薄。基生叶及茎下部叶通常大头羽裂，长4~10cm，宽1.5~4cm，顶裂片大，宽卵形或长椭圆形，边缘具不整齐钝锯齿，侧裂片1~3对，宽披针形，向下渐小，柄长3~5cm，两侧具狭翅。茎上部叶片宽披针形或长卵形，长3~6cm，宽1.5~2.5cm，边缘具不整齐锯齿或近全缘，基部具短柄或近无柄。总状花序顶生或腋生。萼片淡黄绿色，长圆形或长圆状披针形，长2.5mm。花无瓣或有退化花瓣。长角果线形，细直，长2~4cm，宽1mm。果梗长3~6mm，斜上开展，有多数种子，每室1行。种子淡褐色，不规则圆形，子叶缘筒胚根。其与蔊菜的区别在于：植株较柔弱，常呈铺散状分枝，叶大而薄，花无瓣，长角果细而直，果瓣近扁平，种子每室1行。而焊菜植株较粗壮，叶较小而质厚，花瓣黄色，长角果稍短而粗，成熟时果瓣隆起，种子每室2行。

无瓣蔊菜花（徐正浩摄）

生物学特性：花期4—9月，果期5—10月。生于山坡路旁、屋边墙脚及田野潮湿处。

分布：中国华东、华中、华南、西南、西北等地有分布。日本、菲律宾、印度尼西亚、印度、美国南部也有分布。各校区有分布。

无瓣蔊菜果实（徐正浩摄）

无瓣蔊菜植株（徐正浩摄）

191. 诸葛菜　*Orychophragmus violaceus* (Linn.) O. E. Schulz

中文异名：二月蓝

分类地位：十字花科（Cruciferae）诸葛菜属（*Orychophragmus* Bunge）

形态学鉴别特征：一年生或二年生草本。株高20~70cm。根具分枝。茎直立，单一。基生叶和下部茎生叶羽状深裂，长5~11cm，宽2.5~5cm，顶生裂片大，倒卵形或三角状卵形，叶缘有钝齿，侧裂片小，1~4对，长圆形或歪卵形，全缘或有齿状缺刻，叶基心形，具柄。上部茎生叶长圆形或窄卵形，长4~12cm，宽2~6cm，先端短尖，基部两侧耳状抱茎，叶缘有不整齐的锯齿，无柄。总状花序顶生，着生5~20朵小花。萼片细长呈筒状，长3mm，淡绿色或淡紫色，先端线状披针形，外被长柔毛。花瓣4片，淡紫红色，倒卵形或近圆形，长2~3cm，有细密脉纹，基部变狭成丝状瓣柄。雄蕊6枚，花丝白色，花药黄色。长角果圆柱形，长6~9cm，宽2~3mm，具4条棱，喙长1~4cm，果瓣有1条明显的中脉，每室种子1行。果实成熟后会自然开裂，弹出种子。种子卵形至长圆形，细小，黑褐色。

生物学特性：再生能力强，植株枯后很快会有新落下的种子发芽长出新的苗。花期4—5月，果期5—6月。常野生于平原、山地、路旁、地边或杂木林林缘。

分布：中国华东、华中、西南、西北等地有分布。各校区有分布。

景观应用：园林绿化植物。栽培用作花境植物。

诸葛菜花序（徐正浩摄）

诸葛菜植株（徐正浩摄）

192. 碎米荠 *Cardamine hirsuta* Linn.

中文异名：野荠菜、米花香荠菜

英文名：pennsylvania bittercress, hairy bittercress, lamb's cress, land cress, hoary bitter cress, spring cress, flick weed, lambscress, landcress, hoary bittercress, springcress, flickweed, shotweed

分类地位：十字花科（Cruciferae）碎米荠属（*Cardamine* Linn.）

形态学鉴别特征：一年生或二年生草本。株高15~35cm。细根多。茎直立或斜生，分枝或不分枝，下部有时呈淡紫色，密被白色粗毛。奇数羽状复叶。基生叶与茎下部叶具柄，具小叶2~5对，顶生小叶卵圆形至肾圆形，长5~14mm，宽4~14mm，边缘具3~5个圆齿，小叶柄长0.6~2cm，侧生小叶较小，卵形至近圆形，边缘有2~3齿裂，有或无小叶柄。茎上部叶具短柄，有小叶3~6对，顶生小叶狭倒卵形至线形，长5~20mm，先端3齿裂，基部楔形，无小叶柄，侧生小叶卵形至线形，全缘或具1~2齿裂，无小叶柄。全部小叶两面和边缘均被疏柔毛。总状花序在花初期呈伞房状，顶生，果期渐伸长。花序轴直伸或稍弯曲。萼片长椭圆形，长2mm，边缘膜质，外面被疏毛。花瓣白色，倒卵状楔形，长3~5mm，先端钝，向基部渐狭。子房圆柱状。柱头扁球形。长角果线形，稍扁平，长达3cm，无

碎米荠花（徐正浩摄）

碎米荠果实（徐正浩摄）

碎米荠植株（徐正浩摄）

毛，果瓣开裂。种子每室1行。种子长圆形，褐色，长1.2mm。
生物学特性：花期2—4月，果期4—6月。冬季出苗，翌年春季开花。生于山坡路旁阴湿处。
分布：广布世界温带地区。各校区有分布。
景观应用：对畜禽养殖废水中的氨氮、总磷、总氮等污染物具有吸附和去除作用。

193. 弯曲碎米荠 *Cardamine flexuosa* With.

英文名：wavy bittercress
分类地位：十字花科（Cruciferae）碎米荠属（*Cardamine* Linn.）
形态学鉴别特征：一年生或二年生草本。株高10~30cm。根分枝，细根多。茎自基部多分枝，斜生，铺散状，表面疏生柔毛。基生叶有叶柄，小叶3~7对。顶生小叶卵形、倒卵形或长圆形，长与宽均为2~5mm，顶端3齿裂，基部宽楔形，有小叶柄，侧生小叶卵形，较顶生的小，具1~3齿裂，有小叶柄。茎生叶有小叶3~5对，小叶多为长卵形或线形，1~3裂或全缘，小叶柄有或无。全部小叶近于无毛。总状花序生于枝顶，花多数。花小，花梗纤细，长2~4mm。萼片长椭圆形，长2mm，边缘膜质。花瓣白色，倒卵状楔形，长3.5mm。雄蕊6枚，稀4枚，花丝不扩大。雌蕊柱状，单一或深2裂，花柱极短，柱头扁球状。长角果线形，扁压，长12~20mm，宽1mm，与果序轴近于平行排列。果序轴左右弯曲，果梗直立开展。果梗短，长3~9mm。种子长圆形，扁平，长1mm，黄褐色，边缘或顶端有极狭的翅。
生物学特性：花期3—5月，果期4—6月。生于田边、路旁及草地。
分布：遍布中国。朝鲜、日本及欧洲、北美洲也有分布。各校区有分布。

弯曲碎米荠花果（徐正浩摄）

弯曲碎米荠花期植株（徐正浩摄）

194. 垂盆草 *Sedum sarmentosum* Bunge

中文异名：狗牙瓣、水马齿苋
分类地位：景天科（Crassulaceae）景天属（*Sedum* Linn.）
形态学鉴别特征：多年生肉质草本。主根明显。不育茎匍匐，节上生不定根，长10~25cm。3叶轮生，倒披针形至长圆形，长15~25mm，宽3~5mm，先端近急尖，基部渐狭，有短距，全缘。花茎直立。聚伞花序顶生，有3~5个分枝。花少数，无梗。苞片叶状，较小。萼片5片，披针形至长圆形，不等长，长3~5mm，基部无距，顶端稍钝。花瓣5片，淡黄色，披针形至长圆形，长5~8mm。雄蕊10枚，较花瓣短。鳞片5片，近四方形，长0.5mm。心皮5片，略叉开，顶端长有花柱，基部合生，每心皮有10个以上胚珠。蓇葖果。种子细小，卵圆形，无翅，表面有乳头状突起。

垂盆草花（徐正浩摄）

垂盆草植株（徐正浩摄）

生物学特性：花期5—6月，果期7—8月。喜阴、湿环境，较耐寒，适宜肥沃的沙质壤土。野生于向阳山坡、石隙、沟边及路旁湿润处。

分布：中国长江中下游流域及东北有分布。日本、朝鲜也有分布。在各校区已栽培或归化。

景观应用：景观植物。

195. 珠芽景天 *Sedum bulbiferum* Makino

中文异名：马尿花、珠牙佛甲草

英文名：stringy stonecrop

分类地位：景天科（Crassulaceae）景天属（*Sedum* Linn.）

形态学鉴别特征：一年生草本。株高7~25cm。根须状。茎细弱，直立或倾斜，着地部分节上生不定根。叶互生，基部有时对生。匙状长圆形或倒卵形，长7~15mm，宽2~4mm，顶端尖或钝，基部渐狭，有短距，上部常有乳头状突起。叶腋常着生球形、肉质的小形珠芽。聚伞花序疏散顶生，常2~3个分枝，无梗。萼片5片，宽披针形或倒披针形，顶端钝，长短不等，有距。花瓣5片，黄色，披针形至长圆形，长5mm，宽1.5~2mm，顶端有小尖。雄蕊10枚，较花瓣短，花药黄色。鳞片长圆柱状匙形。心皮5片，披针形，长4mm，基部合生。蓇葖果略叉开。种子长圆形，无翅，表面有乳头状突起。

珠牙景天花（徐正浩摄）

珠牙景天植株（徐正浩摄）

生物学特性：花期4—5月。生于山坡沟边、果园、苗圃、田边、庭院阴湿处。

分布：中国长江流域以南各地有分布。日本也有分布。各校区有分布。

景观应用：景观地被植物。

196. 凹叶景天 *Sedum emarginatum* Migo

中文异名：石马齿苋、马牙半枝莲

英文名：emarginate stonecrop

分类地位：景天科（Crassulaceae）景天属（*Sedum* Linn.）

形态学鉴别特征：多年生草本，植株细弱。株高10~15cm。细根多。茎细弱，斜生，着地部分生有不定根。叶对生，匙状倒卵形至宽卵形，长10~20mm，宽5~12mm，顶端凹缺，基部渐狭，有短距，近无柄。聚伞花序顶生，具多花，常有3个分枝，花无梗。萼片5片，披针形至长椭圆形，长2~5mm，顶端钝，基部有短距，短于花瓣。花瓣5片，黄色，披针形至狭披针形，长6~8mm，宽1.5~2mm，顶端长尖。雄蕊10枚，短于花瓣，花药卵状，紫色。鳞片5片，长圆形，长0.5mm。心皮5片，长圆形，长4mm，基部连合。蓇葖果略叉开，腹面有浅囊状突起。种子细小，褐色。

凹叶景天花期植株（徐正浩摄）

凹叶景天群体（徐正浩摄）

生物学特性：花期5—6月，果期6—7月。生于果园、山坡阴湿地、路旁等生境。
分布：中国华东、华中、华南、西南及陕西等地有分布。各校区有分布。
景观应用：景观地被植物。

197. 山莓 *Rubus corchorifolius* Linn. f.

中文异名：麻叶悬钩子
分类地位：蔷薇科（Rosaceae）悬钩子属（*Rubus* Linn.）
形态学鉴别特征：落叶直立小灌木。株高60~120cm。根粗壮，具分枝。茎被稀疏针状弯皮刺，小枝幼时稍被毡状短柔毛，后脱落无毛。单叶卵形或卵状披针形，长5~12cm，顶端渐尖，基部微心形，有时近平截或近圆形，上面叶脉有细柔毛，下面幼时密被柔毛，老时近无毛，沿中脉疏生小皮刺，不裂或3裂，不育枝叶3裂，有不规则锐锯齿或重锯齿，基部具3条脉。叶柄长1~2cm，疏生小皮刺，幼时密生柔毛。托叶线状披针形，具柔毛。花单生或少数簇生。花梗长0.6~2cm，具柔毛。花径1.5~3cm。花萼密被柔毛，无刺。萼片卵形或三角状卵形。花瓣长圆形或椭圆形，白色，长于萼片。雄蕊多数，花丝宽扁。雌蕊多数，子房有柔毛。果实由很多小核果组成，近球形或卵球形，径1~1.2cm，红色，密被柔毛。核具皱纹。

山莓花（徐正浩摄）

山莓果实（徐正浩摄）

山莓植株（徐正浩摄）

生物学特性：花期2—3月，果期4—6月。生于山坡、路边、溪边或灌丛。
分布：中国华东、华中、华南、西南、华北等地有分布。朝鲜、日本也有分布。之江校区有分布。
景观应用：景观地被植物利用。

198. 掌叶覆盆子 *Rubus chingii* Hu

中文异名：牛奶母
英文名：raspberry
分类地位：蔷薇科（Rosaceae）悬钩子属（*Rubus* Linn.）
形态学鉴别特征：落叶藤状灌木。株高80~150cm。根粗壮，具分枝。茎枝具皮刺，无毛。单叶，近圆形，两面仅沿叶脉有柔毛或几无毛，基部心形，掌状5深裂，稀3或7裂，裂片椭圆形或菱状卵形，顶端渐尖，基部近心形，顶生裂片

掌叶覆盆子花（徐正浩摄）

掌叶覆盆子果实（徐正浩摄）

掌叶覆盆子植株（徐正浩摄）

与侧生裂片近等长或比侧生裂片稍长，具重锯齿，有掌状5脉。叶柄长2~4cm，微具柔毛或无毛，疏生小皮刺。托叶线状披针形。单花腋生，径2.5~4cm。花梗长2~4cm，无毛。萼筒毛较稀或近无毛。萼片卵形或卵状长圆形，具凸尖头，密被短柔毛。花瓣椭圆形或卵状长圆形，白色。雄蕊多数，花丝宽扁。雌蕊多数，具柔毛。果实近球形，红色，径1.5~2cm，密被灰白色柔毛。核有皱纹。

生物学特性：花期3—4月，果期5—6月。生于山坡疏林、灌丛、林缘等。

分布：中国华东、华中有分布。之江校区有分布。

景观应用：景观地被植物。

199. 弓茎悬钩子 *Rubus flosculosus* Focke

中文异名：弓茎莓

分类地位：蔷薇科（Rosaceae）悬钩子属（*Rubus* Linn.）

形态学鉴别特征：落叶藤状灌木。株高1.2~1.6cm。根粗壮。茎枝弓曲。小枝圆形，疏生钩状扁平皮刺，幼时被短柔毛。奇数羽状复叶，小叶5~7片，叶柄长3~5cm，叶轴被柔毛和钩状小皮刺。小叶片卵形、卵状披针形或卵状长圆形，顶生小叶片有时为菱状披针形，长3~7cm，宽1.5~4cm，先端渐尖，基部宽楔形至圆形，边缘具粗重齿，有时浅裂。叶面无毛或近无毛，叶背被灰白色绒毛。顶生小叶柄长1~2cm。侧生小叶几无柄，被柔毛和钩状小皮刺。圆锥花序顶生，总状花序侧生。花梗和苞片被柔毛。花梗长5~8mm。苞片线状披针形。花径5~8mm。花萼外面密被灰白色绒毛和少量柔毛。萼片卵形至长卵形，长3~6mm，先端急尖，花果期直立开展。花瓣粉红色，近圆形，基部具瓣柄，与萼片几等长或比萼片稍长。雄蕊多枚。花丝线形。子房具柔毛。花柱无毛。聚合果红色至红褐色，近球形，径5~9mm，无毛或具微柔毛。

弓茎悬钩子茎（徐正浩摄）

弓茎悬钩子叶（徐正浩摄）

弓茎悬钩子花序（徐正浩摄）

弓茎悬钩子花果期植株（徐正浩摄）

生物学特性：花期6—7月，果期8—9月。生于山坡疏林、灌丛、林缘、杂木林下等。

分布：中国华东、华中、西北等地有分布。紫金港校区、之江校区有分布。

景观应用：可用作篱栏植物或地被景观植物。

200. 茅莓 *Rubus parvifolius* Linn.

中文异名：红梅消、小叶悬钩子、茅莓悬钩子

英文名：native raspberry, small-leaf bramble

分类地位：蔷薇科（Rosaceae）悬钩子属（*Rubus* Linn.）

形态学鉴别特征：落叶小灌木，被短毛和倒生皮刺。株高60~100cm。根具分枝，根深扎。茎枝呈拱形弯曲，被柔毛和稀疏钩状皮刺。叶互生，3出复叶，新枝上偶有5小叶。顶端小叶较大，菱状圆形至阔倒卵形或近圆形，长2.5~5cm，宽2~5cm，先端圆钝，基部圆形或宽楔形，边缘有不规则锯齿，上面疏生长毛，下面密生白色绒毛。托叶线形，长6mm，被柔毛。侧生小叶稍小，宽倒卵形至楔状圆形，长2~5cm，先端急尖至钝圆，基部宽楔形或近圆形，边缘浅裂，或具不规则锯齿，上面伏生疏柔毛或近无毛，下面密被灰白色绒毛。叶柄长2.5~5cm。伞房花序顶生或腋生，花少数，密被柔毛和细刺。花梗长1cm。花萼5裂，萼片卵状披针形或披针形，先端渐尖，有时分裂，花果期直立，被长柔毛或针刺。花瓣5片，粉红色，倒卵形，长6mm。雄蕊多数。子房具柔毛。心皮多数，分离，生于突起的花托上。聚合果卵球形，径0.8~1cm，无毛或具疏柔毛，熟时红色，可食。

生物学特性：花期4—7月，果期7—8月。生于山坡、路旁、荒地灌丛中和草丛中。

分布：几遍中国。朝鲜、日本、越南也有分布。之江校区有分布。

茅莓果实（徐正浩摄）

茅莓植株（徐正浩摄）

景观应用：可作旱地荒芜区块地被植物。

201. 插田泡 *Rubus coreanus* Miq.

中文异名：覆盆子、乌沙莓

英文名：Korean black raspberry

分类地位：蔷薇科（Rosaceae）悬钩子属（*Rubus* Linn.）

形态学鉴别特征：落叶灌木。根木质，具主根或大分枝，根系发达。茎枝粗壮，直立或弯曲成拱形，红褐色，被白粉，有钩状的扁平皮刺。奇数羽状复叶，小叶5~7片，稀3~5片，柄长2~6cm。小叶柄、叶轴均被短柔毛和疏生钩状小皮刺。小叶片卵形、椭圆形或菱状卵形，长3~6cm，宽1.5~4cm，先端急尖，基部宽楔形或近圆形，边缘有不整齐锥状锐锯齿，顶生小叶有时3浅裂，下面灰绿色，沿叶脉有柔毛或绒毛。顶生小叶柄长1~2cm，侧生小叶近无柄。托叶条形或线状披针形，有柔毛。伞房状圆锥花序顶生或腋生。总花梗和花梗有柔毛，花梗长0.5~1cm。苞片线形，具短柔毛。花径7~10mm。花萼外面被短柔毛，萼片卵状披针形，长4~7mm，先端渐尖，边缘具绒毛，果期反折。花瓣淡红色至深红色，倒卵形，长4~6mm，较花萼短。雄蕊多数，比花瓣短或与花瓣近等长。雌蕊多数。子房被稀疏短柔毛。花柱无毛。聚合果卵形，径5~8mm，深红色或紫黑色，无毛或近无毛。

插田泡果实（徐正浩摄）

插田泡植株（徐正浩摄）

插田泡群体（徐正浩摄）

生物学特性：花期4—7月，果期7—8月。生于山坡、灌丛、湿地等。

分布：中国华东、华中、华南、西南及新疆、陕西等地有分布。朝鲜、日本也有分布。紫金港校区、之江校区有分布。

景观应用：可作边坡修复植物。

202. 光滑悬钩子 *Rubus tsangii* Merr.

光滑悬钩子茎叶（徐正浩摄）

中文异名：广东悬钩子、光叶悬钩子、红腺悬钩子
英文名：glabrous foliate raspberry
分类地位：蔷薇科（Rosaceae）悬钩子属（*Rubus* Linn.）
形态学鉴别特征：攀缘灌木。根细长。茎枝无毛，圆柱形，稀稍有棱角，具长2~3mm的腺毛和疏生皮刺。小叶通常7~11片，花枝上有时具5片小叶，披针形或卵状披针形，长4~7cm，顶端渐尖，基部圆形。幼时两面稍有柔毛，渐脱落无毛，下面沿中脉疏生小皮刺，有不整齐细锐锯齿或重锯齿。叶柄长4~7cm，顶生小叶柄长1cm，和叶轴均无毛，疏生腺毛和小皮刺。托叶披针形，无毛。花3~5朵呈顶生伞房状花序，稀单生。花梗长2~4cm，无毛，有腺毛。苞片披针形，无毛。花径3~4cm。花萼无毛，有稀疏腺毛。萼片长圆状披针形或长卵状披针形，先端长尾尖，内萼片边缘具绒毛，花期直立开展，果期常反折。花瓣长倒卵形或长圆形，白色，具爪。雌雄蕊

光滑悬钩子叶（徐正浩摄）

光滑悬钩子植株（徐正浩摄）

多数。花柱和子房无毛。果实近球形，径1.3~1.5cm，红色，无毛。

生物学特性：花期4—5月，果期6—7月。生于山坡、林下、路边草丛等。

分布：中国华东、华中、华南等地有分布。紫金港校区有分布。

景观应用：地被植物。

203. 蓬蘽 *Rubus hirsutus* Thunb.

中文异名：陵蘽、阴蘽
分类地位：蔷薇科（Rosaceae）悬钩子属（*Rubus* Linn.）
形态学鉴别特征：多年生半常绿小灌木。株高20~70cm。根具分枝，根系深扎，细根密。茎直立，上部分枝，红褐色或褐色，被柔毛和腺毛，疏生皮刺。奇数羽状复叶，小叶3~5片，叶柄长2~3cm。小叶卵形或宽卵形，长3~7cm，宽2~3.5cm，顶端急尖，顶生小叶顶端常渐尖，基部宽楔形至圆形，两面疏生柔毛，边缘具不整齐尖锐重锯齿，两面密生白色柔毛，小叶柄长1cm，背面叶脉有细皮刺，叶柄有柔毛及腺毛，并疏生皮刺。托叶披针形或卵状披针形，两面具柔毛。花单生于短枝顶端，白色，径3~4cm。花梗长3~6cm，有腺毛、柔毛和细小皮刺。萼片三角

蓬蘽花（徐正浩摄）

状披针形，顶端尾状长尖，花后反折，两面密生绒毛，外面有腺毛。花瓣白色，倒卵形或近圆形，长1.5cm。雄蕊多数，分离，花丝较宽。心皮多数，离生，胚珠1个。花柱和子房均无毛。聚合果近球形，径2cm，成熟时鲜红色，无毛。

蓬蘽果实（徐正浩摄）

蓬蘽花期植株（徐正浩摄）

生物学特性：花期4—6月，果期5—7月。常生于山坡、野地、草丛中。

分布：中国华东、华中、华南、西南等地有分布。朝鲜、日本也有分布。各校区有分布。

景观应用：景观地被植物。

204. 华中悬钩子 *Rubus cockburnianus* Hemsl.

分类地位：蔷薇科（Rosaceae）悬钩子属（*Rubus* Linn.）

形态学鉴别特征：多年生落叶灌木。具主根或具大分枝。小枝红褐色，无毛，被白粉，具稀疏钩状皮刺。小叶7~9片，稀5片，长圆形或卵状披针形。顶生小叶有时近菱形，长5~10cm，宽1.5~5cm，顶端渐尖，基部宽楔形或圆形。叶面无毛或具疏柔毛，叶背被灰白色绒毛，边缘有不整齐粗锯齿或缺刻状重锯齿。顶生小叶边缘常浅裂。叶柄长3~5cm，顶生小叶柄长1~2cm，侧生小叶近无柄，与叶轴均无毛，疏生钩状小皮刺。托叶细小，线形，无毛。圆锥花序顶生，长10~20cm，侧生花序总状或近伞房状。总花梗和花梗无毛。花梗细，长1~2cm，幼时带红色。苞片小，线形，无毛。花径0.8~1cm。萼片卵状披针形，顶端长渐尖，外面无毛或仅边缘具灰白色绒毛，花期直立，果期反折。花瓣小，径4~5mm，粉红色，近圆形。花丝线形或基部稍宽。花柱无毛。子房具柔毛。果实近球形。径小于1cm，紫黑色，微具柔毛或几无毛。核有浅皱纹。

华中悬钩子茎（徐正浩摄）

华中悬钩子茎叶（徐正浩摄）

华中悬钩子群体（徐正浩摄）

生物学特性：花期4—5月，果期6—7月。常生于山坡、杂木林、灌丛中。

分布：中国华东、华中、华北、西南等地有分布。紫金港校区有分布。

景观应用：可作边坡修复植物。

205. 高粱泡 *Rubus lambertianus* Ser.

中文异名：冬牛、冬菠、刺五泡藤

分类地位：蔷薇科（Rosaceae）悬钩子属（*Rubus* Linn.）

高粱泡花序（徐正浩摄）

高粱泡植株（徐正浩摄）

高粱泡优势群体（徐正浩摄）

形态学鉴别特征：多年生半常绿蔓性灌木。根粗壮，具分枝。幼枝具柔毛或近无毛，有微弯小皮刺。单叶互生，叶片宽卵形，稀长圆状卵形，长5~12cm，先端渐尖，基部心形，上面疏生柔毛或沿叶脉有柔毛，下面被疏柔毛，中脉常疏生小皮刺，3~5裂或呈波状，有细锯齿。叶柄长2~5cm，具柔毛或近无毛，疏生小皮刺。托叶离生，线状深裂，具柔毛或近无毛，常脱落。圆锥花序顶生，生于枝上部叶腋，花序常近总状，有时仅数朵花簇生于叶腋。花序梗、花梗和花萼均被柔毛。花梗长0.5~1cm。苞片与托叶相似。花径8mm。萼片卵状披针形，全缘，边缘被白色柔毛，内萼片边缘具灰白色绒毛。花瓣倒卵形，白色，无毛。雄蕊多数，花丝宽扁。雌蕊15~20枚，无毛。果实近球形，径6~8mm，无毛，熟时红色。核长2mm，有皱纹。种子卵状三角形，扁，表面密布带叉刻纹。

生物学特性：花期7—8月，果期9—11月。生于林下、林缘、路边草丛、灌木丛等。

分布：中国长江流域及其以南地区有分布。紫金港校区、之江校区有分布。

景观应用：景观地被植物。

206. 寒莓 *Rubus buergeri* Miq.

寒莓果期植株（张宏伟摄）

寒莓植株（徐正浩摄）

中文异名：地莓、大叶寒莓、寒刺泡

分类地位：蔷薇科（Rosaceae）悬钩子属（*Rubus* Linn.）

形态学鉴别特征：直立或蔓性常绿小灌木。根粗壮。茎直立或匍匐，常伏地生根。匍匐枝长达2m，与花枝均密被绒毛状长柔毛，无刺或疏生小皮刺。单叶互生，叶片卵形至近圆形，径5~11cm，基部心形。叶上面微具柔毛或沿叶脉具柔毛，下面密被绒毛，沿叶脉具柔毛，老时下面绒毛常脱落，5~7浅裂，裂片圆钝，有不整齐锐锯齿，基脉掌状5出。叶柄长4~9cm，密被绒毛状长柔毛，无刺或疏生针刺。托叶离生，早落，掌状或羽状深裂，具柔毛。短总状花序顶生或腋生，或花数朵簇生于叶腋。总花梗和花梗密被绒毛状长柔毛，无刺或疏生针刺。花梗长0.5~0.9cm。苞片与托叶相似。花径0.6~1cm。花萼密被淡黄色长柔毛和绒毛。萼片披针形或卵状披针形，外萼片顶端常浅裂，内萼片全缘，在果期常直立开展，稀反折。花瓣倒卵形，白色。雄蕊多数，花丝无毛。花柱长于雄蕊。果实近球形，径6~10mm，紫黑色，无毛。核具粗皱纹。

生物学特性：花期8—9月，果期10月。生于山坡灌丛、林下等。

分布：中国华东、华中、华南、西南等地有分布。日本、朝鲜也有分布。之江校区有分布。

景观应用：景观地被植物。

207. 莓叶委陵菜 *Potentilla fragarioides* Linn.

分类地位：蔷薇科（Rosaceae）委陵菜属（*Potentilla* Linn.）

形态学鉴别特征：多年生草本。根极多，簇生。花茎多数，丛生，上升或铺散，被开展长柔毛。基生叶为羽状复叶，有小叶5~9片，间隔0.8~1.5cm，连叶柄长5~22cm，叶柄被开展疏柔毛。托叶膜质，褐色。小叶片倒卵形、椭圆形或长椭圆形，长0.5~7cm，宽0.4~3cm，先端圆钝或急尖，基部楔形或宽楔形，边缘有急尖或圆形钝齿，近基部全缘，两面绿色，被平铺疏柔毛，下面沿脉较密。茎生叶常为3小叶，小叶柄短或近无柄，托叶草质，绿色。伞房状聚伞花序顶生，花多数，松散。花梗纤细，长1.5~2cm，被疏柔毛。花径1~1.7cm。萼片三角状卵形，先端急尖或渐尖，副萼片长圆状披针形，先端急尖，与萼片近等长或比萼片稍短，花瓣黄色，倒卵形，先端圆钝或微凹。花柱近顶生，上方大，基部小。瘦果，近肾形，径1mm，有脉纹。

生物学特性：花期4—6月，果期6—8月。生于耕地边、草地、灌丛中及疏林下。

分布：中国华东、华中、华南、西南、东北及陕西、甘肃等地有分布。朝鲜、日本、蒙古、俄罗斯等也有分布。紫金港校区有分布。

景观应用：景观地被植物。

莓叶委陵菜茎生叶（徐正浩摄）

莓叶委陵菜植株（徐正浩摄）

208. 朝天委陵菜 *Potentilla supina* Linn.

中文异名：伏委陵菜

英文名：carpet cinquefoil

分类地位：蔷薇科（Rosaceae）委陵菜属（*Potentilla* Linn.）

形态学鉴别特征：一年生或二年生草本。株高15~40cm。根分枝多，细长。茎粗壮，直立、平铺或斜生，上部分枝，疏生柔毛。羽状复叶，小叶5~11片，往上部逐渐减少，柄长1~5cm。小叶倒卵形或长圆形，长1~2.5cm，宽0.5~1.5cm，先端圆钝或急尖，基部歪楔形，边缘有圆钝或缺刻状锯齿，两面绿色，上面无毛，下面微生柔毛或近无毛。托叶阔卵形，绿色，3浅裂。花单生于叶腋。茎下部花为单花，腋生。上部花呈伞房状聚伞花序。花梗长0.8~1.5cm，被短柔毛。花径0.5~0.8cm。萼片三角状卵形，副萼片长椭圆形或椭圆状披针形，与萼片等长或比萼片稍长，先端急尖。花瓣5片，倒卵形，黄色，先端微凹，与萼片等长或比萼片稍短。瘦果长圆形，先端尖，无毛，半边有皱纹，半边光滑，一侧具翅，有时不明显。萼片宿存，有1粒种子。种皮膜质，长1~2mm。

生物学特性：花果期3—10月。花、种子渐次成熟。生于路旁、荒地、沟边、沙地、果园等。

分布：广布于北半球温带及部分亚热带地区。各校区有分布。

景观应用：景观地被植物。对重金属污染土壤有修复能力。

朝天委陵菜花（徐正浩摄）

朝天委陵菜花果期植株（徐正浩摄）

209. 三叶朝天委陵菜 *Potentilla supina* Linn. var. *ternata* Peterm.

分类地位：蔷薇科（Rosaceae）委陵菜属（*Potentilla* Linn.）

形态学鉴别特征：一年生或二年生草本。根细长。植株较细弱，多分枝，矮小铺地或微上升，稍直立。基生复叶有小叶3~5片，叶柄被柔毛或近无毛，托叶膜质，褐色。茎生叶与基生叶相似。茎上部叶的小叶数逐渐减少，托叶草质，绿色。茎下部花为单花，腋生，上部者呈伞房状聚伞花序。花梗长0.8~1.5cm，被短柔毛。花径0.6~0.8cm。萼片三角状卵形，先端急尖，副萼片长椭圆形或椭圆状披针形，先端急尖，与萼片等长或比萼片稍长。花瓣黄色，倒卵形，先端微凹，与萼片近等长或比萼片稍短。瘦果长圆形，先端尖，微皱，一侧具翅，有时不明显。

三叶朝天委陵菜花（徐正浩摄）

三叶朝天委陵菜植株（徐正浩摄）

生物学特性：花果期3—10月。生于空旷地等处。

分布：中国广布。俄罗斯也有分布。紫金港校区有分布。

景观应用：地被植物。

210. 蛇含委陵菜 *Potentilla kleiniana* Wight et Arn.

中文异名：蛇含、五叶蛇莓

分类地位：蔷薇科（Rosaceae）委陵菜属（*Potentilla* Linn.）

形态学鉴别特征：一年生至多年生草本。多须根。茎匍匐或斜生，柔弱，长20~50cm，稍扭曲，疏生短柔毛，着地节处生根，发育成新株。5出或3出掌状复叶。茎中、下部叶为5出掌状复叶，连叶柄长3~20cm，并被疏柔毛或开展长柔毛，托叶膜质，淡褐色，小叶片倒卵形或长圆状倒卵形，长0.5~4cm，宽0.4~2cm，先端圆钝，基部楔形，具锐尖或圆钝锯齿，两面绿色，被疏柔毛，有时上面脱落无毛，下面沿脉密被长伏柔毛。茎上部叶为3出掌状复叶，柄较短，托叶草质，绿色，全缘，稀具1~2个齿。聚伞花序顶生，花密集枝顶如假伞形，或呈疏松的聚伞状。花梗长1~1.5cm，密被开展长柔毛，下有苞片状茎生叶。花径1cm。萼片三角状宽卵形，先端急尖或渐尖，副萼片披针形或椭圆状披针形，先端急尖或渐尖，花期比萼片短，果期比萼片略长或与萼片等长，外面被稍疏长柔毛。花瓣黄色，倒卵形，先端微凹，长于萼片。瘦果近圆形，一面稍平，径0.5mm，具皱纹。

生物学特性：花果期4—9月。生于低山坡、旷野、河边、路旁草地。

分布：中国广布。朝鲜、日本、印度、马来西亚、印度尼西亚等也有分布。各校区有分布。

景观应用：地被植物。

蛇含委陵菜花（徐正浩摄）

蛇含委陵菜植株（徐正浩摄）

211. 蛇莓 *Duchesnea indica* (Andrews) Focke

中文异名：蛇蛋莓、蛇泡草
英文名：Indian mockstrawberry, Indian trawberry, false strawberry
分类地位：蔷薇科（Rosaceae）蛇莓属（*Duchesnea* J. E. Smith）
形态学鉴别特征：多年生匍匐草本。全株被毛。根茎粗短，细根多。茎匍匐，多数，纤细，有柔毛，蔓延地面，节上生根。3出复叶。小叶片菱状卵形或倒卵形，长2~5cm，宽1~3cm，先端圆钝，边缘具钝锯齿，两面有柔毛或上面无毛，近无柄。基生叶柄长，茎生叶柄短。托叶狭卵形至宽披针形。花单生于叶腋，花梗长3~6cm，有柔毛。花径1.5~2.5cm。萼片卵形，长5mm，先端锐尖，外面散生柔毛。副萼片倒卵形，长5~8mm，比萼片长，先端常3~5齿裂。花瓣黄色，倒卵形，长0.5~1cm，先端圆钝，无毛。雄蕊20~30枚。心皮多数，离生。花托果期膨大成半球形，海绵质，鲜红色，有光泽，径1~2cm，有长柔毛。聚合瘦果近球形，暗红色，长1.5mm，干时仍光滑或微有皱纹，外包宿存萼片。

蛇莓花（徐正浩摄）

生物学特性：花期4—5月，果期5—6月。生于路旁、果园、苗圃、沟边等潮湿环境。

分布：中国辽宁以南有分布。朝鲜、日本、俄罗斯、印度、阿富汗、马来西亚、印度尼西亚等也有分布。各校区有分布。

景观应用：地被植物。

蛇莓果实（徐正浩摄）

蛇莓植株（徐正浩摄）

212. 龙牙草 *Agrimonia pilosa* Ldb.

中文异名：仙鹤草、地仙草
英文名：hairy agrimony
分类地位：蔷薇科（Rosaceae）龙牙草属（*Agrimonia* Linn.）
形态学鉴别特征：多年生草本。全株具白色长毛。株高30~100cm。根茎短，块茎状，有1个至数个地下芽。茎直立或斜生，被疏柔毛。奇数羽状复叶，小叶7~9片。叶柄被稀疏柔毛或短毛。托叶草质，绿色，镰形。茎下部叶卵状披针形，全缘。小叶倒卵形、倒卵状椭圆形或倒卵状披针形，长1.5~5cm，宽1~2.5cm，先端急尖至圆钝，稀渐尖，基部楔形至宽楔形，边缘具急尖或圆钝锯齿，上面被柔毛，下面脉上伏生疏柔毛。小叶片无柄或有短柄。穗状花

龙牙草花序（徐正浩摄）

龙牙草植株（徐正浩摄）

龙牙草花果期植株（徐正浩摄）

序顶生或腋生，分枝或不分枝。花序轴被柔毛。花梗长1~5mm，被柔毛。苞片深3裂，裂片线形，小苞片对生，卵形，全缘或边缘分裂。花径5~8mm。萼片三角状卵形。花瓣黄色，长圆形。雄蕊5~15枚。花柱2个，丝状。瘦果卵状倒圆锥形，长7~8mm，宽3~4mm，外具10条肋，被疏柔毛，顶端有数层钩刺。

生物学特性：花期7—8月，果期9—10月。生于荒地、山坡、路旁、草地。

分布：中国各地均产。之江校区有分布。

景观应用：可用作花境植物。

213. 合萌 *Aeschynomene indica* Linn.

合萌花（徐正浩摄）

中文异名：田皂角

英文名：common aeschynomene herb

分类地位：豆科（Fabaceae）合萌属（*Aeschynomene* Linn.）

形态学鉴别特征：一年生亚灌木状草本。株高30~100cm。主根明显，或具大分枝根，细根密布。茎直立，绿色，多分枝，纤细，茎和枝上均生短硬毛。偶数羽状复叶，互生，小叶40~60片。托叶膜质，披针形，长1cm，先端锐尖，基部耳形。小叶线状长椭圆形，长3~8mm，宽1~3mm，先端圆钝，有短尖头，基部圆形，仅具1条脉，无小叶柄。总状花序腋生，有花2~4朵，总花梗有疏刺毛。苞片2片，膜质，边缘有锯齿。小苞片披针状卵形，宿存。花萼二唇形，长4mm，上唇2裂，下唇3裂。花冠黄色，带紫纹，旗瓣无爪，翼瓣有爪，较旗瓣稍短，龙骨瓣较翼瓣短。雄蕊10枚合生，上部分裂为2组，每组有5枚。子房扁平，线形，无毛，有子房柄。荚果线状长圆形，直或弯曲，长3~5cm，宽3mm。腹缝直，背缝多少呈波状。荚节6~10个，平滑或有小瘤突，不开裂，成熟时逐节脱落。种子肾形，长3~3.5mm，宽2.5~3mm，黑棕色。

合萌果期植株（徐正浩摄）

生物学特性：花期夏秋，果期10—11月。生于稻田边、沟边、湿地、山坡潮湿草丛中。

分布：中国华东、华中、华南、西南、东北等地有分布。亚洲其他国家、大洋洲、非洲也有分布。紫金港校区、华家池校区、之江校区有分布。

214. 小巢菜 *Vicia hirsuta* (Linn.) S. F. Gray

小巢菜花（徐正浩摄）

中文异名：硬毛果野蚕豆

英文名：hairytare

分类地位：豆科（Fabaceae）野豌豆属（*Vicia* Linn.）

形态学鉴别特征：一年生或二年生草本。株高10~50cm。根分枝，细根多。茎纤细，蔓生，具棱，几无毛或被稀柔毛。偶数羽状复叶，小叶4~8对。小叶片线形或线状长圆形，长3~15mm，宽1~4mm，顶端截形或微凹，具细尖，基部狭楔形，两面无毛。叶轴顶端有羽状分枝卷须。托叶一侧有线形的齿。总状花序腋生，较叶短，有2~5朵花，花序轴及花梗均有短柔毛。花萼钟状，长3mm，外被疏生短柔毛。萼齿5个，披针形，长1.5mm，有短柔毛。花冠淡紫色，稀白色，旗瓣椭圆形，长3.5mm，先端截形，具小尖头，翼瓣与旗瓣近等长，先端圆钝，瓣柄长1mm，无耳，龙骨瓣稍短。雄蕊二体。子房无柄，密生棕色长硬毛，花柱顶端周围有短毛。荚果长圆形，

小巢菜果实（徐正浩摄）

小巢菜花果期植株（徐正浩摄）

扁平，长7~10mm，宽4mm，外被黄色柔毛，有种子1~2粒。种子扁圆形，径1~2mm，棕色。

生物学特性：花期3—4月，果期5—6月。多生于田野、路旁、山坡、草地。

分布：中国华东、华中、华南、西南及陕西等地有分布。欧洲及北美洲也有分布。各校区有分布。

景观应用：地被植物。

215. 救荒野豌豆 *Vicia sativa* Linn.

中文异名：大巢菜、箭舌豌豆

英文名：common vetch

分类地位：豆科（Fabaceae）野豌豆属（*Vicia* Linn.）

形态学鉴别特征：一年生或二年生蔓性草本。株高30~60cm。主根明显，长20~40cm，根幅20~25cm，有根瘤。茎细弱，自基部分枝，具棱，疏被黄色短柔毛。叶互生，偶数羽状复叶，有6~14片小叶。叶轴顶端有分枝卷须。叶柄长不超过4mm。托叶半箭形，边缘具齿牙。小叶椭圆形或倒卵形，长8~20mm，宽2~8mm，先端截形或微凹，有细尖，基部楔形，两面疏生黄色柔毛，小叶柄短。花1~2朵腋生。总花梗极短，被疏短毛。萼钟状，长8mm，萼齿5个，披针形，渐尖，被白色疏短毛。花冠紫色或红色，旗瓣宽卵形，长1.2~1.4cm，有宽瓣柄，翼瓣倒卵状长圆形，长1~1.2cm，有耳，龙骨瓣先端稍弯，与翼瓣均具长5mm的瓣柄。雄蕊二体。子房无毛，有短柄，被黄色短柔毛，花柱上部背面有1簇淡黄色髯毛。荚果扁平，条形或线形，长3~5cm，宽4~7mm，近无毛，有种子6~9粒。种子球形，径2~3mm，棕色或深褐色。

救荒野豌豆花（徐正浩摄）

生物学特性：苗期11月至翌年春，花期3—6月，果期4—7月。生于路边、田野、湿地、草丛等。

分布：中国南北各地有分布。亚洲及欧洲温暖地带也有分布。各校区有分布。

景观应用：地被植物。

救荒野豌豆果实（徐正浩摄）

救荒野豌豆植株（徐正浩摄）

216. 紫云英 *Astragalus sinicus* Linn.

中文异名：草子
英文名：Chinese milk vetch
分类地位：豆科（Fabaceae）黄耆属（*Astragalus* Linn.）
形态学鉴别特征：二年生草本。株高10~30cm。主根肥大，侧根发达，细根密布。茎纤细，基部匍匐，多分枝，被白色疏柔毛。奇数羽状复叶，有7~13片小叶，叶柄较叶轴短。托叶离生，卵形，长3~6mm，先端尖，基部互相多少合生，具缘毛。小叶倒卵形或宽椭圆形，长6~15mm，先端钝圆或微凹，基部宽楔形，两面被伏毛，背面较密，具短柄。总状花序生5~10朵花，呈伞形，聚生于总花梗顶端，呈头状，较叶长。总花梗长4mm，花梗长1~2mm。苞片三角状卵形。花萼钟状，5裂，被白色柔毛，萼齿披针形，长4mm，与萼筒近等长。花冠紫红色，稀白色，旗瓣倒卵形，长1cm，先端微凹，基部渐狭成瓣柄，翼瓣较旗瓣短，长9mm，龙骨瓣钝头，长1cm，瓣片半圆形，均具瓣柄。雄蕊二体，花药同型。子房无毛或疏被白色短柔毛，具短柄。荚果线状长圆形，长1.5~2.5cm，顶端具短喙，稍弯曲，熟时黑色，具隆起网纹。种子肾形，棕色，长3mm，光滑无毛。
生物学特性：花期3—5月，果期4—6月。生于山坡溪畔、林缘、路旁、田埂及屋前。
分布：中国华东、华中、华南及西南等地有分布。华家池校区、紫金港校区有分布。
景观应用：优质的豆科牧草和蜜源植物、观赏植物。

紫云英花（徐正浩摄）

紫云英果实（徐正浩摄）

紫云英花期植株（徐正浩摄）

217. 野扁豆 *Dunbaria villosa* (Thunb.) Makino

中文异名：毛野扁豆、野赤小豆
分类地位：豆科（Fabaceae）野扁豆属（*Dunbaria* Wight et Arn）
形态学鉴别特征：多年生缠绕草本。主根明显，侧根发达。茎细弱，疏被短柔毛。羽状复叶具3片小叶。叶柄长0.8~2.5cm，被短柔毛。顶生小叶菱形或近三角形，长1.5~3.5cm，先端渐尖或急尖，基部圆、宽楔形或近平截，两面疏被短柔毛或几无毛，有锈色腺点。侧生小叶略小而偏斜。总状花序或复总状花序腋生，长1.5~5cm，有2~7朵花。花序梗及序轴密被短柔毛。花萼钟状，长5~9mm，被短柔毛和锈色腺点，萼齿5片，披针形或线状披针形，上方2个齿合生，下方1个齿最长。花冠黄色，旗瓣近圆形或横椭圆形，长1.3~1.4cm，具短瓣柄，翼瓣短于旗瓣，微弯，龙骨瓣

野扁豆植株（徐正浩摄）

野扁豆花果期植株（徐正浩摄）

与翼瓣等长，上部弯成喙状，均具瓣柄和耳。子房密被短柔毛和锈色腺点。荚果线状长圆形，长3~5cm，宽8mm，扁平，稍弯，疏被短柔毛或近无毛，近无果柄，内含种子6~7粒。种子近圆形，长4mm，宽3mm，黑色。

生物学特性：花期8—9月，果期9—11月。生于草丛、沟溪边、灌木丛、旷野等。

分布：中国华东、华中、华南等地有分布。之江校区有分布。

景观应用：地被植物。可用作矿山复绿的先锋植物。

218. 铁马鞭 *Lespedeza pilosa* (Thunb.) Sieb. et Zucc.

分类地位：豆科（Fabaceae）胡枝子属（*Lespedeza* Michx.）

形态学鉴别特征：半灌木。全株密被淡黄色或棕黄色长柔毛。根具分枝。茎细长披散或蔓性。顶生小叶宽卵形或倒卵形，长0.8~2.5cm，宽0.5~2cm，先端圆钝、截形或微凹，具短尖，基部圆形或宽楔形，两面密被长柔毛。叶柄长3~15mm。托叶钻形，长3mm。侧生小叶片较小。总状花序腋生，具3~5朵花。总花梗和花梗极短或无，呈簇生状。苞片及小苞片披针形，长5mm。花萼5深裂，萼齿披针形，先端长渐尖，边缘具长缘毛。花冠黄白色或白色，旗瓣基部有紫斑，椭圆形或倒卵形，长7mm，先端微凹，具瓣柄，翼瓣较旗瓣短，龙骨瓣长8mm。荚果宽卵形，长3~4mm，顶端具棱，两面密被长柔毛。种子灰绿色，椭圆形，光滑无毛。

生物学特性：花期7—9月，果期9—11月。生于山坡、路边、田边、草丛、疏林下等。

分布：中国华东、华中、华南、西南及陕西、甘肃等地有分布。玉泉校区、之江校区有分布。

景观应用：景观植物。

铁马鞭花（徐正浩摄）

铁马鞭植株（徐正浩摄）

219. 天蓝苜蓿 *Medicago lupulina* Linn.

中文异名：黑荚苜蓿、杂花苜蓿、米粒天蓝、天南苜蓿

英文名：black medic

分类地位：豆科（Fabaceae）苜蓿属（*Medicago* Linn.）

形态学鉴别特征：一年生或多年生草本。株高20~50cm。具主根或分枝，细根多。茎细弱，匍匐或稍直立，基部多分枝，具棱，被细柔毛或腺毛，稀近无毛。羽状3出复叶，下部叶柄长，上部叶柄短。托叶卵状披针形至狭披针形，长6~13mm，先端长渐尖，基部边缘细裂。小叶片阔倒卵形或倒心形，长0.7~1.7cm，宽0.4~1.4cm，先端钝圆或微凹，基部宽楔形，上端边缘有细锯齿，上面疏被毛，下面毛较密，侧脉明显达齿端。两侧小叶略小，有伏毛，有时亦有腺毛。总状花序短，腋生，有小花10~15朵，密生于总花梗上端，总花梗长1~2cm。花萼长1.5mm，被毛，萼齿线状披针形，较萼筒长。花冠黄色，长1.5mm，旗瓣倒卵形，顶端微凹，翼瓣与龙骨瓣等长，较旗瓣短。雄蕊二体。子房无柄或有柄，花柱短，弯曲稍成钩状。柱头头状。荚果弯曲成肾形，长2~3mm，黑褐色，具明显网纹，无刺，具种子1粒。种子黄褐色，倒卵形或肾状倒卵形，长

天蓝苜蓿花（徐正浩摄）

1.5mm，平滑。

生物学特性：种子经3~4个月的休眠后萌发，9—10月出苗，花期4—5月，果期5—6月。多生于湿地、草地、荒地、河岸及路旁等。

分布：中国华东、华中、西南、华北、西北及东北有分布。日本、蒙古及欧洲也有分布。华家池校区、紫金港校区、之江校区、玉泉校区有分布。

景观应用：可用作草坪建植。

天蓝苜蓿果实（徐正浩摄）

天蓝苜蓿花果期植株（徐正浩摄）

220. 鸡眼草 *Kummerowia striata* (Thunb.) Schindl.

中文异名：公母草、牛黄黄、掐不齐、三叶人字草
英文名：Japanese clover
分类地位：豆科（Fabaceae）鸡眼草属（*Kummerowia* Schindl.）
形态学鉴别特征：一年生草本。株高10~40cm。直根系，侧根发达，在分枝初期，即形成根瘤，数量多，平均每株50粒，主要分布在根颈、主根和侧根上。茎直立、斜生或平卧，基部多分枝，茎及枝上疏被白色向下倒生的毛。3出复叶互生，有短柄。托叶膜质，狭卵形，长4~7mm，有明显脉纹，宿存。小叶被缘毛，倒卵形或长圆形，长0.5~1.5cm，宽3~8mm，先端圆钝，有小尖头，基部近圆形或楔形，主脉和叶缘疏生白毛，侧脉密而平行，小叶柄短，被毛。花通常1~3朵腋生。小苞片4片，椭圆形，长1.5mm，具5~7条脉。花梗短，长1~2mm。萼钟状，萼齿5深裂。花冠淡红色，长5~7mm。旗瓣宽卵形，翼瓣长圆形，与旗瓣近等长，龙骨瓣半卵形，均具瓣柄。荚果宽卵形或椭圆形，长4mm，稍扁，顶端有尖喙，通常较萼稍长或与萼等长，外面有细短毛，成熟时茶褐色，不开裂，内含1粒种子。种子卵形，长1.5~2mm，黑色。

鸡眼草花（徐正浩摄）

鸡眼草花期植株（徐正浩摄）

生物学特性：花期7—9月，果期10—11月。生命力强。生于林下、田边、路旁，常能连片生长成地毯状。

分布：中国华东、华中、华南、西南、华北、东北及陕西、甘肃等地有分布。朝鲜、日本、俄罗斯等也有分布。各校区有分布。

景观应用：景观地被植物。

221. 葛 *Pueraria lobata* (Willd.) Ohwi

中文异名：野葛
英文名：kudzu vine
分类地位：豆科（Fabaceae）葛属（*Pueraria* DC.）
形态学鉴别特征：半木本的豆科藤蔓类植物。全株有黄色长硬毛。块根肥厚，圆柱形，富含淀粉。茎基部粗壮，木

质化，上部多分枝，小枝密被棕褐色粗毛。长可达10m以上，常铺于地面或缠于他物而向上生长。3出复叶，柄长5.5~22cm。托叶卵形至披针形，盾状着生。小叶片全缘，有时浅裂，上面疏被伏贴毛，下面毛较密，有霜粉。顶生小叶菱状卵形，基部圆形。侧生叶较小，斜卵形。小托叶针状。总状花序腋生，长20cm，有时具分枝，被褐色或银灰色毛。小苞片披针形或卵状披针形，密被硬毛。花萼密被褐色粗毛，萼齿5个，披针形，长于萼筒。花冠紫红色，长15~18mm，旗瓣近圆形，先端微凹，翼瓣卵形，一侧或两侧有耳，龙骨瓣为两侧不对称的长方形。子房密被细毛。荚果扁平，长5~10cm，宽1cm，附着金黄色的硬毛。种子扁卵圆形，长5mm，红褐色，有光泽。

生物学特性：花期7—9月，果期9—10月。生于丘陵地区的坡地上或疏林中，常生长在草坡灌丛、疏林地及林缘等处，攀附于灌木或树上的生长最为茂盛。

分布：广布中国。朝鲜、日本也有分布。紫金港校区、华家池校区、之江校区有分布。

景观应用：地被植物或攀缘植物。可用作边坡修复、矿山修复等景观地被植物。

葛花（徐正浩摄）

葛植株（徐正浩摄）

222. 酢浆草 *Oxalis corniculata* Linn.

中文异名：酸浆草、斑鸠草

英文名：creeping woodsorrel, creeping oxalis

分类地位：酢浆草科（Oxalidaceae）酢浆草属（*Oxalis* Linn.）

形态学鉴别特征：多年生草本，全株被柔毛。根茎稍肥厚，无鳞茎。茎匍匐或斜生，柔弱，长可达50cm，多分枝，节上生不定根。3出复叶，互生，柄细长，长2~6.5cm，被柔毛。托叶小，与叶柄合生。小叶片倒心形，长0.5~1.3cm，宽0.7~2cm，无柄，被疏柔毛。伞状聚伞花序腋生，花1朵至数朵，总花梗与叶柄近等长或比叶柄长。花径1.5cm。萼片5个，长圆形，先端急尖或钝，长5mm，被柔毛。花瓣黄色，5片，倒卵形，微向外卷。雄蕊10枚，5枚长，5枚短，花丝基部合生成筒。子房圆柱状，5室，密被柔毛。花柱5裂，花期比雄蕊长，被柔毛，柱头淡黄绿色。蒴果近圆柱形，长1~2cm，有3条纵沟，被短柔毛，开裂时有弹性，能将种子弹出，每室有种子数粒。种子黑褐色，有皱纹。

酢浆草花（徐正浩摄）

生物学特性：花期5—9月，果期6—10月。生于路边、田野、草地、旱地、园地、阴湿地等。耐寒，耐旱。

分布：世界热带和温带地区均有分布。各校区有分布。

景观应用：可用作景观地被植物。

酢浆草花果（徐正浩摄）

酢浆草植株（徐正浩摄）

223. 直酢浆草 *Oxalis stricta* Linn.

中文异名：直立酢浆草
分类地位：酢浆草科（Oxalidaceae）酢浆草属（*Oxalis* Linn.）
形态学鉴别特征：多年生草本，全株伏生白毛。株高12~30cm。根茎细长，横生，节间处疏生鳞片。茎直立，单一或多少分枝。3出复叶，互生，柄长2~12cm，基部具关节。托叶常缺，有时基部两侧稍加宽，成不明显的托叶或稍具硬毛。小叶片倒宽心形，长0.6~1.3cm，宽0.8~2cm，先端凹陷，基部楔形。叶面无毛，叶背疏生伏毛，脉上较密，边缘具睫毛。无小叶柄或近无柄。伞形花序腋生，花1~6朵。总花梗长3~5cm。花梗长0.3~0.6cm。苞片数片，生于花梗基部，膜质，狭披针形，长2~3mm，先端钝，外面具伏毛，果期宿存。萼片5片，线状长圆形，先端钝，长3~4mm，具柔毛。花瓣黄色，长圆状倒卵形，长5.5~8mm。雄蕊10枚，5枚长，5枚短。花丝基部连合。子房长圆形，被柔毛。花柱5个，细长，有毛。蒴果近圆柱形，略具5条棱，长0.8~1cm，顶端尖，外面疏生伏毛。种子熟时棕红色或褐色，扁平，椭圆状卵形，长1.2~1.5mm，宽0.5~1mm，具横条纹。

生物学特性：花期5—9月，果期6—10月。生于山沟、路边、旱地等。

分布：世界热带和温带地区均有分布。之江校区有分布。

景观应用：景观地被植物。

直酢浆草花（徐正浩摄）

直酢浆草植株（徐正浩摄）

224. 叶下珠 *Phyllanthus urinaria* Linn.

中文异名：蓖萁草、叶下珍珠、珠仔草
分类地位：大戟科（Euphorbiaceae）叶下珠属（*Phyllanthus* Linn.）
形态学鉴别特征：一年生草本。株高15~60cm。根系圆锥形，径1~4mm，表面棕黄色，有纵皱纹，具细支根。茎直立，具翅状纵棱，常带紫红色。单叶互生，呈2列，长圆形，长7~18mm，宽4~7mm，先端钝或有小尖头，基部圆形或宽楔形，常偏斜，全缘，上面绿色，下面灰白色，两面近无毛。几无柄。托叶膜质，2片，三角状披针形，长不及1mm。花单性同株，几无花梗，无花瓣。雄花极小，2~3朵簇生于茎上部的叶腋。萼片6片，倒卵形。雄蕊3枚，花丝合生，花盘分离，6片，线形。雌花单生于叶腋，萼片6片，卵状披针形，花盘

叶下珠花果（徐正浩摄）

叶下珠果实（徐正浩摄）

叶下珠植株（徐正浩摄）

圆盘状，子房近球形，有鳞状突起，花柱分离，开展，顶端2裂。蒴果赤褐色，扁球形，径2.5mm，表面有小鳞片状突起。种子三角状卵形，长1~1.2mm，表面有横纹。

生物学特性：花期5—7月，果期7—10月。生于山坡、田间、路旁草丛中。

分布：中国长江流域及华南有分布。各校区有分布。

景观应用：地被植物。

225. 黄珠子草 *Phyllanthus virgatus* Forst. f.

中文异名：鱼骨草

分类地位：大戟科（Euphorbiaceae）叶下珠属（*Phyllanthus* Linn.）

形态学鉴别特征：一年生草本。全株无毛。株高35~60cm。根具分枝，细根多。茎直立，基部具窄棱，或有时主茎不明显。枝条通常自茎基部发出，上部扁平而具棱。叶近革质，线状披针形、长圆形或狭椭圆形，长5~25 mm，宽2~7mm，顶端钝或急尖，有小尖头，基部圆而稍偏斜。几无叶柄。托叶膜质，卵状三角形，长1mm，褐红色。通常2~4朵雄花和1朵雌花同簇生于叶腋。雄花径1mm，花梗长2mm，萼片6片，宽卵形或近圆形，长0.5mm，雄花3枚，花丝分离，花药近球形，花粉粒圆球形，径23μm，具多合沟孔，花盘腺体6个，长圆形。雌花花梗长5mm，花萼深6裂，裂片卵状长圆形，长1mm，紫红色，外折，边缘稍膜质，花盘圆盘状，不分裂，子房圆球形，3室，具鳞片状突起，花柱分离，2深裂几达基部，反卷。蒴果扁球形，径2~3mm，紫红色，有鳞片状突起，果梗丝状，长5~12mm，萼片宿存。种子长0.3~0.5 mm，具细疣点。

生物学特性：花期4—5月，果期6—11月。生于山坡、田间、路旁草丛、湿地等。

分布：中国华东、华中、华北、华南、西南及陕西等地有分布。印度、澳大利亚及东南亚等也有分布。各校区有分布。

景观应用：景观地被植物。

黄珠子草植株（徐正浩摄）

黄珠子草果实（徐正浩摄）

黄珠子草生境植株（徐正浩摄）

226. 铁苋菜 *Acalypha australis* Linn.

中文异名：铁苋、铁苋头

英文名：copperleaf

分类地位：大戟科（Euphorbiaceae）铁苋菜属（*Acalypha* Linn.）

形态学鉴别特征：一年生草本。株高30~60cm。根具分枝，细根多。茎直立，自基部分枝，伏生向上的白色硬毛。叶互生，卵形至椭圆状披针形，长3~9cm，宽1~4cm，顶端渐尖或钝尖，基部渐狭或宽楔形，上面有疏毛或无毛，下面毛稍密，沿叶脉伏生硬毛。叶脉基部3出。叶柄细长，长1~5cm，伏生硬毛。穗状花序腋生，雌雄同花序。雄花簇生于花序上部，萼片卵形，背面被毛，雄蕊8枚，雌花生于花序下部，有叶状肾形苞片，花萼3裂，子房3室，花柱3个，枝状分裂。蒴果三角状半圆形，外面被毛。种子卵形，径2mm，黑褐色，光滑。

生物学特性：苗期4—5月，花期7—9月，果期8—10月。生于低山坡、沟边、路旁及田野中。

铁苋菜花序（徐正浩摄）

铁苋菜植株（徐正浩摄）

分布：几遍中国。朝鲜、日本、俄罗斯、越南也有分布。各校区有分布。

227. 裂苞铁苋菜 *Acalypha brachystachya* Hornem

中文异名：短穗铁苋菜、短序铁苋菜
英文名：copperleaf
分类地位：大戟科（Euphorbiaceae）铁苋菜属（*Acalypha* Linn.）
形态学鉴别特征：一年生草本。株高20~50cm。根具分枝，细根多。茎直立，细弱，具分枝和条棱，密被淡黄绿色短曲柔毛。叶互生，卵形或宽卵形，长3~7cm，宽1.5~4cm，顶端短渐尖至尾状尖，基部楔形，稀圆钝，边缘具圆钝锯齿，上面绿色，下面常灰白色，两面疏被粗硬毛。基脉3出。叶柄细长，长2~6cm，被短曲柔毛。托叶披针形，长4~5mm。穗状花序极短，腋生，雌雄同花序。雄花极小，数朵集成短穗状或头状，生于花序上部苞片内，雄蕊7~8枚。雌花常2~4朵生于花序下部苞片内，苞片3深裂，裂片线形，长3~4mm，萼片3片，子房球形，被柔毛，花柱3个，长2mm，先端2裂。蒴果球形，径1.5~2mm。种子卵形，径1.2~1.5mm，浅灰色。与铁苋菜的区别在于：叶片菱形或宽卵形，具细长的叶柄，穗状花序极短，苞片3深裂。

生物学特性：花期5—8月，果期7—10月。生于低山坡、林地、沟边、荒地、路旁等。

分布：中国华东、华中、华南及陕西等地有分布。越南、印度也有分布。各校区有分布。

裂苞铁苋菜花序（徐正浩摄）

裂苞铁苋菜植株（徐正浩摄）

228. 地锦草 *Euphorbia humifusa* Willd.

中文异名：地锦、红丝草
英文名：humifuse euphorbia herb, herb of humifuse euphorbia
分类地位：大戟科（Euphorbiaceae）大戟属（*Euphorbia* Linn.）
形态学鉴别特征：一年生匍匐草本。折断有白色乳汁。根具分枝，细长，白色。茎匍匐，纤细，长10~30cm，质脆，易折断，近基部多分枝，带紫红色，无毛或疏被白色长柔毛。叶对生，长圆形，长5~10mm，宽4~7mm，先端钝圆，边缘有细锯齿，基部常偏斜，两面无毛或疏生柔毛，绿色或带淡红色。叶柄短，长1mm。托叶线形，通常深

地锦草茎叶（徐正浩摄）

裂。杯状花序单生于叶腋。总苞倒圆锥形，浅红色，顶端4裂，裂片长三角形，腺体4个，长圆形，有白色花瓣状附属物。子房3室。花柱3个，2裂。蒴果三棱状球形，光滑无毛。种子卵形，长1~1.2mm，宽0.7mm，黑褐色，外被白色蜡粉。

生物学特性：花期6—10月，果期7—11月，果实渐次成熟。耐干旱，适生于较湿润而肥沃的土壤。生于路旁、田间、石缝、园地等。

分布：几遍中国。日本也有分布。各校区有分布。

景观应用：地被植物。

地锦草花果期植株（徐正浩摄）

地锦草植株（徐正浩摄）

229. 千根草 *Euphorbia thymifolia* Linn.

中文异名：细叶斑地锦、小飞扬

英文名：asthma plant, pill-bearing spurge, thyme-leaf spurge, chicken weed

分类地位：大戟科（Euphorbiaceae）大戟属（*Euphorbia* Linn.）

形态学鉴别特征：一年生草本。根纤细，具多数不定根。茎纤细，呈匍匐状，自基部多分枝，被稀疏柔毛。叶对生，椭圆形、长圆形或倒卵形，长4~8mm，宽2~4mm，先端圆或微凹，基部偏斜，不对称，呈圆形或近心形，边缘具细锯齿或近全缘，两面常被稀疏柔毛或近无毛。具短柄，长1mm。托叶膜质，披针形或线形，长1~1.5mm，易脱落。杯状花序单生或数个簇生于叶腋或侧枝的顶端，具短柄，长1~2mm，被稀疏柔毛。总苞倒圆锥形，顶端5裂，裂片卵形，腺体4个，漏斗状，具短柄和极小的白色花瓣状附属物。雄花少数，微伸出总苞。雌花1朵。子房被贴伏的短柔毛，柄极短。花柱3个，分离。柱头2裂。蒴果卵状三棱形，长1.5mm，径1.3~1.5mm，被贴伏的短柔毛，成熟时分裂为3个分果瓣。种子长卵状四棱形，长0.7mm，径0.5mm，栗褐色，每个棱面具4~5个横沟。无种阜。

生物学特性：花果期6—11月。生于路旁、屋旁、草丛、灌丛等，多见于沙质土。

千根草花果期植株（徐正浩摄）

千根草植株1（徐正浩摄）　　千根草植株2（徐正浩摄）

分布：广布于世界热带及亚热带地区。各校区有分布。

景观应用：地被植物。

230. 通奶草 *Euphorbia hypericifolia* Linn.

中文异名：通乳草

分类地位：大戟科（Euphorbiaceae）大戟属（*Euphorbia* Linn.）

形态学鉴别特征：一年生草本。根分枝平展，细根多。茎直立，常自基部分枝，无毛或稍被短柔毛。叶对生，卵形或长椭圆形，长1~3cm，宽0.5~1cm，先端钝圆，基部圆形，常偏斜，边缘有不明显细锯齿，两面疏被柔毛或无毛。叶柄短，长1~2mm。托叶卵状三角形，边缘硬毛状撕裂。杯状花序数个簇生于叶腋或侧枝顶端。总苞陀螺形，长1mm，无毛，顶端4裂，腺体4个，头状，有白色花瓣状附属物。子房3室，花柱3个，离生，顶端2浅裂。蒴果扁棱状球形，长1.5~2.5mm，有伏生的短柔毛或近无毛。种子卵状三棱形，长1.5mm，黑褐色，每面具4~5条横沟纹。

生物学特性：花果期8—10月。生于山坡、沟边、田野草丛。

分布：中国华东、华中、华南、西南等地有分布。越南至印度也有分布。各校区有分布。

景观应用：地被植物。

通奶草植株（徐正浩摄）

231. 泽漆 *Euphorbia helioscopia* Linn.

中文异名：五朵云、乳浆草、猫儿眼草

英文名：sunn euphorbia

分类地位：大戟科（Euphorbiaceae）大戟属（*Euphorbia* Linn.）

形态学鉴别特征：一年生或二年生草本。株高10~30cm。具主根或有分枝。茎直立或斜生，多分枝，无毛或疏被白色细柔毛，基部紫红色，上部淡绿色。单叶互生，倒卵形或匙形，长1~2cm，宽0.5~1.5cm，向下逐渐变小，先端钝或微凹，基部楔形，边缘中部以上有细锯齿，上面无毛，下面疏生长柔毛。叶无柄。花序基部有5个轮生的叶状苞片，和茎生叶相似，但较大。多歧聚伞花序顶生，有5个伞梗，每个伞梗分为2~3个小伞梗。总苞钟形，顶端4浅裂，腺体4个，肾形。子房3室，花柱3个，顶端2裂。蒴果球形，无毛。种子卵形，长2mm，暗褐色，表面有明显突起的网纹。

泽漆花序（徐正浩摄）

泽漆植株（徐正浩摄）

生物学特性：花期4—5月，果期6—7月。生于沟边、路旁、田野、湿地、草丛等。

分布：除新疆、西藏外，中国广泛分布。日本、印度及欧洲也有分布。华家池校区、之江校区、海宁校区有分布。

232. 凤仙花 *Impatiens balsamina* Linn.

中文异名：金凤花、小桃红

英文名：garden balsam, garden jewelweed, rose balsam

分类地位：凤仙花科（Balsaminaceae）凤仙花属（*Impatiens* Linn.）

形态学鉴别特征：一年生草本。株高40~100cm。根具分枝，细根密布。茎直立，粗壮，肉质，上部分枝，有柔毛或近于光滑，基部具多数纤维状根，下部节膨大。叶互生，最下部叶有时对生。叶阔或狭披针形，长4~12cm，宽1.5~3cm，顶端尖或渐尖，基部楔形，边缘有锐齿，两面无毛或疏被柔毛。侧脉4~7对。叶柄长1~3cm，上面有浅沟，两侧具数对具柄的腺体。花单生或2~3朵簇生于叶腋，无总花梗。花形似蝴蝶，单瓣或重瓣，花色有粉红、大红、

紫、白黄、洒金等，同一株上能开数种颜色的花朵。花梗长2~2.5cm，密被柔毛。苞片线形，位于花梗的基部。萼片3片，侧生萼片卵形或卵状披针形，长2~3mm，唇瓣舟状，长13~19mm，宽4~8mm，被柔毛，基部急尖，具长1~2.5cm、内弯的距。旗瓣圆形，兜状，先端微凹，背面中肋具狭龙骨状突起，顶端具小尖。翼瓣具短柄，长23~35mm，2裂，下部裂片小，倒卵状长圆形，上部裂片近圆形，先端2浅裂，外缘近基部具小耳。雄蕊5枚，花丝线形，花药卵球形，顶端钝。子房纺锤形，密被柔毛。蒴果宽纺锤形，长1~2cm，两端尖，有白色茸毛，成熟时弹裂为5个旋卷的果瓣。种子多数，球形，径1.5~3mm，黑褐色。

凤仙花的花（徐正浩摄）

生物学特性：种子繁殖。3—9月进行播种，以4月播种最为适宜，移栽不择时间。生长期在4—9月，种子播入盆中后一般1周即发芽长叶。主要分布于花坛、路旁等。

分布：中国广泛栽培。各校区有分布。

景观应用：可用作花境植物。

凤仙花植株（徐正浩摄）

逸生凤仙花植株（徐正浩摄）

233. 蛇葡萄 *Ampelopsis sinica* (Miq.) W. T. Wang

中文异名：山葡萄、野葡萄、山天萝

英文名：Amur ampelopsis, Romanet grape root, wild grape

分类地位：葡萄科（Vitaceae）蛇葡萄属（*Ampelopsis* Michaux）

形态学鉴别特征：多年生草质藤本。根粗壮，外皮黄白色，圆柱形，具分枝。茎具皮孔，幼枝被锈色短柔毛，卷须与叶对生，2叉状分枝。叶纸质，单叶互生，心形或心状卵形，长5~10cm，宽5~8cm，顶端不裂或具不明显3浅裂，侧裂片小，先端钝，基部心形，上面绿色，下面淡绿色，两面均被锈色短柔毛，边缘有带小尖头的浅圆齿。基出脉5条，侧脉4对，网脉背面稍明显。叶柄长2~6cm，被锈色短柔毛。二歧聚伞花序与叶对生，长2~6cm，被锈色短柔毛，总花梗长1~3cm。花小，黄绿色，两性，有长2mm的花梗，基部有小苞片。花萼盘状，5浅裂，裂片有柔毛。花瓣5片，镊合状排列，卵状三角形，长2mm，外被柔毛。雄蕊5枚，与花瓣对生。子房2室，扁球形，被杯状花盘包围。浆果球形，幼时绿色，熟时蓝紫色，径8mm。种子近球形，径2~3mm。

生物学特性：花期6—7月，

蛇葡萄花序（徐正浩摄）

蛇葡萄果实（徐正浩摄）

蛇葡萄果期植株（徐正浩摄）

果期9—10月。生于疏林、旷野、山谷、路旁、溪边、草地、湿地等。
分布： 中国东北、华北、华东、华中、华南、西南等地有分布。日本、朝鲜、俄罗斯等也有分布。之江校区有分布。
景观应用： 攀缘植物或地被植物。

234. 地锦 *Parthenocissus tricuspidata* (Sieb. et Zucc.) Planch.

地锦植株1（徐正浩摄）

地锦植株2（徐正浩摄）

中文异名： 爬山虎、爬墙虎、野枫藤、铺地锦
英文名： Japanese creeper
分类地位： 葡萄科（Vitaceae）地锦属（*Parthenocissus* Planch.）
形态学鉴别特征： 多年生落叶大藤本。根深长。枝条粗壮，老枝灰褐色，幼枝紫红色。枝上有卷须，卷须短，多分枝，卷须顶端及尖端有黏性吸盘。叶互生，小叶肥厚，基部楔形，变异很大，边缘有粗锯齿。花枝上的叶宽卵形，常3裂，或下部枝上的叶分裂成3片小叶，基部心形。叶绿色，无毛，背面具有白粉，叶背叶脉处有柔毛，秋季变为鲜红色。幼枝上的叶较小，常不分裂。花多为两性，雌雄同株，聚伞花序常着生于两叶间的短枝上，长4~8cm，较叶柄短。花5数。萼片小，全缘。花瓣顶端反折。雄蕊与花瓣对生。花盘贴生于子房。子房2室，每室有2颗胚珠。浆果小球形，熟时蓝黑色，被白粉，径6~8mm。种子近球形，径2~3mm。
生物学特性： 花期6月，果期9—10月。能借助吸盘附着在墙上，之后会有根系附着在墙上甚至插进墙的缝隙里。喜阴湿环境，不怕强光辐射，耐寒、耐旱、耐贫瘠、耐修剪，对土地要求不严，但怕积水，在土地肥沃的地方生长尤其旺盛。
分布： 中国华东、华中、华北、东北等地有分布。日本也有分布。玉泉校区、紫金港校区、华家池校区、之江校区有分布。
景观应用： 攀缘景观植物。

235. 乌蔹莓 *Cayratia japonica* (Thunb.) Gagnep.

中文异名： 五爪龙、虎葛
英文名： Japanese cayratia, bushkiller
分类地位： 葡萄科（Vitaceae）乌蔹莓属（*Cayratia* Juss.）
形态学鉴别特征： 多年生草质藤本。大分枝根圆柱形，深长。茎圆柱形，扭曲，有纵棱，多分枝，带紫红色。幼枝绿色，有柔毛，后变无毛。卷须二歧分叉，与叶对生。叶皱缩，展平后为掌状复叶，小叶常5片，稀7或9片，柄长达4cm以上。小叶片椭圆形、椭圆状卵形至狭卵形，长2.5~8cm，宽2~3.5cm，先端急尖至短渐尖，有小尖头，基部楔

乌蔹莓花序（徐正浩摄）

乌蔹莓花果期植株（徐正浩摄）

形至宽楔形，边缘具疏锯齿，两面中脉有茸毛或近无毛，中间小叶较大，长可达8cm，有长柄，侧生小叶较小，柄短。托叶三角形，早落。聚伞花序腋生或假腋生，伞房状，径6~15cm，具长梗，有或无毛。顶端有3分枝，分枝再分叉，或连续再分叉。花小，黄绿色，具短柄，外被粉状微毛或近无毛。花萼不显。花瓣4片，先端无小角或有极轻微小角。雄蕊4枚，与花瓣对生，花药长方形。雌蕊1枚。柱头丝状。花盘4裂，红色，与子房结合。子房位于花盘内，内陷。浆果卵形，径6~8mm，成熟时紫黑色，内有种子2~4粒。种子三棱形，3面不对称，2面有网状突起，1面光滑，种皮棕褐色，坚硬，长4mm，基部3~3.5mm。

生物学特性：3月下旬开始从地下根茎上发新芽，4—5月大量发生，地上部分拔除后，不断长出新枝头。花期5—6月，果期8—10月。生于旷野、山谷、林下、路旁、草地、湿地等。

分布：中国华东、华中、华南、西南及陕西等地有分布。日本、缅甸、越南、菲律宾、印度尼西亚也有分布。各校区有分布。

乌蔹莓果期植株（徐正浩摄）

236. 田麻 *Corchoropsis tomentosa* (Thunb.) Makino

中文异名：野络麻

分类地位：椴树科（Tiliaceae）田麻属（*Corchoropsis* Sieb. et Zucc.）

形态学鉴别特征：一年生草本。株高40~70cm。根具分枝，细根多。茎直立，上部多分枝，嫩枝与茎上有星芒状短柔毛。单叶互生，卵形或狭卵形，长2.5~6cm，宽1~3cm，先端急尖至渐尖、长渐尖，基部截形、圆形或微心形，边缘有钝牙齿，上面绿色，下面淡绿色，两面密生星芒状短柔毛。基出脉3条。柄长0.2~2.3cm，密被柔毛。托叶钻形，长2~4mm，脱落。花单生于叶腋，径1.5~2cm，有细长梗。萼片5片，狭披针形，长5mm。花瓣5片，倒卵形，黄色。能育雄蕊15枚，每3枚成1束，不育雄蕊5枚，匙状线形，长1cm，与萼片对生。子房密生星芒状短柔毛。花柱单一，长0.8~1cm。蒴果圆筒形，长1.7~3cm，有星芒状柔毛。种子长卵形，有横纹。

田麻花（徐正浩摄）

生物学特性：花期8—9月，果期9—10月。生于山坡、草丛、村旁、路边等。

分布：中国华东、华中、华南、华北、东北等地有分布。日本、朝鲜也有分布。玉泉校区、之江校区有分布。

田麻果期植株（徐正浩摄）　　田麻果实（徐正浩摄）

237. 白背黄花稔 *Sida rhombifolia* Linn.

中文异名：金午时花

分类地位：锦葵科（Malvaceae）黄花稔属（*Sida* Linn.）

形态学鉴别特征：半灌木。株高25~60cm。主根深长，多分枝，被星状绵毛。叶菱状卵形至长圆状披针形，长2~6cm，宽0.5~2.5cm，边缘具锯齿。叶上面疏被星状柔毛至近无毛，下面被灰白色或绿白色星状柔毛。叶柄长

白背黄花稔花（徐正浩摄）

白背黄花稔花期植株（徐正浩摄）

2~5mm，密被星状柔毛。托叶刺毛状。花单生于叶腋，花梗长0.5~1.5cm，密被星状柔毛，中部以上有关节。花萼杯状，长4~5mm，裂片三角形，密被星状短绒毛。花冠黄色，径0.8~1.2cm，花瓣倒卵形，长0.8cm。雄蕊柱无毛，长5mm。花柱枝8~10条，线形。果实半球形，顶端具2个短芒。种子黑褐色，长0.5~1mm，无毛。

生物学特性：花期6—9月，果期10—11月。生于山麓溪沟边、路旁、村旁等。

分布：中国华东、华中、西南、华南等地有分布。日本、越南、老挝、柬埔寨、印度等也有分布。玉泉校区、之江校区有分布。

景观应用：景观植物。

白背黄花稔植株（徐正浩摄）

238. 梵天花 *Urena procumbens* Linn.

中文异名：头婆、小桃花、小叶田芙蓉、野棉花、山棉花
英文名：herb of procumbent Indian mallow
分类地位：锦葵科（Malvaceae）梵天花属（*Urena* Linn.）
形态学鉴别特征：落叶小灌木。株高25~50cm。具主根或大分枝根。根多分枝，小枝密被星状绒毛。茎下部叶圆卵形，上部叶菱状卵形或卵形，长1.5~6cm，宽1~5cm，通常为掌状3~5深裂，裂开深达中部以下，基部圆形至浅心形，中央裂片菱形或倒卵形，常呈葫芦状，有时分枝的叶不裂，边缘具锯齿，两面密被星状短硬毛。叶柄长1.4~4cm，被星状绒毛。托叶钻形，早落。花单生或数朵簇生于叶腋。梗长2~3mm。小苞片线状披针形，长4~5mm，基部合生，疏被星状毛。花萼钟状，长于苞片，裂片卵形，具小尖头。花冠淡红色，干时蓝紫色，花瓣倒卵形，长1.5cm，外被星状柔毛。雄蕊柱无毛，与花瓣等长，上部着生花药，伸出花冠外。花柱枝10个。果实扁球形，径8mm，分果瓣5个，被锚状钩刺和长硬毛。种子圆肾形，背部宽，长3~4mm，锈褐色。

生物学特性：花果期7—11月。生于丘陵山坡灌木丛、山麓路边、溪沟边、村旁等。

分布：中国华东、华中、华南等地有分布。之江校区有分布。

景观应用：林地、旱地小灌木。

梵天花叶（徐正浩摄）

梵天花果期植株（徐正浩摄）

梵天花植株（张宏伟摄）

239. 马松子 *Melochia corchorifolia* Linn.

中文异名：野路葵
英文名：juteleaf melochia
分类地位：梧桐科（Sterculiaceae）马松子属（*Melochia* Linn.）
形态学鉴别特征：多年生半灌木状草本。株高30~100cm。根具分枝，细根密布。茎直立或铺散，多分枝，幼枝与叶柄散生星状柔毛。叶互生，薄纸质，卵形或披针形，长2.5~6cm，宽1.5~3cm，顶端急尖或钝，基部圆形或心形，边缘有不规则细锯齿，背面被疏柔毛，基出脉3条。叶柄长5~25mm。托叶线形。花无柄，密集成顶生或腋生的聚伞花序或团伞花序。小苞片线形，混生于花序内。花萼钟状，5浅裂，长2.5mm，外被毛。花瓣5片，白色，后变为淡红色，矩圆形、匙形或长圆形，长6mm，基部收缩。雄蕊5枚，下部合生成管状，与花瓣对生。子房无柄，5室，密生柔毛。花柱5个。蒴果圆球形，具5条棱，径5mm，密生长柔毛，熟时室背开裂，每室种子1~2粒。种子倒卵形，略呈三角状，长2~3mm，灰褐色，粗糙，有鳞毛。
生物学特性：花期8—9月，果期9—11月。生于田野、山坡、路旁、草丛等。
分布：中国长江以南各地有分布。之江校区有分布。

马松子花序（徐正浩摄）

马松子花期植株（徐正浩摄）

240. 地耳草 *Hypericum japonicum* Thunb. ex Murray

中文异名：田基黄、七层塔、千重楼
分类地位：藤黄科（Guttiferae）金丝桃属（*Hypericum* Linn.）
形态学鉴别特征：一年生或多年生草本。株高15~40cm。根多须状，根系白色或黄色。茎直立或倾斜，细瘦，具4条棱，节明显，基部近节处生细根，无毛。单叶短小，对生，多少抱茎。叶卵圆形，长4~15mm，宽1.5~8mm，先端钝，全缘，叶面有微细的透明腺点。聚伞花序顶生或腋生，呈叉状，稀疏。花小，黄色，径5mm，花梗细瘦，长5~10mm。萼片5片，卵状披针形，长4~6mm。花瓣5片，长椭圆形，宿存，与萼片几等长。雄蕊6~30枚，基部连合成3束。子房1室，长2mm，具侧膜胎座。花柱3个，分离，柱头头状。蒴果长圆形，长4mm，外面包围有等长的宿萼，成熟时裂为3果瓣。种子圆柱形，长2mm，淡黄色。
生物学特性：花期5—7月，果期7—9月。生于田野、草丛、沟边、湿地等。
分布：中国长江以南地区及辽宁、山东等地有分布。朝鲜、日本、缅甸、印度、斯里兰卡及大洋洲也有分布。紫金港校区、之江校区有分布。
景观应用：地被植物。

地耳草花序（徐正浩摄）

地耳草植株（徐正浩摄）

山地地耳草植株（徐正浩摄）

241. 元宝草 *Hypericum sampsonii* Hance

中文异名：穿心草、蜻蜓草、蜡烛灯台

分类地位：藤黄科（Guttiferae）金丝桃属（*Hypericum* Linn.）

形态学鉴别特征：多年生草本。全体无毛。株高0.2~0.8m。根系深，具分枝。茎单一或少数，圆柱形，无腺点，上部分枝。叶对生，无柄，基部完全合生为一体而茎贯穿其中心，宽或狭的披针形至长圆形或倒披针形，长2~8cm，宽0.7~3.5cm，先端钝或圆形，基部较宽，全缘，坚纸质，上面绿色，下面淡绿色，边缘密生黑色腺点，全面散生透明或间有黑色腺点。中脉直贯叶端，侧脉每边4条，斜上升，近边缘弧状连接，脉网细而稀疏。聚伞花序顶生或腋生。花小，黄色，径7~10mm。苞片及小苞片线状披针形或线形，长达4 mm，先端渐尖。花蕾卵珠形，先端钝。花梗长2~3mm。萼片不等大，长圆形、长圆状匙形或长圆状线形，长3~10mm，宽1~3mm，散布黑色斑点和透明腺点。花瓣淡黄色，椭圆状长圆形，长4~13mm，宽1.5~7mm，宿存，边缘有无柄或近无柄的黑腺体，全面散布淡色或稀为黑色腺点和腺条纹。雄蕊多数，基部合成3束，宿存，花药淡黄色，具黑腺点。子房卵珠形至狭圆锥形，长3mm，3室。花柱3个，长2mm，自基部分离。蒴果宽卵珠形至宽或狭的卵珠状圆锥形，长6~9mm，宽4~5mm，散布卵珠状黄褐色囊状腺体。种子黄褐色，长卵柱形，长0.5~1mm，两侧无龙骨状突起，顶端无附属物，表面有明显的细蜂窝纹。

生物学特性：花期6—7月，果期7—9月。生于山坡、田野、草丛、沟边、湿地等。

分布：中国秦岭以南各地有分布。日本、越南、缅甸、印度也有分布。之江校区有分布。

景观应用：地被植物和景观植物。

元宝草植株（徐正浩摄）

242. 小连翘 *Hypericum erectum* Thunb. ex Murray

中文异名：小翘、瑞香草、小元宝草

分类地位：藤黄科（Guttiferae）金丝桃属（*Hypericum* Linn.）

形态学鉴别特征：多年生草本。光滑无毛。株高20~70cm。根系深，具分枝。茎单一或上部稍有分枝，圆柱形。叶对生，无柄，长椭圆形、长卵形或宽披针形，长1.5~4cm，宽0.5~2.2cm，先端钝，基部心形，抱茎。叶背散生黑色腺点。花多，密，组成顶生或腋生的聚伞花序，常呈圆锥花序状。花黄色，径1.5~2cm。萼片狭长椭圆形，长3~4mm。花瓣长椭圆形，长8~10mm，宿存。萼片和花瓣具黑色点线。雄蕊多数，基部合生为3束，宿存。子房3室。花柱3个，分离。蒴果圆锥形，长6~7mm。种子圆柱形，棕色。

生物学特性：花期7—8月，果期8—9月。生于山坡、山野草丛等。

分布：中国华东、华中等地有分布。日本、朝鲜、俄罗斯等也有分布。之江校区有分布。

景观应用：花境植物。

小连翘花（徐正浩摄）

小连翘植株（徐正浩摄）

243. 堇菜 *Viola verecunda* A. Gray

中文异名：堇堇菜、匐堇菜、阿勒泰堇菜、小叶堇菜

英文名：common violet

分类地位：堇菜科（Violaceae）堇菜属（*Viola* Linn.）

形态学鉴别特征：多年生草本。株高15~30cm。根状茎短，分枝多。茎直立或稍披散。基生叶具长柄，较小，宽心形或近新月形，边缘有浅波状圆齿，花期常凋落，托叶基部与叶柄合生。茎生叶具短柄，较大，心形或三角状心形，长2.5~6cm，宽2~5cm，先端急尖，基部心形或箭状心形，边缘具浅钝锯齿，两面有紫褐色小点，托叶离生。花腋生，花梗长于叶。苞片位于花梗的中上部。萼片披针形，基部附属器半圆形。花瓣白色，具紫色条纹，侧瓣内侧无须毛，下瓣连距长10mm，距粗短，囊状，长1.5~2mm。子房无毛，柱头顶端微凹，两侧具薄边，前方具短喙。蒴果长圆形，无毛，长1cm，分裂为3个果瓣，各瓣具棱沟。种子卵圆形，长0.5mm，棕黄色，光滑。

生物学特性：花期4—5月，果期5—8月。生于湿地、草坡、田野、路旁、宅旁。

分布：中国东北、华北及长江流域以南地区有分布。蒙古、日本、朝鲜及俄罗斯等也有分布。玉泉校区、华家池校区、之江校区有分布。

景观应用：景观地被植物。为铅、镉超富集植物。

堇菜茎叶（张宏伟摄）

堇菜成株（徐正浩摄）

堇菜花期植株（张宏伟摄）

堇菜果期植株（徐正浩摄）

244. 短须毛七星莲 *Viola diffusa* Ging. var. *brevibarbata* C. J. Wang

中文异名：须毛茎堇菜、须毛堇菜

英文名：pubescence vines violet

分类地位：堇菜科（Violaceae）堇菜属（*Viola* Linn.）

形态学鉴别特征：多年生匍匐草本，全体密被白色长柔毛，稀几无毛或无毛。根状茎短，具黄白色主根。茎匍匐，多数，由基部叶丛抽出。节上生根，形成新植株。叶基部簇生，宽卵形或卵状椭圆形，长2~5cm，宽1~3.5cm，先端钝或急尖，

短须毛七星莲花（徐正浩摄）

短须毛七星莲植株（徐正浩摄）

基部截形或楔形，稀浅心形，下延至柄成窄翅状，边缘具浅钝锯齿。叶柄长1~5cm，扁平，两侧具狭翅，被白柔毛。托叶离生，线状披针形，边缘有睫毛，中部以下与柄合生。花小，两侧对称。花梗与叶等长或比叶短。苞片2片，位于花梗中部或中上部。花萼5片，披针形，长0.5~1mm，边缘和中脉上具睫毛，有短距。花瓣5片，白色或具紫色脉纹，侧瓣内侧有短须毛，下瓣长为上、侧瓣的1/3~1/2，连距长8~11mm。距囊状，长1.5mm。子房无毛，柱头上端微凹，两侧有薄边，具不明显短喙。蒴果长椭圆形，长5~7mm，无毛，3瓣开裂。种子细小，径1~2mm，棕褐色。

生物学特性：花期3—5月，果期5—9月。生于潮湿的环境，亦耐旱，为田埂及旱地杂草。

分布：中国长江以南各地有分布。紫金港校区、之江校区有分布。

景观应用：易形成铺散优势群落，可用于地被群落构建。

245. 白花堇菜 *Viola lactiflora* Nakai

中文异名：阔叶白花堇菜

分类地位：堇菜科（Violaceae）堇菜属（*Viola* Linn.）

形态学鉴别特征：多年生无茎草本。具明显的主根，根状茎粗短。叶长圆状三角形，长3~7cm，宽2~3cm，先端钝，基部截形或微心形，边缘具浅钝齿。托叶大部分与叶柄合生，宽披针形，通常或多或少具紫褐色的斑点，分离部分具疏齿。叶柄长2~5cm，带暗紫色。花梗等长或稍长于叶，带暗紫色，苞片位于花梗的中部。萼片披针形或卵状披针形，附器长1.5mm，末端近截形或有钝齿。花瓣乳白色，侧瓣内侧有须毛，下瓣连距长12mm，距粗筒状，长3~5mm。子房无毛，柱头顶面微凹，两侧具薄边，前方有短喙。蒴果未见。

生物学特性：花期3—4月。生于山麓路边草地。

分布：中国华东、华中、西南、华南、东北有分布。朝鲜及日本也有分布。之江校区有分布。

景观应用：花境植物。

白花堇菜花（徐正浩摄）

白花堇菜花期植株（徐正浩摄）

白花堇菜植株（徐正浩摄）

246. 戟叶堇菜 *Viola betonicifolia* J. E. Smith

中文异名：箭叶堇菜

英文名：halberd blade violet

分类地位：堇菜科（Violaceae）堇菜属（*Viola* Linn.）

形态学鉴别特征：多年生宿根草本。株高6~20cm。根状茎粗短，具灰棕色或棕褐色主根。叶基生，具长柄。叶柄花期长2~10cm，果期

戟叶堇菜花（徐正浩摄）

戟叶堇菜成株（徐正浩摄）

长可达15cm以上，上部具狭翼。叶条状披针形或条形，长2~9cm，宽12mm，果期叶片增大，顶端钝或稍圆，基部箭状心形、浅心形或仅截形，基部稍下延于叶柄，边缘有疏而浅的波状齿，近基部的齿较深，两面近无毛或无毛。托叶大部与叶柄合生，披针形，具紫褐色斑点，分离部分有疏齿。花具长梗，梗花期比叶长或与叶等长，果期短于叶。苞片位于花梗的中下部至中上部。萼片5片，卵状披针形，基部附器长1mm，顶端圆。花瓣5片，蓝紫色，稀淡紫色或紫白色，侧瓣内侧有须毛，下瓣连距长1~1.5cm，距管状，粗壮，长3~4mm。子房无毛，柱头顶面微凹，两侧具薄边，具短喙。蒴果长圆形或卵圆形，长0.7~1cm，无毛，熟时3瓣裂，将种子弹出。种子倒卵形，皮坚硬有光泽。

生物学特性：花果期4—9月。生于田野、路埂、山坡草地、灌丛、林缘等湿处。

分布：中国华东、华中、华南、西南及陕西等地有分布。印度、巴基斯坦、阿富汗、日本、泰国、马来西亚、越南、缅甸等也有分布。华家池校区、之江校区、玉泉校区有分布。

景观应用：地被植物。

戟叶堇菜植株1（徐正浩摄）

戟叶堇菜植株2（徐正浩摄）

247. 紫花地丁 *Viola philippica* Cav.

中文异名：光瓣堇菜、野堇菜
英文名：purpleflower violet
分类地位：堇菜科（Violaceae）堇菜属（*Viola* Linn.）
形态学鉴别特征：多年生草本。株高5~20cm。根状茎粗短，主根黄白色，节密生，有数条淡褐色或近白色的细根。叶基生，多数，莲座状。叶形多变。下部叶片较小，呈三角状卵形或狭卵形。上部叶片较长，长椭圆形至广披针形或三角状卵形，长1.5~4cm，宽0.5~1cm，先端钝至渐尖，基部截形、楔形或微心形，稍下延于叶柄，边缘有浅圆齿，两面无毛或被细短毛，有时仅下面沿叶脉被短毛。果期叶片增大，长可达10cm，宽可达4cm。叶柄花期长于叶片1~2倍，上部具极狭的翅，果期长可达10cm，上部具较宽的翅，无毛或被细短毛。托叶膜质，长1.5~2.5cm，2/3~4/5与叶柄合生，离生部分钻状三角形，有睫毛，淡绿色或苍白色，边缘疏生具腺体的流苏状细齿或近全缘。花梗多数，细弱，与叶片等长或比叶片长，无毛或有短毛，中部附近有2片线形小苞片。萼片卵状披针形，长5~7mm，先端渐尖，基部附属物短，长1~1.5mm，末端圆钝或截形，边缘具膜质白边，无毛或有短毛。花瓣倒卵形或长圆状倒卵形，蓝紫色，稀白

紫花地丁花（徐正浩摄）

紫花地丁花期植株（徐正浩摄）

紫花地丁植株（徐正浩摄）

色，侧瓣长1~1.2cm，里面无毛或有须毛，下瓣连距长1.3~2cm，里面有紫色脉纹，喉部色较淡并带有紫色条纹，距细管状，长4~8mm，末端圆。花药长2mm，药隔顶部附属物长1.5mm，下方2枚雄蕊背部的距细管状，长4~6mm，末端稍细。子房卵形，无毛，花柱棍棒状，比子房稍长，基部稍膝曲，柱头三角形，两侧及后方稍增厚成微隆起的缘边，顶部微凹，具短喙。蒴果椭圆形或长圆形，长5~12mm，无毛。种子卵球形，长1~2mm，淡黄色。

生物学特性：花期3—4月，果期5—10月。生于野外草地、田野。

分布：中国华东、华中、华南、西南、华北及东北等地有分布。朝鲜、日本、俄罗斯等也有分布。各校区有分布。

景观应用：地被植物。

248. 心叶堇菜 *Viola yunnanfuensis* W. Becker

心叶堇菜花（徐正浩摄）

英文名：heartleaved violet

分类地位：堇菜科（Violaceae）堇菜属（*Viola* Linn.）

形态学鉴别特征：多年生草本。株高10~25cm。根状茎极短，主根黄白色。叶圆心形或卵状心形，稀长卵形或三角状卵形，长4~7cm，宽3~5cm，果期增大，先端钝或急尖，基部心形或箭状心形，边缘具浅钝锯齿，两面无毛或疏生短伏毛，下面略带紫色。叶柄长可达20cm，上部具狭翼。托叶大部分与叶柄合生，披针形，淡绿色，分离部分近全缘或具疏锯齿。花梗花期长于叶，果期短于叶。苞片位于花梗的中下部至中上部。萼片披针形，附器短，长1~2mm，果期不延长，末端有钝

心叶堇菜果实（徐正浩摄）

心叶堇菜花期植株（徐正浩摄）

齿。花瓣淡紫色，侧瓣内无毛，下瓣连距长13~20mm，距粗筒状，长5~8mm。子房无毛，柱头顶面微凹，两侧具薄边，具短喙。蒴果长圆形，长6~10mm。种子细小，径1~2mm，灰褐色。

生物学特性：花期3—4月，果期5—8月。生于田埂、旱地、湿地、草坪等。

分布：中国华东、华中、华南、西南等地有分布。朝鲜、日本、俄罗斯等也有分布。之江校区、华家池校区、玉泉校区有分布。

景观应用：园林景观植物。

249. 水苋菜 *Ammannia baccifera* Linn.

中文异名：细叶水苋、浆果水苋

英文名：common ammannia herb, roundleaf rotala herb

分类地位：千屈菜科（Lythraceae）水苋属（*Ammannia* Linn.）

形态学鉴别特征：一年生草本。株高10~45cm。根分枝多，平展。茎直立，多分枝，带淡紫色，具4条棱，具狭翅，无毛。叶披针形至长椭圆形，长1~5cm，宽0.3~1.2cm，主茎叶较大，侧枝叶较小，顶端渐尖或急尖，基部渐狭成短柄或近无柄，中脉腹面平坦，背面略突出，侧脉不明显。花数朵组成腋生的聚伞花序，通常较密集，几无总花梗，花梗长1.5mm。花极小，长1~2mm，紫红色。苞片线状钻形。花萼花蕾期钟形，顶端平面为四边形，裂片4

片，三角形，比萼筒短，结实时半球形，包围蒴果的下半部，无棱，附属体褶叠状或小齿状。无花瓣。雄蕊4枚，贴生于萼筒中部，与萼裂片等长或比花萼稍短。子房球形，花柱极短或无。蒴果球形，径1~1.5mm，紫红色，中部以上不规律盖裂。种子极小，近三角形，长0.5mm，黑色。

生物学特性：花期8—10月，果期10—12月。生于湿地或稻田中。

分布：中国华东、华中、华南、西南、华北等地有分布。澳大利亚及东南亚、非洲也有分布。华家池校区、紫金港校区有分布。

水苋菜植株（徐正浩摄）

水苋菜茎叶（徐正浩摄）

250. 耳基水苋 *Ammannia arenaria* H. B. K.

中文异名：耳基水苋菜、耳水苋、水旱莲

英文名：ammannia senegalensis

分类地位：千屈菜科（Lythraceae）水苋菜属（*Ammannia* Linn.）

形态学鉴别特征：一年生草本。株高15~60cm。根分枝多，细长。茎直立，具4条棱，常多分枝，具狭翅。叶膜质，对生，无柄，狭披针形或矩圆状披针形，长1.5~7cm，宽0.3~1.5cm，先端渐尖或稍急尖，基戟状耳形，半抱茎。聚伞花序腋生，稀疏排列，有花3~7朵，总花梗长3~5mm，花梗短，长1~2mm。苞片2片，线形。萼筒钟形，长1.5~3mm，最初基部狭，结实时近半球形，具4~8条棱，裂片4片，宽三角形。花瓣4片，淡黄色或白色，近圆形，早落。雄蕊4~6枚，1/2突出萼裂片之上。子房球形，径1mm，花柱与子房等长或比子房稍长。蒴果扁球形，熟时1/3突出萼筒外，紫红色，径2~3.5mm，不规则盖裂。种子半椭圆形，径0.3~0.5mm。

生物学特性：花期7—9月，果实8月逐渐成熟。生于平野至低山带的沟渠、稻田、沼泽湿地内。

分布：世界热带地区有分布。华家池校区、紫金港校区有分布。

耳基水苋花（徐正浩摄）

稻田耳基水苋（徐正浩摄）

耳基水苋群体（徐正浩摄）

251. 节节菜 *Rotala indica* (Willd.) Koehne

中文异名：水马齿苋、红茎鼠耳草

英文名：Indian toothcup

分类地位：千屈菜科（Lythraceae）节节菜属（*Rotala* Linn.）

节节菜茎叶（徐正浩摄）

节节菜群体（徐正浩摄）

形态学鉴别特征： 一年生草本。株高5~30cm。根茎匍匐，节上生根，细根多。茎披散或近直立，呈不明显的四棱形，光滑，下部伏地生根。叶对生，无柄或近无柄，倒卵状椭圆形或长圆状卵形，长5~15mm，宽2~7mm，先端近圆形或钝形，具小尖头，基部楔形或渐狭，下面叶脉明显，边缘软骨质。花小，长不及3mm，无梗，排列成腋生的穗状花序，稀单生。苞片长圆状倒卵形，长3~5mm，叶状。小苞片2片，极小，线状披针形，长为花萼的1/2或稍过。萼筒管状钟形，膜质，裂片4片，披针状三角形。花瓣4片，极小，倒卵形，长不及萼裂片的1/2，淡红色，宿存。雄蕊4枚，与萼筒等长。子房椭圆形。花柱丝状，长为子房的1/2或与之近等长。蒴果椭圆形，长1.5mm，表面具横条纹，2瓣裂。种子极细小，狭长卵形或呈棒状，无翅。

生物学特性： 花期9—10月，果期10—12月。常生于水稻田或湿地。

分布： 中国华东、华中、华南、西南及陕西有分布。日本、越南、老挝、柬埔寨、缅甸、泰国、马来西亚、印度尼西亚、菲律宾、印度、斯里兰卡等也有分布。华家池校区、紫金港校区有分布。

252. 柳叶菜 *Epilobium hirsutum* Linn.

中文异名： 水丁香、通经草、水接骨丹
英文名： willowweed
分类地位： 柳叶菜科（Onagraceae）柳叶菜属（*Epilobium* Linn.）
形态学鉴别特征： 多年生草本。株高50~120cm。根茎粗壮而坚硬，具分枝，簇生须根。茎直立，上部分枝，不具棱，密生白色长柔毛及短腺毛。茎下部叶和中部叶对生，上部叶互生。叶长圆形至椭圆状披针形，长2.5~4cm，宽5~20mm，先端尖，基部渐狭而微抱茎，边缘具细锯齿，两面均被长柔毛。叶无柄。花单生于茎上部叶腋。萼筒圆柱形，萼片4片，长圆状披针形，长5~7mm，外面被毛。花瓣4片，宽倒卵形，长1~1.2cm，宽4~8mm，先端凹缺成2裂，粉红色或淡紫红色。雄蕊8枚，4枚长，4枚短。子房具短腺毛，花柱长于雄蕊，柱头4裂。蒴果圆柱形，长4~6cm，被短腺

柳叶菜茎叶（徐正浩摄）

柳叶菜花（徐正浩摄）

柳叶菜果实（徐正浩摄）

柳叶菜花期植株（徐正浩摄）

毛，室背开裂。种子长圆状倒卵形，长1mm，密被头状突起，顶端有1簇白色种缨。
生物学特性：花果期4—11月。生于沟谷、溪边、湿地、路旁、沼泽地，偶入农田。
分布：中国华东、华中、华南、西南、华北、东北及陕西、甘肃、新疆等地有分布。朝鲜、日本及欧洲等也有分布。华家池校区、紫金港校区有分布。
景观应用：景观植物。

253. 草龙 *Ludwigia hyssopifolia* (G. Don) Exell

中文异名：水丁香
英文名：southeastern primrose-willow
分类地位：柳叶菜科（Onagraceae）丁香蓼属（*Ludwigia* Linn.）
形态学鉴别特征：湿生或水生高大草本。株高50~90cm。主根明显，须根多数。茎基部常木质化，常三棱形或四棱形，多分枝，幼枝及花序被微柔毛。叶披针形或线形，长2~10cm，宽1cm，先端渐尖，基部狭楔形至宽楔形，全缘。侧脉9~16对，下面脉上疏被短毛。叶柄长2~10mm。花腋生，萼片4片，卵状披针形，长2~4mm，常有3条纵脉。花瓣4片，黄色，倒卵形或近椭圆形，长2~3mm。雄蕊8枚，淡绿黄色，花丝不等长。花盘稍隆起。花柱长0.8~1.2mm。柱头头状，顶端浅4裂。蒴果近无梗，幼时近四棱形，熟时近圆柱状，长1~2.5cm，上部1/5~1/3增粗，被微柔毛，果皮薄。种子在蒴果上部每室排成多列，离生，在下部排列成1列，嵌入近锥状盒子的木质内果皮里，近椭圆状，长0.6mm，两端多少锐尖，淡褐色，有纵横条纹，腹面有纵形种脊。
生物学特性：花期7—10月。生于田间、沟边、路旁、湿地等。
分布：广布世界热带地区。华家池校区有分布。
景观应用：景观植物。

草龙花（徐正浩摄）

草龙花期植株（徐正浩摄）

草龙生境植株（徐正浩摄）

254. 黄花水龙 *Ludwigia peploides* (Kunth) Kaven subsp. *stipulacea* (Ohwi) Raven

中文异名：台湾水龙
英文名：water primrose, creeping primrose, floating primrose-willow
分类地位：柳叶菜科（Onagraceae）丁香蓼属（*Ludwigia* Linn.）
形态学鉴别特征：生长在浅水的多年生浮叶草本植物。高出水面可达60cm。浮水茎节上常生圆柱形海绵状贮气根状浮器，具多数须状根。匍匐茎或浮水茎长达3m。上升茎直立，无毛，节上生根。茎中空，节间簇生白色气囊。叶长圆形或倒卵状长圆形，长1~9cm，宽1~2.5cm，先端常锐尖或渐尖，基部狭楆形，侧脉7~11对。叶柄长0.2~3cm。托叶明显，卵形或鳞片状，长2~4mm。花单生于上部叶腋。苞片生于

黄花水龙花（徐正浩摄）

蒴果近中部或下半部，三角形，长1mm。萼片5片，呈三角形，长6~12mm，无毛或疏被长柔毛。花瓣5片，卵圆形，长9~17mm，宽5~10mm，金黄色，基部常有深色斑点，先端钝圆或微凹，基部宽楔形。雄蕊10枚，花丝鲜黄色，较花瓣稍短，长2~5mm，花药淡黄色，卵状长圆形，长1~1.5mm。花粉粒单一。花盘稍隆起，基部有蜜腺，具白毛。花柱黄色，长2.5~5mm，密被长毛。柱头扁球状，5浅裂，膨大，黄色，花期稍高出雄蕊，上部2/3接受花粉。蒴果具10条纵棱，长1~2.5cm。果梗长2~6cm。每室种子单列纵向排列，嵌入木质硬内果皮内。种子椭圆状，长1mm。

生物学特性：花期5—8月，果期8—10月。花粉粒以单体授粉。生于池塘、水沟边、内陆河川水域边或低洼湿地。

分布：中国华东、华南、西南有分布。日本也有分布。华家池校区有分布。

黄花水龙花期植株（徐正浩摄）

景观应用：水域景观植物。可作河道富营养化生物修复植物。

255. 假柳叶菜 *Ludwigia epilobioides* Maxim.

中文异名：丁香蓼、黄花水丁蓼
英文名：climbing seedbox
分类地位：柳叶菜科（Onagraceae）丁香蓼属（*Ludwigia* Linn.）
形态学鉴别特征：一年生草本。株高20~100cm。根具分枝，须根多。茎近直立或下部斜生，多分枝，有纵棱，暗带红紫色，无毛或疏被短毛。单叶互生，披针形或长圆状披针形，长2~8cm，宽0.4~2cm，顶端渐尖，基部渐狭，全缘，近无毛或脉上极少被柔毛。叶柄短，长3~10mm。秋后叶常变红色。花腋生，1~2朵，无柄。萼片4~6片，卵状披针形或正三角形，长1.3~1.5mm，外被短柔毛或无毛。花瓣4片，狭匙形，长1.3~2.2mm，宽0.4~0.9mm，黄色，稍短于萼裂片，早落，基部有2片小苞片。雄蕊4~6枚，花粉粒单一。萼筒与子房合生，具4~6片裂片，宿存。子房密被短毛。花柱长0.5~1mm。柱头球形。蒴果线状圆柱形，5室，稀4室，长1.5~3cm，宽1.5~2mm，褐色，近无柄，成熟后室背果皮呈不规则开裂。种子斜嵌入内果皮内，每室1~2行，细小，长卵形，长1mm，宽0.3mm，棕黄色，一端锐尖。种脐狭，线形。

假柳叶菜花（徐正浩摄）

假柳叶菜果期植株（徐正浩摄）　　稻田生境假柳叶菜植株（徐正浩摄）

生物学特性：花期8—9月，果期9—10月。生于水田、田边、路旁湿地、山麓等潮湿环境。

分布：中国华东、华中、华南、西南、华北、东北等地有分布。日本、越南等也有分布。紫金港校区、华家池校区、之江校区有分布。

256. 狐尾藻 *Myriophyllum verticillatum* Linn.

中文异名：轮叶狐尾藻

英文名：whorled watermilfoils
分类地位：小二仙草科（Haloragaceae）狐尾藻属（*Myriophyllum* Linn.）
形态学鉴别特征：多年生粗壮沉水草本。根状茎发达，在水底泥中蔓延，节部生根。茎圆柱形，长20~40cm，多分枝。叶4片轮生，或3~5片轮生，水中叶较长，长4~5cm，丝状全裂，无叶柄。裂片8~13对，互生，披针形或线形，长0.7~1.5cm，鲜绿色。花单性、雌雄同株，或杂性、单生于水上叶腋内，每轮具4朵花，花无柄，比叶片短。苞片羽状篦齿状分裂。雌花生于水上茎下部叶腋，萼片与子房合生，顶端4裂，裂片较小，长不到1mm，卵状三角形，花瓣4片，椭圆形，长2~3mm，早落，雌蕊1枚，子房广卵形，4室，柱头4裂，裂片三角形。雄花雄蕊8枚，花药椭圆形，长2mm，淡黄色，花丝丝状，开花后伸出花冠外。果实广卵形，长2.5~3mm，具4条浅槽，顶端具残存的萼片及花柱。

狐尾藻茎叶（徐正浩摄）

生物学特性：花期4—7月，果期8—10月。夏季生长旺盛。冬季生长慢，耐低温。生于池塘、沼泽、水稻田中，耐污染。
分布：世界广布种。各校区有分布。
景观应用：浅水域景观植物。广泛用于富营养化水域的生态修复。

狐尾藻植株（徐正浩摄）

狐尾藻群体（徐正浩摄）

257. 绿狐尾藻 *Myriophyllum elatinoides* Gaudich.

中文异名：绿羽毛藻、聚草
分类地位：小二仙草科（Haloragaceae）狐尾藻属（*Myriophyllum* Linn.）
形态学鉴别特征：多年生水草。根状茎生于泥中，节部生须根。茎沉水性，长1~2m，径3mm，细长圆柱形，常分枝。叶通常4~6片轮生，长2.5~3.5cm，无柄，丝状全裂，裂片长1~1.5cm。穗状花序生于水上，长5~10cm，顶生或腋生。苞片长圆形或卵形，全缘。小苞片近圆形，边缘具细锯齿。花两性或单性，雌雄同株，常4朵轮生，若单性花则雄花生于花序上部，雌花生于花序下部。萼片小，4深裂，萼筒极短。花瓣4片，卵圆形，先端钝圆，长2mm。雄蕊8枚，花药黄色，长圆形，花丝细长。雌花不具花瓣，子房下位，4室，无花柱，柱头4裂，很短。果实卵圆形，径1.5~3mm，有4条纵裂隙。
生物学特性：花果期4—8月。喜光充足的水域。生于池塘、沼泽、溪流、沟渠、湿地或水田中。
分布：中国华北、华东、华南等地有分布。亚洲其他国家、欧洲和北美洲也有分布。华家池校区有分布。
景观应用：水生观赏绿化植物。可作净化水质的植物材料。

绿狐尾藻茎叶（徐正浩摄）

绿狐尾藻群体（徐正浩摄）

258. 天胡荽 *Hydrocotyle sibthorpioides* Lam.

中文异名：鸡肠菜、落地梅花、遍地金
英文名：herb of lawn pennywort
分类地位：伞形科（Umbelliferae）天胡荽属（*Hydrocotyle* Linn.）
形态学鉴别特征：多年生草本。根分枝，细根多。茎细长，节上生根。叶互生，圆形或肾圆形，长0.5~2cm，宽0.5~2.5cm，基部心形，不裂或掌状5~7浅裂，裂片再2~3裂，边缘有钝齿，上面光滑，下面有柔毛，或两面光滑至密生柔毛。叶柄纤细，长0.5~9cm。托叶膜质，近半圆形，全缘或稍浅裂。单伞形花序双生于茎顶或单生于节上，有花10~15朵。总花梗纤细，长0.5~2.5cm。小总苞片卵形或卵状披针形，膜质。花小，无梗或有极短梗。花瓣卵形，绿白色。花柱基隆起，外弯。果实近心状圆形，长1mm，两侧扁压，无毛，中棱和背棱明显，成熟时有多数紫红色小斑点。

天胡荽叶和果实（徐正浩摄）

天胡荽植株（徐正浩摄）

生物学特性：花期4—5月，果期9—10月。种子休眠期长短不一。实生苗于3月中下旬出现，出苗高峰期4—5月和9月。生于路旁、草地、沟边、林下等潮湿地块。
分布：中国华东、华中、华北、东北、华南、西南等地有分布。各校区有分布。

259. 破铜钱 *Hydrocotyle sibthorpioides* Lam. var. *batrachium* (Hance) Hand.-Mazz. ex Shan

中文异名：铜钱草、小叶铜钱草
分类地位：伞形科（Umbelliferae）天胡荽属（*Hydrocotyle* Linn.）
形态学鉴别特征：多年生草本。根分枝，细根多。茎细弱，匍匐地面，节上生叶和根。叶肾圆形，径0.4~0.6cm，边缘有浅裂和圆齿。叶3~5深裂几达基部，侧面裂片间有一侧或两侧仅裂达基部1/3处，裂片楔形，先端的边缘具圆钝齿。叶上面光亮。单伞形花序双生于茎顶或单生于节上，有花10~15朵。总花梗纤细，长0.5~2.5cm。小总苞片卵形或卵状披针形，膜质。花小，无梗或有极短梗。花瓣卵形，白色，略带绿。花柱基隆起，外弯。果实近心状圆形，长1mm，两侧扁压，无毛，中棱和背棱明显，成熟时有多数小紫红色斑点。

破铜钱植株1（徐正浩摄）

破铜钱植株2（徐正浩摄）

生物学特性：花期5—9月。生于路边、草地和旷野湿润处。
分布：中国华东、华中、华南、西南等地有分布。越南也有分布。各校区有分布。

260. 积雪草 *Centella asiatica* (Linn.) Urban

中文异名：老鸦碗、大叶伤筋草
英文名：centella, Asiatic pennywort, Indian pennywort
分类地位：伞形科（Umbelliferae）积雪草属（*Centella* Linn.）
形态学鉴别特征：多年生草本。根分枝，细根多。茎匍匐，细长，节上常生须状根。叶圆肾形或圆形，长1.5~4cm，宽1.5~5cm，边缘有钝锯齿，基部宽心形，两面无毛或在下面脉上疏生柔毛。掌状脉5~7条，脉上部分叉。叶柄长2~15cm，叶鞘膜质，透明。2~4朵小花组成单伞形花序，聚生于叶腋，总花梗长0.2~1.5cm。苞片2片，卵形，膜质，长3~4mm，宽2~3mm。花无梗或具1mm长的短梗。萼齿细小。花瓣5片，卵形，覆瓦状排列，膜质，长1.2~1.5cm，宽1~1.2mm，白色或紫红色。雄蕊5枚，与花瓣互生。花柱短，长0.6mm。花柱与花丝近等长，基部膨大。果实圆形，两侧扁压，长2.5~3mm，宽2.5~3.5mm，每侧纵棱数条，棱间有明显的小横脉，形成网状，分果表面初被疏柔毛，后渐脱落近无毛。

积雪草叶（徐正浩摄）

积雪草植株1（徐正浩摄）

积雪草植株2（徐正浩摄）

生物学特性：花期4—10月，果期5—11月。生于山脚、旷野、路边及水沟边等较阴湿的地方。
分布：中国华东、华中、华南、西南及陕西等地有分布。各校区有分布。
景观应用：地被植物。

261. 小窃衣 *Torilis japonica* (Houtt.) DC.

中文异名：破子草
英文名：upright hedgeparsley, erect hedgeparsley
分类地位：伞形科（Umbelliferae）窃衣属（*Torilis* Adans.）
形态学鉴别特征：一年生或多年生草本。株高20~120cm。主根细长，圆锥形，棕黄色，支根多数。茎直立，上部多分枝，表面具纵条纹细槽及白色倒向刺毛。叶长卵形，柄长2~7cm。叶1~2回羽状分裂，两面具稀疏紧贴粗毛，第1回羽片卵状披针形，长2~5cm，宽1~2.5cm，先端渐窄，边缘羽状深裂或全裂，有0.5~1.5cm长的短柄，末回裂片披针形至长圆形，边缘有条裂状的粗齿、缺刻或分裂。复伞形花序顶生或腋生，总伞梗长3~22cm，有倒生刺毛。总苞片3~6片，线形或钻形，长5~7mm，伞辐4~12个。小伞形花序有花4~12朵，花梗长1~5mm。小总苞片7~8片，线状钻形。萼

小窃衣叶（徐正浩摄）

小窃衣花序（徐正浩摄）

齿细小，三角状披针形。花瓣白色或紫红色，先端内折。花柱基部圆锥形，花柱果期下弯。果实长圆状卵形，长1.5~4mm，宽1.5~2.5mm，有内弯或钩状的皮刺。每棱槽有油管1条。种子长0.5~1mm，胚乳腹面内陷。

小窃衣花期植株（徐正浩摄）　　　　小窃衣植株（徐正浩摄）

生物学特性：花果期4—10月。生长在杂木林下、林缘、路旁、河沟边及溪边草丛。

分布：亚洲温带地区及欧洲、北非有分布。玉泉校区、之江校区有分布。

景观应用：可作为园林观赏植物。

262. 窃衣　*Torilis scabra* (Thunb.) DC.

中文异名：破子草、水防风
英文名：torilis anthriscus, rough hedgeparsley
分类地位：伞形科（Umbelliferae）窃衣属（*Torilis* Adans.）
形态学鉴别特征：一年生或多年生草本。株高30~70cm。主根下部分叉。茎单生，有分枝，有细直纹和刺毛，常带紫红色，具倒向贴生短硬毛。基生叶早枯。下部茎生叶柄长2~6cm。1~2回羽状深裂，末回裂片披针形至长圆形，小裂片披针状卵形，长5~10mm，宽2~5mm，先端渐尖，边缘有条裂状粗齿至缺刻或分裂，两面具短硬毛。茎中上部叶与下部叶相似，渐小，柄全部变鞘。复伞形花序顶生和腋生，花序梗长2~8cm。总苞片通常无，稀1~2片，线形，长2~3mm。伞辐3~5个，长1~5cm，粗壮，有纵棱及向上紧贴的硬毛。小总苞片5~8片，钻形或线形，长2~6mm。花梗4~7个，长2mm。小伞形花序有花4~12朵。萼齿细小，三角状披针形。花瓣倒圆卵形，白色略带淡紫色，先端内折。花柱基圆锥状，短。果实长圆形，长3~7mm，宽2~4mm，有内弯或呈钩状的皮刺，粗糙，每棱槽下方有油管1个。

窃衣茎叶（徐正浩摄）　　　　窃衣花序（徐正浩摄）

窃衣果实（徐正浩摄）　　　　窃衣植株（徐正浩摄）

生物学特性：花果期4—10月。生于山坡、林下、河边、芒地及草丛中。

分布：中国华东、华中、西南、西北等地有分布。日本也有分布。华家池校区、玉泉校区、紫金港校区、之江校区有分布。

景观应用：可作为园林观赏植物。

263. 蛇床 *Cnidium monnieri* (Linn.) Cuss.

中文异名：蛇床子、假茴香、野芫荽
分类地位：伞形科（Umbelliferae）蛇床属（*Cnidium* Cuss.）
形态学鉴别特征：一年生草本。株高30~80cm。根具分枝，细根多。茎直立，多分枝，中空。表面具棱，粗糙，疏生细柔毛。叶下部茎生叶柄短，基部加宽成鞘状抱茎，叶鞘边缘膜质。中部及上部叶柄全部鞘状。叶片三角状卵形，长3~8cm，宽2~5cm，2~3回3出式羽状全裂。第1回羽片有柄，最下部的1对与上部者离得稍远，第2回羽片有柄或无柄，末回裂片线形或线状披针形，具小尖头。复伞形花序顶生和侧生，总花梗长2~9cm。总苞片5~7片，线形至线状披针形，长6mm，边缘膜质，具细睫毛。伞辐8~20个，不等长，具棱。小总苞片多数，线形，长3~5mm，边缘具细长睫毛。萼齿无。花瓣倒心形，白色。花柱基短圆锥形，花柱向下反曲。果实椭圆形，长2mm，果棱呈宽翅状。分生果横切面近五角形。种子长1~1.5mm，胚乳腹面平直。

蛇床花序（徐正浩摄）

蛇床生境植株（徐正浩摄）

蛇床植株（徐正浩摄）

生物学特性：花期4—7月，果期5—10月。生育期因地理位置不同有差异。生于海拔较低的河谷、田边、湿地、草地、丘陵及山区等。
分布：几遍中国。朝鲜、越南及欧洲、北美洲也有分布。各校区有分布。
景观应用：可作为园林绿化观赏植物。

264. 点地梅 *Androsace umbellata* (Lour.) Merr.

中文异名：喉龙草、天星花
分类地位：报春花科（Primulaceae）点地梅属（*Androsace* Linn.）
形态学鉴别特征：一年生或二年生草本。株高8~20cm。全株密被灰白色多节细柔毛。根具分枝，细长。茎直立，具分枝，纤弱，密生细柔毛。叶基出，10~30片簇生，呈莲座状，浅心形至近圆形，长5~20mm，宽6~15mm，边缘具密三角状锯齿，柄长0.5~2cm。无茎生叶。花葶从基部叶丛叶腋抽出，数条分生，高8~20cm。葶顶端形成伞形花序，由4~10朵小花组成。花梗纤细，径0.2~0.5mm，长2~6cm，被柔毛。小花梗纤弱，长1~3cm，混生腺毛。苞片4~10片轮状着生，卵状披针形，长3~4mm，宽0.5~1.5mm。萼片5片，全裂，裂片卵形，长3~5mm，宽2~3mm，呈星状展开，先

点地梅花（徐正浩摄）

点地梅簇生叶（徐正浩摄）

端急尖，具尖头，具3~6条明显脉纹。花冠筒状，长2mm，白色、淡粉白色或淡紫白色，花冠筒部短于花萼，喉部黄色，裂片5片，分离，倒卵状长圆形，长2.5~3mm，宽1.5~2mm，与花冠筒近等长或比花冠筒稍长。雄蕊着生于花冠筒中部，长1.5mm。子房球形，花柱极短。蒴果近球形，稍扁，径3mm，成熟后5瓣裂，白色膜质，有多数种子。种子小，长圆状多面体形，径0.3mm，棕褐色，种皮有网纹。

点地梅生境植株（徐正浩摄）

生物学特性：花期4—5月，果期5—6月。耐寒。生于山坡草地、湿地、林缘或路边较潮湿处。

分布：中国南北各地有分布。印度至越南和菲律宾也有分布。紫金港校区、之江校区有分布。

景观应用：地被植物。

265. 泽珍珠菜 *Lysimachia candida* Lindl.

中文异名：泽星宿菜

分类地位：报春花科（Primulaceae）珍珠菜属（*Lysimachia* Linn.）

形态学鉴别特征：一年生或二年生草本。全株无毛，株高15~50cm。根系分枝多。茎直立，圆柱形，肉质，基部紫红色。单一、上部分枝或基部分枝成簇生状。基生叶匙形，长3~4.5cm，宽1~1.5cm，具带狭翅长柄，花期常无。茎生叶互生，倒披针形至条形，长2~3cm，宽0.3~1cm，先端钝，基部渐狭下延成短柄，两面有红褐色小腺点及短腺条。总状花序顶生，初为伞房状，后渐伸长，果期可达20cm。苞片狭披针形或线形，长3~12mm。花梗长6~15mm。花萼5片，深裂，裂片披针形，长3~5mm，边缘膜质。花冠白色，管状钟形，长6~10mm，近中部合生，5裂，裂片倒卵状椭圆形。雄蕊短，不伸出花冠，花丝基部贴生于花冠筒上，分离部分长2.5~3mm，花药椭圆形。花柱细长，稍伸出花冠外。蒴果球形，径2.5~3mm，瓣裂。

生物学特性：种子可在秋季发芽，幼苗越冬，也可在春季萌发，长出幼苗。花果期4—6月。二年生的5月开花，一年生的6月以后开花。生于湿地、路旁、田边、沟边、庭院、草丛等。

泽珍珠菜花（徐正浩摄）

泽珍珠菜植株（徐正浩摄）

分布：中国华东、华南、西南、华北及陕西等地有分布。日本、朝鲜、马来西亚、印度也有分布。各校区有分布。

景观应用：地被植物。

266. 醉鱼草 *Buddleja lindleyana* Fort.

中文异名：野刚子

英文名：Lindley's butterflybush herb

分类地位：醉鱼草科（Buddlejaceae）醉鱼草属（*Buddleja* Linn.）

形态学鉴别特征：落叶灌木。嫩枝、嫩叶和花序均被棕黄色星状毛和鳞片。株高1~2.5m。根粗壮，具分枝，细根发达。茎直立，常斜生，多分枝，小枝四棱形，有窄翅，棱的两面被短白柔毛，老则脱落。单叶对生，纸质，卵圆形至长圆状披针形，长3~12cm，宽1.5~4cm，先端渐尖，基部宽楔形或圆形，全缘或具稀疏锯齿。幼叶两面密被黄色绒毛，老时毛脱落。中脉上面凹，侧脉两面凸，两侧各7~14条，达近叶缘处。叶柄长0.5~1cm，上密生绒毛。穗状花序由多数聚伞花序组成，顶生，下垂，长18~40cm，花偏向一侧。小苞片狭线形，着生于花萼基部。花萼管状，4或5浅裂，裂片三角状卵形，密被鳞片。花冠细长管状，长15mm，径3mm，微弯曲，紫色，外面具白色光亮细鳞片，内面具白色细柔毛，先端4裂，裂片半卵圆形。雄蕊4枚，花丝极短，贴生于花冠筒基部。雌蕊1枚。子房上位，2室，每室多个胚珠。花柱单一，线形，柱头2裂。花梗极短。蒴果长圆形，长5mm，外被鳞片，熟后2裂，基部有宿萼。种子细小，褐色，无翅。

生物学特性：花期6—8月，果期10—11月。生于山坡、林缘、河边土坎、湿地、路边石缝等。

分布：中国华东、华中、华南、西南及陕西等地有分布。紫金港校区、之江校区有分布。

景观应用：观赏植物，常用作花境植物。

醉鱼草花序（徐正浩摄）

醉鱼草植株（徐正浩摄）

267. 络石 *Trachelospermum jasminoides* (Lindl.) Lem.

中文异名：石龙藤、万字花、万字茉莉

英文名：China starjasmine, confederate-jasmine

分类地位：夹竹桃科（Apocynaceae）络石属（*Trachelospermum* Lem.）

形态学鉴别特征：常绿攀缘藤本植物。具主根或分枝，基部具气生根。枝蔓长2~10m，有乳汁。枝圆柱形，老枝光滑，红褐色，有皮孔，节部常发生气生根，幼枝上有茸毛。单叶对生，革质或近革质，椭圆形、宽椭圆形、卵状椭圆形至长椭圆形，长2~8cm，宽1~4cm，先端急尖、渐尖或钝，有时微凹或有小凸尖，基部楔形或圆形，叶面光滑，叶背有毛，渐秃净，中脉下面凸，侧脉6~12对，不明显。叶柄短，长2~3mm，有短柔毛，后秃净。聚伞花序有花9~15朵，组成圆锥状，腋生或顶生。总花梗长1~4cm。苞片及小苞片披针形，长1~2mm。花梗长2~5mm。花蕾钝头。花萼5深裂，裂片线状披针形，长3~5mm，反卷。花冠白色，花冠筒中部膨大，喉部内面及着生雄蕊处有短柔毛，5裂，裂片线状披针形，长0.5~1cm，反卷，呈片状螺旋形排列。雄蕊5枚，着生于花冠中部，花药箭头形，腹部黏生柱头上。花盘环状5裂，与子房等长。子房无毛，花柱圆柱状，柱头圆锥形，全缘。蓇葖果双生，叉开，披针状圆柱形或有时呈牛角状，长5~18cm，宽0.4~1cm，无毛。种子多数。种子线形，褐色，长1.3~1.7cm，宽0.2cm，具长3~4cm的种毛。

生物学特性：花芳香。花期

络石花（徐正浩摄）

络石花序（徐正浩摄）

络石植株（徐正浩摄）

6—7月，果期8—12月。喜半阴湿润的环境，耐旱也耐湿，对土壤要求不严，以排水良好的沙壤土最为适宜。生于山野、林缘或杂木林中，常攀缘在树木、岩石、墙垣上生长。

分布：除东北、新疆、青海、西藏等外，中国广泛分布。日本、朝鲜、越南也有分布。各校区有分布。

景观应用：园林地被植物，或盆栽观赏，为芳香花卉。对有害气体如二氧化硫、氯化氢、氟化物及汽车尾气等有抗性。对粉尘的吸滞能力强，能使空气得到净化。

268. 萝藦 *Metaplexis japonica* (Thunb.) Makino

中文异名：芄兰、斫合子、羊角
英文名：Japanese metaplexis
分类地位：萝藦科（Asclepiadaceae）萝藦属（*Metaplexis* R. Br.）
形态学鉴别特征：多年生草本。全草含白色乳汁。根状茎横走，细长，绳索状，黄白色。茎圆柱状，缠绕，长可达2m以上，幼时密被短柔毛，老时秃净。茎中空，下部木质化，上部淡绿色，有纵条纹。叶对生，卵状心形，长5~10cm，宽3~6cm，顶端渐尖，基部心形，两侧有耳。两面无毛或幼时有微毛，背面粉绿色。侧脉10~12对，下面稍明显。叶柄长2~5cm，顶端丛生腺体。总状聚伞花序腋生或腋外生，长2~5cm，有花10~15朵。总花梗长3~5cm。花梗长3~5mm，有微毛。小苞片披针形，长3mm。花蕾锥形，顶端尖，有柔毛。花萼裂片披针形，长4mm。花冠白色，具淡紫色斑纹，近辐状，冠筒短，长1mm，裂片披针形，内面密被茸毛。副花冠杯状，5浅裂。雄蕊合生成圆锥状，花粉块长圆形，下垂。子房无毛，柱头延伸成长喙，长于花冠，顶端2裂。蓇葖果双生，长角状纺锤形，长8~10cm，宽2~3cm，平滑。种子褐色，扁平，卵圆形，长6~7mm，有膜质边缘，顶端具白色种毛。

萝藦花（徐正浩摄）

生物学特性：花期7—8月，果期9—12月。生于山坡、田野、路旁、河边、灌丛和荒地等。

分布：中国华东、华中、西南、华北、西北及东北等地有分布。日本、朝鲜及俄罗斯也有分布。华家池校区、之江校区、紫金港校区、玉泉校区有分布。

萝藦果实（徐正浩摄）

萝藦植株（徐正浩摄）

景观应用：园林攀缘景观植物。

269. 金灯藤 *Cuscuta japonica* Choisy

中文异名：日本菟丝子、母菟丝子、大菟丝子
英文名：Japanese dodder
分类地位：旋花科（Convolvulaceae）菟丝子属（*Cuscuta* Linn.）
形态学鉴别特征：一年生寄生缠绕性草本。恶性杂草。无根。茎较粗壮，肉质，径1~2mm，黄色，常带深红色小疣点，多分枝，无柄，缠绕于其他乔灌木或作物上。叶无或退化为三角形小鳞片，长1.5~2mm。小花多数，密集成短穗状花序，基部常多分枝。花梗无或近无梗。苞片及小苞片鳞片状，卵圆形，长1.5mm，顶端尖。花萼肉质，碗状，长2mm，5深裂，裂片卵圆形，长1mm，相等或不等，背面有紫红色疣状斑点。花冠钟状，长3~5mm，顶端5浅裂，质稍厚，橘红色或黄白色，裂片卵状三角形。雄蕊5枚，花丝极短或近无，花药卵圆形，贴于花冠裂片间。鳞片5片，长圆形，边缘流苏状，生于花冠基部。雌蕊1枚。子房球形，平滑，2室。花柱合生为1个。柱头短，2裂。蒴果椭圆状卵形，长5~7mm，近基部盖裂，花柱宿存。种子1~2粒，卵圆形，长2~3mm，光滑，褐色或黄棕色。

生物学特性：花果期8—10月。生于田边、荒地、灌丛中，寄生于可攀缘的植物上。

金灯藤花（徐正浩摄）

金灯藤花序（徐正浩摄）

金灯藤植株（徐正浩摄）

金灯藤群体（徐正浩摄）

分布：中国南北各地有分布。越南、朝鲜、日本、俄罗斯也有分布。紫金港校区有分布。

270. 菟丝子 *Cuscuta chinensis* Lam.

中文异名：中国菟丝子、无根草、黄丝、金黄丝子
英文名：China dodder, cuscuta
分类地位：旋花科（Convolvulaceae）菟丝子属（*Cuscuta* Linn.）
形态学鉴别特征：一年生攀缘、缠绕性寄生草本。恶性杂草。无根。茎纤细如丝状，缠绕，橙黄色，含有叶绿素。叶无或退化成鳞片。花在茎侧簇生成球状。总花梗粗壮，花梗无或短。苞片及小苞片鳞片状。花萼杯状或碗状，5裂至中部，裂片三角形，先端钝。花冠壶形，白色，长3mm，裂片三角状卵形，顶端5裂，常向外反曲。雄蕊5枚，花丝短，与花冠裂片互生，花药卵圆形。鳞片5片，近长圆形，边缘流苏状。子房球形，2室，每室有胚珠2个。花柱2个，柱头头状。蒴果球形，径3mm，成熟时被花冠全部包围，整齐周裂。种子2~4粒。种子卵形，长0.5~1mm，淡褐色。

生物学特性：花果期7—10月。藤茎缠绕寄主主干和枝条等部位，产生缢痕，并在

菟丝子吸器（徐正浩摄）

菟丝子花期植株（徐正浩摄）

菟丝子植株（徐正浩摄）

缢痕处形成吸盘。夏秋季为生长高峰期。生于田边、荒地、灌丛中，寄生于可攀缘的植物上。

分布：中国南北各地有分布。东南亚及澳大利亚等也有分布。紫金港校区、之江校区有分布。

271. 马蹄金 *Dichondra repens* Forst.

中文异名：荷苞草、黄疸草
英文名：dewdrop grass, creeping dichondra herb, kidney weed, mercury bay weed
分类地位：旋花科（Convolvulaceae）马蹄金属（*Dichondra* J. R. et G. Forst.）
形态学鉴别特征：多年生丛生小草本。根具分枝，细根多。茎细长，匍匐，长30~40cm，被灰色短柔毛，节上生根。叶肾形至圆心形，径4~22mm，先端宽圆形或微缺，基部阔心形，全缘，叶面微被毛，背面被贴生短柔毛。具长柄，长0.5~5cm。花1朵或2朵，单生于叶腋。花梗短于叶柄，丝状。萼片5片，倒卵状长圆形至匙形，长2~3mm，背面及边缘被毛。花冠钟状，较短至稍长于萼，黄色，裂片5片，长圆状椭圆形，无毛。雄蕊5枚，着生于花冠裂片间，花丝短，等长。子房被疏柔毛，2室，具4个胚珠。花柱2个，柱头头状。蒴果近球形，径1.5mm，分果状，有时单个，膜质，疏被毛。种子1~2粒，扁球形，径0.5mm，黄色至褐色，无毛。

马蹄金茎叶（徐正浩摄）

生物学特性：花期4—5月，果期7—8月。多生于疏林下、林缘、山坡、路边、河岸、河滩及阴湿草地上，多集群生长，片状分布。

分布：世界热带、亚热带地区广泛分布。各校区有分布。

景观应用：观赏地被植物。具固土护坡、绿化、净化环境的作用。

马蹄金叶（徐正浩摄）

马蹄金植株（徐正浩摄）

272. 旋花 *Calystegia sepium* (Linn.) R. Br.

中文异名：篱打碗花、篱天剑、喇叭花、狗儿弯藤
英文名：hedge glorybind
分类地位：旋花科（Convolvulaceae）打碗花属（*Calystegia* R. Br.）

旋花的花（徐正浩摄）

旋花植株（徐正浩摄）

形态学鉴别特征：多年生蔓性草本。根状茎细圆柱形，白色。地下茎横走，有细根。茎缠绕或匍匐生长，有细棱，多分枝。全体无毛。叶互生，三角状卵形或宽卵形，长4~9cm，宽2~6cm，先端渐尖或锐尖，基部戟形或心形，全缘或基部稍

伸展为具2~3个大齿缺的裂片，柄长3~4.5cm。花单生于叶腋，花梗稍长于叶柄，具棱。苞片2片，稍不等大，宽卵形，长1.5~3cm，先端急尖，常具小短尖，基部心形。萼片5片，卵圆状披针形，长1.3~1.6cm，先端渐尖。花冠漏斗状，长4~7cm，白色、淡红色或红紫色，冠檐微5裂。雄蕊5枚，花丝基部扩大，被细鳞毛。子房2室，无毛，柱头2裂，裂片扁平卵形。蒴果卵球形，长1cm，为果期增大和宿存的苞片与萼片包被，无毛。种子倒卵形或卵状三角形，长4~5.5mm，宽3.8~4mm，表面暗黑褐色，密被小疣状突起。

生物学特性：花果期5—8月。生于路旁、溪边草丛、田边或山坡林缘。

分布：中国大部分地区有分布。东亚其他国家、东南亚及欧洲、大洋洲、北美洲等也有分布。各校区有分布。

景观应用：可作绿篱及地被植物。

273. 打碗花 *Calystegia hederacea* Wall. ex Roxb.

中文异名：小旋花、常春藤打碗花

英文名：ivy glorybind, bindweed

分类地位：旋花科（Convolvulaceae）打碗花属（*Calystegia* R. Br.）

形态学鉴别特征：多年生草质藤本。具细圆柱形白色根茎，根状茎地下横走。茎蔓状，多自基部分枝，缠绕或平卧，具细棱，无毛。叶互生，有长柄，长1~5cm。基部叶卵状长圆形，长2~5cm，宽1.5~2.5cm，先端钝圆或急尖至渐尖，基部楔形，全缘。上部叶三角状戟形，侧裂片开展，通常2浅裂，中裂片卵状三角形或披针形，基部箭形或戟形，两面无毛。花单生于叶腋，花梗长1.5~7cm，通常比叶柄长，具棱。苞片2片，宽卵形，长0.8~1.5cm，包住花萼，宿存。萼片5片，长圆形，长0.6~1.2cm。花冠漏斗状，长2.8~4cm，冠檐5浅裂，粉红色。雄蕊5枚，基部膨大，有细鳞毛。子房2室，柱头2裂。蒴果卵圆形，长0.8~1cm，光滑，几与宿存萼片等长。种子倒卵形，长4mm，黑褐色，表面具小疣状突起。与旋花的区别在于：苞片较小，长0.8~1.5cm，宿萼及萼片与果近等长或比果稍短，花较小，长4cm以下。

打碗花的花（徐正浩摄）

生物学特性：花果期5—10月。适生于湿润而肥沃的土壤，亦耐瘠薄、干旱。

分布：广布中国各地。亚洲东南部和非洲也有分布。各校区有分布。

景观应用：地被植物或攀缘植物。

打碗花植株（徐正浩摄）

打碗花群体（徐正浩摄）

274. 蕹菜 *Ipomoea aquatica* Forsk.

中文异名：空心菜、竹叶菜

英文名：swamp morning glory, water spinach, river spinach, water morning glory, water convolvulus

分类地位：旋花科（Convolvulaceae）番薯属（*Ipomoea* Linn.）

形态学鉴别特征：一年生蔓生草本，旱生或水生，全株无毛。须根系分布浅，再生能力强。茎蔓生，匍匐，圆柱

蕹菜花（徐正浩摄）

蕹菜花序（徐正浩摄）

蕹菜植株（徐正浩摄）

形，径1~2cm，中空，柔软，绿色或淡紫色。茎有节，每节除腋芽外，还可长出不定根，节间长为3.5~5cm，最长的可达7cm。子叶对生，马蹄形。真叶互生，椭圆状卵形、三角状卵形或长卵状披针形，长2.5~10cm，宽1.5~8.5cm，先端渐尖或钝，具小尖头，基部心形、戟形或箭形，全缘或波状，表面光滑，叶脉网状，中脉明显突起。叶柄长12~17cm。聚伞花序腋生，具数朵花，总花梗长2.5~7cm。萼片近等长，卵圆形，长6~8mm，先端钝。花冠通常白色，也有紫红色或粉红色，漏斗状，长4.5~5cm。雄蕊5枚，不等长，花丝基部扩大，稍被毛。子房2室。柱头头状，2裂。蒴果卵球形，径1cm。种子2~4粒，卵圆形，黑褐色，密被短柔毛。

生物学特性：性喜高温多湿环境，花期7—9月。湿生地或旱耕地有逸生。

分布：原产于中国，为蔬菜，广为栽培。国外引种栽培。华家池校区、紫金港校区有分布。

275. 柔弱斑种草 *Bothriospermum tenellum* (Hornem.) Fisch. et Mey.

中文异名：细茎斑种草、柔弱斑种、细叠子草
英文名：tender bothri spermum
分类地位：紫草科（Boraginaceae）斑种草属（*Bothriospermum* Bunge）

柔弱斑种草花序（徐正浩摄）

柔弱斑种草花期植株（徐正浩摄）

柔弱斑种草植株（徐正浩摄）

柔弱斑种草群体（徐正浩摄）

形态学鉴别特征：一年生草本。株高10~30cm。主根明显，有细根分布。茎直立或渐斜生，多自基部分枝，被贴伏的短糙毛。叶互生，卵状披针形或狭椭圆形，长1~3.5cm，宽0.6~1.5cm，先端急尖，基部楔形，两面疏生紧贴的短糙毛，全缘。上部叶无柄，下部叶有柄。聚伞花序狭长，达12cm。苞片叶状，向上逐渐缩小。花小，淡蓝色，有短花梗。花萼5深裂，几达基部，裂片线状披针形，长1.5mm，被糙伏毛。花冠长3mm，5中裂，裂片卵圆形，喉部有5个不明显半圆形的鳞片。雄

蕊5枚，生于花冠筒中部以下。子房4深裂，花柱内藏。小坚果4个，肾形，长1mm，表面密生小疣状突起，腹面具纵椭圆状凹陷。

生物学特性：花期4—5月，果期6—7月。生于荒地、山坡草地及溪边阴湿处。

分布：中国华东、华中、华南、西南、西北及东北等地有分布。日本、朝鲜、越南、印度、巴基斯坦、俄罗斯等也有分布。华家池校区、之江校区有分布。

276. 附地菜 *Trigonotis peduncularis* (Trev.) Benth. ex Baker. et Moore

中文异名：羊脚壳草、附地草、鸡肠草、地胡椒
英文名：cucumber herb
分类地位：紫草科（Boraginaceae）附地菜属（*Trigonotis* Stev.）
形态学鉴别特征：一年生草本。株高10~35cm。根具分枝，有细根。茎苗期短，叶距很小。茎纤细，直立或倾斜卧地，单一或基部常分枝成丛生状，具短粗伏毛。子叶1对，圆形，径3~4mm，柄长1~1.5mm，叶表有稀疏短毛。第1、第2真叶圆形，径5~6mm，柄长1~4mm，淡紫红色，具主脉，无侧脉，叶表下陷而叶背突起。基生叶密集，椭圆状卵形、椭圆形或匙形，长1~3cm，宽5~20mm，先端圆钝或尖锐，具小尖头，基部近圆形，两面有短糙伏毛。下部茎生叶同基生叶相似，中部以上无柄。总状花序生于植株顶端，果期可达25cm，仅在基部有2~3片苞片。小花单生，位于花序一侧，柄长3~6mm。花萼披针形，长1.5~2mm，5深裂。花冠管状，蓝色，径2~3mm，有卵

附地菜花序（徐正浩摄）

附地菜植株（徐正浩摄）

附地菜群体（徐正浩摄）

圆形裂片5片，裂片与花冠近等长，喉部黄色，有5个附属物。雄蕊5枚，不外露，花药长圆形。花柱线形，柱头头状，子房4深裂。小坚果4个，三角状棱形，较小，长4mm，具锐棱，被疏短毛或无毛，黑色，略光滑，具小柄。

生物学特性：花期3—6月，果期5—7月。生于田野、路旁、荒草地、丘陵林缘、灌木林间。

分布：中国各地有分布。日本、朝鲜及欧洲等也有分布。各校区有分布。

277. 马鞭草 *Verbena officinalis* Linn.

中文异名：紫顶龙芽草、蜻蜓草
英文名：European verbena, blue vervain
分类地位：马鞭草科（Verbenaceae）马鞭草属（*Verbena* Linn.）
形态学鉴别特征：多年生草本。株高30~120cm。根具分枝，细长。茎直立或倾斜，四棱形，上部方形，老后下部近圆形，棱和节上被短硬毛。叶对生，卵圆形至长圆状披针形，长2~8cm，宽1.5~5cm，两面有粗毛，基生叶边缘有粗锯齿或缺刻，茎生叶无柄，多数3深裂，有时羽裂，裂片边缘有不整齐的锯齿，两面被硬毛，下面脉上的毛尤密，基部楔形，下延叶柄。穗状花序顶生于茎上部叶腋，细长紧密，开花期伸长，长

马鞭草植株1（徐正浩摄）

10~25cm。花小，每朵花有苞片1片，狭三角状披针形，稍短于花萼，与穗轴均具硬毛。花萼膜质，筒状，长2mm，具硬毛，顶端5裂。花冠微呈二唇形，裂片5片，长4~5mm，淡紫色或蓝色。雄蕊4枚，着生于冠筒中部，花丝极短。子房无毛，花柱短，顶端浅2裂。蒴果长圆形，长2mm，外果皮薄，成熟时裂开成4个小坚果。种子长0.2~0.3mm，无胚乳。

马鞭草花（徐正浩摄）

生物学特性：花期5—7月，果期6—8月。生于路旁、村边、田野、山坡。

分布：世界温带至热带地区有分布。紫金港校区、之江校区有分布。

马鞭草植株2（徐正浩摄）

马鞭草群体（张宏伟摄）

景观应有：花境植物。

278. 兰香草 *Caryopteris incana* (Thunb.) Miq.

中文异名：山薄荷、宝塔花

分类地位：马鞭草科（Verbenaceae）莸属（*Caryopteris* Bunge）

形态学鉴别特征：直立半灌木。株高20~50cm。直根系。茎圆柱形，略带紫色，被向上弯曲的灰白色短柔毛，后脱落。叶厚纸质，披针形、卵形或长圆形，长1.5~6cm，宽0.8~3cm，先端圆钝或急尖，基部宽楔形或稍圆，边缘具粗齿，两面密被稍弯曲的短柔毛。叶背叶脉稍隆起。叶柄长0.5~1.5cm。聚伞花序密集，腋生或顶生，无苞片和小苞片。花萼杯状，长2mm，被柔毛。花冠淡紫或淡蓝色，二唇形，被短柔毛，冠筒长3.5mm，喉部被毛环，裂片长1.5mm，下唇中裂片边缘流苏状。雄蕊与花柱伸出花冠筒外。子房顶端被短毛。柱头2裂。果实倒卵状球形，上半部被粗毛，径2.5mm，果瓣具宽翅。种子细小，褐色。

生物学特性：花果期8—11月。生于林缘、草坡、路边草丛。

分布：中国华东、华中、华南等地有分布。日本、朝鲜也有分布。之江校区有分布。

兰香草花序（徐正浩摄）

兰香草植株（徐正浩摄）

景观应用：地被植物。

279. 牡荆 *Vitex negundo* Linn. var. *cannabifolia* (Sieb. et Zucc.) Hand.-Mazz.

分类地位：马鞭草科（Verbenaceae）牡荆属（*Vitex* Linn.）

形态学鉴别特征：落叶小灌木。株高50~120cm。根粗壮，具分枝。小枝四棱形，被灰黄色短柔毛。掌状复叶，小叶3~5片，小叶片长椭圆状披针形，中间小叶片长6~13cm，宽2~4cm，边缘具较多粗锯齿。叶下面淡绿色，疏生短柔毛。叶柄长3~8cm。圆锥状聚伞花序宽大，长可达20cm。花萼钟状，长2~3mm，顶端5浅裂。花冠淡紫色，顶端5裂，二唇形，花冠筒长于花萼。雄蕊与花柱伸出花冠筒外。子房近无毛。核果近球形，黑褐色，径1.5~2mm。

牡荆花序（徐正浩摄）

牡荆植株（徐正浩摄）

生物学特性：花期5—7月，果期10—12月。生于山坡、草丛、路边等。

分布：中国秦岭、淮河以南各地有分布。亚洲东南部、非洲东部和南美洲也有分布。之江校区有分布。

景观应用：地被植物。

280. 金疮小草 *Ajuga decumbens* Thunb.

中文异名：伏地筋骨草

分类地位：唇形科（Lamiaceae）筋骨草属（*Ajuga* Linn.）

形态学鉴别特征：多年生草本。株高10~20cm。具根茎，分枝多。茎平卧或上升，具匍匐茎，被白色长柔毛，幼嫩部分尤多，老茎有时紫绿色。叶纸质，基生叶少或多数，较大，花期常存在。茎生叶数对，匙形、倒卵状披针形或倒披针形，长3~6cm，宽1.5~2.5cm，顶端钝至圆形，基部渐狭，下延成翅柄，边缘具不整齐的波状圆齿或浅波状齿或几全缘，侧脉4~5对，两面被疏糙伏毛或疏柔毛，以脉上为密。叶柄长1~2.5cm或更长，具狭翅，紫绿色或浅绿色。花轮具多花，排列成间断的穗状轮伞花序，顶生或腋生，顶端的花轮密聚。苞片下部者叶状，向上渐小，披针形，长6~12mm。萼漏斗状，具10条脉，长5mm，仅萼齿外面及边缘被疏柔毛，具5个齿，齿狭三角形或短三角形，长为萼的1/2。花冠管状，长8~10mm，淡蓝

金疮小草花（徐正浩摄）

金疮小草花序（徐正浩摄）

金疮小草植株（徐正浩摄）

色或淡红紫色，外面被疏柔毛，里面仅花冠管微被疏柔毛，近基部具毛环。檐部二唇形，上唇短，长2mm，圆形，顶端微凹，下唇宽大，长4~6mm，中裂片狭扇形或倒心形，侧裂片长圆形或近椭圆形，长3~4mm。雄蕊伸出花冠外，花丝被疏柔毛或几无毛。花盘前方略呈指状膨大，花盘裂片不明显，前方具1个较子房裂片小的蜜腺。子房无毛。花柱长于雄蕊，微弯。小坚果倒卵状三棱形，长2mm，背部具网状皱纹，合生面占腹面的2/3左右。

生物学特性：花期3—6月，果期5—8月。生于溪沟边、路旁、林缘、湿地、草丛、荒地等。

分布：中国长江以南各地有分布。日本、朝鲜等也有分布。各校区有栽培或逸生。

景观应用：栽培花卉。

281. 活血丹 *Glechoma longituba* (Nakai) Kupr.

中文异名：连钱草、透骨消
英文名：longtube ground ivy
分类地位：唇形科（Lamiaceae）活血丹属（*Glechoma* Linn.）
形态学鉴别特征：多年生匍匐草本。株高10~20cm，匍匐茎长达50cm。具根茎，有分枝。匍匐茎着地生根，可形成新植株。茎细长柔弱，上升，基部常呈淡紫红色，通常有分枝，四棱形，幼嫩部分有毛。叶对生，肾形至圆心形，长1.5~3cm，宽1.5~5.5cm，先端急尖或钝，基部心形，边缘具圆齿或粗锯齿状圆齿，两面有毛或近无毛，下面有腺点。叶柄长0.5~6cm，有柔毛。轮伞花序腋生，对生于叶腋，稀具4~6朵花。花梗长2mm。苞片与花柄近等长或比花柄长，刺芒状。花萼管状，长7~10mm，萼齿狭三角状披针形，顶端芒状，外面有毛和腺点。花冠二唇形，淡蓝色至紫色，长1.7~2.2cm。雄蕊内藏，花丝无毛，花药2室，略叉开。花盘杯状，微斜，前方呈指状膨大。花柱细长，略伸出。小坚果长圆形，长1~1.5mm，棕褐色，无毛。

活血丹茎叶（徐正浩摄）

活血丹花（徐正浩摄）

活血丹花期植株（徐正浩摄）

活血丹植株（徐正浩摄）

生物学特性：3月始花，4—7月盛花。生于林缘、疏林下、草地中、溪边等阴湿处。
分布：除甘肃、青海、新疆等外，中国各地均有分布。日本、朝鲜、俄罗斯等也有分布。各校区有分布。
景观应用：地被植物。

282. 糙苏 *Phlomis umbrosa* Turcz.

中文异名：白蓁
分类地位：唇形科（Lamiaceae）糙苏属（*Phlomis* Linn.）

糙苏花序（徐正浩摄）

糙苏植株（徐正浩摄）

形态学鉴别特征：多年生草本。株高50~150cm。根粗厚，须根肉质，长可达30cm，粗可达1cm。茎多分枝，四棱形，具浅槽，疏被向下短硬毛，有时上部被星状短柔毛，常带紫红色。叶近圆形、圆卵形至卵状长圆形，长5~12cm，宽

2.5~12cm，先端急尖，稀渐尖，基部浅心形或圆形，边缘为锯齿状牙齿，或为不整齐的圆齿，上面橄榄绿色，被疏柔毛及星状疏柔毛，下面毛被较密。叶柄长1~12cm，腹凹背凸，密被短硬毛。苞叶通常为卵形，长1~3.5cm，宽0.6~2cm，边缘为粗锯齿状牙齿，毛被同茎叶，柄长2~3mm。轮伞花序通常具4~8朵花，多数，生于主茎及分枝上。苞片线状钻形，较坚硬，长8~14mm，宽1~2mm，常呈紫红色，被星状微柔毛、近无毛或边缘被具节缘毛。花萼管状，长10mm，宽3.5mm，外面被星状微柔毛，有时脉上疏被具节刚毛，齿先端具长1.5mm的小刺尖，齿间形成2个小齿，边缘被丛毛。花冠通常粉红色，下唇色较深，常具红色斑点，长1.7cm，冠筒长1cm，外面除背部上方被短柔毛外余部无毛，内面近基部1/3具斜向间断的疏柔毛小毛环，冠檐二唇形，上唇长7mm，外面被绢状柔毛，边缘具不整齐的小齿，内面被毛，下唇长5mm，宽6mm，外面除边缘无毛外密被绢状柔毛，内面无毛，3圆裂，裂片卵形或近圆形，中裂片较大。雄蕊内藏，花丝无毛，无附属器。小坚果无毛。

生物学特性：花期6—9月，果期9月。生于山坡、沟边及路旁。
分布：中国华东、华中、华南、西南及陕西等地有分布。华家池校区、之江校区、玉泉校区有分布。
景观应用：地被植物。

283. 益母草 *Leonurus japonicus* Houtt.

中文异名：茺蔚
英文名：wormwoodlike motherwort
分类地位：唇形科（Lamiaceae）益母草属（*Leonurus* Linn.）
形态学鉴别特征：一年生或二年生草本。株高30~120cm。根粗壮，具分枝。茎直立，粗壮，钝四棱形，微具槽，有倒向糙伏毛，在节及棱上尤为密集，老时秃净，通常在中部以上多分枝。叶对生，叶形变化大。基生叶肾形至心形，径4~9cm，边缘5~9浅裂，每裂片2~3钝齿。下部茎生叶掌状3全裂，中裂片长圆状菱形至卵形，通常长1.5~6cm，宽1~3cm，裂片再分裂。中部茎生叶菱形，较小，通常分裂成3个偶有多个长圆状线形的裂片，基部狭楔形。顶部叶不裂，线形或披针形，长3~10cm，全缘或具稀齿，两面均被短柔毛。基部叶具长柄，长可达18cm，下部茎生叶柄长1~3cm，上部叶几无柄。轮伞花序腋生，具8~15朵花，球形。小苞片针刺状，长3~4mm。花梗极短或无。花萼钟状管形，长7mm，具明显的5条脉，下唇萼齿靠合，长3mm，上唇萼齿较短，长2mm。花冠二唇形，长1.2cm，淡红或淡紫红色。花冠筒长5mm，外面被毛，内面近基部有毛环，上、下唇直立，长圆形，全缘，近等长，3裂，中裂片大，先端凹，基部楔形，侧裂片短小，卵圆形。雄蕊4枚，延伸至上唇片之下，花药卵圆形。花柱丝状，略超出雄蕊，

益母草花（徐正浩摄）

益母草花期植株（徐正浩摄）

先端2浅裂。花盘平顶。子房无毛。小坚果4个，长圆状三棱形，长2mm，顶端截平，淡褐色，光滑。
生物学特性：花期5—8月，果期8—10月。生于路旁、林缘、溪边及草丛。
分布：中国各地有分布。日本、朝鲜、俄罗斯及非洲、美洲等也有分布。华家池校区有分布。
景观应用：花境植物。

284. 白花益母草 *Leonurus artemisia* (Lour.) S. Y. Hu var. *albiflorus* (Migo) S. Y. Hu

中文异名：白益母、白花茺蔚
英文名：honeyweed

分类地位：唇形科（Lamiaceae）益母草属（*Leonurus* Linn.）

形态学鉴别特征：一年生或多年生草本。株高40~100cm。主根圆锥形。茎直立，粗壮，多分枝，方形，具4条棱，有节，密被倒生的粗毛。叶厚，带革质，对生，两面均有灰白色毛。下部的叶有长柄，卵圆形或羽状3深裂，先端锐尖，基部楔形，边缘有粗锯齿和缘毛。中部的叶有短柄，披针状卵圆形，有粗锯齿。枝梢的叶无柄，椭圆形至倒披针形，全缘。花多数，腋生成轮状，无柄。苞片线形至披针形，或呈刺状，有毛。萼钟状，外面密被细毛，具5条脉，萼齿5个，先端刺尖，上3齿相似，呈三角形，下面2齿较大。花冠白色，常带紫纹，长1.3cm，分二唇，上唇匙形，先端微凹，有缘毛，下唇3浅裂，中间裂片倒心形。雄蕊4枚，二强。子房4裂，花柱丝状，柱头2裂。小坚果黑色，具3条棱，表面光滑。种子淡褐色。

生物学特性：花期6—9月。果期8—10月。喜温暖湿润，耐热、耐旱、耐瘠，忌涝，生育适温22~30℃。生于田边、沟边、路旁和草地。

分布：中国各地有分布。日本、朝鲜、俄罗斯及非洲、美洲等也有分布。华家池校区有分布。

白花益母草花果（徐正浩摄）

白花益母草植株（徐正浩摄）

景观应用：景观植物。

285. 宝盖草 *Lamium amplexicaule* Linn.

中文异名：佛座、莲台夏枯草
英文名：henbit deadnettle
分类地位：唇形科（Lamiaceae）野芝麻属（*Lamium* Linn.）
形态学鉴别特征：一年生或二年生草本。株高10~30cm。根圆柱形，较细，表面浅棕色。茎直立或蔓生，基部多分枝，四棱形，具浅槽，紫色或深蓝色。幼时有倒生短毛，后渐脱落。叶圆形或肾形，长0.5~2cm，宽1.2~2.5cm，先端圆，基部截形或心形，边缘具深圆齿或浅裂，两面疏生糙伏毛。下部叶具长柄，上部叶近无柄，半抱茎。轮伞花序有花6~10朵，近无梗。苞片披针状钻形，具缘毛。花萼筒状，钟形，长5~6mm，萼齿披针状钻形，与萼筒近等长，外面密被白色直伸的长柔毛。萼齿5个。花冠长1.2~1.8cm，紫红色至粉红色，外面除上唇被较密带紫红色的短柔毛外，其余均被微柔毛或无毛。花冠筒细长，直伸，内面无毛环，上唇直立，长圆形，长4mm，

宝盖草花（徐正浩摄）

宝盖草花期植株（徐正浩摄）

宝盖草植株（徐正浩摄）

先端钝，下唇稍长，中裂片倒心形，先端2裂或3裂。雄蕊内藏，花丝无毛，花药有白毛。子房无毛。花柱先端2浅裂。小坚果倒卵圆形或倒卵状三棱形，具3条棱，长2mm，宽1mm，浅灰黄色，表面有白色大疣状突起。

生物学特性： 花期3—5月，果期6—8月。生于路边、荒地、草丛、庭院、林缘等。

分布： 中国华东、华中、西南、华北及西北等地有分布。亚洲其他国家及欧洲有分布。各校区有分布。

景观应用： 花境植物。

286. 野芝麻 *Lamium barbatum* Sieb. et Zucc.

中文异名： 野藿香

英文名： barbate deadnettle

分类地位： 唇形科（Lamiaceae）野芝麻属（*Lamium* Linn.）

形态学鉴别特征： 多年生草本。株高20~100cm。具根茎，有长地下匍匐茎。茎单生，直立，基部稍斜，四棱形，具浅槽，中空，常有倒向糙毛。叶对生，卵状心形至卵状披针形，长2~8cm，宽2~5.5cm，先端急尖、渐尖或尾状渐尖，基部浅心形，边缘有微内弯的牙齿状锯齿，齿端具硬尖，两面有伏毛。叶柄长0.5~6.5cm。轮伞花序具花4~14朵，着生于茎上部叶腋。苞片狭线形或丝状，长2~3mm，锐尖，具缘毛。花萼钟形，长1.3~1.5cm，宽4mm，外面疏被伏毛，膜质。萼齿披针状钻形，长0.8~1cm，具缘毛。花冠二唇形，白色，长2~3cm。花冠筒基部狭，稍上方囊状膨大，喉部宽0.6cm，外面上部有毛，内面近基部有毛环。花丝有微柔毛，花药深紫色，有毛。花柱丝状，较雄蕊略短。子房裂片长圆形，无毛。小坚果4个，楔状倒卵形，具3条棱，长3mm，淡褐色。

野芝麻花（徐正浩摄）

野芝麻植株（徐正浩摄）

生物学特性： 花期4—6月，果期7—8月。生于阴湿路旁、山脚、林下、溪旁等。

分布： 中国华东、华中、西南、华北、东北等地有分布。日本、朝鲜、俄罗斯等也有分布。华家池校区、玉泉校区、之江校区有分布。

景观应用： 地被植物。

287. 水苏 *Stachys japonica* Miq.

中文异名： 宽叶水苏、鸡苏、劳祖

英文名： stachys recta

分类地位： 唇形科（Lamiaceae）水苏属（*Stachys* Linn.）

形态学鉴别特征： 多年生草本。株高15~90cm。根状茎长，横走。茎直立或上升，基部匍匐，锐四棱形，具槽，不分枝或少分枝，棱上疏生倒生刺毛或近无毛，节部毛较多。叶对生，长圆状披针形，长2~6cm，宽0.5~2cm，先端钝尖至渐尖，基部截形、斜截形或浅心形，边缘具圆锯齿。表面皱缩，下面有腺点，上面疏生伏贴柔毛及长柔毛，下面密被灰白色短柔毛。叶柄极短或近无柄。轮伞花序多轮，2~6朵花组成顶生的假总状或圆锥花序。苞叶叶状，向上渐小，披针形或线形，通常比萼长，全缘，边缘有纤毛。小苞片线形，长1mm。花萼钟形，长6mm，外被腺毛，萼齿5个，具刺尖。花冠二唇形，长1.3cm，粉红色或紫红色，外面疏生微柔毛。花冠筒长7mm，里面有毛环，上唇长圆形，长4mm，顶端有凹陷，下唇

水苏花序（徐正浩摄）

开展，长6mm，3裂，中裂片较大，肾形，侧裂片卵形。雄蕊4枚，延伸至上唇之下，花丝中部有毛，花药卵圆形，药室平叉开。花柱先端2裂。花柱与雄蕊等长或比雄蕊略短。小坚果4个，卵球形，径0.5~1mm，褐色有腺点，无毛。

生物学特性： 花期5—7月，果期7—8月。生于水沟边、河旁、湿地、林下、草丛、路旁等。

分布： 中国华东、华中、华南、西南等地有分布。印度东北部地区也有分布。各校区有分布。

景观应用： 花境植物。

288. 荔枝草 *Salvia plebeia* R. Br.

荔枝草成株（徐正浩摄）

荔枝草花期植株（徐正浩摄）

中文异名： 雪见草、皱皮草

英文名： common sage herb, sage weed

分类地位： 唇形科（Lamiaceae）鼠尾草属（*Salvia* Linn.）

形态学鉴别特征： 二年生草本。株高20~90cm。主根肥厚，向下直伸。茎直立，四棱形，具槽，多分枝，被倒向疏柔毛。基生叶多数，密集成莲座状，长圆形或卵状椭圆形，边缘有圆齿，叶面皱缩，两面有毛。茎生叶对生，长卵形或宽披针形，长2~7cm，宽0.8~4.5cm，先端钝或急尖，基部圆形或楔形，边缘具圆齿或牙齿，两面有短柔毛，下面散生黄褐色小腺点，柄长0.4~4cm，密被短柔毛。轮伞花序有2~6朵花，组成假总状花序或圆锥花序，顶生或腋生。花梗长1mm，与花序轴密被短柔毛。苞片披针形，长或短于花萼，被毛，具缘毛。花萼钟状，长2.5~3mm，果期达4mm，外被金黄色腺点及柔毛，分二唇，上唇顶端具3短尖头，下唇2齿，深裂。花冠唇形，淡紫色至蓝紫色，长4.5mm，外面有毛，筒内基部有毛环，上唇长圆形，顶端有凹口，下唇较短，3裂，中裂片大，先端微凹或呈浅波状。雄蕊2枚，药隔细长，药室分离甚远，上端的药室发育，下端的药室不发育。花盘前方裂片微隆起。花柱与花冠等长，顶端不等2裂。小坚果倒卵圆形，径0.5mm，褐色，平滑，有腺点。

生物学特性： 花期5月，果期6—7月。生于山坡、路边、田野、荒地、河边等。

分布： 除西藏、甘肃、青海、新疆等外，中国广泛分布。日本、朝鲜、越南、泰国、缅甸、印度、阿富汗、马来西亚及大洋洲等也有分布。各校区有分布。

景观应用： 地被植物。

289. 细风轮菜 *Clinopodium gracile* (Benth.) Matsum.

细风轮菜花（徐正浩摄）

中文异名： 瘦风轮

英文名： slender wild basil

分类地位： 唇形科（Lamiaceae）风轮菜属（*Clinopodium* Linn.）

形态学鉴别特征： 多年生草本。株高10~30cm。具白色纤细根茎。茎下部匍匐，斜生，柔弱，径1.2mm，四棱形，具槽，被倒向短柔毛。叶对生，卵形或卵圆形，长1~2.5cm，宽0.8~2cm，先端钝或急尖，基部圆形或宽楔形，边缘具锯齿，上面近无毛，下面脉上疏生短毛，侧脉2~3对。叶柄长0.3~1.5cm，密被短柔毛。轮伞花序疏离或密集生茎端，呈短总状花序，长4~11cm。花梗长1~3mm，具微柔毛。小苞片针状，短于花梗。花萼管状，长3mm，果期增大，长达4mm，基部一边膨胀，脉上有短硬毛，萼齿5个，上唇3齿较短，三角形，果期外翻，下唇2齿较长，披针形，平伸，边缘均有睫毛。花冠二唇形，长4~5mm，淡红色或紫红色，外被微柔毛，上唇直伸，先端微凹，下唇稍开展，中裂片较大。雄蕊4枚，前对能育，与上唇近等长，药室略叉开，后对不育。小坚果倒卵形，长0.7mm，淡黄色，光滑。

生物学特性： 花果期3—8月。生于路边、沟边、草地、耕地边及庭院隐蔽处。

分布： 中国华东、华中、华南、西南及陕西南部等地有分布。东南亚也有分布。各校区有分布。

细风轮菜花序（徐正浩摄）

细风轮菜优势群体（徐正浩摄）

290. 邻近风轮菜 *Clinopodium confine* (Hance) O. Ktze.

中文异名： 光风轮

分类地位： 唇形科（Lamiaceae）风轮菜属（*Clinopodium* Linn.）

形态学鉴别特征： 多年生草本。株高20~40cm。主根明显，细根长。茎铺散，无毛或仅在棱上疏被微柔毛。叶卵圆形或近圆形，长0.8~2.5cm，宽0.5~1.8cm，先端钝，基部圆或宽楔形，具5~7对圆齿状锯齿，两面无毛。叶柄长1~10mm。轮伞花序具多朵花，近球形，径1~1.3cm。苞叶叶状，小。花梗长1~2mm，被微柔毛。花萼管状，基部稍窄，长4mm，无毛或沿脉疏被毛，喉部内面被柔毛，齿具缘毛，上3齿三角形，下2齿长三角形。花冠粉红至紫红色，稍超出花萼，长5mm，被微柔毛，喉部径1.2mm，稍被毛或近无毛，下唇中裂片先端微缺，冠檐长0.6mm，先端微缺。后对雄蕊退化。果实为小坚果。种子卵球形，长0.6~0.8mm，光滑，褐色。

生物学特性： 花果期4—8月。生于田边、山坡、草地等。

分布： 中国华东、华中、华南、西南等地有分布。日本也有分布。各校区有分布。

邻近风轮菜花序（徐正浩摄）

邻近风轮菜群体（徐正浩摄）

291. 风轮菜 *Clinopodium chinense* (Bentham.) O. Ktze.

中文异名： 落地梅花、熊胆草、野凉粉草

分类地位： 唇形科（Lamiaceae）风轮菜属（*Clinopodium* Linn.）

形态学鉴别特征： 多年生草本。株高20~80cm。具根茎。茎基部匍匐，着地节上生根，上部上升，多分枝，四棱形，具细条纹，径可达3mm，密被短柔毛及腺毛，棱上密，老时渐秃净，仅棱上有毛。叶对生，卵形、长卵形或宽卵形，长1.5~5cm，宽0.5~3cm，先端急尖或稍钝，基部宽楔形，边缘具锯齿，上面密被短硬毛，下面被疏柔毛，侧脉5~7对，下面隆起。叶柄长3~8mm，被疏柔毛。轮伞花序多花密集，腋生，球形或半球形，径2cm，常偏向一侧，下部疏离，上部有时稍密集，有时分枝呈圆锥状。苞片针状，长3~7mm，被柔毛状缘毛及柔毛，中脉不显。总花梗长1~2mm，或近无总梗，有多数分枝。花梗长2mm。花萼狭管状，长6mm，具13条脉，沿脉有长柔毛，常带紫红色。萼齿5个，上唇3

风轮菜花（徐正浩摄）

风轮菜腋生花序（徐正浩摄）

风轮菜花期植株（徐正浩摄）

风轮菜成株（徐正浩摄）

齿，先端具硬尖，下唇2齿，齿稍长，先端具芒尖。花冠长9mm，紫红色，外面被微柔毛，内面喉部具茸毛。花冠筒伸出萼外，冠檐二唇形，上唇直伸，先端微缺，下唇3裂，中裂片稍大。雄蕊内藏，4枚，前对稍长，药室叉开。花盘平顶。子房4裂，花柱着生于子房底，露出花冠外。柱头2裂。小坚果近圆形，稍扁平，径0.8mm，棕黄色。

生物学特性：花果期8—10月。生于山坡、林缘、路边、草地及灌丛中。

分布：中国华东、华中、华南等地有分布。日本也有分布。各校区有分布。

292. 麻叶风轮菜 *Clinopodium urticifolium* (Hance) C. Y. Wu et Hsuan ex H. W. Li

分类地位：唇形科（Lamiaceae）风轮菜属（*Clinopodium* Linn.）

形态学鉴别特征：多年生直立草本。株高25~70cm。须根系。茎钝四棱形，有细条纹，基部半木质，常带紫红色，有时近圆柱形，沿棱有向下的短硬毛，上部分枝，密被短硬毛。叶对生，卵形至卵状披针形，长1.5~6cm，宽0.9~3cm，先端急尖，基部圆形或宽楔形，边缘锯齿形，两面有伏贴较长硬毛，侧脉4~7对，与中脉在下面明显隆起。下部叶柄长达1cm，向上渐短，密被上向毛。轮伞花序多花密集，半球形，径可达2.5cm，下部远离，上部密集。苞片叶状，超出花序，上部渐缩短，线形，较花萼短，具中脉，常染紫红色，总花梗长2~5mm，分枝。花梗长1.5~2.5mm，总花梗、花序轴密被毛。花萼狭管状，长7~8mm，具3条脉，脉上有白色长硬毛，余部有具腺柔毛，常染紫红色，果期基部一边膨胀，上唇3齿，齿近外翻，三角形，长2mm，下唇2齿，直伸，披针形，长3.5mm，先端具短芒尖，缘具长硬毛。花冠紫红色或近紫红色，长1~1.2cm，花冠筒伸出萼外，冠檐二唇形，上唇直伸，先端微凹，下唇3裂，中裂片稍大。雄蕊4枚，前对稍长，几不露出，药室2个，略叉开。花盘平顶。花柱顶端不等2浅裂，微露出。小坚果倒卵形，长1mm，褐色，无毛。

生物学特性：花期7—10月，果期8—11月。生于山坡路边、草丛或灌丛。

分布：中国华东、西南、华北、西北及东北有分布。朝鲜及俄罗斯也有分布。之江校区有分布。

麻叶风轮菜花序（徐正浩摄）

麻叶风轮菜成株（徐正浩摄）

293. 薄荷 *Mentha haplocalyx* Briq.

中文异名：野薄荷、夜息香、南薄荷、水薄荷
英文名：corn mint, wild mint
分类地位：唇形科（Lamiaceae）薄荷属（*Mentha* Linn.）
形态学鉴别特征：多年生草本。株高30~100cm。须根发达，具匍匐根茎。茎下部匍匐，上部直立，多分枝，锐四棱形，上部有倒向柔毛，下部仅沿棱上有微柔毛。叶长圆状披针形、披针形或卵状披针形，长3~8cm，宽0.6~3cm，先端急尖或稍钝，基部楔形，边缘在基部以上疏生粗大牙齿状锯齿，两面疏生微柔毛和腺点，侧脉5~6对。叶柄长0.3~2cm。轮伞花序多花，腋生，轮廓球形，具总花梗或近无梗。小苞片狭披针形。花梗纤细，长2~3mm，有微柔毛或近无毛。花萼管状钟形，长2.5mm，外面有微柔毛及腺点，内面无毛，萼齿三角形或狭三角形，长不到1mm。花冠二唇形，淡红色、青紫色或白色，长4~5mm，外面略有微柔毛，冠檐4裂，裂片长圆形，上唇先端2裂，下唇3裂全缘。雄蕊伸出，前对较长，花丝无毛。花柱略超出雄蕊。小坚果长圆状卵形，平滑，具小腺窝。1朵花最多能结4粒种子，贮于钟形花萼内。种子长0.1~0.2mm，淡褐色。
生物学特性：花果期8—11月。生于溪边草丛、山谷及水旁阴湿处。
分布：中国各地有分布。日本、朝鲜、俄罗斯及北美洲也有分布。各校区有栽培或野生。
景观应用：花境植物。

薄荷花序（徐正浩摄）

薄荷花期植株（徐正浩摄）

薄荷成株（徐正浩摄）

294. 硬毛地笋 *Lycopus lucidus* Turcz. var. *hirtus* Regel

中文异名：硬毛地瓜儿苗
英文名：bugleweed
分类地位：唇形科（Lamiaceae）地笋属（*Lycopus* Linn.）
形态学鉴别特征：多年生草本。株高80~120cm。根茎横走，白色，具节，节上密生须根，先端肥大成圆柱形，节上具鳞叶及少数须根。茎常不分枝，四棱形，具槽，无毛或节梢紫红色，疏被微硬毛。叶长圆状披针形，长4~8cm，宽1~3cm，先端渐尖，基部楔形，边缘具粗牙齿状锯齿，上面有细伏毛，具光泽，下面脉上有刚毛状硬毛，散生凹陷腺点。侧脉

硬毛地笋花（徐正浩摄）

硬毛地笋植株（徐正浩摄）

多对，与中脉在下面隆起。叶柄极短或近无。轮伞花序球形，径1.2~1.5cm。小苞片卵形或披针形，刺尖，具小缘毛，外层小苞片长达5mm，具3条脉，内层小苞片长2~3mm，具1条脉。花萼钟状，长5mm，内面无毛，被腺点。萼齿5个，披针状三角形，长2mm，刺尖，具小缘毛。花冠白色，长5mm，冠檐被腺点，喉部被白色短柔毛，冠筒长3mm，冠檐稍二唇形，上唇近圆形，下唇3裂。前对雄蕊超出花冠，后对雄蕊退化成棍棒状。花盘平顶。花柱伸出花冠外。小坚果倒卵状四边形，长1.4~1.6mm，宽1~1.2mm，背面平，腹面具棱，褐色，有腺点。

生物学特性：花期7—10月，果期9—11月。生于湿地、田边、沟边、草丛。

分布：中国广布。东亚其他国家和北美洲也有分布。之江校区有分布。

景观应用：湿地和旱地地被植物。

295. 紫苏　*Perilla frutescens* (Linn.) Britt.

中文异名：白苏、桂荏、荏子、赤苏、红苏
英文名：perilla, basil, perilla mint, Chinese basil, wild basil
分类地位：唇形科（Lamiaceae）紫苏属（*Perilla* Linn.）
形态学鉴别特征：一年生草本。株高30~50cm。根分枝多。茎直立，钝四棱形，具4槽，紫色、绿紫色或绿色，有长柔毛，棱与节上较密。单叶对生，宽卵形或圆卵形，长4~21cm，宽2.5~16cm，先端急尖、渐尖或尾状尖，基部圆形或宽楔形，边缘具粗锯齿，两面绿色或紫色，或仅下面紫色，上面被疏柔毛，下面有贴生柔毛。侧脉7~8对。叶柄长2.5~12cm，密被长柔毛。轮伞花序2朵花，组成偏向一侧的顶生和腋生假总状花序，长2~15cm。每花有1片苞片，苞片卵圆形或近圆形，径4mm，先端急尖，具腺点。花梗长1.5mm，密被微柔毛。花萼钟状，长3mm，果期增大，长达11mm，萼筒外密生长柔毛，并杂有黄色腺点。萼檐二唇形，上唇宽大，萼齿近三角形，下唇稍长。花冠长3~4mm，二唇形，紫红色至白色，上唇微凹，外面略有微柔毛。花冠筒短，冠檐近二唇形。雄蕊不外伸，前对稍长。柱头2裂。小坚果三棱状球形，径1.5~2.8mm，棕褐色或灰白色，有网纹。

紫苏花序（徐正浩摄）

紫苏雄蕊（徐正浩摄）

紫苏花期植株（徐正浩摄）

生物学特性：花果期7—11月。生于路边、低山疏林下或林缘。

分布：中国各地有栽培或野生。日本、朝鲜、印度尼西亚、不丹、印度等也有分布。各校区有分布。

景观应用：花境植物。

296. 石荠苎　*Mosla scabra* (Thunb.) C. Y. Wu et H. W. Li

中文异名：土香薷
英文名：scabrous mosla herb, herb of scabrous mosla, scabrous mosla
分类地位：唇形科（Lamiaceae）石荠苎属（*Mosla* Buch.-Ham. ex Maxim.）
形态学鉴别特征：一年生草本。株高30~100cm。根分枝，细根多。茎直立，四棱形，具细条纹，多分枝，分枝纤细，密被短柔毛。叶对生，纸质，卵形或卵状披针形，长1.5~4cm，宽0.5~2cm，先端急尖或钝，基部圆形或宽楔

形，边缘近基部全缘，自基部以上为锯齿状，上面榄绿色，被灰色微柔毛，下面灰白，密布凹陷腺点，近无毛或被极疏短柔毛。柄长0.3~2cm，被短柔毛。轮伞花序组成长2.5~15cm的总状花序，生于顶端及侧枝。苞片卵形或卵状披针形，长

石荠苎花（徐正浩摄）

石荠苎花期植株（徐正浩摄）

2~3.5mm，先端尾状渐尖，花期及果期均超过花梗。花梗花期长1mm，果期长可达3mm，与序轴密被灰白色小疏柔毛。花萼钟形，长2.5mm，宽2mm，外面被疏柔毛，二唇形，上唇3齿呈卵状披针形，先端渐尖，中齿略小，下唇2齿，线形，先端锐尖，果期花萼长4mm，宽3mm，脉纹显著。花冠粉红色，长4~5mm，外面被微柔毛，内面基部具毛环，冠筒向上渐扩大。冠檐二唇形，上唇直立，扁平，先端微凹，下唇3裂，中裂片较大，边缘具齿。雄蕊4枚，后对能育，药室2个，叉开，前对退化，药室不明显。花柱外伸，先端相等2浅裂。花盘前方呈指状膨大。小坚果球形，径1mm，黄褐色，具密网纹，网眼下凹。

石荠苎植株（徐正浩摄）

生物学特性：花果期5—11月。生于路旁、田边、山坡灌丛、沟边湿土等。
分布：中国华东、华中、华南、西南、东北等地有分布。日本、越南北部也有分布。华家池校区、之江校区有分布。
景观应用：地被植物。

297. 苦蘵 *Physalis angulata* Linn.

中文异名：灯笼泡、灯笼草
英文名：cutleaf groundcherry, wild tomato, camapu, winter cherry
分类地位：茄科（Solanaceae）酸浆属（*Physalis* Linn.）
形态学鉴别特征：一年生草本。全株被短柔毛。株高30~60cm。主根明显。茎多分枝，分枝纤细。叶卵形或卵状椭圆形，长3~6cm，宽1~2.5cm，先端渐尖或急尖，基部偏斜，阔楔形或楔形，全缘或具不等大牙齿，两面近无毛。叶柄长1~5cm。花单生于叶腋。花梗长5~7mm，纤细。花萼钟状，5中裂，裂片披针形。花冠淡黄色，喉部具紫色斑点，径6~8mm，5浅裂。雄蕊5枚，花药紫色，长1.5~2mm。浆果球形，径1~1.5cm，为膨大的宿存萼所围。种子圆盘状，淡黄色，径1.2~1.5mm。

苦蘵花（徐正浩摄）

生物学特性：花期7—9月，果期9—11月。生于山坡林下、林缘、溪边、荒地、沟边等。
分布：中国长江以南各地有分布。日本、印度及大洋洲、美洲也有分布。华家池校区有分布。

苦蘵果实（徐正浩摄）

苦蘵植株（徐正浩摄）

298. 龙葵 *Solanum nigrum* Linn.

中文异名：龙葵草

英文名：black nightshade, hound's berry, European black nightshade, duscle, garden nightshade, hound's berry, petty morel, wonder berry, small-fruited black nightshade, popolo

分类地位：茄科（Solanaceae）茄属（*Solanum* Linn.）

形态学鉴别特征：一年生草本。株高20~80cm。根圆柱形，分枝多。茎直立，多分枝，无棱或棱不明显，绿色或紫色，近无毛或被微柔毛。叶互生，卵形，长2.5~10cm，宽1.5~4cm，顶端尖锐，基部楔形至阔楔形，下延至叶柄，全缘或有不规则波状粗齿，光滑或两面均被稀疏短柔毛，叶脉每边5~6条。叶柄长1~2.5cm。短蝎尾状聚伞花序腋外生，总花梗长1~2.5cm，每花序有4~10朵花，花梗长5mm，下垂，近无毛或具短柔毛。萼小，浅杯状，径1.5~2mm，5浅裂，齿卵圆形或卵状三角形，绿色。花冠无毛，白色，辐射状，筒部隐于萼内，长不及1mm，冠檐长2.5mm，5深裂，裂片卵状三角形，长2mm。雄蕊5枚，着生于花冠筒口，花丝短而分离，内面有细柔毛，花药黄色，长1mm，顶孔向内。雌蕊1枚。子房球形，径0.5mm，2室。花柱长1.5mm，下半部密生长柔毛。柱头小，头状。浆果球形，径4~6mm，熟时紫黑色，有光泽。种子近卵形，扁平，长1.5~2mm，淡黄色，表面略具细网纹及小凹穴。

生物学特性：花期6—9月，果期7—11月。当年种子一般不能萌发，经越冬休眠后才能发芽。生于路旁、山坡林缘、溪畔草丛、村庄附近、田野等。

分布：亚洲、欧洲、美洲的温带至热带地区有分布。各校区有分布。

龙葵花（徐正浩摄）

龙葵花果（徐正浩摄）

龙葵成株（徐正浩摄）

龙葵植株（徐正浩摄）

299. 白英 *Solanum lyratum* Thunb.

中文异名：蔓茄、野猫耳朵、白毛藤

英文名：vine and climber eggplant

分类地位：茄科（Solanaceae）茄属（*Solanum* Linn.）

形态学鉴别特征：多年生草质藤本。株高50~120cm。根具分枝，细长。茎与小枝均密生具节的长柔毛。基部有时木质化。叶互生，琴形或卵状披针形，长2.5~8cm，宽1.5~6cm，先端急尖、渐尖或长渐尖，基部戟形，常3~5深裂，裂片全缘，侧裂片先端圆钝，中裂片较大，卵形，先端渐尖，两面均被白色发亮的长柔毛。中脉明显，侧脉在下面较清晰，每侧5~7条。少数在小枝上部的叶不分裂，心形，小，长1~2cm。

白英花（徐正浩摄）

叶柄长1~3cm，被具节长柔毛。聚伞花序顶生或腋外生，疏花，总花梗长2cm，被具节的长柔毛，花梗长0.5~1cm，无毛，顶端稍膨大，基部具关节。萼杯状，径2mm，无毛，萼齿5个，顶端圆钝，具短尖头。花冠蓝紫色或白色，长5~8mm，花冠筒隐于萼内，冠檐5深裂，裂片椭圆状披针形，自基部向下反折，先端被微柔毛。雄蕊5枚，花丝长1mm，花药长圆形，长3mm，顶孔略向上。子房卵形，径0.5~0.8mm。花柱丝状，长6mm。柱头小，头状。浆果球状，径8mm，具小宿萼，熟时红色。种子近盘状，扁平，径1.2~1.5mm。

生物学特性：花期7—8月，果期9—11月。生于山谷草地、路旁或田边等。

分布：中国华东、华中、华北、西南、华南等地有分布。日本、朝鲜及中南半岛也有分布。之江校区、紫金港校区、华家池校区有分布。

景观应用：地被植物。

白英果序（徐正浩摄）

白英植株（徐正浩摄）

300. 蚊母草 *Veronica peregrina* Linn.

中文异名：蚊虫草、芒种草、仙桃草

英文名：purslane speedwell

分类地位：车前科（Plantaginaceae）婆婆纳属（*Veronica* Linn.）

形态学鉴别特征：一年生或二年生草本。株高5~15cm。细根密布。茎直立，基部分枝，呈丛生状，全体无毛或疏生柔毛。叶对生，倒披针形或长圆形，长1~2cm，宽2~4mm，全缘或有稀锯齿。茎下部叶有柄，上部叶无柄。花单生苞腋。花梗长1mm。苞片与叶同形，略小。花萼4深裂，裂片狭披针形，长3~4mm。花冠白色，略带淡紫红色，长2mm，裂片长圆形至卵形。雄蕊短于花冠。蒴果扁圆形，先端微凹，两面突起，宽大于长，边缘生短腺毛，宿存花柱不超出凹口。子房常被虫寄生而形成膨大、桃形的虫瘿。种子长圆形至圆形，扁平，无毛，淡黄色至淡棕色。

生物学特性：花果期4—7月。生于田埂边、湿地及庭院。

分布：中国华东、华中、西南及东北均有分布。日本、朝鲜及欧洲、美洲也有分布。各校区有分布。

蚊母草花（徐正浩摄）

蚊母草果实（徐正浩摄）

蚊母草植株（徐正浩摄）

301. 水苦荬 *Veronica undulata* Wall.

中文异名：水仙桃、水菠菜、水莴苣

英文名：undulate speedwell

分类地位：车前科（Plantaginaceae）婆婆纳属（*Veronica* Linn.）

形态学鉴别特征： 一年生或二年生草本，稍肉质，无毛。茎、花序轴、花梗、花萼和蒴果上多少被腺毛。株高20~60cm。根具分枝，细根多。茎直立，圆柱形，中空，有时基部略倾斜。叶对生，薄而柔软，长圆状披针形、长圆状卵圆形或线状披针形，长3~8cm，宽0.5~1.5cm，先端近急尖，基部圆形或心形而呈耳状微抱茎，全缘或具波状齿。叶无柄。总状花序腋生。花梗平展，长4~6mm。苞片宽线形，细小，互生，与花梗等长或比花梗短。花萼4深裂，裂片狭长椭圆形，长3~4mm，先端钝。花冠淡紫色、淡红色或白色，具淡紫色的线条，径5mm。雄蕊2枚，突出。雌蕊1枚。子房上位。花柱1枚。柱头头状。蒴果近球形，顶端微凹，径2.5~3mm，具腺毛，宿存花柱长1.5mm。常有小虫寄生，寄生后果实常膨大成圆球形。果实内藏多数细小的种子。种子长圆形，扁平，无毛。

水苦荬花（徐正浩摄）

水苦荬花期植株（徐正浩摄）

水苦荬苗（徐正浩摄）

生物学特性： 花果期4—6月。生于水田、溪沟边、湿地、菜地、果园、桑园、茶园等。

分布： 除内蒙古、西藏、青海、新疆外，中国广泛分布。东南亚也有分布。华家池校区、紫金港校区有分布。

302. 车前 *Plantago asiatica* Linn.

中文异名： 车轮菜、车前子、车轱辘菜

英文名： Asiatic plantain

分类地位： 车前科（Plantaginaceae）车前属（*Plantago* Linn.）

形态学鉴别特征： 多年生草本。株高20~60cm。根茎短而肥厚，须根多数，簇生。叶基生，外展，卵形或宽卵形，长4~12cm，宽4~9cm，先端圆钝，基部楔形，边缘近全缘或有波状浅齿，两面无毛或有短柔毛，具弧形脉5~7条。叶柄长5~10cm，基部扩大成鞘。穗状花序细圆柱形，多数小花密集着生或不紧密，长20~30cm。小花的花梗极短或无。花序梗直立，长20~50cm。苞片宽三角形，比萼片短。萼片革质。苞片和萼片均有绿色的龙骨状突起。花冠合瓣，4浅裂，白色或浅绿色，裂片三角状长圆形，长1mm。雄蕊4枚，着生于花筒内，与花冠裂片互生，花药丁字形。蒴果卵形或纺锤形，果皮膜质，熟时近中部周裂，基部有不脱落的花萼，内有种子4~8粒。种子卵形或椭圆状多角形，先端钝圆，基部截形，背面隆起，腹面平，中部具椭圆形种脐，长1.2~1.7mm，宽0.5~1mm，深棕褐色至黑色，表面具皱纹状小突起，无光泽。

车前花序（徐正浩摄）

车前植株（徐正浩摄）

车前生境植株（徐正浩摄）

生物学特性：春季出苗，花果期4—9月。
分布：几遍中国。各校区有分布。

303. 陌上菜 *Lindernia procumbens* (Krock.) Philcox

中文异名：白猪母菜
分类地位：母草科（Linderniaceae）母草属（*Lindernia* All.）
形态学鉴别特征：一年生草本。全体光滑无毛。株高10~30cm。根系发达，细密成丛。茎直立或斜生，自基部分枝。叶对生，无柄，叶片长椭圆形或倒卵形，长1~2.5cm，宽4~10mm，先端钝至圆头，全缘或有不明显的钝齿，掌状基出主脉3~5条。花单生于叶腋，梗长1.5~2cm，比叶长。花萼5深裂，裂片线状披针形，较蒴果略短或与蒴果等长。花冠二唇形，淡红紫色，上唇短，2浅裂，下唇远大于上唇，开展，3裂，长6mm，侧裂片椭圆形，较小，中间裂片圆形，向前突出。雄蕊4枚，二强，全育，前方2枚的附属物腺体状，短小，花药基部微凹。柱头2裂。蒴果卵圆形或椭圆形，与萼等长或略长于萼，膜质，先端尖，室间2裂。种子多粒。种子长圆形，淡黄色，有格纹。

生物学特性：花期7—10月，果期9—11月。常生于稻田边、水边和潮湿地。
分布：中国华东、华中、华北、华南、西南等地有分布。日本、马来西亚及欧洲南部等也有分布。华家池校区、紫金港校区有分布。

陌上菜植株（徐正浩摄）

陌上菜花期植株（徐正浩摄）

304. 母草 *Lindernia crustacea* (Linn.) F. Muell

中文异名：铺地莲、齿叶母草
英文名：brittle falsepimpernel herb
分类地位：母草科（Linderniaceae）母草属（*Lindernia* All.）
形态学鉴别特征：一年生草本。植株无毛或有疏毛。株高8~20cm。根具分枝，细根多。茎铺散，密丛，基部多分枝，枝弯曲上升，微方形，具深沟纹。叶对生，三角状卵形或宽卵形，长10~20mm，宽5~11mm，先端钝或急尖，基部楔形或近圆形，边缘有浅钝锯齿，上面近于无毛，下面沿叶脉有稀疏柔毛或近于无毛，叶脉羽状。叶柄长1~8mm。花单生于叶腋或在茎枝顶端排成极短的花序。花梗细弱，长1~2.5cm，有沟纹。花萼坛状，长3~5mm，5浅裂，裂片三角形。花冠二唇形，紫色，长5~7mm，冠筒略长于花萼，上唇直立，卵形，钝头，有时2浅裂，下唇3裂，中间裂片较大，稍长于上唇。雄蕊4枚，二强，全育。花柱常早落。蒴果长椭

母草茎叶（徐正浩摄）

母草花（徐正浩摄）

母草植株（徐正浩摄）

圆形或卵形，包藏于花萼内，长3~4mm。种子近球形，浅黄褐色，表面有明显的蜂窝状瘤突。
生物学特性： 花果期7—10月。生于田边、路边或溪边草地。
分布： 中国华东、华中、华南、西南等地有分布。华家池校区、紫金港校区有分布。

305. 泥花草 *Lindernia antipoda* (Linn.) Alston

分类地位： 母草科（Linderniaceae）母草属（*Lindernia* All.）
形态学鉴别特征： 一年生小草本。全体无毛。株高8~20cm。细根多。茎幼时近直立，长大后基部多分枝，微方形，具深沟纹。叶对生，椭圆形、椭圆状披针形、长圆状披针形或几为线状披针形，长8~40mm，宽6~12mm，先端急尖或圆钝，基部下延，有宽、短的叶柄，近于抱茎，边缘有稀疏钝锯齿，两面无毛。花单生于叶腋，排成疏生的总状花序，花序长达15cm。花梗长1~2cm。花萼近基部结合，5深裂，裂片披针形，沿中肋和边缘有短硬毛。花冠二唇形，淡红色，上唇2裂，下唇3裂，上下唇近等长。雄蕊4枚，二强，2枚能育，2枚不育。花柱细。柱头扁平，片状。蒴果线形，顶端渐尖，较花萼长2~2.5倍，果梗长5~8mm。种子不规则三棱状卵形，褐色，表面有网纹状孔纹。

泥花草花（徐正浩摄）

泥花草植株（徐正浩摄）

泥花草生境植株（徐正浩摄）

泥花草群体（徐正浩摄）

生物学特性： 花果期8—10月。生于路旁、草地、田边潮湿处。
分布： 中国华东、华中、华南、西南等地有分布。各校区有分布。

306. 匍茎通泉草 *Mazus miquelii* Makino

匍茎通泉草花（徐正浩摄）

中文异名： 鹅肠草
英文名： Japanese mazus, mazus
分类地位： 通泉草科（Mazaceae）通泉草属（*Mazus* Lour.）
形态学鉴别特征： 一年生草本。株高5~30cm。主根伸长，垂直向下或短缩，须根纤细，散生或簇生。茎直立或倾斜，通常自基部分枝，多而披散，无毛或疏生短柔毛。基生叶莲座状或早落，倒卵状匙形至卵状倒披针形，长2~6cm，宽8~15mm，先端圆钝，基部楔形，下延至柄成翅状，边缘有不规则的粗钝锯齿或基部有1~2浅羽裂。茎生叶对生或互生，花茎占茎的大部或全部，叶较少，有时无叶或仅有1~2片叶，与基生叶相似或几等大。总状花序顶生，花稀疏。花梗果期长达10mm，上部较短。花萼钟状，长6mm，裂片5片，卵形，急尖，与萼筒近等长。花冠白色，带淡紫色，二唇形，长10mm，上唇直立，2浅裂，裂片卵状三角形，急尖，下唇较长，3裂片，中裂片较小，倒卵圆形，平头，有黄色斑点。雄蕊4枚。子房无毛。蒴果球形，无毛，稍露出萼筒外。种子多粒，细小，斜卵形或肾形，淡黄色，种皮上有不规则网纹。

生物学特性：花果期4—10月。生于田边、路旁、荒野、湿地等。

分布：除内蒙古、宁夏、青海及新疆等外，中国广泛分布。朝鲜、俄罗斯、菲律宾、越南等也有分布。各校区有分布。

景观应用：地被植物。

匍茎通泉草花序（徐正浩摄）

匍茎通泉草植株（徐正浩摄）

匍茎通泉草群体（徐正浩摄）

307. 早落通泉草 *Mazus caducifer* Hance

分类地位：通泉草科（Mazaceae）通泉草属（*Mazus* Lour.）

形态学鉴别特征：多年生草本。全体被多细胞白色长柔毛。株高20~40cm。主根短，须根簇生。茎直立或斜生，粗壮，圆柱形，基部木质化，有时分枝。基生叶倒卵状匙形，莲座状，常早枯落。茎生叶卵状匙形，对生，长3.5~10cm，宽1.5~3.5cm，先端圆钝或急尖，基部渐窄成带翅柄，具粗锯齿，有时浅裂。总状花序顶生，长达35cm。花稀疏。花梗长8~15mm。苞片小，卵状三角形，早枯落。花萼漏斗状，果期长达13mm，径超过1cm。萼齿与筒部近等长，卵状披针形。花冠淡蓝紫色，上唇裂片尖，下唇中裂片突出，较侧裂片小。子房被毛。蒴果球形。种子小而多，棕

早落通泉草茎叶（徐正浩摄）

早落通泉草花（徐正浩摄）

早落通泉草成株（徐正浩摄）

早落通泉草植株（徐正浩摄）

褐色。

生物学特性： 花果期4—8月。生于路旁、草丛、林下、湿地等。

分布： 中国华东、华中有分布。之江校区、华家池校区有分布。

308. 爵床 *Rostellularia procumbens* (Linn.) Nees

中文异名： 小青草、六角英、赤眼老母草、麦穗癀

英文名： creeping rostellularia herb

分类地位： 爵床科（Acanthaceae）爵床属（*Rostellularia* Reichb.）

形态学鉴别特征： 一年生匍匐或披散草本。株高10~50cm。根具分枝，细根多。茎基部伏地、直立或斜生。茎绿色，通常具6条钝棱及浅槽，沿棱被倒生短毛，节稍膨大。叶对生，卵形或长圆形，长1.5~6cm，宽0.5~3cm，先端急尖或钝，基部楔形，全缘或微波状。叶上面暗绿色，贴生横列的粗大钟乳体，下面淡绿色，沿脉被疏生短硬毛。叶柄长5~10mm。穗状花序顶生或生于上部叶腋，密生多数小花，圆柱状，长1~3cm，径0.5~1.2cm。苞片1片，小苞片2片，均为披针形，长4~6mm，有缘毛。花萼4深裂，裂片线状披针形或线形，具白色膜质边缘，外面密被粗硬毛。花冠二唇形，淡红色或紫红色，稀白色，长7mm。花冠筒短于冠檐。雄蕊2枚，伸出花冠外，基部有毛。花药2室，其中下方1室不发育，无花粉，有尾状附属物。子房卵形，2室，被毛。花柱丝状。蒴果线形，长6mm，先端短尖，基部渐狭，全体扁压，淡棕色。果实上部具4粒种子，下部实心似柄，上部被疏柔毛。种子卵圆形，两侧扁压，径1mm，黑褐色，种皮有瘤状皱纹。

爵床花（徐正浩摄）

爵床花序（徐正浩摄）

爵床植株（徐正浩摄）

生物学特性： 花期6—9月，果期9—11月。生于旷野草地、林下、路旁、水沟边、湿地等。

分布： 中国华东、华中、西南等地有分布。亚洲南部至澳大利亚也有分布。华家池校区、紫金港校区、之江校区、玉泉校区有分布。

景观应用： 花境植物。

309. 鸡矢藤 *Paederia scandens* (Lour.) Merr.

中文异名： 鸡屎藤、清风藤、臭屎藤

英文名： Chinese fevervine herb

分类地位： 茜草科（Rubiaceae）鸡矢藤属（*Paederia* Linn.）

形态学鉴别特征： 多年生草质缠绕藤本。揉碎有臭味。根具分枝，细长。茎扁圆柱形，稍扭曲，质韧，长3~5m，灰褐色，幼时被柔毛，后渐脱落变无毛，有纵纹及叶柄脱落断痕。叶纸质，对生，形状和大小变异很大，通常卵形、长卵形至卵状披针形，长5~16cm，宽3~10cm，先端急尖至短渐尖，基部心形至圆形，细截平，全缘，绿褐色，两面无柔毛或近无毛。侧脉4~6对，叶脉隆起。叶柄长1.5~7cm，无毛或被柔毛。托叶在叶柄内

侧，三角形，幼时被缘毛。聚伞花序呈圆锥状，腋生或顶生。萼筒陀螺形，长1~2mm，萼檐5裂，裂片三角形，长0.5mm。花冠钟状，长1cm，浅紫色，外被灰白色细绒毛，内被绒毛，顶端5裂，裂片长1~2mm。雄蕊5枚，花丝与花冠筒贴合。花柱2个，基部连合。果实球形，熟时蜡黄色，平滑，具光泽，径5~7mm，顶端具宿存的花檐和花盘。种子长卵形，长1~2mm，稍扁，黑褐色。

生物学特性： 花期秋季7—8月，果期9—11月。生于溪边、河边、路边、林旁及灌木林中，常攀缘于其他植物或岩石上。

鸡矢藤花（徐正浩摄）

鸡矢藤花序（徐正浩摄）

鸡矢藤果实（徐正浩摄）

鸡矢藤植株（徐正浩摄）

分布： 中国长江流域及其以南有分布。日本、印度及中南半岛也有分布。各校区有分布。

景观应用： 攀缘景观植物。

310. 白花蛇舌草 *Hedyotis diffusa* Willd.

中文异名： 二叶葎、蛇舌草、羊须草、鹤舌草

英文名： spreading hedyotis herb

分类地位： 茜草科（Rubiaceae）耳草属（*Hedyotis* Linn.）

形态学鉴别特征： 一年生纤弱披散草本。株高15~50cm。根具分枝。茎从基部发出多分枝，略带方形或扁圆柱形，小枝具纵棱，光滑无毛。叶对生，膜质，老时革质。叶线形至线状披针形，长1~3.5cm，宽1~3mm，先端急尖至渐尖，基部长楔形，有时略有柔毛，上面光滑，下面有时稍粗糙。侧脉不明显，中脉在上面凹陷或略平，下面隆起。托叶膜质，基部合生成鞘状，长1~2mm，先端齿裂，芒尖。叶无柄。花单生或成对生于叶腋，常具短而粗壮的花梗，长2~5mm，稀无梗。萼筒球形，长1mm，萼檐4裂，裂片长圆状披针形，长1.5~2mm，边缘具睫毛。花冠白色，漏斗状，长3.5~4mm，先端4深裂，裂片卵状长圆形，长2mm，先端钝，秃净。雄蕊4枚，着生于冠筒喉部，与花冠裂片互生，花丝扁，花药卵形，

白花蛇舌草生境植株（徐正浩摄）

白花蛇舌草植株（徐正浩摄）

背着，突出，2室，纵裂。子房下位，2室。柱头半球形，2浅裂。蒴果扁球形，径2~3mm，室背开裂，花萼宿存，熟时室背开裂。种子棕黄色，细小，具3个棱角。

生物学特性：花期6—8月，果期8—10月。喜温暖、湿润环境，不耐干旱，怕涝。对土壤要求不严，但在肥沃的沙质壤土或腐殖质壤土生长较好。生于潮湿的田边、沟边、路旁、湿地和草地。

分布：中国东南部、南部至西南部有分布。日本等也有分布。之江校区、舟山校区有分布。

311. 金毛耳草 Hedyotis chrysotricha (Palib.) Merr.

中文异名：铺地蜈蚣
分类地位：茜草科（Rubiaceae）耳草属（Hedyotis Linn.）
形态学鉴别特征：多年生匍匐草本。须根系。茎节生不定根。茎基部木质，被金黄色硬毛。匍匐茎长可达50cm以上。叶对生，纸质，宽披针形、椭圆形或卵形，长10~28mm，宽10~12mm，先端急尖，基部圆形，上面疏被短硬毛，下面被黄色绒毛。脉上毛密。侧脉2~3对。叶柄长1~3mm。托叶合生，上部长渐尖，具疏齿，被疏柔毛。花1~3朵

金毛耳草花（徐正浩摄）

金毛耳草花期植株（徐正浩摄）

腋生，被金黄色疏柔毛。近无梗。萼筒钟形，长1~1.5mm，萼裂片披针形。花冠白或紫色，漏斗状，长5~6mm，花冠裂片线状长圆形，与冠管等长或比冠管略短。雄蕊内藏。花柱丝状，柱头棒状2裂。蒴果近球形，径2mm，被疏硬毛，不裂。

生物学特性：花期6—8月，果期7—9月。生于山坡、草丛、田边等。

分布：中国长江以南各地有分布。日本也有分布。玉泉校区、之江校区、紫金港校区有分布。

景观应用：地被植物。

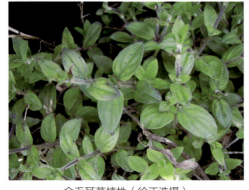
金毛耳草植株（徐正浩摄）

312. 东南茜草 Rubia argyi (Levl. et Vant.) Hara ex Lauener

中文异名：红茜草、茜草
英文名：Turkey red
分类地位：茜草科（Rubiaceae）耳草属（Hedyotis Linn.）
形态学鉴别特征：多年生攀缘草本。根圆柱形，多条簇生，波状弯曲，径0.2~1cm，表面红棕色或暗棕色，具细纵纹及少数细根痕。茎四棱形，有的沿棱有倒生小刺，长可达1m或更长。叶4片轮生，主茎上有时6片轮生，纸质，三角状卵形、卵状心形或卵状披针形，长2.5~6cm或更长，宽1~3cm或更宽，先端急尖、渐尖至长渐尖，基部心形、浅心形至圆形，叶缘和背脉有倒生小刺。叶上面粗糙，具短刺毛，基出脉5条，稀3条或7条，上凹下凸。叶柄长1~8cm。圆锥状聚伞花序顶生

东南茜草茎叶（徐正浩摄）

或腋生。花小。萼筒短，长0.5mm，三角状卵形，无毛，萼齿不明显。花冠黄绿色或白色，5裂，裂片三角状卵形，长0.5~1mm，有缘毛。雄蕊着生于花冠筒喉部。子房2室，花柱上部2裂。果球形，径4~6mm，熟时紫黑色。种子卵球形，径2~3mm，棕褐色。

生物学特性：花期7—9月，果期9—11月。生于山坡岩石旁、沟边草丛、溪边、林下灌丛等。

分布：中国极大部分地区有分布。日本、朝鲜也有分布。之江校区有分布。

东南茜草花期植株（徐正浩摄）

东南茜草植株（徐正浩摄）

313. 猪殃殃 *Galium aparine* Linn. var. *tenerum* (Gren. et Godr.) Rchb.

中文异名：锯锯草、颌围草、三宝莲
英文名：tender catchweed bedstraw
分类地位：茜草科（Rubiaceae）拉拉藤属（*Galium* Linn.）
形态学鉴别特征：一年生或二年生蔓状或攀缘状草本。株高20~90cm。根具分枝，细根稀疏。茎多自基部分枝，四棱形，棱上和叶背中脉及叶缘均有倒生细刺。叶4~8片轮生，线状倒披针形，长1~3cm，宽2~4mm，先端急尖，顶端具短芒，基部渐狭成长楔形，表面疏生细刺毛，下面无或疏生倒刺毛。叶无柄。聚伞花序腋生或顶生，单生或2~3个簇生，有花3~10朵。花小，花萼细小，萼筒长0.5~1mm，上有钩刺毛，萼檐近截平。花瓣黄绿色，4深裂，辐状，裂片长圆形，长不及1mm。雄蕊4枚，伸出。果实由2分果组成，分果近球形，径4mm，褐色，密生钩状刺毛，钩刺基部呈瘤状，刺毛在经摩擦后脱落，近于光滑，果脐在腹面凹陷处，椭圆形，白色。果梗直。种子背部凸，表面凹，或呈圆球状，有凹孔，胚乳角质，胚弯曲，子叶叶状。

生物学特性：种子繁殖，以幼苗或种子越冬。多于冬前9—10月出苗，亦可在早春出苗，花期4—5月，果期5—6月。生于山坡路边、田边及水沟旁草丛中。

分布：中国西南、华南至东北均有分布。日本、朝鲜、俄罗斯及北美洲也有分布。各校区有分布。

猪殃殃花（徐正浩摄）

猪殃殃果实（徐正浩摄）

猪殃殃植株（徐正浩摄）

314. 阔叶四叶葎 *Galium bungei* Steud. var. *trachyspermum* (A. Gray) Cuif.

英文名：broad leaf fourleaves bedstraw
分类地位：茜草科（Rubiaceae）拉拉藤属（*Galium* Linn.）
形态学鉴别特征：多年生近直立草本。株高30~50cm。细根多。茎近基部分枝，具4条棱，无毛或近无毛。叶4片轮生。茎中部以上叶卵状椭圆形、椭圆形或卵形，长1~2cm，宽0.3~0.6cm，先端急尖或略钝，基部楔形或宽楔形，边缘略反卷，具柔毛。叶上面无毛或疏被柔毛，下面沿中脉密被柔毛，其余无毛或疏被柔毛。无叶柄。聚伞花序由数个紧密团聚的花组成，顶生或腋生。花小，具短花梗。萼檐不明显，略具4圆齿。花冠淡黄绿色，4深裂，裂片三角状卵形。果小，由2个半球状的分果组成，密生弯曲的鳞片状突起。
生物学特性：花期4—5月，果期4—7月。生于山地、旷野、溪边的林中或草地。
分布：中国华东、华中、华北、西南等地有分布。日本、朝鲜也有分布。紫金港校区、之江校区有分布。

阔叶四叶葎茎叶（徐正浩摄）

阔叶四叶葎植株（徐正浩摄）

315. 接骨草 *Sambucus chinensis* Lindl.

中文异名：蒴藋、陆英、大臭草
英文名：China elder
分类地位：忍冬科（Caprifoliaceae）接骨木属（*Sambucus* Linn.）
形态学鉴别特征：多年生草本或亚灌木。株高0.8~3m。根状茎横走，圆柱形，多弯曲，黄白色，节膨大，上生须根。茎直立，圆柱形，多分枝，褐绿色，具7~8条纵棱，银白色，髓部白色，幼枝被柔毛，老枝无毛，节部淡红色。奇数羽状复叶对生，稀近互生，有小叶3~9片，小叶柄短或近无柄。小叶长8~18cm，宽3~6cm，先端渐尖，基部偏斜，阔楔形，边缘有细锐锯齿，上面深绿色，散生糠屑状细毛，下面灰绿色，具光泽，中脉和侧脉在下面显著隆起。搓揉后有臭味。托叶叶状或

接骨草果实（徐正浩摄）

接骨草苗（徐正浩摄）

接骨草成株（徐正浩摄）

接骨草花期植株（徐正浩摄）

退化成腺体，早落。聚伞圆锥花序顶生，散开，径30cm。总花梗基部托叶有叶状总苞片，第1级辐射枝3~5出。不孕花变成的黄色杯状腺体不脱落，可孕花小，白色或略带黄色，辐射状。花萼筒杯状，长1.5mm，5齿裂，萼齿三角形，长0.5mm。花冠辐状，5裂，裂片宽椭圆状卵形。雄蕊5枚，着生于花冠喉部，与花冠裂片互生，不伸出花冠外。雌蕊1枚。子房下位，3室。花柱短，柱头3浅裂。浆果卵圆形，径3~4mm，熟时红色或橙黄色至黑色。果核2~3个，卵形，表面有瘤状突起。种子椭圆状卵形，径1.5~2mm，黄褐色。

生物学特性：花期7—8月，果期9—10月。生于林下、沟旁、山坡杂草丛、村边、路旁等。

分布：中国华东、华中、华南、西南等地有分布。华家池校区、紫金港校区、玉泉校区、之江校区有分布。

景观应用：园区常见草本植物，也作观赏绿化用。

316. 白花败酱 *Patrinia villosa* (Thunb.) Juss.

中文异名：攀倒甑

分类地位：败酱科（Valerianaceae）败酱属（*Patrinia* Juss.）

形态学鉴别特征：多年生草本。株高40~100cm。根状茎长，横走，偶在地表匍匐生长。根具细分枝，细根稀少。茎直立，上部分枝，密被白色倒生粗毛，或仅两侧各有1列倒生短粗伏毛。基生叶簇生，卵圆形或近圆形，长4~10cm，宽2~5cm，先端渐尖，基部楔形，下延，边缘有粗齿，不裂或大头状深裂，柄较叶鞘长。茎生叶对生，卵形、长卵形或窄椭圆形，长4~10cm，宽2~5cm，先端渐尖，基部楔形，下延，边缘羽状分裂或不裂，两面疏生粗毛，脉上尤密。叶柄长1~3cm，茎上部叶近无柄。聚伞花序多分枝，排成伞房状圆锥聚伞花序，花序分枝及梗上密生或仅2列粗毛。花序分枝基部有总苞片1对，较狭。花萼细小，5齿裂。花冠钟状，白色，径4~6mm，顶端5裂，裂片不等形。雄蕊4枚，伸出。花柱较雄蕊短。瘦果倒卵形，基部贴生在增大的圆翅状膜质苞片上，苞片近圆形。种子卵状圆形，先端尖，长0.3~0.5mm。

生物学特性：花期8—10月，果期10—12月。喜生于较湿润和稍阴的环境，较耐寒，通常生于山地的溪沟边、山坡疏林下、林缘、路边、灌丛及草丛中。对土壤要求不甚严格，但以肥沃的沙质壤土为佳。

分布：中国华东、华中、华南、西南等地有分布。日本也有分布。之江校区有分布。

景观应用：地被植物。

白花败酱茎叶（徐正浩摄）

白花败酱花（徐正浩摄）

白花败酱成株（徐正浩摄）

白花败酱生境植株（徐正浩摄）

317. 华泽兰 *Eupatorium chinense* Linn.

中文异名：大泽兰、多须公、广东土牛膝

分类地位：菊科（Asteraceae）泽兰属（*Eupatorium* Linn.）

形态学鉴别特征：多年生草本或半灌木。株高1~1.5m。根状茎短，根分枝，具细根。茎直立，上部与花序分枝被污白色短柔毛。叶对生，基部叶花期枯落。中部叶卵形、宽卵形，稀卵状披针形或披针状卵形，长3~8cm，宽2~6cm，先端渐尖或钝，基部圆形或心形，边缘有不规则的粗锯齿，上面无毛，下面被柔毛及腺点。叶脉羽状。叶柄极短或几无柄。头状花序多数，在枝顶排成大型伞房状或复伞房状花序。总苞狭钟状。总苞片3层，外层短，卵形或披针状卵形，外被短柔毛及稀疏腺点，中层及内层渐长，长椭圆形或长椭圆状披针形，外面无毛，有黄色腺点，先端钝或圆形。每头状花序有小花5朵。花两性，管状，白色、粉色或红色，外面被稀疏黄色腺点。瘦果圆柱形。种子具5条棱，淡黑褐色，散布黄色腺点。

华泽兰花序（徐正浩摄）　　华泽兰植株（徐正浩摄）

生物学特性：花果期5—9月。生于山坡草地、丘陵、林缘、林下灌丛、平原、路旁、池塘边等。

分布：中国华东、华南及西南有分布。之江校区有分布。

景观应用：地被植物。

318. 鱼眼草 *Dichrocephala auriculata* (Thunb.) Druce

中文异名：星荠草、星宿草、三仙菜
英文名：bentham dichrocephala herb
分类地位：菊科（Asteraceae）鱼眼草属（*Dichrocephala* DC.）
形态学鉴别特征：一年生草本。株高12~50cm。根分枝，细根多。茎直立或铺散，通常粗壮，不分枝或有分枝，被白色长或短绒毛。叶卵形、椭圆形或披针形，长4~8cm，宽2~5cm，大头羽裂，顶裂片宽卵形，有粗锯齿，侧裂片1~2对，上部的叶裂片较多，基部渐狭成具翅的长或短柄。叶柄长1~3.5cm。头状花序小，球形，径3~5mm，在花茎上排列成疏散或紧密的伞房状或近圆锥状。总苞片1~2层，膜质，长圆形或长圆状披针形，稍不等长，先端急尖，微锯齿状撕裂。缘花紫色，多层，细管状，顶端通常2齿裂，两性。盘花黄绿色，少数，钟状，顶端4~5齿裂，两性。瘦果无冠毛或两性花瘦果顶端具1~2条短硬毛。种子扁压，倒披针形，边缘脉状加厚。

鱼眼草花序（徐正浩摄）　　鱼眼草植株（徐正浩摄）

生物学特性：花果期4—8月。生于田埂边、路旁、水沟边及山地等。

分布：亚洲与非洲的热带和亚热带地区有分布。华家池校区有分布。

319. 普陀狗娃花 *Heteropappus arenarius* Kitam.

分类地位：菊科（Asteraceae）狗娃花属（*Heteropappus* Less.）
形态学鉴别特征：二年生或多年生草本。株高15~80cm。主根粗壮，木质化。茎平卧或斜生，自基部分枝，近于无毛。基生叶匙形，长3~6cm，宽1~1.5cm，先端圆形或稍尖，基部渐狭，全缘或有时具疏齿，具缘毛，两面近光滑或疏生长柔毛，质厚，柄长1.5~3cm。下部茎生叶在花期枯萎。中部及上部叶匙形或匙状矩圆形，长1~2.5cm，宽2~6mm，先端圆形或稍尖，基部渐狭，有缘毛，两面无毛或有时在中脉上疏生伏毛。头状花序单生于枝端，径2.5~3cm。总苞半球形，径1.2~1.5cm，总苞片2层，狭披针形，长7~8mm，先端渐尖，有缘毛。舌状花1层，雌性，舌片条状长圆形，淡蓝色或淡白色，长1.2cm，宽2.5mm。盘花管状，两性，黄色，长4mm，基部管长1.3mm，裂片5片，1长4短，长1~1.5mm，花柱附属物三角形。瘦果倒卵形，浅黄褐色，长3mm，宽2mm，扁，被绢状柔毛。舌状花冠毛为短鳞片状，下部合生，污白色，管状花冠毛刚毛状，多数，淡褐色。

生物学特性： 花果期8—11月。常生于海滨沙地。

分布： 中国华东等地有分布。日本也有分布。舟山校区有分布。

普陀狗娃花茎叶（徐正浩摄）

普陀狗娃花的花（徐正浩摄）

普陀狗娃花植株（徐正浩摄）

320. 狗娃花 *Heteropappus hispidus* (Thunb.) Less.

分类地位： 菊科（Asteraceae）狗娃花属（*Heteropappus* Less.）

形态学鉴别特征： 一年生或二年生草本。株高30~90cm。具垂直的纺锤状根，侧根发达。茎直立，单生或丛生，被粗毛，下部常脱毛，有分枝。基部及下部叶在花期枯萎，倒卵形，长4~13cm，宽0.5~1.5cm，先端钝或圆形，基部渐狭成长柄，全缘或有疏齿。中部叶长圆状披针形至线形，长3~7cm，宽0.3~1.5cm，常全缘。上部叶线形。叶质薄，两面被疏毛或无毛，边缘有疏毛，中脉及侧脉明显。头状花序径3~5cm，单生于枝端而排列成伞房状。总苞半球形，径10~20mm。总苞片2层，线状披针形，草质，或内层菱状披针形而下部及边缘膜质，背面及边缘有粗毛，常有腺点。舌状花浅红色或白色，线状长圆形，长12~20mm。管状花花冠长5~7mm，管部长1.5~2mm，裂片长1~1.5mm。瘦果倒卵形，扁，有细边肋，被密毛。冠毛在舌状花极短，白色，膜片状，或部分带红色，糙毛状，在管状花糙毛状，初白色，后带红色，与花冠近等长。与普陀狗娃花的区别在于：上部分枝多，中部叶长圆状披针形至线形，头状花序较大。

生物学特性： 花果期7—10月。生于山坡草地、路旁、荒野、林缘等。

分布： 中国华东、华中、西南、西北、东北等地有分布。日本、朝鲜、蒙古、俄罗斯也有分布。紫金港校区、舟山校区有分布。

狗娃花的花（徐正浩摄）

狗娃花花期植株（张宏伟摄）

321. 马兰 *Kalimeris indica* (Linn.) Sch.-Bip.

中文异名：马兰头、红梗菜
英文名：Indian kalimeris herb
分类地位：菊科（Asteraceae）马兰属（*Kalimeris* Cass.）
形态学鉴别特征：多年生草本。株高30~50cm。有细长根状茎，匍匐平卧，白色有节。茎直立，多少有分枝，被短柔毛。叶互生。基部叶在花期枯萎。茎生叶披针形至倒卵状长圆形，长3~7cm，宽1~2.5cm，先端钝或尖，基部渐狭，边缘从中部以上具2~4对浅齿或深齿，具长柄。上部叶片渐小，全缘，两面有疏微毛或近无毛，无柄。头状花序径2.5cm，单生于枝端或排列成疏伞房状。总苞半球形，径6~9mm。总苞片2~3层，覆瓦状排列，外层倒披针形，内层倒披针状长圆形，先端钝或稍尖，上部草质，边缘膜质，有缘毛。缘花舌状，紫色，1层。盘花管状，多数。瘦果冠毛短，易脱落，不等长。种子倒卵状长圆形，极扁，褐色，边缘有厚肋。
生物学特性：花果期5—10月。生于山坡、林缘、草丛、沟边、溪岸、湿地、路旁等。
分布：广布中国各地。亚洲东部其他国家及南部也有分布。各校区有分布。
景观应用：地被植物。

马兰花（徐正浩摄）

马兰花期植株（徐正浩摄）

马兰苗（徐正浩摄）

322. 三脉紫菀 *Aster ageratoides* Turcz.

中文异名：山白兰、三脉叶马兰
英文名：shiro-yomena, aster trinervius
分类地位：菊科（Asteraceae）紫菀属（*Asters* Linn.）
形态学鉴别特征：多年生草本。株高40~100cm。根状茎粗壮。茎直立，细或粗壮，有棱及沟，被柔毛或粗毛，基部光滑或有毛，上部有时曲折，有上升或开展的分枝。下部叶在花期枯落，宽卵状圆形，急狭成长柄。中部叶椭圆形或长圆状披针形或狭披针形，长5~15cm，宽1~5cm，中部以上急狭成楔形具宽翅的柄，顶端渐尖，边缘有3~7对浅或深锯齿。上部叶渐小，有浅齿或全缘。全部叶纸质，上面被短糙毛，下面被短柔毛或除叶脉外无毛，常有腺点，或两面被短茸毛而下面沿脉有粗毛，有离基（有时长达7cm）3出脉，侧脉3~4对，网脉常明显。头状花序径1.5~2cm，排列成伞房状或圆锥伞房状，花序梗长0.5~3cm。总苞倒锥状半球状，径4~10mm，长3~7mm。总苞片3层，覆瓦

三脉紫菀茎叶（徐正浩摄）

三脉紫菀花序（徐正浩摄）

状排列，线状长圆形，下部近草质或干膜质，上部绿色或紫褐色，外层长2mm，内层长4mm，有短缘毛。缘花舌状，具花10余朵，舌片线状长圆形，长达11mm，宽2mm，紫色、浅红色或白色。管状花黄色，长4.5~5.5mm，管部长1.5mm，裂片长1~2mm。花柱附片长达1mm。瘦果冠毛浅红褐色或污白色，长3~4mm。种子倒卵状长圆形，灰褐色，长2~2.5mm，有边肋，一面常有肋，被短粗毛。

生物学特性：花果期7—11月。生于林下、林缘、灌丛及山谷湿地。

分布：中国东北、华北、华东、华南、西南等地有分布。朝鲜、日本等也有分布。之江校区、玉泉校区有分布。

三脉紫菀花期植株（徐正浩摄）

323. 虾须草 *Sheareria nana* S. Moore

分类地位：菊科（Asteraceae）虾须草属（*Sheareria* S. Moore）

形态学鉴别特征：一年生草本。株高15~30cm。主根明显，侧根少。茎直立，下部分枝，绿色或稍带紫色，无毛或稍被细毛。叶互生，稀疏，线形或倒披针形，长1~3cm，宽2~3mm，先端急尖，全缘，中脉明显，下面突起。上部叶小，鳞片状。叶无柄。头状花序顶生或腋生，径2~4mm，花序梗长3~5mm。总苞卵形，总苞片2层，4~5片，宽卵形，长2mm，稍被细毛。缘花舌状，2~4朵，白色或淡红色，舌片宽卵状长圆形，近全缘或顶端有小钝齿，雌性，结实。盘花管状，1~2朵，顶端5个钝齿，两性，不结实。瘦果长椭圆形，有翼状棱3条，翼的边缘有细齿。冠无毛。种子褐色，长3.5~4mm。

虾须草植株（徐正浩摄）

生物学特性：花果期8—9月。生于山坡、湿地、田埂、草地、河边沙滩等。

分布：中国华东、华中、华南等地有分布。华家池校区有分布。

324. 苍耳 *Xanthium sibiricum* Patrin. ex Widder

中文异名：苍子、老苍子、虱麻头、青棘子

英文名：siberian cocklebur

分类地位：菊科（Asteraceae）苍耳属（*Xanthium* Linn.）

形态学鉴别特征：一年生草本。株高30~70cm。根粗壮，具分枝。茎直立或斜生，多分枝，被灰白色粗伏毛。叶互生，三角状卵形或心形，长4~9cm，宽5~10cm，先端钝或略尖，基部两耳间楔形，稍延入叶柄，全缘或3~5不明显浅裂或有齿，基脉3出，下面苍白色，两边均贴生粗糙伏毛。叶柄长3~11cm。头状花序腋生或顶生，单性同株。雄花序球形，密集生于枝顶，径4~6mm，总苞片长圆状披针形，被短柔毛，花序托柱状，托叶倒披针形，先端尖，雄花多数，管状钟形，顶端5裂，花药长圆形。雌性头状花序椭圆形，总苞片2层，外层披针形，小，被短柔毛，内层结合成囊

苍耳花序（徐正浩摄）

苍耳花果期植株（徐正浩摄）

苍耳苗（徐正浩摄）

状，宽卵形，淡黄绿色。每苞内有2个瘦果，聚花果纺锤形或卵圆形。果实成熟时变坚硬，连同喙部长12~15mm，外面有疏生具钩的刺，刺长1.5~2.5mm，基部微增粗或几不增粗，喙2个，坚硬，锥形，上端呈镰刀状，常不等长，少有结合成1个喙。种子膜质，浅灰色，有纵纹。

生物学特性： 4—5月萌发，7—8月开花，8—9月结果。生于山坡、草地、旱地、路旁、旷野、田边、沟旁等。

分布： 中国南北各地有分布。日本、朝鲜、俄罗斯、伊朗、印度也有分布。各校区有分布。

325. 豨莶 *Siegesbeckia orientalis* Linn.

中文异名： 稀莶草、火莶、猪膏草

分类地位： 菊科（Asteraceae）豨莶属（*Siegesbeckia* Linn.）

形态学鉴别特征： 一年生草本。株高30~150cm。根具分枝，须根多。茎直立，方柱形，略具4条棱，侧面下陷成纵沟，灰绿色至灰棕色，有时带紫棕色，被灰白色柔毛。上部分枝常呈复二歧状。叶纸质，三角状宽卵形或菱状卵形至披针形，长4~18cm，宽4~12cm，生于下部的更大，先端急尖而钝，基部通常楔形或近截平，边缘有不规则的大小钝齿至浅裂，两面被毛，基出3脉。叶柄长短不一，可达3cm或更长。头状花序径1.6~2.1cm，通常排列成二歧分枝式具叶的伞房状，有长柔毛。总苞宽钟形。总苞片2层，外层5~6片，匙形，被腺毛，内层长圆形或倒卵状长圆形，外被有腺毛，先端截平。托叶内凹，背部有腺毛。缘花舌状，5朵，黄色，舌片短，具短管部，雌性。盘花管状，较多，顶端4~5裂，两性，结实。瘦果无冠毛。种子倒卵圆形，具4~5条棱，顶端圆，光滑，黑色，通常弯曲。

豨莶顶部茎叶（徐正浩摄）

豨莶花（徐正浩摄）

豨莶花序（徐正浩摄）

豨莶植株（徐正浩摄）

生物学特性： 花果期8—10月。生长在旷野草地、路旁、宅旁等。性喜湿润，但耐旱力强。

分布： 世界热带、亚热带和温带地区广布。华家池校区、之江校区有分布。

326. 腺梗豨莶 *Siegesbeckia pubescens* Makino

分类地位： 菊科（Asteraceae）豨莶属（*Siegesbeckia* Linn.）

形态学鉴别特征： 一年生草本。株高30~100cm。直根系。茎直立，粗壮，上部多分枝，被开展的灰白色长柔毛

和糙毛。基部叶卵状披针形，花期枯萎。中部叶宽卵圆形或宽卵状三角形，长7~20cm，宽5~8cm，先端渐尖，基部宽楔形，下延成具翼的柄，柄长1~3cm，边缘有尖头状粗齿。上部叶披针形或卵状披针形。叶上面深绿色，下面淡绿色，

腺梗豨莶茎（徐正浩摄）

腺梗豨莶花（徐正浩摄）

基出脉3条，侧脉和网脉明显，两面被平伏柔毛，沿脉有长柔毛。头状花序径18~22mm，多数排列成松散的伞房花序。花序梗较长，密生紫褐色头状腺毛和长柔毛。总苞宽钟状，总苞片2层，革质，背面密生紫褐色腺毛，外层线状匙形或宽线形，长7~14mm，内层卵状长圆形，长3.5mm。缘花舌状，舌片顶端具2~5齿裂，雌性，结实。盘花管状，顶端4~5裂，两性，结实。瘦果倒卵圆形，具4条棱，顶端有灰褐色环状突起。

生物学特性：花期5—8月，果期6—10月。生于路旁、林下、溪沟边、湿地、旷野、耕地边等。

分布：中国华东、中南、西南、华北、东北等地有分布。之江校区有分布。

腺梗豨莶植株（徐正浩摄）

327. 鳢肠 *Eclipta prostrata* Linn.

中文异名：旱莲草、墨旱莲

英文名：yerbadetajo herb

分类地位：菊科（Asteraceae）鳢肠属（*Eclipta* Linn.）

形态学鉴别特征：一年生草本。全株干后常变成黑褐色。株高15~50cm。根具分枝，细根多。茎直立，下部伏卧，自基部和上部分枝，节处生根，绿色或红褐色，疏被糙毛。叶对生，无柄或基部有叶柄，椭圆状披针形或条状披针形，长3~10cm，宽5~15cm，先端渐尖，基部楔形、渐狭，全缘或略有细齿，两面被糙毛。基脉3出。头状花序1~2个腋生或顶生，卵圆形，具花梗，径5~10mm。总苞球状钟形。总苞片5~6片，2层排列，卵形，先端钝或急尖，绿色，外被糙毛，宿存。缘花舌状，白色，2层，顶端2浅裂或全缘，雌性，结实。盘花管状，淡黄色或白色，顶端4齿裂，两性，结实。瘦果冠毛退化成2~3个小鳞片。由舌状花发育成的瘦果具3条棱，较狭窄，边缘具白色的肋，表面具小瘤状突起，无毛。由管状花发育的瘦果呈扁四棱形，表面有明

鳢肠花（徐正浩摄）

鳢肠花期植株（徐正浩摄）

鳢肠植株（徐正浩摄）

显的小瘤状突起，无冠毛。种子黑褐色，顶端平截，长2.5~3mm。
生物学特性：花果期6—10月。生于田埂、溪沟边、湿地、旱地低湿处等。
分布：世界温带地区有分布。各校区有分布。
景观应用：地被植物和蜜源植物。

328. 狼杷草 *Bidens tripartita* Linn.

狼杷草花序（徐正浩摄）

中文异名：鬼刺、鬼针
英文名：threelobe beggarticks
分类地位：菊科（Asteraceae）鬼针草属（*Bidens* Linn.）
形态学鉴别特征：一年生草本。株高20~100cm。根具分枝，须根多。茎直立或基部匍匐，圆柱状或具钝棱而稍呈四边形，基部径2~7mm，无毛，绿色或带紫色，上部分枝或有时自基部分枝。叶对生。下部叶较小，不分裂，边缘具锯齿，通常于花期枯萎。中部叶通常3~5深裂，稀不分裂或近基部浅裂成1对小裂片，两侧裂片披针形至狭披针形，长3~7cm，宽8~12mm，顶生裂片较大，披针形或长椭圆状披针形，长

狼杷草花期植株（徐正浩摄）　　狼杷草植株（徐正浩摄）

5~11cm，宽1.5~3cm，两端渐狭，与侧生裂片边缘均具疏锯齿，有狭翅，具柄，无毛或下面有极稀疏的小硬毛。上部叶较小，披针形，3裂或不分裂。头状花序单生于茎端及枝端，径1~3cm，长1~1.5cm，具较长的花序梗。总苞盘状。外层总苞片5~9片，线形或匙状倒披针形，长1~3.5cm，先端钝，具缘毛，叶状，内层总苞片长椭圆形或卵状披针形，长6~9mm，膜质，褐色，有纵条纹，具透明或淡黄色的边缘。托片条状披针形，与瘦果等长，背面有褐色条纹，边缘透明。无舌状花，全为管状花，长4~5mm，两性，黄色，顶端4裂。花药基部钝，顶端有椭圆形附器，花丝上部增宽。瘦果卵球形。种子扁，楔形或倒卵状楔形，长6~11mm，宽2~3mm，边缘有倒刺毛，顶端芒刺通常2个，极少3~4个，长2~4mm，两侧有倒刺毛。
生物学特性：花果期8—11月。生于路边、荒野、沟边、湿地等。
分布：广布于亚洲、欧洲和非洲北部，大洋洲东南部亦有少量分布。之江校区有分布。

329. 白花鬼针草 *Bidens pilosa* Linn. var. *radiata* Sch.-Bip.

英文名：white flower devil's needles
分类地位：菊科（Asteraceae）鬼针草属（*Bidens* Linn.）
形态学鉴别特征：一年生草本。株高20~120cm。根茎粗大，根分枝多。茎具4条棱，多分枝。疏被短柔毛。羽状复叶，柄长1~4cm。中部叶通常3出，稀5出小叶或单叶。顶生小叶柄长0.5~1.5cm。顶生小叶卵形或卵状椭圆形，长1.5~8cm，宽1~2.5cm，先端渐尖至短渐尖，基部楔形常下延成小翅，叶缘有锯齿，两面被稀少短柔毛或近无毛。侧生小叶卵形，较顶生小叶小，先端急尖，基部楔形或近圆形。上部叶对生或互生，通常3出或3分裂或不分裂，叶片小，卵形或披针形。头状花序单生于枝端，径8~10mm，花序梗长1~5cm，较粗壮。总苞片7~8片，匙形，长3mm，

仅基部具微柔毛。外层托片长椭圆形，内层托片披针形，长5~7mm。舌状花5~7片，白色。舌片宽椭圆形，不育。管状花多数，黄色，长4mm，先端5裂，能育。瘦果线形，长7~10mm，具4条扁棱，微被短糙伏毛。芒刺3~4个，长1.5~2.5mm，具倒刺毛。

生物学特性： 花期8—10月，果期10—11月。生于村旁、路边、荒野等。

分布： 中国华东、中南、西南等地有分布。之江校区有分布。

景观应用： 花境植物。

白花鬼针草花（徐正浩摄）

白花鬼针草果实（徐正浩摄）

白花鬼针草植株（徐正浩摄）

白花鬼针草优势群体（徐正浩摄）

330. 金盏银盘 *Bidens biternata* (Lour.) Merr. et Sherff

中文异名： 黄花雾、虾箭草、金杯银盏、盲肠草

英文名： railway beggarticks herb, yellow~flowered blackjack, sendangusa

分类地位： 菊科（Asteraceae）鬼针草属（*Bidens* Linn.）

形态学鉴别特征： 一年生草本。株高30~100cm。根具分枝，细根多。茎直立，略具4条棱，无毛或被稀疏卷曲短柔毛。2回3出复叶，小叶两面均被稀疏小柔毛。1回羽状全裂，顶生裂片卵状至长圆状卵形或卵状披针形，长2~7cm，宽1~2.5cm，先端渐尖，基部楔形，边缘具稍密且近于均匀的锯齿，有时一侧深裂为1小裂片，两面均被柔毛，侧生裂片1~2对，卵形或卵状长圆形，近顶端的1对稍小，通常不分裂，基部下延，无柄或具短柄，下部的1对与顶生裂片几相等，具明显的柄，3出复叶状分裂或近一侧具1片裂片，裂片椭圆形，边缘具锯齿，柄长1.5~5cm，无毛或疏被柔毛。头状花序径

金盏银盘花（徐正浩摄）

金盏银盘叶（徐正浩摄）

金盏银盘果实（徐正浩摄）

金盏银盘5齿裂（徐正浩摄）

金盏银盘花期植株（徐正浩摄）

7~10mm，有长梗。总苞基部有短柔毛。总苞片8~10片，外层线形，草质，先端急尖，外面密被短柔毛，内层长椭圆形或长圆状披针形，外面褐色，有深色纵条纹，被短柔毛。托叶狭披针形。缘花舌状，淡黄色，通常3~5朵，舌片顶端3齿裂，不结实，或有时舌状花缺。盘花管状，黄色，顶端5齿裂，两性，结实。瘦果卵圆形。种子线形，黑色，具3~4条棱，两端稍狭，顶端有芒刺3~4个，具倒刺毛。

生物学特性：花果期9—11月。生于路边、村旁及荒地上。

分布：中国华东、华中、华南、西南、华北、东北、西北等地有分布。东南亚及非洲、大洋洲也有分布。之江校区有分布。

331. 婆婆针 *Bidens bipinnata* Linn.

英文名：hemlock beggar's ticks, Spanish needles

分类地位：菊科（Asteraceae）鬼针草属（*Bidens* Linn.）

形态学鉴别特征：一年生草本。株高40~90cm。根粗壮，具分枝。茎直立，四棱形，上部分枝，无毛或上部被疏柔毛。中下部叶对生，三角状卵形，长8~15cm，宽6~10cm，2回羽状深裂，裂片先端尖或渐尖，边缘具不规则粗齿或细尖齿，两面均被疏柔毛。中脉纤细，背面稍突起。上部叶互生，较小，羽状分裂。叶柄长3~4cm。头状花序生于茎端或上部分枝顶端，径5~10mm。花序梗长2~8cm。总苞杯状，总苞片通常8片，椭圆形或线形，长2~5mm，先端尖或钝，被疏短毛。托叶披针形，长4~12mm，有膜质边缘，外托叶稍宽短，内托叶狭。缘花舌状，黄色，1~4朵，不育。舌片黄色，椭圆形或倒卵状披针形，长4~5mm，宽2mm。盘花管状，多数，黄色，能育，长4mm，花冠檐部5齿裂。瘦果线形，略扁，长12~18mm，宽1mm，具3~4条棱，具瘤状突起，被疏短小刚毛。顶端芒刺3~4个，长2~4mm，具倒刺毛。

婆婆针叶（徐正浩摄）

婆婆针花（徐正浩摄）

婆婆针果实和芒刺（徐正浩摄）

婆婆针植株（徐正浩摄）

生物学特性：花期9月，果期10—11月。生于路边荒地、山坡、田间、溪边、草丛等。

分布：美洲、亚洲、欧洲和非洲东部广布。之江校区有分布。

332. 野菊 *Dendranthema indicum* (Linn.) Des Moul.

中文异名：山菊花

英文名：parthemum, wild chrysanthemum, wild chrysanthemum flower

分类地位：菊科（Asteraceae）菊属（*Dendranthema*（DC.）Des Moul.）

形态学鉴别特征： 多年生草本。株高25~100cm。具地下匍匐茎。茎直立，基部常匍匐或斜生，上部分枝，有棱角，被细柔毛。叶互生。基生叶花期脱落。中部茎生叶卵形或长圆状卵形，长3~9cm，宽1.5~5cm，羽状深裂，顶裂片大，侧裂片常2对，卵形或长圆形，全部裂片边缘浅裂或有锯齿。上部叶渐小。全部叶表面有腺体及疏柔毛，深绿色，背面毛较多，灰绿色，基部渐狭成有翅的叶柄，假托叶有锯齿。头状花序径1.5~2.5cm，在枝顶排成伞房状圆锥花序或不规则的伞房花序。总苞半球形。总苞片4层，外层卵形或卵状三角形，中层卵形，内层长椭圆形，全部苞片边缘膜质，外层较狭窄，膜质边缘向内逐渐变宽，外层总苞片背面中部有柔毛，外层总苞片稍短于内层总苞片。缘花舌状，黄色，雌性，舌片长5mm。盘花管状，两性。瘦果全部同形，无冠毛。种子倒卵形，稍扁压，无毛，有光泽，黑色，有数条纵细肋。

野菊花（徐正浩摄）

野菊植株（徐正浩摄）

野菊优势群体（徐正浩摄）

生物学特性： 花果期9—11月。生于旷野、山坡草丛、灌丛、河边水湿地、滨海盐渍地、田边及路旁。

分布： 中国各地有分布。日本、朝鲜、俄罗斯、印度等也有分布。之江校区、玉泉校区、华家池校区有分布。

景观应用： 花境植物。

333. 石胡荽 *Centipeda minima* (Linn.) A. Br. et Aschers.

中文异名： 球子草、鹅不食草

英文名： small centipeda, spreading sneezeweed

分类地位： 菊科（Asteraceae）石胡荽属（*Centipeda* Lour.）

形态学鉴别特征： 一年生草本。株高5~20cm。具主根，细根多。茎匍匐，基部多分枝，微被蛛丝毛或无毛，节上生根。叶互生，细小，倒卵状椭圆形或倒披针形，长7~20mm，宽3~5mm，先端钝，基部下延成狭楔形，边缘有锯齿或仅上部边缘有疏齿，无毛或下面微被蛛丝状毛及腺点。叶无柄。头状花序小，扁球形，径3~4mm，单生于叶腋，无梗或具极短梗。总苞半球形。总苞片2层，外层较大，椭圆状披针形，绿色，边缘透明膜质。缘花细管状，多层，顶端2~3微裂，两性。盘花管状，淡紫红色，顶端4深裂，两性，结实。瘦果冠毛鳞片状或缺。种子椭圆形，长1mm，具4条棱，棱上有毛。

石胡荽果实（徐正浩摄）

生物学特性： 花期3—5月，果期6—11月。生于稻田

石胡荽植株（徐正浩摄）

桑园石胡荽植株（徐正浩摄）

边、路旁、庭院阴湿处等。

分布：中国各地均有分布。朝鲜、日本、印度、马来西亚及大洋洲也有分布。各校区有分布。

334. 猪毛蒿 *Artemisia scoparia* Waldst. et Kit.

中文异名：滨蒿、东北茵陈蒿

英文名：redstem wormwood

分类地位：菊科（Asteraceae）蒿属（*Artemisia* Linn.）

形态学鉴别特征：一年生或二年生草本。株高30~120cm。根状茎粗短，须状根簇生状。茎直立，红褐色或暗紫色，有条棱，被微柔毛或近无毛，分枝细密，开展或斜生。基生叶2~3回羽状分裂，有长柄，裂片线状披针形，长5~12cm，灰绿色，密生灰白色长柔毛。嫩枝上的叶密集簇生，密被灰白或灰黄色丝状毛。花茎下部叶与不育茎的叶同形，2~3回羽状全裂，裂片线形，先端钝，基部圆形，两面密被绢毛或上面无毛，具长柄。中部茎生叶1~2回羽状分裂，裂片毛发状，先端尖，幼时有毛，后渐脱落，柄短或无柄。上部叶羽状分裂，3裂或不裂，无柄。头状花序多数，在茎及侧枝上排列成圆锥状，有梗或无梗，有线形苞叶。总苞近卵形，径1~1.2mm。总苞片2~3层，绿色，外层卵形，基部截形，内层椭圆形，边缘膜质。花序托小，突起。花黄绿色，先端紫褐色。雌花能育，位于外层，5~7朵，花冠狭圆锥状或狭管状，冠檐具2裂齿，花柱线形，伸出花冠外，先端2叉，叉端尖。两性花不育，位于内层，4~10朵，花冠管状，花药线形，先端附属物尖，长三角形，花柱短，先端膨大，2裂，不叉开，退化子房不明显。瘦果无毛。种子长椭圆状倒卵形至长圆形，长0.6~0.8mm，宽和厚均为0.2~0.3mm，深红褐色，有纵沟。

猪毛蒿茎叶（徐正浩摄）

猪毛蒿植株（徐正浩摄）

生物学特性：植株具香味。以幼苗或种子越冬。春秋出苗，以秋季出苗数量最多。花期8—9月，种子9月后渐次成熟。生于山坡、路旁、林缘、农田。

分布：几遍中国。华家池校区有分布。

335. 牡蒿 *Artemisia japonica* Thunb.

中文异名：虎爪子草、米蒿、蚊烟草、香青蒿、东北牡蒿

英文名：the otoko yomogi

分类地位：菊科（Asteraceae）蒿属（*Artemisia* Linn.）

牡蒿大苗（徐正浩摄）

牡蒿花果期植株（徐正浩摄）

形态学鉴别特征：多年生草本。株高30~130cm。主根稍明显，粗壮，圆柱状，径0.5~3cm。侧根多，细圆柱形。茎单生或少数，直立，有纵棱，紫褐色或褐色，上部分枝，枝长5~20cm，通常贴向茎或斜向上长。茎、枝初时被微柔毛，后渐稀疏或无

毛。叶纸质，两面无毛或初时微有短柔毛，后无毛。基生叶与茎下部叶花期枯萎，倒卵形或宽匙形，长4~7cm，宽2~3cm，3~5深裂，裂片长1cm，宽5mm，先端圆钝，具不规则牙齿，两面被微柔毛，中脉不明显，具长柄及假托叶。中部叶匙形或近楔形，长2.5~4.5cm，宽0.5~2cm，先端具3~5个浅裂片或深裂片，每裂片上端有2~3个小锯齿或无锯齿，基部楔形，渐狭窄，常有1~2片小型、线状的假托叶。上部叶小，先端3浅裂或不裂，卵圆形，基部具假托叶。头状花序多数，在分枝上通常排成穗状花序或总状花序，并在茎上组成狭窄或中等开展的圆锥花序，卵球形或近球形，径1.5~2.5mm，无梗或有短梗，基部具线形小苞叶。总苞卵形，径1~2mm。总苞片3~4层，外层总苞片略小，外、中层总苞片卵形或长卵形，背面无毛，中肋绿色，边膜质，内层总苞片长卵形或宽卵形，半膜质。雌花能育，结实，3~8朵，黄色，花冠狭圆锥状，檐部具2~3裂齿，花柱伸出花冠外，先端2叉，叉端尖。两性花不育，5~10朵，黄色，花冠管状，花药线形，先端附属物尖，长三角形，基部钝，花柱短，先端稍膨大，2裂，不叉开，退化子房不明显。瘦果小，冠毛无。种子倒卵形或长圆形，黑褐色，无毛。

生物学特性： 植株具香味。花果期7—11月。常见于中、低海拔地区的湿润、半湿润或半干旱环境，生于林缘、林中空地、疏林下、旷野、灌丛、丘陵、山坡、路旁等。

分布： 几遍中国。日本、朝鲜、阿富汗、印度、不丹、尼泊尔、越南、老挝、泰国、缅甸、菲律宾、俄罗斯等也有分布。玉泉校区、华家池校区有分布。

牡蒿群体（徐正浩摄）

336. 黄花蒿 *Artemisia annua* Linn.

中文异名： 臭蒿、黄香蒿、黄蒿

英文名： sweet wormwood, sweet annie, sweet sagewort, annual wormwood

分类地位： 菊科（Asteraceae）蒿属（*Artemisia* Linn.）

形态学鉴别特征： 一年生或二年生草本。株高40~150cm。主根纺锤状，侧根发达，多而密集。茎直立，有纵条，上部多分枝，无毛。叶淡黄绿色。基部叶和下部叶有柄，在花期枯萎。中部叶卵形，长4~5cm，宽2~4cm，2~3回羽状深裂，叶轴两侧具狭翅，裂片及小裂片长圆形或卵形，先端尖，基部耳状，两面被柔毛，具短柄。上部叶小，常为1回羽状细裂，无柄。头状花序球形，淡黄色，径2mm，由多数头状花序排成圆锥状。总苞半球形，径1.5mm，无毛。总苞片2~3层，最外层狭椭圆形，绿色，革质，有狭膜质边缘，内层总苞片较宽，膜质，边缘叶宽。花管状，黄色，均结实。缘花4~8朵，雌性。盘花多数，两性。瘦果冠无毛。种子长圆形，长0.7mm，宽0.2mm，红褐色。

黄花蒿羽状复叶（徐正浩摄）

生物学特性： 全株具香味。以幼苗或种子越冬。春秋出苗，以秋季出苗数量最多。花期8—10月，种子于9月渐次成熟。生于山坡、林缘、荒地、路边、田边。

分布： 中国南北各地有分布。亚洲其他国家、欧洲及北美洲也有分布。华家池校区、之江校区有分布。

景观应用： 地被植物。

黄花蒿植株（徐正浩摄）

337. 奇蒿 *Artemisia anomala* S. Moore

中文异名： 刘寄奴、南刘寄奴、大叶蒿、六月霜

分类地位： 菊科（Asteraceae）蒿属（*Artemisia* Linn.）

形态学鉴别特征： 多年生草本。株高可达150cm。主根稍明显或不明显，侧根多数。根状茎稍粗，径3~5mm。茎直立，单生，中部以上常分枝，初被微柔毛。下部叶卵形或长卵形，稀倒卵形，长7~11cm，宽3~4cm，先端渐尖，基部渐狭成短柄，柄长3~5mm，边缘有尖锯齿，上面被微糙毛，下面色浅，被蛛丝状微毛或近无毛，侧脉5~8对。中部叶卵形、长卵形或卵状披针形，长9~15cm，宽4~6cm，具细齿，柄长2~10mm。上部叶与苞片叶小。头状花序长圆形或卵形，径2~2.5mm，排成密穗状花序，在茎上端组成窄或稍开展的圆锥花序。总苞近钟形，无毛，总苞片3~4层，最外层卵圆形，中层椭圆形，内层狭长椭圆形，边缘宽膜质，带白色。花管状，白色，结实。缘花雌性。盘花两性。瘦果倒卵形或长圆状倒卵形。种子微小，无毛。

生物学特性： 花果期6—10月。生于林缘、山坡、灌丛、路旁等。

分布： 亚洲、欧洲及北美洲的温带、寒温带及亚热带地区有分布。之江校区有分布。

景观应用： 地被植物。

奇蒿茎叶（徐正浩摄）

奇蒿花序（徐正浩摄）

奇蒿群体（徐正浩摄）

338. 密毛奇蒿 *Artemisia anomala* S. Moore var. *tomentella* Hand.-Mazz.

分类地位： 菊科（Asteraceae）蒿属（*Artemisia* Linn.）

形态学鉴别特征： 多年生草本。株高可达150cm。根状茎较粗。茎直立，单生，带紫色。下部叶卵形或长卵形，长7~10cm，宽3~4cm，先端渐尖，基部渐狭成短柄，柄长3~5mm，边缘有尖锯齿，侧脉6~8对。中部叶卵形、长卵形或卵状披针形，长8~12cm，宽4~6cm，具细齿，柄长2~8mm。上部叶与苞片叶小。头状花序长圆形或卵形，径2~3mm，排成密穗状花序，在茎上端组成窄或稍开展的圆锥花序。总苞近钟形，无毛，总苞片3~4层。花管状，白色，结实。缘花雌性。盘花两性。瘦果倒卵形或长圆状倒卵形。种子微小，无毛。与奇蒿的区别：叶面初时疏被短糙毛，叶背密被灰白色或灰黄毛宿存的绵毛。

生物学特性： 花果期6—10月。生于林缘、山坡、灌丛、路旁等。

分布： 中国华东、华中、西南有分布。之江校区有分布。

景观应用： 地被植物。

密毛奇蒿茎叶（徐正浩摄）

密毛奇蒿成株（徐正浩摄）

密毛奇蒿植株（徐正浩摄）

338. 白苞蒿 *Artemisia lactiflora* Wall. ex DC.

中文异名：四季菜
英文名：white mugwort, ghostplant sagebrush
分类地位：菊科（Asteraceae）蒿属（*Artemisia* Linn.）
形态学鉴别特征：多年生草本。株高50~200cm。主根明显，侧根细而长，根状茎短，径4~15mm。茎单生，直立，稀2至少数集生，绿褐色或深褐色，纵棱稍明显。上半部具开展、纤细、着生头状花序的分枝，枝长5~25cm。茎、枝初时微有稀疏、白色的蛛丝状柔毛，后脱落无毛。叶薄纸质或纸质，上面初时有稀疏、不明显的腺毛状的短柔毛，背面初时微有稀疏短柔毛，后脱落无毛。基生叶与茎下部叶宽卵形或长卵形，1~2回羽状全裂，具长叶柄，花期枯萎。中部叶倒卵圆形或长卵形，长5.5~14.5cm，宽4.5~12cm，1~2回羽状全裂，稀少深裂，顶生裂片披针形，长1cm，边缘具不规则锯齿，先端尾尖或急尖，基部楔形，两面无毛，叶脉不明显，每侧有裂片3~5片，裂片或小裂片形状变化大，卵形、长卵形、倒卵形或椭圆形，基部与侧边中部裂片最大，长2~8cm，宽1~3cm，先端渐尖、长尖或钝尖，边缘常有细裂齿、锯齿或近全缘，中轴微有狭翅，柄长2~5cm，两侧有时有小裂齿，基部具细小的假托叶。上部叶与苞片叶略小，羽状深裂、3裂、全裂或不裂，边缘细锯齿，无柄。头状花序长圆形，径1.5~3mm，无梗，基部无小苞叶，

白苞蒿苗（徐正浩摄）

白苞蒿花期植株（徐正浩摄）

在分枝上排成复穗状花序，而在茎上端组成开展或略开展的圆锥花序，稀为狭窄的圆锥花序。总苞钟状或卵形，径2mm。总苞片3~4层，半膜质或膜质，背面无毛，外层短小，卵形，中、内层长圆形、椭圆形或近倒卵状披针形，棕色。花管状，黄白色或白色，均结实。缘花雌性，3~6朵，花冠狭管状，檐部具2裂齿，花柱细长，先端2叉，叉端钝尖。盘花两性，4~10朵，花冠管状，花药椭圆形，先端附属物尖，长三角形，基部圆钝，花柱近与花冠等长，先端2叉，叉端截形，有睫毛。瘦果圆柱形，无毛。种子倒卵形或倒卵状长圆形，褐色，具细条纹。
生物学特性：花果期8—12月。生于林下、林缘、灌丛边缘、山谷等湿润或略微干燥地区。
分布：中国华东、中南等地有分布。越南、老挝、柬埔寨、新加坡、印度、印度尼西亚也有分布。玉泉校区、之江校区有分布。

339. 艾 *Artemisia argyi* Levl. et Van.

中文异名：艾蒿、香艾、蕲艾、青、灸草
英文名：argy wormwood
分类地位：菊科（Asteraceae）蒿属（*Artemisia* Linn.）
形态学鉴别特征：一年生或多年生草本。株高60~110cm。根茎匍匐，粗壮，须根纤维状。茎直立，被白色细软毛，上部多分枝。叶厚纸质，上面被灰白色短柔毛，并有白色腺点与小凹点，背面密被灰白色蛛丝状密绒毛。基生叶灰绿色，具长柄，花期枯萎。茎下部叶近圆形或宽卵形，羽状深裂，每侧具裂片2~3片，裂片椭圆形或倒卵状长椭圆形，每裂片有2~3个小裂齿，干后背面主、侧脉多为深褐色或锈色，柄长0.5~0.8cm。中

艾花期植株（徐正浩摄）

部叶卵形、三角状卵形或近菱形，长5~8cm，宽4~7cm，1~2回羽状深裂至半裂，每侧裂片2~3片，裂片卵形、卵状披针形或披针形，长2.5~5cm，宽1.5~2cm，每侧有1~2个缺齿，叶基部宽楔形渐狭成短柄，叶脉明显，在背面突起，干

时锈色，柄长0.2~0.5cm，基部通常无假托叶或具极小的假托叶。上部叶与苞片叶羽状半裂、浅裂、3深裂、3浅裂或不分裂，叶片椭圆形、长椭圆状披针形、披针形或线状披针形。顶端花序下的叶常全缘，披针形，近无柄。头状花序椭圆形，径2.5~3mm，无梗或近无梗，在分枝上排成小型的穗状花序或复穗状花序，并在茎上再组成狭窄、尖塔形的圆锥花序。花后头状花序下倾。总苞卵形，径2mm。总苞片4~5层，被白色绒毛，覆瓦状排列，外层总苞片小，草质，卵形或狭卵形，背面密被灰白色蛛丝状绵毛，边缘膜质，中层总苞片较外层长，长卵形，背面被蛛丝状绵毛，内层总苞片质薄，背面近无毛。花序托小。花管状，带紫色，均结实。缘花雌性，6~10朵，花冠狭管状，檐部具2裂齿，紫色，花柱细长，伸出花冠外甚长，先端2叉。盘花两性，8~12朵，花冠管状或高脚杯状，外面有腺点，檐部紫色，花药狭线形，先端附属物尖，长三角形，基部有不明显的小尖头，花柱与花冠近等长或比花冠略长，先端2叉，花后向外弯曲，叉端截形，并有睫毛。瘦果长卵形或长圆形，无冠毛。种子长0.5~1mm，褐色。

生物学特性： 花果期8—11月。生于低海拔至中海拔地区的荒地、路旁、河边及山坡地，也生于森林及草原地区，局部地区为植物群落的优势种。

分布： 除极干旱与高寒地区外，中国广泛分布。亚洲东部其他国家也有分布。各校区有分布。

艾苗（徐正浩摄）

艾植株（徐正浩摄）

340. 野艾蒿 *Artemisia lavandulaefolia* DC.

英文名： wild argy wormwood

分类地位： 菊科（Asteraceae）蒿属（*Artemisia* Linn.）

形态学鉴别特征： 多年生草本。茎、枝、叶背面及总苞片被灰白色蛛丝状柔毛。株高50~120cm。主根明显，根茎稍粗。茎直立，具纵肋，多分枝，被密短毛。叶大型，具假托叶。下部叶有长柄。基部叶花期枯萎。中部叶长椭圆形，长5~8cm，宽3.5~5cm，2回羽状深裂，裂片1~3对，线状披针形，长3~6cm，宽7mm，先端渐尖，基部下延，边缘反卷，上面被短毛及白色腺点，下面密被灰白色绵毛，中脉突起，无毛。上部叶片小，披针形，全缘。头状花序多数，具短梗及线形苞叶，下垂，着生于茎枝端，排列成圆锥状。总苞矩圆形，径3mm，被蛛丝状毛，总苞片4层，外层较短，卵圆形，内

野艾蒿花序（徐正浩摄）

野艾蒿苗（徐正浩摄）

野艾蒿成株（徐正浩摄）

野艾蒿植株（徐正浩摄）

层椭圆形。花管状，红褐色，均结实。缘花雌性，6~7朵。盘花两性，8~10朵。瘦果无毛。种子椭圆形，长不及1mm。

生物学特性： 花果期7—10月。生于路旁、林缘、山坡、草地、山谷、灌丛及河湖滨草地等。

分布： 中国华东、华中、华北、东北及陕西、甘肃等地有分布。日本、朝鲜、蒙古、俄罗斯等也有分布。之江校区有分布。

景观应用： 地被植物。

341. 一点红 *Emilia sonchifolia* (Linn.) DC.

中文异名： 叶下红、红背叶、山羊草、野芥兰

英文名： sowthistleleaf tassel flower, red tassel flower, lilac tasselflower, cupid's shaving brush

分类地位： 菊科（Asteraceae）一点红属（*Emilia* Cass.）

形态学鉴别特征： 一年生或二年生草本。株高10~40cm。根具分枝。茎直立或近直立，多分枝，无毛或疏被柔毛。叶互生，稍带肉质。幼苗期叶片贴地生长。茎下部叶通常长卵形，长5~10cm，琴状分裂或羽状分裂，具钝齿。茎上部叶较小，卵状披针形，无柄，基部抱茎，叶背常带紫红色。头状花序顶生，径0.5~1.3cm，长1cm，具长梗。总苞圆筒状，绿色，基部稍膨大。总苞片1层，绿色，等长。花全为管状，紫红色，顶端5裂，两性，结实。瘦果冠毛白色，柔软。种子圆柱形，有棱，长2mm。

生物学特性： 花果期7—11月。生于山坡、路旁、园区、草地、湿地等。

分布： 中国长江以南地区有分布。亚洲其他国家、非洲也有分布。各校区有分布。

一点红花（徐正浩摄）

一点红果实（徐正浩摄）

一点红花果期植株（徐正浩摄）

342. 千里光 *Senecio scandens* Buch.-Ham.

中文异名： 千里及、眼明草、金钗草

英文名： yellow German ivy

分类地位： 菊科（Asteraceae）千里光属（*Senecio* Linn.）

形态学鉴别特征： 多年生攀缘草本。根状茎木质，粗，径达1.5cm。茎伸长，弯曲，长2~5m，多分枝，被柔毛或无毛，老时变木质，皮淡色。叶互生，卵状披针形至长三角形，长2.5~12cm，宽2~4.5cm，顶端渐尖，基部宽楔形、截

千里光上部叶（徐正浩摄）

千里光花序（徐正浩摄）

千里光苗（徐正浩摄）

千里光植株（徐正浩摄）

形或戟形，稀心形，通常具浅或深齿，稀全缘，有时具细裂或羽状浅裂，两面被短柔毛或上面无毛，羽状脉，侧脉7~9对，弧状，柄长0.5~2cm，具柔毛或近无毛，无耳或基部有小耳。上部叶变小，披针形或线状披针形，长渐尖。头状花序多数，在茎枝端排列成复聚伞圆锥花序。花序梗长1~2cm，总花序梗通常反折或开展，分枝和花序梗被密至疏短柔毛，具苞片，小苞片通常1~10片，线状钻形。总苞圆柱状钟形或杯状，径4~5mm，长5~8mm，宽3~6mm，具外层苞片，苞片8片，线状钻形，长2~3mm，先端渐尖，边缘膜质。总苞片12~13片，线状披针形，渐尖，上端和上部边缘有缘毛状短柔毛，草质，边缘宽干膜质，背面有短柔毛或无毛，具3条脉。缘花舌状，舌片8~10片，黄色，长圆形，长9~10mm，宽2mm，钝，具3个细齿，具4条脉，雌性，结实。盘花管状，多数，两性，结实，花冠黄色，长7.5mm，管部长3.5mm，檐部漏斗状，裂片卵状长圆形，尖，上端有乳头状毛，花药长2.3mm，花柱分枝长1.8mm，顶端截形。瘦果冠毛白色，长7.5mm。种子圆柱形，长3mm，被柔毛。

生物学特性：花果期9—11月。生于山坡、林缘、疏林下、草丛、灌丛、路旁、沟边、田边等，攀缘于灌木、岩石上或溪边。

分布：中国华东、华中、华南、西南及陕西等地有分布。印度、尼泊尔、不丹、缅甸、泰国、菲律宾和日本等也有分布。之江校区有分布。

景观应用：景观植物。

343. 蒲儿根 *Sinosenecio oldhamianus* (Maxim.) B. Nord.

蒲儿根茎生叶（徐正浩摄）

中文异名：野麻叶、肥猪苗、黄菊莲
英文名：herb of oldham groundsel
分类地位：菊科（Asteraceae）蒲儿根属（*Sinosenecio* B. Nord.）
形态学鉴别特征：多年生或二年生草本。株高40~80cm。根状茎木质，粗，具多数纤维状根。茎单生，或有时数个，直立，基部径4~5mm，不分枝，下部被白色蛛丝状毛及疏长柔毛，上部无毛或近无毛。叶互生。基部叶在花期凋落，具长柄。下部叶卵状圆形、近圆形或心状圆形，长3~8cm，宽3~6cm，顶端尖或渐尖，基部心形，边缘具浅至深重齿、重锯齿或不规则三角状牙齿，齿端具小尖，膜质，上面绿色，被疏蛛丝状毛至近无毛，下面被白蛛丝状毛，有时多少脱毛，掌状脉，侧脉叉状，叶脉两面明显，近边缘处网结，柄长3~6cm，被白色蛛丝状毛，基部稍扩大。中部叶与下部叶同形或宽卵状心形，长3~7cm，宽3~5cm，柄长1.5~3cm。上部叶渐小，卵

蒲儿根花序（徐正浩摄）

蒲儿根花期植株（徐正浩摄）

形或卵状三角形，先端渐尖，基部楔形，具短柄。最上部叶卵形或卵状披针形。头状花序多数，径1~1.5cm，排列成顶生复伞房状花序。花序梗细，长1.5~3cm，被疏柔毛，基部通常具1片线形苞片。总苞宽钟状，长3~4mm，宽2.5~4mm，径4~5mm。总苞片13片，1层，长圆状披针形，宽1mm，顶端渐尖或急尖，紫色，草质，具膜质边缘，外面被白色蛛丝状毛或短柔毛至无毛。缘花舌状，舌片13片，黄色，长圆形，长8~9mm，宽1.5~2mm，顶端钝，具3个细齿，具4条脉，无毛，两性，结实。盘花管状，多数，两性，结实，花冠黄色，长3~3.5mm，管部长1.5~1.8mm，檐部钟状，裂片卵状长圆形，长1mm，顶端尖，花药长圆形，长0.8~0.9mm，基部钝，附片卵状长圆形，花柱分枝外弯，长0.5mm，顶端截形，被乳头状毛。舌状花瘦果无毛，管状花瘦果被白色短柔毛，长3~3.5mm。种子圆柱形，长1.5mm。

生物学特性： 花期1—12月。生于林下阴湿地区、水沟旁。

分布： 中国华东、西南及陕西、甘肃等地有分布。越南、缅甸也有分布。之江校区、玉泉校区有分布。

景观应用： 景观植物。

344. 大蓟 *Cirsium japonicum* Fisch. ex DC.

中文异名： 蓟、虎蓟、刺蓟
英文名： Japanese thistle herb, Japanese thistle root
分类地位： 菊科（Asteraceae）蓟属（*Cirsium* Mill.）
形态学鉴别特征： 多年生草本。全体被稠密或稀疏的长多节毛。株高30~80cm。根圆锥形，长5~15cm，径0.2~0.6cm，肉质，常簇生而扭曲，表面棕褐色，有不规则的纵皱纹，质硬而脆，易折断。茎直立，分枝或不分枝，有细纵纹，基部有白色丝状毛。基生叶花期存在，丛生，卵形、长倒卵状椭圆形、长椭圆形或倒卵状披针形，长8~30cm，宽2.5~10cm，羽状深裂或几全裂，裂片5~6对，边缘齿状，齿端

大蓟花（徐正浩摄）

大蓟花期植株（徐正浩摄）

具针刺，基部下延成翼柄，上面疏生白丝状毛，下面脉上有长毛，具柄。茎生叶互生，长圆形，羽状深裂，裂片和裂齿顶端有针刺，基部心形，抱茎。上部叶片较小。头状花序球形，顶生或腋生。总苞钟状，外被蛛丝状毛，径3cm。总苞片4~6层，覆瓦状排列，外层较短，披针形，先端长渐尖，有短刺。花全为管状，紫色，顶端不等5浅裂，两性，结实，花药顶端有附片，基部有尾。瘦果冠毛多层，羽状，暗灰色，基部连合成环，较花冠短，整体脱落。种子扁压，偏斜楔状倒披针形，有光泽，具不明显的5条棱，顶端斜截形。

生物学特性： 花期5—8月，果期6—8月。生于田边、荒地、旷野。

分布： 中国大部分地区有分布。日本、朝鲜也有分布。之江校区、玉泉校区有分布。

345. 刺儿菜 *Cirsium setosum* (Willd.) MB.

中文异名： 刺刺芽
英文名： little thistle
分类地位： 菊科（Asteraceae）蓟属（*Cirsium* Mill.）
形态学鉴别特征： 多年生草本。株高20~40cm。具长匍匐根，先垂直向下生长，以后横长。茎直立，无毛或被蛛丝状毛，上部有分枝，花序分枝无毛或有薄绒毛。叶互生，无柄，缘具刺状齿。基生叶早落，与茎生叶同形。茎生叶

椭圆形、长椭圆形或椭圆状披针形，长7~10cm，宽1.5~2.5cm，先端钝或圆，基部楔形，近全缘或具疏锯齿，两面绿色，被白色蛛丝状毛。头状花序直立，雌雄异株。雄花序较小，总苞长18mm。雌花序总苞长25mm，单生于茎端或在枝端排成伞房状。总苞卵形、长卵形或卵圆形，径1.5~2cm。总苞片6层，覆瓦状排列，向内层渐长，外层的甚短，长椭圆状披针形，中层以内的披针形，先端长尖，有刺。花管状，紫红色或白色，雄花花冠长1.8cm，雌花花冠长2.4cm。瘦果冠毛羽状，污白色，通常长于花冠，整体脱落。种子椭圆形或长卵形，略扁，表面浅黄色至褐色，有波状横皱纹，每面具1条明显纵脊。

生物学特性： 花果期5—9月。生于山坡、河旁、荒地或田间，为常见杂草之一。

分布： 中国各地有分布。日本、朝鲜、蒙古及欧洲也有分布。之江校区有分布。

景观应用： 秋季蜜源植物。

刺儿菜花（徐正浩摄）

刺儿菜成株（徐正浩摄）

刺儿菜花期植株（徐正浩摄）

刺儿菜群体（徐正浩摄）

346. 泥胡菜 *Hemistepta lyrata* (Bunge) Bunge

中文异名： 石灰菜

英文名： lyrate hemistepta herb, fog's hemistepta, kitsuneazami

分类地位： 菊科（Asteraceae）泥胡菜属（*Hemistepta* Bunge）

形态学鉴别特征： 一年生或二年生草本。株高30~80cm。根肉质，圆锥状。茎直立，具纵棱，光滑或有白色蛛丝状毛，上部分枝。基生叶莲座状，倒披针形或倒披针状椭圆形，长7~20cm，宽2~6cm，提琴状羽状分裂，顶裂片较大，卵状菱形或三角形，有时3裂，侧裂片7~8对，长椭圆状披针形，上面绿色，下面被白色蛛丝状毛，有柄。中部叶椭圆形，先端渐尖，羽状分裂，无柄。上部叶小，线状披针形至线形，全缘或浅裂。头状花序少数，具长梗，疏生茎顶排列成伞房状。总苞倒圆锥状钟形或球形，径1.5~3cm。总苞片5~8层，覆瓦状排列，有时无毛，外层较短，卵形，先端突起，中层椭圆形，内层较长，线状披针形，背面顶端下有紫红色鸡冠状附片。花

泥胡菜花序（徐正浩摄）

泥胡菜苗（徐正浩摄）

泥胡菜花期植株（徐正浩摄）

全为管状，淡紫红色，顶端深5裂，裂片线形。瘦果冠毛白色，2层，外层羽毛状，基部连合成环，整体脱落，内层极短，鳞片状，宿存。种子圆柱形，长2.5mm，具15条纵肋棱。

生物学特性： 通常9—10月出苗，花果期翌年5—8月。生于路边、荒地、山坡、田边、耕地等。

分布： 中国南北各地有分布。各校区有分布。

347. 鼠麴草 *Gnaphalium affine* D. Don

中文异名： 佛耳草、鼠耳草、清明菜
英文名： Jersey cudweed
分类地位： 菊科（Asteraceae）鼠麴草属（*Gnaphalium* Linn.）
形态学鉴别特征： 一年生或二年生草本。株高10~50cm。须状根。茎直立或斜生，通常自基部分枝，丛生状，全株密被白色绵毛。叶互生。基部叶花期凋落。下部叶和中部叶匙形、倒卵状披针形或倒卵状匙形，长2~6cm，宽3~10mm，先端钝圆或锐尖，基部渐狭下延，全缘，两面被有白色绵毛，上面较薄，脉1条，无柄。头状花序多数，径2~3mm，近无梗，在枝顶密集成伞房状。总苞钟形，径2~3mm。总苞片2~3层，金黄色或柠檬黄色，膜质，有光泽，外层的倒卵形或匙状倒卵形，外面基部被绵毛，先端圆，基部渐狭，内层的长匙形，外面通常无毛，先端钝。花序托中央稍凹入，无托毛。缘花细管状，多数，顶端3齿裂，雌性，结实。盘花管状，较少，顶端5浅裂，裂片三角

鼠麴草花序（徐正浩摄）

鼠麴草植株（徐正浩摄）

鼠麴草群体（徐正浩摄）

状渐尖，无毛，两性，结实。瘦果冠毛粗糙，污白色，基部连合，易脱落。种子矩圆形，长0.5mm，有乳头状突起。

生物学特性： 花果期4—5月。生于湿润的丘陵和山坡草地、河湖滩地、溪沟岸边、路旁、田埂、林缘、疏林下、无积水的水田中。

分布： 中国华北、西北、华东、华中、华南、西南等地有分布。日本、朝鲜、菲律宾、印度尼西亚、印度等地也有分布。各校区有分布。

348. 秋鼠麴草 *Gnaphalium hypoleucum* DC.

分类地位： 菊科（Asteraceae）鼠麴草属（*Gnaphalium* Linn.）
形态学鉴别特征： 一年生草本。株高30~70cm。须状根。茎直立，粗壮，基部径5mm，基部通常木质，上部有斜生的分枝，有沟纹，被白色厚绒毛或于花期基部脱落变稀疏，节间短，长6~10mm，上部的节间通常长不及5mm。基生叶通常花后凋落。下部叶线形，长4~8cm，宽3~7mm，基部略狭，稍抱茎，顶端渐尖，全缘，上面绿色，有腺毛，或有时沿中脉被疏蛛丝状毛，下面被白色绵毛，叶脉1条，上面明显，下面不明显，无柄。中部叶和上部叶较小。头状花序多数，径4mm，无或有短梗，在枝端密集成伞房花序。总苞球状钟形，径4mm，长4~5mm。

秋鼠麴草花果（徐正浩摄）

总苞片4~5层，全部金黄色或黄色，具光泽，膜质或上半部膜质，外层倒卵形，长3~5mm，顶端圆或钝，基部渐狭，背面被白色绵毛，内层线形，长4~5mm，顶端尖或锐尖，背面通常无毛。缘花管状，多数，花冠丝状，长3mm，顶端3齿裂，无毛，雌花，结实。盘花管状，较少，长4mm，两端向中部渐狭，檐部5浅裂，裂片卵状渐尖，两性，结实。瘦果冠毛绢毛状，粗糙，污黄色，易脱落，长3~4mm，基部分离。种子卵形或卵状圆柱形，顶端截平，有细点，无毛，长0.4mm。

生物学特性： 花期8—12月。生于路边草丛、疏林下、山坡、草地、林缘等。

分布： 中国华东、华中、华南、西南等地有分布。日本、朝鲜、印度、越南、印度尼西亚、埃塞俄比亚等也有分布。各校区有分布。

秋鼠麴草伞房状花序（徐正浩摄）

秋鼠麴草植株（徐正浩摄）

秋鼠麴草花果期植株（徐正浩摄）

349. 匙叶鼠麴草 *Gnaphalium pensylvanicum* Willd.

分类地位： 菊科（Asteraceae）鼠麴草属（*Gnaphalium* Linn.）

形态学鉴别特征： 一年生草本。株高20~40cm。须状根。茎直立或斜生，基部有斜生分枝或不分枝，被白色绵毛。下部叶倒披针形或匙形，长2~7cm，宽1~1.5cm，先端钝圆，或有时中脉延伸成刺尖状，基部长渐狭，下延，全缘或微波状，上面被疏毛，下面密被灰白色绵毛，侧脉2~3对，细弱，或不显，无柄。中部叶片倒卵状长圆形或匙状长圆形，长2.5~3.5cm，先端钝圆，基部渐狭，长下延。上部叶小，与中部叶同形。头状花序多数，径3mm，数个成束簇生，排列成顶生或

匙叶鼠麴草典型叶状（徐正浩摄）

匙叶鼠麴草穗状花序（果期）（徐正浩摄）

匙叶鼠麴草果期植株（徐正浩摄）

匙叶鼠麴草果期群体（徐正浩摄）

腋生、紧密的穗状花序。总苞卵形，径3mm。总苞片2层，污黄色或麦秆黄色，膜质，外层卵状长圆形，先端钝或略尖，外面被绵毛，内层与外层近等长，线形，先端钝圆，外面疏被绵毛。缘花多数，管状，顶端3齿裂，雌性，结实。盘花管状，少数，顶端5浅裂，裂片三角形，无毛，两性，结实。瘦果长圆形，有乳头状突起。种子冠毛绢毛状，污白色，基部连合成环，易脱落。

生物学特性： 花期12月至翌年5月。生于路边草丛、耕地、草地、林缘等。

分布： 中国华东、华中、华南、西南等地有分布。亚洲其他国家及美洲、非洲、大洋洲也有分布。各校区有分布。

350. 旋覆花 *Inula japonica* Thunb.

中文异名： 日本旋覆花、金佛草
英文名： Japanese inula
分类地位： 菊科（Asteraceae）旋覆花属（*Inula* Linn.）
形态学鉴别特征： 多年生草本。株高20~70cm。根状茎短，横走或斜生，有分枝，细根多。茎直立，单生或2~3株簇生，不分枝，被长伏毛或无毛，老时茎下部脱落无毛。基生叶和下部叶花期常枯萎。中部叶长圆形、长圆状披针形或披针形，长5~10cm，宽1.5~3cm，先端渐尖或急尖，基部多狭窄，无柄，常有圆形半抱茎的小耳，边缘全缘或有小尖头状的疏齿，两面有疏毛或近无毛，下面有腺点，中脉和侧脉具较密的长毛。上部叶渐狭小，线状披针形。头状花序多数或少数，具梗，径2~4cm，常在茎、枝端排列成伞房状。总苞半球形，径1.3~1.7cm。总苞片4~5层，线状披针形，近等长，最外层的叶质，较长，外面有伏毛或近无毛，有缘毛，内层的除绿

旋覆花的花（徐正浩摄）

旋覆花果实（徐正浩摄）

旋覆花植株（徐正浩摄）

色中脉外干膜质，有腺点和缘毛。缘花舌状，1层，线形，黄色，雌性，结实。盘花管状，多数，密集，黄色，顶端裂片三角状披针形，两性，结实。瘦果冠毛1层，灰白色，与管状花近等长。种子圆柱形或长椭圆形，有10条纵沟，被疏短毛，红褐色至黄褐色，稍具光泽。

生物学特性： 花期7—11月。中生植物，喜湿润土壤，在轻度盐碱地也能生长。生于山坡、路旁、湿润草地、河岸和田埂等。

分布： 中国华东、华中、东北、华南、西南等地有分布。日本、朝鲜、蒙古、俄罗斯等也有分布。各校区有分布。

景观应用： 花境植物。

351. 天名精 *Carpesium abrotanoides* Linn.

分类地位： 菊科（Asteraceae）天名精属（*Carpesium* Linn.）
形态学鉴别特征： 多年生粗壮草本。株高30~90cm。侧根发达。茎直立，圆柱形，下部木质，近无毛，上部密被短柔毛，有明显的纵条纹，多分枝，2叉状。基生叶花前凋萎。茎下部叶广椭圆形或长椭圆形，长8~16cm，宽4~7cm，先端钝或锐尖，基部楔形，边缘具不规则的钝齿，齿端有腺体状胼胝体，上面深绿色，下面淡绿色，密被柔毛，有细小腺点，柄长5~15mm，密被短柔毛。茎上部叶长椭圆形或椭圆状披针形，先端渐尖或急尖，基部宽楔

天名精花序（徐正浩摄）

形，无柄或具短柄。头状花序多数，生茎端及沿茎、枝一侧着生于叶腋。着生于茎端及枝端的花具椭圆形或披针形、长6~15mm的苞叶2~4片，腋生头状花序无苞叶或具1~2片苞叶。总苞钟状球形，径6~8mm，苞片3层，外层卵圆形，膜质或先端草质，具缘毛，背面被柔毛，内层长圆形。花全为管状花，黄色。缘花1层至多层，雌性，结实。盘花顶端5齿裂，两性，结实。瘦果长3.5mm，顶端有短喙。无冠毛。

生物学特性：花果期6—10月。路边荒地、村旁空旷地、溪边、林缘。

分布：中国华东、华中、华南、西南及河北、陕西等地有分布。日本、朝鲜、越南、缅甸、伊朗也有分布。玉泉校区、之江校区、华家池校区有分布。

352. 稻槎菜 *Lapsana apogonoides* Maxim.

稻槎菜花（徐正浩摄）

中文异名：稻骨子草、田荠
英文名：common nipplewort
分类地位：菊科（Asteraceae）稻槎菜属（*Lapsana* Linn.）
形态学鉴别特征：一年生或二年生细弱草本。株高10~30cm。根具分枝，须状。茎纤细，匍匐状，具分枝，疏被细毛。子叶长椭圆形至长矩圆形，长5~6mm，宽3mm。上下胚轴均不发达。初生叶的叶缘开始有波状齿。基部叶丛生，叶缘齿状，并逐步加深，最后呈羽状分裂，长倒卵形，平铺地面，长4~10cm，宽1~3cm，顶裂片最大，卵圆形，先端圆钝或急尖，两侧裂片向下逐渐变小，上面绿色，下面淡绿色，两面均无毛，柄长1~1.5cm。中部叶较小，互生，通常1~2片，具短柄或近无柄。头状花序小，径1.2cm，具梗，排成伞房状圆锥花序。总苞筒状钟形，绿色。总苞片2层，外层5片，卵状披针形，内层5~6片，椭圆状披针形，无毛。缘花舌状，长6mm，

稻槎菜植株1（徐正浩摄）

稻槎菜植株2（徐正浩摄）

宽2mm，黄色，多数，结实，顶端有5个小锯齿。聚药花蕊，柱头2叉。瘦果无冠毛。种子椭圆状披针形，长4mm，宽2mm，多少扁压，熟后黄棕色，无毛，背腹面各有5~7条肋。

生物学特性：花果期4—5月。生于田边、荒地、路旁、沟边等。

分布：中国华东、华中、华南及陕西等地有分布。日本、朝鲜也有分布。之江校区有分布。

353. 蒲公英 *Taraxacum mongolicum* Hand.-Mazz.

中文异名：蒲公草、黄花地丁、婆婆丁
英文名：mongolian dandelion
分类地位：菊科（Asteraceae）蒲公英属（*Taraxacum* Weber.）
形态学鉴别特征：多年生草本。株高10~20cm。根肥大，圆柱形，黑褐色。叶基生，莲座状开展，宽倒卵状披针形或倒披针形，长5~12cm，宽1~2.5cm，先端钝或急尖，基部渐狭，边缘具细齿，大头羽状分裂或羽裂，裂片三角形，侧裂片3~5

对，全缘或有齿，裂片间常夹生小齿，两面疏被蛛丝状毛或无毛。叶脉羽状，中脉明显。叶柄具翅，长1~1.5cm，被蛛丝状柔毛。花葶自叶丛间抽出，直立，与叶等长或比叶稍长，中空，上部紫黑色，密被白色蛛丝状长柔毛。头状花序单生，径3~3.5cm。总苞钟形。总苞片2~3层，革质，外层总苞片卵状披针形至披针形，先端背部具小角状突起，边缘具窄膜质，内层呈长圆状线形，先端紫红色。全为舌状花，多数，鲜黄色。瘦果长椭圆形。种子先端有长喙，暗褐色，有纵棱与横瘤，中部以上的横瘤有刺状突起，喙长8mm，冠毛白色，刚毛状，呈伞形。

生物学特性：花果期3—7月。生于路边、耕地、田野及草地。

分布：中国华东、华中、西南、华北、西北、东北等地有分布。各校区有分布。

景观应用：地被植物。

蒲公英花（徐正浩摄）

蒲公英果实（徐正浩摄）

蒲公英花期植株（徐正浩摄）

蒲公英果期植株（徐正浩摄）

354. 翅果菊 *Pterocypsela indica* (Linn.) Shih

中文异名：山莴苣、土莴苣

英文名：Indian lettuce

分类地位：菊科（Asteraceae）翅果菊属（*Pterocypsela* Shih）

形态学鉴别特征：二年生草本。株高80~150cm。根肉质，圆锥形，多自顶部分枝，长5~15cm，径0.7~1.7cm，表面灰黄色或灰褐色，具细纵皱纹，质脆，易折断。茎直立，单生，上部分枝，光滑。叶互生，多变异。下部叶早落。中部叶无柄，线形或线状披针形，长10~30cm，宽1~3cm，先端渐尖，基部扩大成戟形半抱茎，全缘或微具波状齿，无毛或下面叶脉上稍有毛，叶脉羽状，上面绿色，下面白绿色，叶缘略带暗紫色。上部叶变小，线状披针形或线形，两面无毛或背面中脉被疏毛。头状花序在茎顶排列成圆锥花序。花径2cm，具梗。总苞钟状。总苞片3~4层，呈覆瓦状排列，外层卵圆形，内层卵状披针形，先端钝，上缘带紫色，无毛。花全为舌状，淡黄色或白色，舌片长7~10mm。瘦果椭圆形或宽卵形。种子长卵圆形，扁

翅果菊花（徐正浩摄）

翅果菊花序（徐正浩摄）

翅果菊植株（徐正浩摄）

压，深褐色至黑色，每面具1条纵肋，顶端喙粗短，长1mm，喙端有白色冠毛。
生物学特性： 种子繁殖。花期7—9月，果期9—11月。常生于山坡、田边、路旁、滨海、荒野。
分布： 除西北外，中国广泛分布。日本、朝鲜、俄罗斯等也有分布。各校区有分布。

355. 多裂翅果菊 *Pterocypsela laciniata* (Houtt.) Shih

多裂翅果菊茎生叶（徐正浩摄）

分类地位： 菊科（Asteraceae）翅果菊属（*Pterocypsela* Shih）
形态学鉴别特征： 二年生草本。株高60~150cm。根粗厚，分枝呈萝卜状。茎直立，粗壮，单生或上部分枝，全部茎枝无毛。中下部茎叶倒披针形、椭圆形或长椭圆形，规则或不规则2回羽状深裂，长30cm，宽17cm，无柄，基部宽大，顶裂片狭线形，1回侧裂片5对或更多，中上部的侧裂片较大，向下的侧裂片渐小，2回侧裂片线形或三角形，长短不等。全部茎叶或中下部茎叶极少1回羽状深裂，披针形、倒披针形或长椭圆形，长14~30cm，宽4.5~8cm，侧裂片1~6对，镰刀形、长椭圆形或披针形，顶裂片线形、披针形、线状长椭圆形或宽线形。向上的茎

多裂翅果菊苗（徐正浩摄）

多裂翅果菊花（徐正浩摄）

叶渐小，与中下部茎叶同形，分裂或不裂而为线形。头状花序在茎枝顶端排成圆锥花序。花径2cm，具梗。总苞钟状，果期卵球形，长1.6cm，宽9mm。总苞片3~4层，外层卵形、宽卵形或卵状椭圆形，长4~9mm，宽2~3mm，中内层长披针形，长1.4cm，宽3mm，全部总苞片顶端急尖或钝，边缘或上部边缘带红紫色。花全为舌状，淡黄色或白色，舌片长7~10mm，下部密被白毛。瘦果椭圆形或宽卵形。种子扁压，棕黑色，长5mm，宽2mm，边缘有宽翅，每面有1条纵肋，喙粗短，不明显，冠毛白色。
生物学特性： 花果期7—11月。生于山坡、田边、路旁草丛、林下、山谷、林缘、灌丛、草地及荒地等。
分布： 中国东北、西北、华东、华中、西南、华南等地有分布。日本、俄罗斯也有分布。各校区有分布。

356. 台湾翅果菊 *Pterocypsela formosana* (Maxim.) Shih

分类地位： 菊科（Asteraceae）翅果菊属（*Pterocypsela* Shih）

台湾翅果菊中部茎叶（徐正浩摄）

台湾翅果菊典型叶状（徐正浩摄）

形态学鉴别特征： 一年生或二年生草本。株高50~130cm。根圆锥状。茎直立，单生或上部多分枝，有毛。叶披针形或长圆状披针形，长7~14cm，宽5~7cm，先端急尖或渐尖，基部耳状抱茎，耳缘具锯齿，边缘羽状分裂，裂

片边缘具小齿,顶生裂片较大,侧生裂片略下弯,两面具毛,中脉被疏长毛。头状花序径1.5~3cm,具梗,排成伞房状花序。总苞圆筒状,径4~6mm,总苞片3~4层,无毛,外层的卵状长圆形,内层的披针形或线形。花全为舌状,淡黄色,舌瓣长8~9mm。瘦果椭圆形,扁压,长4mm,黑褐色,每面具3条肋,中肋显著,喙细长,长2mm。冠毛白色,刚毛状,近等长。

生物学特性: 花果期5—10月。生于林缘、山坡草地、荒野、田间、路旁。

分布: 中国华东、华中、华南及陕西等地有分布。华家池校区、紫金港校区有分布。

台湾翅果菊花(徐正浩摄)

357. 黄鹌菜 *Youngia japonica* (Linn.) DC.

中文异名: 黄瓜菜

英文名: oriental hawksbeard, asiatic hawksbeard, ariental false hawksbeard

分类地位: 菊科(Asteraceae)黄鹌菜属(*Youngia* Cass.)

形态学鉴别特征: 一年生草本。株高10~100cm。根垂直直伸,生多数须根。茎直立,单生或少数茎成簇生,粗壮或细,近上部分枝,被细柔毛或无毛。基生叶长椭圆形、倒卵形或倒披针形,长5~13cm,宽0.5~2cm,琴状或羽状浅裂至深裂,顶裂片较侧裂片大,椭圆形,先端渐尖,基部楔形,侧生裂片向下渐小,边缘为深波状齿裂,无毛或具疏短柔毛,叶脉羽状,柄长1~7cm或无柄。茎生叶互生,通常1~2片,叶形和分裂同基生叶,被皱波状长或短柔毛。头状花序小,具细梗,于茎顶排列成聚伞状圆锥花序。总苞圆柱状,长4~5mm。外层总苞片5片,宽卵形或卵形,长和宽均不足0.6mm,顶端急尖,内层总苞片8片,长4~5mm,宽1~1.3mm,披针形,顶端急尖,边缘白色宽膜质,内面有贴伏的短糙毛,全部总苞片外面无毛。花全为舌状,黄色,舌片长4.5~7.5mm,花冠管外面有短柔毛,顶端平截,具5齿裂,两性,结实。瘦果纺锤形,棕红色或褐色。种子扁压,长1.5~2mm,两端尖锐,顶端有收缢,无喙,具11~13条粗细不等的纵肋,肋上有小刺毛。冠毛白色,糙毛状,长2~4mm,1层,基部相连。

黄鹌菜花(徐正浩摄)

生物学特性: 花果期4—10月。生于山坡、路边、林下、荒野、田间、河边、湿地等。

分布: 几遍中国。日本、朝鲜、菲律宾、越南、缅甸、泰国、马来西亚等也有分布。各校区有分布。

黄鹌菜果序(徐正浩摄)

黄鹌菜花期植株(徐正浩摄)

358. 红果黄鹌菜 *Youngia erythrocarpa* (Vant.) Babc. et Stebb.

分类地位: 菊科(Asteraceae)黄鹌菜属(*Youngia* Cass.)

形态学鉴别特征: 一年生草本。株高20~70cm。主根明显,须根多数。茎直立,不分枝或从基部分枝。叶琴状羽

红果黄鹌菜花序（徐正浩摄）

红果黄鹌菜花果（徐正浩摄）

红果黄鹌菜植株1（徐正浩摄）

红果黄鹌菜植株2（徐正浩摄）

裂，长6cm，宽3cm，顶裂片三角形，基部截形，宽2~3cm，具齿或有不明显裂片，侧裂片2~3对，上面1对较大，椭圆形或长圆形，边缘具细齿，两面有疏短柔毛。叶柄长1.5~2cm。头状花序小，具细梗，排列成圆锥状。总苞圆柱形，在果期钟形，基部外苞片5片，线状披针形。花全为舌状，黄色，长6mm。瘦果暗红色。种子长2.5mm，具11~14条粗细不等的纵肋。冠毛白色。

生物学特性： 花果期4—9月。生于路边、林下、山坡草丛。

分布： 中国安徽、贵州、四川等地有分布。各校区有分布。

359. 剪刀股 *Ixeris japonica* (Burm. f.) Nakai

分类地位： 菊科（Asteraceae）苦荬菜属（*Ixeris* Cass.）

形态学鉴别特征： 多年生草本。株高10~20cm。根垂直直伸，具多须根。茎基部平卧，基部有匍匐茎，节上生不定根与叶。基生叶匙状倒披针形或舌形，长3~11cm，基部渐窄成具翼柄，边缘有锯齿，羽状半裂或深裂或大头羽状半裂或深裂，侧裂片1~3对，偏斜三角形或椭圆形，顶裂片椭圆形、长倒卵形或长椭圆形，先端有小尖头。茎生叶与基生叶同形，长椭圆形或长倒披针形，无柄或渐窄成短柄。花序分枝或花序梗的叶卵形。头状花序1~6个排成伞房花序。总苞钟状，长14mm。总苞片2~3层，外层卵形，长2mm，顶端急尖，内层长椭圆状披针形或长披针形，长14mm，背面顶端有或无小鸡冠状突起。舌状小花24朵，黄色。瘦果褐色，几纺锤形，长5mm，无毛，有10条突起尖翅肋，喙长2mm，细丝状。种子冠毛白色，纤细，不等长，微糙，长5~6.5mm。

生物学特性： 花果期4—6月。生于低湿地、路旁、田边、沟边荒地等。

分布： 中国华东、中南、东北等地有分布。日本、朝鲜也有分布。华家池校区有分布。

景观应用： 地被植物。

剪刀股花（徐正浩摄）

剪刀股花期植株（徐正浩摄）

剪刀股植株（徐正浩摄）

360. 多头苦荬菜 *Ixeris polycephala* Cass.

分类地位：菊科（Asteraceae）苦荬菜属（*Ixeris* Cass.）

形态学鉴别特征：一年生或二年生草本。株高15~30cm。主根伸长，黄褐色。茎直立，通常自基部分枝。基生叶线状披针形，长6~25cm，宽0.5~1.5cm，先端渐尖，基部楔形下延，全缘，稀羽状分裂，叶脉羽状，具短柄。茎生叶宽披针形或披针形，长6~12cm，宽0.7~1.3cm，先端渐尖，基部箭形抱茎，全缘或具疏齿，无柄。头状花序具柄，密集，排列成伞房状或近伞形状。总花序梗纤细，长0.5~1.5cm。总苞花期钟形，果期呈坛状，长0.6~0.8cm，宽0.3~0.4cm。总苞片2层，外层总苞片5片，长1mm，内层总苞片8片，卵状披针形或披针形，长0.6~0.8cm，先端渐尖，边缘膜质。花全为舌状，黄色，舌片长0.5cm，顶端5齿裂。果实纺锤形。种子长2~3mm，黄棕色，具10条翼棱，棱间沟较深而棱锐，具细长喙，喙长1~1.5mm，冠毛白色，长3~4mm，刚毛状。

生物学特性：花期3—5月，果期5—8月。生于田间、路旁及山坡草地。

分布：中国华东、华中、华南及西南等地有分布。日本、朝鲜、印度也有分布。之江校区、玉泉校区有分布。

多头苦荬菜花（徐正浩摄）

多头苦荬菜果实（徐正浩摄）

多头苦荬菜苗（徐正浩摄）

多头苦荬菜植株（徐正浩摄）

361. 抱茎小苦荬 *Ixeridium sonchifolium* (Maxim.) Shih

中文异名：苦碟子、黄瓜菜

英文名：sowthistle-leaf ixeris, sow thistle

分类地位：菊科（Asteraceae）小苦荬属（*Ixeridium*（A. Gray）Tzvel.）

形态学鉴别特征：二年生草本。株高30~70cm。主根伸长，呈长圆锥形，表面棕色至棕褐色，具纵皱纹及须根。质硬、不易折断，断面黄白色。茎直立，具纵条纹，上部具分枝。基生叶多数，呈莲座状，长圆形，长3~7cm，宽1.5~2cm，先端钝圆或急尖，基部楔形，下延，渐窄成有窄翅的叶柄，柄短，边缘有锯齿或缺刻状牙齿，或为不规则的羽状分

抱茎小苦荬茎叶（徐正浩摄）

抱茎小苦荬花序（徐正浩摄）

裂，叶脉羽状。中下部叶线状披针形。上部叶较狭小，椭圆形、长卵形或卵形，羽状分裂或边缘有不规则牙齿，先端急尖，基部无柄，扩大成耳形或戟形抱茎。头状花序多数，具梗，径1cm，排列成密集或疏散的伞房状圆锥花序。总苞圆筒形，长5~6mm，宽2~3mm。外层总苞片5片，短小，卵形，长0.8mm，内层8片，披针形，长5~6mm，宽1mm，先端钝。花全为舌状，黄色，顶端5齿裂，舌片长5~6mm，宽1mm，筒部长1~2mm。雄蕊5枚，花药黄色。花柱长6mm，上端具细绒毛，柱头裂瓣细长，卷曲。瘦果纺锤形。种子黑色，具10条纵棱，两侧纵棱上具刺状小突起，具短喙，喙长0.6~1mm，冠毛1层，刚毛状，白色。

抱茎小苦荬花期植株（徐正浩摄）

抱茎小苦荬植株（徐正浩摄）

生物学特性： 花期6—7月，果期7—8月。适应性较强，为广布性植物。生于平原、山坡、河边、荒野、路边、田间及疏林下。

分布： 广布中国各地。朝鲜、俄罗斯等也有分布。之江校区有分布。

景观应用： 地被植物。

362. 中华小苦荬 *Ixeridium chinensis* (Thunb.) Tzvel.

中文异名： 小苦荬菜

分类地位： 菊科（Asteraceae）小苦荬属（*Ixeridium* （A. Gray）Tzvel.）

形态学鉴别特征： 多年生草本。株高20~30cm。根垂直直伸，具多须根。茎上部分枝。基生叶长椭圆形、倒披针形、线形或舌形，连叶柄长2.5~15cm，基部渐窄成翼柄，全缘，不裂或羽状浅裂、半裂或深裂，侧裂片2~4对，长三角形、线状三角形或线形。茎生叶2~4片，长披针形或长椭圆状披针形，不裂，全缘，基部耳状抱茎。头状花序排成伞房花序。总苞圆柱状，长8~9mm，总苞片3~4层，外层宽卵形，长1.5mm，内层长椭圆状倒披针形，长8~9mm。舌状小花黄色。瘦果长椭圆形，有10条钝肋，肋有小刺毛，喙细丝状，长2.8mm。冠毛白色。

中华小苦荬叶（徐正浩摄）

中华小苦荬花期植株（徐正浩摄）

中华小苦荬植株（徐正浩摄）

中华小苦荬群体（徐正浩摄）

生物学特性： 花果期3—9月。生于山坡荒地、田间路旁、湿地等。

分布： 中国广布。日本、朝鲜、俄罗斯等也有分布。玉泉校区、之江校区有分布。

景观应用： 地被植物。

363. 香蒲 *Typha orientalis* Presl

中文异名：东方香蒲
英文名：typha, cattail
分类地位：香蒲科（Typhaceae）香蒲属（*Typha* Linn.）
形态学鉴别特征：多年生草本。株高1~2m。根状茎粗壮，乳白色。地上茎粗壮，向上渐细。叶扁平线形或条形，长40~70cm，宽0.4~0.9cm，先端渐尖稍钝头，基部扩大成抱茎的鞘，鞘口边缘膜质，直出平行脉多而密。光滑无毛，叶鞘抱茎。穗状花序圆柱形，雌雄花序紧密连接。雄花序长3~8cm，花序轴具白色弯曲柔毛，自基部向上具1~3片叶状苞片，花后脱落。雌花序长5~12cm，果期径2cm，基部具1片叶状苞片，花后脱落。雄花通常由3枚雄蕊组成，有时2枚，或4枚雄蕊合生，花药长3mm，2室，条形，花粉粒单体，不聚合成4合花粉，花丝很短，基部合生成短柄。雌花无小苞片，孕性雌花柱头匙形，外弯，长0.5~0.8mm，花柱长1.2~2mm，子房纺锤形至披针形，子房柄细弱，长2.5mm，不孕雌花子房长1.2mm，近于圆锥形，先端呈圆形，不发育柱头宿存，白色丝状毛通常单生，有时几个基部合生，稍长于花柱，短于柱头。小坚果椭圆形至长椭圆形，长1mm，果皮具长形褐色斑点，表面具1纵沟。种子褐色，微弯。
生物学特性：花期6—7月，果期8—10月。生于沟塘浅水处、河边、湖边浅水、湖中静水、沼泽地、沼泽浅水等。
分布：中国华东、华中、华北、西北、东北等地有分布。日本、菲律宾、俄罗斯等也有分布。紫金港校区、玉泉校区有分布。
景观应用：景观植物。耐重金属污染，富集能力强，还可用于废水处理和富营养化水体净化。

香蒲植株（徐正浩摄）

364. 水烛 *Typha angustifolia* Linn.

中文异名：蒲草、水蜡烛、狭叶香蒲
英文名：dysophylla
分类地位：香蒲科（Typhaceae）香蒲属（*Typha* Linn.）
形态学鉴别特征：多年生沼生草本。株高1~2.5m。匍匐根状茎粗壮。茎圆柱形。叶直立，线形，长50~150cm，宽0.5~1.2cm，顶端渐尖，基部呈鞘状抱茎，鞘口两侧有膜质叶耳。穗状花序长30~60cm，黄褐色至红褐色。雄花部分与雌花部分分离，中间相隔2~9cm。雄花部分长20~30cm，雌花部分长6~24cm，果期径1~2cm。雄花有2~7枚雄蕊，花药长2mm。雌花长3~3.5mm，基部有比柱头稍短的白色长柔毛，果期柔毛达4~8mm，具与柔毛等长的小苞片，不孕花的子房为倒圆锥形。小坚果长1~1.5mm，表面无纵沟。种子纺锤形，具有毛絮。
生物学特性：花期6—7月，果期8—10月。生于湖泊浅水处、池塘或河沟旁。
分布：中国华东、华北、东北等地有分布。紫金港校区有分布。
景观应用：景观植物。

水烛雌花序（徐正浩摄）

水烛植株（徐正浩摄）

365. 矮慈姑 *Sagittaria pygmaea* Miq.

中文异名： 瓜皮草
英文名： pygmy arrowhead, dwarf arrowhead
分类地位： 泽泻科（Alismataceae）慈姑属（*Sagittaria* Linn.）
形态学鉴别特征： 一年生，偶多年生沉水或沼生杂草。株高5~12cm。须根发达，白色，有地下根茎，顶端膨大成小型球茎。子叶出土，针状，长0.8cm，下胚轴明显，上胚轴不发育。初生叶1片，互生，带状披针形，先端锐尖，有3条纵脉，与横脉构成网状脉。后生叶与初生叶相似，第2片叶呈线状倒披针形，纵脉较多。成株叶基生，线形或线状披针形，长6~14cm，宽3~8mm，先端渐尖，略钝，基部具1cm鞘状物，边缘膜质，全缘，无柄，纵脉3~5条，基出，平行，其间横脉多数，与纵脉正交，几等粗。花单性，雌雄同株，排成疏总状花序。花序梗直立，长6~20cm，花序长4~5cm，花2~3轮，每轮有花2~3朵。雌花通常1朵，居下轮，无花梗。雄花2~5朵，具长1~2.5cm的细梗。苞片长椭圆形或卵形，长2mm。萼片倒卵状长圆形，长4mm。花瓣3片，倒卵圆形，长6~8mm，白色，比萼片稍长。雄蕊通常12枚，花丝宽、短，花药长圆形。心皮多数，集成球形。花柱顶生或侧生，柱头小。瘦果宽倒卵形，长3mm，宽4~5mm，扁平，两侧具薄翅，顶端圆形，有鸡冠状锯齿，常多数聚合成头状的聚合果。种子具马蹄形的胚。

矮慈姑花（徐正浩摄）

矮慈姑植株（徐正浩摄）

生物学特性： 常早春萌发，耐阴，水生植物封行后，仍能大量发生。花果期7—11月。常生于沼泽、池塘边、沟边、水田等。

分布： 中国华东、华中、华南及西南等地有分布。日本、朝鲜也有分布。典型水生植物。稻田恶性杂草。华家池校区有分布。

366. 野慈姑 *Sagittaria trifolia* Linn.

中文异名： 狭叶慈姑、三脚剪
英文名： old world arrowhead
分类地位： 泽泻科（Alismataceae）慈姑属（*Sagittaria* Linn.）
形态学鉴别特征： 多年生水生草本。株高10~40cm。匍匐茎顶端膨大成球茎，长2~4cm，径0.8~1cm，土黄色。地下根茎横走。叶基生。沉水叶线形。挺水叶箭形，具多数互生叶，叶形变化大，通常为三角箭形，长5~30cm，分裂成3裂片。顶裂片卵形至三角状披针形，长5~20cm，先端渐尖，稍钝头，具3~9条脉，羽状脉明显。侧裂片狭长，披针形，先端渐尖或细长尾尖。叶柄长20~50cm，三棱形，基部扩大。花茎高15~50cm，自叶丛生出。单性，常3~5朵轮生花序轴上，排成总状花序，形成圆锥状花序。下部为雌花，具短梗，上部为雄花，具细长花梗。苞片披针状卵形，

野慈姑花（徐正浩摄）

野慈姑花序（徐正浩摄）

长5~7mm。萼片卵形，长4~6mm，顶端钝。花瓣3片，倒卵形，长7~10mm，白色，基部常有紫斑，早落。雄蕊多枚，花丝扁平，长披针形，花药黄色。雌花心皮离生，心皮多数，密集成球形。聚合果圆头状，径1cm。瘦果斜倒卵形，长3~5mm，扁平，不对称，背、腹面均有翅，背部翅上有1~4个齿，果喙向上直立。种子褐色。

生物学特性： 花期6—9月，果期9—10月。生于池塘与湖泊浅水处、水田、水沟边。

分布： 几遍中国。亚洲其他国家、俄罗斯等也有分布。华家池校区、紫金港校区有分布。

景观应用： 浅水域和花境植物。

野慈姑苗（徐正浩摄）

野慈姑植株（徐正浩摄）

367. 水鳖 *Hydrocharis dubia* (Bl.) Backer

中文异名： 马尿花、芣菜

英文名： frogbit herb

分类地位： 水鳖科（Hydrocharitaceae）水鳖属（*Hydrocharis* Linn.）

形态学鉴别特征： 多年生水生漂浮草本。须根丛生，长达30cm，有密集的羽状根毛。茎匍匐，节间长3~15cm，径4mm，顶端生芽，并可产生越冬芽。叶基生，或在匍匐茎顶端簇生，多漂浮，有时伸出水面。叶心形、圆形或肾形，长4.5~5cm，宽5~5.5cm，先端圆，基部心形，全缘，远轴面有蜂窝状贮气组织，具气孔。叶脉5条，稀7条，中脉明显，与第1对侧生主脉所成夹角呈锐角。叶柄长5~22cm。雄花2~3朵，同生于佛焰苞内，外轮花被片长5mm，内轮花被片长1.2cm。雄蕊9~12枚，其中3~6枚退化。雌蕊单生于佛焰苞内，具长3~5cm的柄，花被片与雄蕊同，退化雄蕊6枚。子房淡绿色，椭圆形，长3mm，花柱6个，2裂至中部，被毛。浆果肉质，球形至倒卵形，长0.8~1cm，径7mm，具数条沟纹，内有种子多数。种子椭圆形，长1~1.5mm，顶端渐尖，种皮上有许多毛状突起。

生物学特性： 花果期6—11月。生于池塘、湖泊、水沟等。

分布： 中国华东、华中、华南、西南、华北及东北等地有分布。日本及亚洲南部、大洋洲也有分布。各校区有分布。

景观应用： 水生栽培植物。

水鳖花（徐正浩摄）

水鳖植株（徐正浩摄）

368. 黑藻 *Hydrilla verticillata* (Linn. f.) Royle

中文异名： 轮叶黑藻、温丝草、水王荪

英文名： esthwaite waterweed, water thyme, waterthyme

分类地位： 水鳖科（Hydrocharitaceae）黑藻属（*Hydrilla* Rich.）

形态学鉴别特征： 多年生沉水植物。块茎白色。茎圆柱形，表面具纵向细棱纹，质脆，易折断。茎多分枝，节间长0.4~5cm。休眠芽长卵圆形。苞叶多数，螺旋状紧密排列，白色或淡黄绿色，狭披针形至披针形。小叶3~8片轮生，线状披针形，长1~2cm，宽1.5~2.5mm，先端锐尖，边缘有细锯齿或近全缘，两面暗绿色，常具紫红色或黑色小斑点和短条纹。叶具腋生小鳞片。叶具主脉1条，明显。叶无柄。花小，单性，雌雄同株或异株，腋生。雄花单生于球形佛焰苞内，花梗长2~3cm。佛焰苞绿色，表面具明显的纵棱纹，顶端具刺凸。萼片、花瓣各3片，白色。花丝短，花药线形。雌花1~2朵，无梗，单生于无柄、管状的佛焰苞内。花被与雄花相似，但狭窄。子房延伸于苞外成线状的长喙，喙长1.5~4cm，开花期伸出水面，1室。花柱2个或3个。果实圆柱形，长7mm，表面常有2~9个刺状突起，内有种子2~6粒。种子褐色，两端尖。

生物学特性： 花果期5—10月。生于池塘、湖泊浅水处、水流缓慢的河溪等。

分布： 广布于世界热带和温带地区。各校区有分布。

景观应用： 广泛用于水质净化。对有机氯农药等有降解作用。对铅离子的吸附效果好。

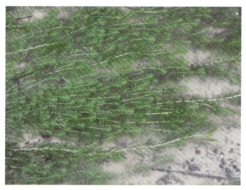

黑藻群体1（徐正浩摄）

黑藻群体2（徐正浩摄）

369. 苦草 *Vallisneria natans* (Lour.) Hara

中文异名： 蓼萍草、扁草

分类地位： 水鳖科（Hydrocharitaceae）苦草属（*Vallisneria* Linn.）

形态学鉴别特征： 多年生沉水草本。株高15~50cm。须根簇生。具匍匐茎，白色，光滑，先端芽浅黄色。叶基生，膜质，线形或带形，绿色或略带紫红色，长20~80cm，随水深浅而异，宽3~10mm，顶端钝，全缘或近先端有不明显的细锯齿。纵脉5~7条。叶无柄。雌雄异株。雄花小，多数，淡黄色，生于叶腋，包于具短柄的卵状3裂的佛焰苞内，佛焰苞卵状圆锥形，长6~10mm，总花梗长1~6cm。雄蕊1枚，无退化的内轮花被片与退化的雄蕊。雌花单生，径2mm，佛焰苞管状，长1~2cm，先端3裂，总花梗长30~100cm，有棕褐色条纹，有长柄，丝状，伸到水面，受粉后，螺状卷曲，把子房拉回水中，花被片6片，2轮排列，内轮花被片白色，长近1mm，常退化，外轮花被片绿色，带红粉色，较大，长圆形，长2~4mm。花柱3个，2裂。子房下位，胚珠多个。果实细圆柱形，熟时长14~17cm，内含种子多数。种子长棒状或丝状，具腺毛状突起。

生物学特性： 花期8月，果期9月。生于水深0.3~2m的河流、湖泊、池塘及沟渠。

分布： 亚洲大部分地区有分布。玉泉校区、紫金港校区有分布。

景观应用： 用于富营养化湖泊生态修复。

苦草地下部（徐正浩摄）

苦草植株（徐正浩摄）

苦草群体（徐正浩摄）

370. 半夏 *Pinellia ternata* (Thunb.) Breit.

中文异名：羊眼半夏、三叶半夏、麻芋果
英文名：pinellia tuber, rhizoma pinelliae, crow dipper
分类地位：天南星科（Araceae）半夏属（*Pinellia* Tenore）
形态学鉴别特征：多年生草本。株高15~30cm。块茎近球形，径1~2cm，上部周围生多数须根。叶自块茎顶端抽出，2~5片，稀1片。第1年为单叶，卵状心形至截形，全缘。2~3年后，为3片裂片的复叶，全裂，裂片椭圆形至披针形，中间裂片较大，长5~8cm，宽3~4cm，侧裂片稍短，先端锐尖，基部楔形，全缘，两面光滑无毛。叶柄长6~23cm，基部具鞘，鞘内、鞘部以上或柄下部内侧生有白色珠芽。肉穗花序顶生，花序梗常较叶柄长，长20~30cm。佛焰苞绿色，长6~7cm，管部狭圆柱形，长1.5~2cm，檐部长圆形，有时边缘呈青紫色，长4~5cm，宽1.5cm，先端钝或锐尖。花单性，无花被，雌雄同株。肉穗花序雄花部分着生于上部，白色，雄蕊密集成圆筒形，长5~7mm，雌花部分着生于雄花下部，绿色，长2cm，雌、雄花相距5~8mm。花序中轴先端附属物延伸成鼠尾状，通常长7~10cm，直立，伸出佛焰苞外。浆果卵圆形，黄绿色，顶端渐狭，长4~5mm。种子长卵形，长2~3mm，宽1~1.5mm。
生物学特性：花期5—7月，果期7—9月。耐寒，不耐干旱，忌烈日暴晒，喜温暖阴湿环境，适宜沙质壤土生境。生于麦田、茶园、果园、田野、山坡、溪边阴湿的草丛中或林下等。
分布：几遍中国。日本、朝鲜及北美洲也有分布。各校区有分布。

半夏植株2（徐正浩摄）

半夏植株1（徐正浩摄）

371. 虎掌 *Pinellia pedatisecta* Schott

中文异名：掌叶半夏、狗爪半夏
英文名：pedate pinellia
分类地位：天南星科（Araceae）半夏属（*Pinellia* Tenore）
形态学鉴别特征：多年生草本。株高20~80cm。块茎近球形，类似半夏，但较大，径3~4cm，四周常生有数个小块茎。外皮粗糙，褐色，有时尚留有已枯叶柄的基部。剥去外皮为类白色，呈粉状，上部散有细凹点。叶1~3片或更多。叶掌状分裂，呈鸟足状，裂片6~11片，披针形、楔形，中裂片长15~18cm，宽3cm，两侧裂片渐小，先端渐尖，基部楔形，裂片柄短或无。叶柄纤细柔弱，长20~70cm，淡绿色，下部具鞘。肉穗花序顶生，总花梗与叶柄等长或比叶柄稍长，长20~50cm。佛焰苞淡绿色，管部长圆形，长2~4cm，径1cm，檐部长披针形，长8~14cm，先端锐尖，基部展平，宽1.5cm。花单性，无花被，雌雄同株。雄花着生在花序上端，雄蕊密集成圆筒状，长6mm，雌花着生在花序下部，贴生于苞片上，长1.5~3cm。花序先端附属物线状，长9cm，稍弯曲。浆果卵圆形，长4~5mm，径2~3mm，绿色，内含种子1粒。种子长卵形，长2.5~3mm，宽1.2~2mm。
生物学特性：花具香气。花

虎掌植株（徐正浩摄）

虎掌花期植株（徐正浩摄）

期3—7月，果期8—11月。生于林下、山谷、河谷湿地等。

分布：中国华东、华中、西南、华南及陕西等地有分布。之江校区、华家池校区有分布。

372. 浮萍 *Lemna minor* Linn.

中文异名：青萍、水萍、萍子草、水萍草、浮萍草
英文名：herba spirodelae
分类地位：浮萍科（Lemnaceae）浮萍属（*Lemna* Linn.）
形态学鉴别特征：一年生漂浮小草本。叶状体下面中部有1条纤细根，长3~5cm，根鞘无翅，根冠端钝。叶状体宽卵形或椭圆形，长2~5mm，宽2~4mm，两侧对称，两面均呈绿色，不透明，具常不明显的3~5条脉纹。花单性，雌雄同株，生于叶状体边缘开裂处。佛焰苞翼状，内有雌花1朵，雄花2朵。雄花花药2室，花丝纤细。雌花具雌蕊1枚，具弯生胚珠1个。果实近陀螺状，无翅。种子1粒，具凸胚乳和不规则的凸脉12~15条。

浮萍植株（徐正浩摄）

浮萍群体（徐正浩摄）

生物学特性：花期4—6月，果期5—7月。生于池塘、湖泊、水田、水沟中。叶状体侧边出芽，形成新个体。叶状体背面一侧具囊，新叶状体于囊内形成，以极短的细柄与母体相连，随后脱落。
分布：广布于世界各地。各校区有分布。

373. 紫萍 *Spirodela polyrrhiza* (Linn.) Schleid.

紫萍根系（徐正浩摄）

中文异名：紫背浮萍
英文名：purple back herba spirodelae
分类地位：浮萍科（Lemnaceae）紫萍属（*Spirodela* Schleid.）
形态学鉴别特征：一年生漂浮小草本。根5~11条簇生，细长，纤维状，长3~5cm。叶状体扁平，单生或2~5片簇生，阔倒卵形，长4~10mm，宽4~6mm，先端钝圆，上面稍向内凹，深绿色，下面常紫红色，有不明显的掌状脉5~11条。花序生于叶状体边缘的缺刻内。花单性，雌雄同株。佛焰苞袋状，短小，二唇形，内有2朵雄花和1朵雌花，无花被。雄花有雄蕊2枚，花药2室，花丝纤细。雌花有雌蕊1枚，子房无柄，1室，具直立胚珠2个，花柱短，柱头扁平或环状。果实圆形，边缘有翅。

紫萍植株（徐正浩摄）

紫萍群体（徐正浩摄）

生物学特性：花期4—6月，果期5—7月。生于池塘、湖泊、沼泽、水田、水沟等。在根的着生处一侧产生新芽，新芽与母体分离之前由1个细弱的柄相连接。
分布：广布世界各地。各校区有分布。

374. 水竹叶 *Murdannia triquetra* (Wall.) Bruckn.

中文异名： 竹节菜、分节菜、三角菜
分类地位： 鸭跖草科（Commelinaceae）水竹叶属（*Murdannia* Royle）
形态学鉴别特征： 一年生蔓性草本。具长而横走的根状茎，根状茎具叶鞘，节间长6cm，节上具细长须状根。初生根呈白色，较粗壮，后渐伸长，最长可达15cm，中后期转浅褐色，衰老时呈黑褐色。茎细长，肉质，下部匍匐，径1~2mm。节上生根，上部上升。茎通常多分枝，长达40cm，节间长8cm，密生1列白硬毛，与下一叶鞘的1列毛相连续。叶长圆状披针形，平展或稍折叠，长2~5cm，宽0.5~0.8cm，顶端渐尖而头钝。叶片下部有睫毛，叶鞘边缘密生短柔毛。叶无柄。聚伞花序退化为单朵花，于分枝顶生或近顶端腋生，花序梗长1~2cm，顶生者长，腋生者短。花序梗中部有1片条状苞片，有时苞片腋中生1朵花。萼片狭长圆形，浅舟状，长0.4~0.6cm，绿色，散生紫色斑点，无毛或先端簇生短柔毛，果期宿存。花瓣狭倒卵圆形，稍长于萼片，粉红色、紫红色或蓝紫色。发育雄蕊3枚，退化雄蕊3枚，顶端戟形，花丝基部有毛。子房3室，每室具数颗胚珠。蒴果卵圆形状三棱形，长0.5~0.7cm，径0.3~0.4cm，两端钝或短急尖，每室有种子3粒，有时仅1~2粒。种子短柱状，稍扁压，红灰色，有沟纹和窝孔。
生物学特性： 花果期9—10月。种子成熟后蒴果自然开裂，脱落田间，进入休眠。生于田埂、沟边、渠边、水田、湿地等。
分布： 中国华东、中南和西南等地有分布。印度也有分布。各校区有分布。

水竹叶花期植株（徐正浩摄）

水竹叶群体（徐正浩摄）

375. 疣草 *Murdannia keisak* (Hassk.) Hand.-Mazz.

分类地位： 鸭跖草科（Commelinaceae）水竹叶属（*Murdannia* Royle）
形态学鉴别特征： 一年生草本。匍匐枝节上生根。茎细长，多分枝，匍匐，径1.5~4mm，有1列短柔毛。叶披针形或长圆状披针形，长4~8cm，宽5~10mm。叶鞘边缘密生短柔毛。聚伞花序退化为1朵花，稀2~3朵花。苞片披针形，长4~7mm。花梗长1~2cm。萼片长圆状卵形，长5~7mm，散生紫色斑点，先端簇生短柔毛。花瓣淡紫色或淡红色，倒卵圆形，长于萼片。发育雄蕊3枚，退化雄蕊3枚。花丝基部有毛。子房每室多个胚珠。蒴果椭圆形，长7~8mm，顶端急尖。种子极扁压。平滑。
生物学特性： 花果期9—10月。生于田边、沟边及路边湿润处等。
分布： 中国华东、华中、东北等地有分布。日本、朝鲜也有分布。华家池校区、紫金港校区有分布。

疣草花期植株（徐正浩摄）

376. 裸花水竹叶 *Murdannia nudiflora* (Linn.) Brenan

分类地位： 鸭跖草科（Commelinaceae）水竹叶属（*Murdannia* Royle）
形态学鉴别特征： 多年生草本。株高10~30cm。根具分枝。着地节上生根。茎细长，多分枝，直立或基部匍匐。茎无毛，径1~1.5mm。叶长圆状披针形，长2.5~7cm，宽5~10mm，边缘近基部处具睫毛。叶鞘疏生长柔毛。聚伞

花序排列成疏松的顶生圆锥花序。苞片卵状披针形，长5~6mm，疏生长柔毛。花梗长3~4mm。萼片椭圆形，长3~4mm。花瓣淡黄色，倒卵形，与萼片近等长或比萼片稍短。发育雄蕊2枚，退化雄蕊2~4枚，顶端3全裂。花丝有毛。子房每室具2个胚珠。蒴果卵圆形，长3~4mm，顶端急尖。种子遍体有窝孔。

生物学特性： 花果期7—10月。生于沟边、路边湿润处等。

分布： 中国华东、中南和西南等地有分布。日本、菲律宾、印度及中南半岛等也有分布。华家池校区有分布。

裸花水竹叶花（徐正浩摄）

裸花水竹叶植株（徐正浩摄）

377. 鸭跖草 *Commelina communis* Linn.

中文异名： 蓝花草、耳环草

英文名： common dayflower, herba commelinae, dayflower herb

分类地位： 鸭跖草科（Commelinaceae）鸭趾草属（*Commelina* Linn.）

形态学鉴别特征： 一年生草本。株高20~60cm。须状根，匍匐茎节着地生根。茎上部直立或斜生，径2~3mm，多分枝，茎下部匍匐，节上生根。叶披针形至卵状披针形，长3~10cm，宽1~2cm，先端急尖至渐尖，基部宽楔形，两面无毛或上面近边缘处微粗糙，有光泽。叶基部下延成膜质的鞘，紧密抱茎，散生紫色斑点，鞘口有长睫毛。叶无柄或几无柄。聚伞花序单生于主茎或分枝顶端。总苞片佛焰苞状，心状卵形，长1~2cm，折叠，边缘分离，有花数朵，伸出苞外。萼片狭卵形，长5mm，白色。花瓣卵形，3片，后方2片较大，蓝色，有长爪，长1~1.5cm，前方1片较小，白色，长5~7mm，无爪。发育雄蕊2~3枚，位于前方，退化雄蕊3~4枚，位于后方。雌蕊1枚。柱头头状。子房2室，每室具胚珠2个。蒴果椭圆形，长5~7mm，扁压，2室，每室2粒种子，2瓣裂，熟时裂开。种子近肾形，长2~3mm，灰褐色，表面有皱纹，具窝点。

生物学特性： 花果期6—10月。生于路旁、宅旁、田边、沟边、渠边、园区、庭院、山坡和林缘阴湿处等。

分布： 中国四川、甘肃以东各地有分布。日本、朝鲜、俄罗斯、中南半岛及北美洲也有分布。各校区有分布。

景观应用： 对铅离子有较好的富集作用。

鸭跖草花（徐正浩摄）

鸭跖草花期植株（徐正浩摄）

鸭跖草群体（徐正浩摄）

378. 饭包草 *Commelina bengalensis* Linn.

中文异名：卵叶鸭跖草、圆叶鸭跖草
英文名：wondering jew
分类地位：鸭跖草科（Commelinaceae）鸭趾草属（*Commelina* Linn.）
形态学鉴别特征：多年生匍匐草本。根或具分枝，须根长。匍匐茎的节上生根。茎上部直立，基部匍匐，长可达40cm，径1~2mm，多分枝，被疏柔毛。叶椭圆状卵形或卵形，长3~5cm，宽2~3cm，顶端钝，稀急尖，基部圆形或渐狭而呈阔柄状，具明显叶柄。全缘，边缘具毛，两面被短柔毛、疏生短柔毛或近无毛。叶鞘和叶柄被短柔毛或长睫毛。聚伞花序单生于主茎或分枝顶端，具数朵花，几不伸出苞片。佛焰苞片扁漏斗状，长1.5cm，宽1.7cm，下部边缘合生，被疏毛，与上部叶对生或1~3片聚生，花梗短或无花梗。萼片膜质，披针形，长2mm，无毛。花瓣宽卵形，后方2片较大，长5~8mm，蓝色，有长爪，前方1片较小，长3~4mm，白色，无爪。雄蕊6枚，能育雄蕊3枚，位于前方，花丝丝状，无毛，退化雄蕊3枚，位于后方。子房长圆形，3室，具棱，无毛，长1.5mm，其中2室各具胚珠2个，另1室具胚珠1个。花柱线形，长2mm。蒴果三角状椭圆形，膜质，长4~5mm，3瓣裂，具5粒种子。种子近肾形，长2mm，黑色，有窝孔及皱纹。

生物学特性：花期7—9月，果期10—11月。生于田边、沟边、湿地或林下潮湿处。
分布：亚洲、非洲等有分布。华家池校区、之江校区、玉泉校区、舟山校区有分布。
景观应用：地被植物、观赏植物。

饭包草花（徐正浩摄）

饭包草植株（徐正浩摄）

饭包草群体（徐正浩摄）

379. 鸭舌草 *Monochoria vaginalis* (Burm. f.) Presl ex Kunth.

中文异名：鸭嘴菜
英文名：sheathed monochoria, heartleaf false pickerelweed, oval-leafed pondweed
分类地位：雨久花科（Pontederiaceae）雨久花属（*Monochoria* Presl）
形态学鉴别特征：一年生沼生或水生草本。株高10~30cm。根状茎短，生有须根。茎直立或斜生，全株光滑无毛。叶纸质，上表面光亮，形状和大小多变，有条形、披针形、矩圆状卵形、卵形至宽卵形，长2~7cm，宽0.5~6cm，顶端

鸭舌草花（徐正浩摄）

鸭舌草苗（徐正浩摄）

鸭舌草植株（徐正浩摄）

渐尖，基部圆形、截形或浅心形，全缘，具弧状脉，两面无毛。叶柄长可达20cm，基部成长鞘。总状花序生于枝上端叶腋，整个花序不超出叶高度，有花2~10朵，花后下垂。花梗长3~15mm。花被片6片，披针形或卵形，长1cm，蓝色并略带红色。雄蕊6枚，其中1枚较大，花药长圆形，花丝丝状。子房上位，3室，有多个胚珠。蒴果卵形，长1cm，顶端有宿存花柱。种子长圆形，长1mm，灰褐色，表面具纵沟。

生物学特性： 花期6—9月，果期7—10月。生于水田、水沟及池沼中。

分布： 中国四川、甘肃以南各地分布。日本、朝鲜、俄罗斯、中南半岛及北美洲也有分布。华家池校区、紫金港校区有分布。

380. 灯心草 *Juncus effusus* Linn.

灯心草花序1（徐正浩摄）

中文异名： 灯草、水灯花、水灯心

英文名： rush, matting rush

分类地位： 灯心草科（Juncaceae）灯心草属（*Juncus* Linn.）

形态学鉴别特征： 多年生草本。株高25~90cm。根状茎粗壮横走，具黄褐色稍粗的须根。茎丛生，直立，圆柱形，淡绿色，具纵条纹，径1~4cm，茎内充满白色的髓心。叶基生或近基生，呈鞘状或鳞片状，包围在茎的基部，长1~22cm，基部红褐色至黑褐色。叶大多退化殆尽或为刺芒状。叶耳缺。复聚伞花序假侧生，含多数花，排列紧密或疏散。总苞片圆柱形，生于顶端，似茎的延伸，直立，长5~28cm，顶端尖锐。小苞片2片，宽卵形，膜质，顶端尖。花淡绿色。花被片线状披针形，长2~12.7mm，宽0.8mm，顶端锐尖，背脊增厚突出，黄绿色，边缘膜质，外轮花被稍长于内轮花被。雄蕊3枚（偶有6枚），长为花被片的2/3。花药长圆形，黄

灯心草花序2（徐正浩摄）

灯心草植株（徐正浩摄）

色，长0.7mm，稍短于花丝。雌蕊具3室子房。花柱极短。柱头3分叉，长1mm。蒴果长圆形或卵形，长2.8mm，顶端钝或微凹，黄褐色。种子卵状长圆形，长0.5~0.6mm，黄褐色。

生物学特性： 花期4—7月，果期6—9月。生于湿地、沟边、田边、河边、池旁、草地及沼泽湿处。

分布： 广布世界各地。各校区有分布。

景观应用： 湿地草本植物。

381. 野灯心草 *Juncus setchuensis* Buchen.

英文名： wild rush

分类地位： 灯心草科（Juncaceae）灯心草属（*Juncus* Linn.）

形态学鉴别特征： 多年生草本。株高25~65cm。根状茎短而横走，具黄褐色稍粗的须根。茎丛生，直立，圆柱形，有较深而明显的纵沟，径1~1.5mm，茎内充满白色髓心。叶基生或近基生，大多退化为刺芒状，呈鞘状或鳞片

状，包围在茎的基部，长1~9.5cm，基部红褐色至棕褐色。聚伞花序假侧生。花多朵排列紧密或疏散。总苞片生于顶端，圆柱形，似茎的延伸，长5~15cm，顶端尖锐。小苞片2片，三角状卵形，膜质，长1~1.2mm，宽0.9mm。花淡绿色。花被片卵状披针形，长2~3mm，宽0.9mm，顶端锐尖，边缘宽膜质，内轮花被与外轮花被等长。雄蕊3枚，比花被片稍短。花药长圆形，黄色，长0.8mm，比花丝短。子房1室，侧膜胎座呈半月形。花柱极短。柱头3分叉，长0.8mm。蒴果通常卵形，比花被片长，顶端钝，成熟时黄褐色至棕褐色。种子斜倒卵形，长0.5~0.7mm，棕褐色。

野灯心草花序（徐正浩摄）

野灯心草成株（徐正浩摄）

野灯心草植株（徐正浩摄）

生物学特性：花期5—7月，果期6—9月。生于山沟、林下阴湿地、溪旁、道旁的浅水处。

分布：中国长江流域及其以南各地有分布。日本、朝鲜也有分布。华家池校区、玉泉校区、紫金港校区有分布。

景观应用：湿地草本植物。

382. 山麦冬 *Liriope spicata* (Thunb.) Lour.

中文异名：大麦冬

英文名：radix liriopes, liriope root tuber

分类地位：百合科（Liliaceae）山麦冬属（*Liriope* Lour.）

形态学鉴别特征：多年生草本。株高15~30cm。根状茎短，径1~2mm，有时分枝多，横走，近末端处常膨大成矩圆形、椭圆形或纺锤形的肉质小块根。叶基生，宽线形，长20~60cm，宽4~8mm，先端急尖或钝，基部常包以褐色的叶鞘，叶鞘边缘膜质，上面深绿色，背面粉绿色，具5条脉，中脉明显，边缘具细锯齿。叶无柄。花葶通常长于或几等长于叶，少数稍短于叶，长25~65cm。总状花序长6~20cm，具多数花。常2~5朵簇生于苞片内，花梗长2~4mm，关节位于上部或近端部。苞片小，披针形，最下面的长4~5mm，干膜质。花被片矩圆形、矩圆状披针形，长4~5mm，先端钝圆，淡紫色或淡蓝色。雄蕊着生于花被片基部，花丝长2mm，花药狭矩圆形，长2mm。子房近球形，花柱长2mm，稍弯，柱头不明显。蒴果在未成熟时即整齐开裂，露出肉质种子。种子近球形，小核果状，径5mm，熟时黑色或紫黑色。

山麦冬花（徐正浩摄）

山麦冬果期植株（徐正浩摄）

山麦冬植株（徐正浩摄）

生物学特性： 花期6—8月，果期9—10月。生于山坡林下或路边草地。
分布： 中国大部分地区有分布。日本、越南也有分布。各校区有栽培，之江校区有野生。
景观应用： 栽培植物或逸生为杂草。四季常绿，生态适应性强，阴处阳地均能生长良好，易繁殖，为理想的观叶地面覆盖植物。

383. 阔叶山麦冬 *Liriope platyphylla* Wang et Tang

中文异名： 短葶山麦冬
英文名： big blue lilyturf, lilyturf, border grass, monkey grass
分类地位： 百合科（Liliaceae）山麦冬属（*Liriope* Lour.）
形态学鉴别特征： 多年生常绿草本。株高15~30cm。根状茎粗短，木质，无地下走茎。根细长分枝，有时局部膨大成椭圆形或纺锤形的肉质小块根。叶基生，密集成丛。叶革质，宽线形，长12~50cm，宽5~35mm，先端急尖或钝，基部渐狭，具9~11条脉，横脉明显，边缘仅上部微粗糙。叶鞘膜质，褐色。叶无柄。花葶通常长于叶，也有短于叶者，长45~100cm。总状花序长2~40cm。苞片卵状披针形，短于花梗，先端尾尖。花3~8朵簇生于苞片内，紫

阔叶山麦冬果实（徐正浩摄）

阔叶山麦冬植株（徐正浩摄）

山地阔叶山麦冬植株（徐正浩摄）

色或紫红色。花梗长4~5mm，关节位于中部或中上部。花被片6片，长圆形，长3.5mm，先端钝。雄蕊6枚，着生于花被片基部，花丝扁，花药长圆形，长1.5~2mm，与花丝近等长。子房上位，近球形，3室。花柱长2mm，柱头明显，3齿裂。蒴果未成熟时就开裂。种子近圆球形，小核果状，径5~7mm，肉质，熟时紫黑色。
生物学特性： 花期7—8月，果期9—10月。生于山坡林下阴湿处或沟边草地。
分布： 中国华东、华中、华南及四川、贵州等地有分布。日本也有分布。各校区有栽培或逸生为杂草。
景观应用： 观叶地面覆盖植物，常见于庭院栽培观赏。

384. 麦冬 *Ophiopogon japonicus* (Linn. f.) Ker-Gawl.

麦冬果实（徐正浩摄）

中文异名： 麦门冬、沿阶草、书带草
英文名： radix ophiopogonis, dwarf lilyturf
分类地位： 百合科（Liliaceae）沿阶草属（*Ophiopogon* Ker-Gawl.）
形态学鉴别特征： 多年生草本。株高15~35cm。根状茎粗短，木质，具细长的地下走茎，根粗壮，顶端或中部常膨大成椭圆形或纺锤状的肉质小块根。叶基生，狭线形，长10~40cm，宽1~4mm。叶边缘具细锯齿。叶鞘膜质，白色至褐色。叶无柄。花葶从叶丛抽出，常低于叶丛，稍弯垂，扁平，两侧具明显的狭翼。总状花序长2~7cm，稍下弯，生于苞片下，淡紫色，每个苞片内有1~2朵花。花梗长2~6mm，常下弯，关节位

于其中上部至中下部。苞片披针形，下部的长于花梗。花被片披针形，长4~5.5mm，先端尖。雄蕊着生于花被片基部，花丝不明显，花药圆锥形，长2.5~3mm，顶端尖。花柱基部稍宽，略呈长圆锥形，长3~5mm，高出雄蕊。果实圆球形，蓝色。种子圆球形，小核果状，径7~8mm，熟时暗蓝色。

生物学特性： 花期6—7月，果期7—8月。生于山坡林下阴湿处或沟边草地。

分布： 中国华东、华中、华北、西南、华南、陕西等地有分布。日本、越南、印度等也有分布。之江校区有野生，其他校区为栽培植物或逸生为杂草。

景观应用： 观叶覆盖植物。

麦冬果期植株（徐正浩摄）

麦冬植株（徐正浩摄）

385. 菝葜 *Smilax china* Linn.

中文异名： 金刚刺

英文名： buanal, Chinese sarsaparilla, Chinese smilax, wild smilax

分类地位： 百合科（Liliaceae）菝葜属（*Smilax* Linn.）

形态学鉴别特征： 多年生攀缘灌木。根茎粗壮，坚硬，径2~3cm，块根形状不规则，表面通常灰白色，有刺。茎长1~3m，具疏刺。叶互生，薄革质或坚纸质，卵圆形、圆形或椭圆形，长3~10cm，宽1.5~8cm，萌发枝上的长可达16cm，宽可达12cm，先端凸尖或聚尖，基部宽楔形至心形，下面淡绿色或苍白色，有时具粉霜。叶主脉3~7条。叶具卷须。叶翅状鞘线状披针形或披针形，长2~10mm，宽0.5~1mm，几全部与叶柄合生，脱落点位于卷须着生处。叶柄长5~15mm。花单性，雌雄异株。伞形花序生于叶尚幼嫩的小枝上，具多数花，常呈球形。总花梗长1~3cm。花序托稍膨大，近球形，较少稍延长。小苞片宿存。花绿黄色，外轮花被片3片，长圆形，长3.5~4.5mm，宽1.5~2mm，内轮花被片稍狭。雄花6枚，花被片长3~4mm，花药比花丝稍宽，近长圆形，稍弯曲。雌花与雄花大小相似，具6枚退化雄蕊。浆果径6~15mm，熟时红色，有时具白色粉霜。

生物学特性： 花期4—6月，果期6—11月。生于林下灌木丛中、路旁、河谷、山坡上。

分布： 中国华东、西南各地有分布。日本、越南、缅甸、泰国、菲律宾等也有分布。华家池校区、玉泉校区、之江校区有分布。

景观应用： 园林应用。可用于攀附岩石、假山，也可作地面覆盖。

菝葜花序（徐正浩摄）

菝葜植株（徐正浩摄）

386. 土茯苓 *Smilax glabra* Roxb.

中文异名： 刺猪苓、过山龙、光叶菝葜

分类地位： 百合科（Liliaceae）菝葜属（*Smilax* Linn.）

形态学鉴别特征： 多年生常绿攀缘灌木。根状茎块状，坚硬，常由匍匐根茎相连接，径2~5cm，表面黑褐色。茎长1~4m，光滑，无刺。叶薄革质，狭椭圆状披针形至狭卵状披针形，长6~15cm，宽1~4cm，先端渐尖，基部圆形或楔形，下面通常绿色，有时带苍白色。叶主脉3条。叶柄长5~15mm，占全长的1/4~2/3，具翅状鞘，狭披针形，几乎全与柄合生。叶有卷须，脱落点位于近顶端。伞形花序通常具10余朵花。总花梗长1~8mm，通常明显短于叶柄，极少与叶柄近等长。在总花梗与叶柄之间有1芽。花序托膨大，连同多数宿存的小苞片多少呈莲座状，宽2~5mm。花绿白色，六棱状扁球形，径3mm。雄花外花被片近扁圆形，宽2mm，兜状，背面中央具纵槽，内花被片近圆形，较小，宽1mm，边缘有不规则细齿。雄蕊6枚，靠合，与内花被片近等长，花丝极短，花药近圆球形。雌花与雄花大小相似，外轮花被片背面中央无明显纵槽，内花被片边缘无齿，具3枚退化雄蕊。浆果径7~10mm，熟时紫黑色，具白粉霜。

土茯苓茎叶（徐正浩摄）

土茯苓花序（徐正浩摄）

土茯苓植株（徐正浩摄）

生物学特性： 花期7—8月，果期11月至翌年4月。生于林中、林缘、灌丛、河岸、山谷等。

分布： 中国长江流域及其以南各地有分布。越南、泰国、印度等也有分布。之江校区有分布。

景观应用： 园林攀缘植物利用。

387. 薤白 *Allium macrostemon* Bunge

中文异名： 胡葱、野葱、山蒜、小根蒜、密花小根蒜、团葱

英文名： longstamen onion bulb, bulb of long stamen onion

分类地位： 百合科（Liliaceae）葱属（*Allium* Linn.）

形态学鉴别特征： 多年生草本。株高20~80cm。鳞茎近球形，径1~1.5cm，有时基部具小鳞茎。鳞茎外皮灰黑色，易脱落，内层白色，膜质或纸质。鳞茎下部生须根。叶3~5片，半圆柱状或三棱状线形，长20~40cm，径1~4mm，中空，上部扁平，腹面内凹。叶无柄。花葶圆柱状，高30~70cm，实心，下部为叶鞘所包裹。伞形花序半球形至球形，密聚暗紫色珠芽，间有花数朵，稀全为花。总苞膜质，先端渐尖至尾尖，2裂，宿存。花淡紫色或淡红色，稀白色。花梗长7~12mm。小苞片膜质，披针形，2裂。花被片6片，基部合生，长圆状卵形至长圆状披针形，长4~5mm，宽1~1.5mm，先端稍尖，内轮的常较狭。雄蕊着生于花被片基部，花丝稍长于花被片，分离部分的基部外轮的为狭三角形，内轮的为宽三角形，均向上收缩成锥形，花药椭圆形，背着，2室，向内纵裂。雌蕊也伸出花被片外。子房上

薤白花（徐正浩摄）

薤白成株（徐正浩摄）

位，近圆球形，3室，每室具2个胚珠，腹缝线基部具有帘的凹陷蜜腺。花柱钻形，柱头小，微3裂。蒴果具3条棱，室背开裂。种子黑色，多棱形或近圆球形。

生物学特性：花期5—6月。生于山坡、路旁、田野或荒地。

分布：除青海、新疆外，中国广泛分布。日本、朝鲜、俄罗斯等也有分布。各校区有分布。

388. 黄独 *Dioscorea bulbifera* Linn.

中文异名：黄药子、零余子薯蓣、雷公薯

英文名：aribukbuk, bitter yam, potato yam

分类地位：薯蓣科（Dioscoreaceae）薯蓣属（*Dioscorea* Linn.）

形态学鉴别特征：多年生缠绕草本。地下块茎直生，单生或2~3个簇生，粗壮，多呈陀螺状，径3~7cm，表面紫黑色，密生须根，质坚硬，断面白色至淡黄色，干后黄色至黄棕色。茎圆柱形，左旋，平滑，具细纵槽，淡绿色，稍带红紫色。单叶，互生。叶宽卵状心形至圆心形，长9~15cm，宽6~13cm，先端急尖，基部心形，全缘，上面暗绿色，下面淡绿色。叶脉基出，7~9条，侧脉明显，细脉网状。叶柄基部扭曲而稍宽，长5~13cm。叶腋内常生球形或卵圆形珠芽，大小不一，外皮紫棕色。花单性，雌雄异株。穗状花序腋生。雄花序单个或多个簇生，有时再排列成圆锥花序，纤弱，下垂，长3~10cm。雄花单生，密集，基部苞片2片，花被6片，披针形，雄蕊6枚，全育，花丝与花药近等长，均甚短。雌花序长10~25cm，下垂。雌花单生，直立，退化雄蕊6枚，子房下位，3室，柱头不规则2~3裂。果序直立，果梗反曲，果面向下。蒴果下垂，长圆形，长1.2~2cm，径8~15mm，两端钝圆，表面枯黄色，散生紫色斑点，有3翅，3瓣裂。种子着生于果梗顶端，扁卵形，深棕色。种翅三角状倒卵形，棕色，种子居其狭端。

黄独果实（徐正浩摄）

黄独果期植株（徐正浩摄）

生物学特性：花期7—9月，果期8—10月。生于山坡、沟边、路旁或灌木丛中。

分布：中国华东、华中、华南、西南及甘肃、陕西等地有分布。日本、朝鲜、印度及非洲、大洋洲等也有分布。华家池校区、之江校区有分布。

景观应用：垂直绿化植物。

389. 薯蓣 *Dioscorea opposita* Thunb.

中文异名：山药、怀山药、淮山药、土薯、山薯

英文名：Chinese yam, dioscorea, rhizoma dioscoreae

分类地位：薯蓣科（Dioscoreaceae）薯蓣属（*Dioscorea* Linn.）

形态学鉴别特征：多年生缠绕草本。根茎粗，直生，单生或2~3个簇生，圆柱形，扁，末端膨大，长8~15cm，或更长，径1~1.5cm，常不分枝，表面灰黄色至灰棕色，质嫩脆，断面乳白色，多黏液，干时坚硬，断面粉白色。茎蔓生，右旋，具细纵槽，无毛，节处常带紫色。单叶，茎下部常互生，中部以上对生，或3片轮生。叶纸质，三角状卵形至长三角状卵形，长4~7cm，宽2.5~6cm，先端渐尖，基部心形，少数近平截，边缘常3浅裂至中裂或深裂，中间裂片卵形至长卵形，侧裂片方耳

薯蓣植株（徐正浩摄）

形至圆耳形，但幼时常为卵状心形，不裂，两面无毛。叶主脉7条。叶柄长2~4cm，两端长紫红色。叶腋间常生珠芽（名零余子、薯蓣子、薯蓣果），球形至椭圆形，径3~8mm，表面青紫色，略光滑。花单性，雌雄异株，稀雌雄同株。花序穗状、总状或圆锥状。花极小，花被绿白色。雄花序直立，雌花序下生。雄花2~5朵簇生，花被片6片，2轮着生，基部合生，雄蕊6枚，全育，或有时3枚发育，3枚退化。雌花单生或2~3朵簇生，雄蕊退化或缺，子房下位，具8室，花柱3个，分离。果序下弯，果梗不反曲，果面向下，蒴果三棱状球形，具3翅，径16~24mm，长13~22mm，表面枯黄色。种子着生于果轴中部，扁卵形，四周有栗壳色薄翅，种翅长圆形，翅宽6mm，四周不等宽，种子居其中央。

生物学特性：花期6—8月，果期8—10月。生于山坡、矮灌丛、路旁草丛。

分布：中国华东、西南、华北、东北等地有分布。日本、朝鲜也有分布。华家池校区、紫金港校区、之江校区有分布。

景观应用：常为栽培植物。也可为林地、草地草本植物。

390. 尖叶薯蓣 *Dioscorea japonica* Thunb.

中文异名：日本薯蓣、尖叶山药、尖叶怀山药

分类地位：薯蓣科（Dioscoreaceae）薯蓣属（*Dioscorea* Linn.）

形态学鉴别特征：多年生缠绕草本。地下块茎直生，单生或2~3个簇生，圆柱形，略扁，末端较粗壮，长7~12cm，径1~1.5cm，不分枝。茎右旋，具细纵槽，无毛。单叶，互生，少数对生。叶纸质，长三角状心形至披针状心形，长6~18cm，宽2~9cm，先端渐尖，基部心形至箭形，有时近平截，全缘，两面无毛，叶主脉7条。叶柄长2~9cm。叶脉珠芽偶见，球形，表面紫绿色，略光滑。花单性，雌雄异株。花被淡黄绿色。雄花序穗状，单生或2~3个簇生。雄花雄蕊6枚，全育。雌花序穗状，单生或2~3个簇生。果序下弯，果梗不反曲，果面向下。蒴果三棱状扁球形，径14~31mm，高10~21mm，表面枯黄色。种子着生于果轴中部。种翅长圆形，种子居其中央。

尖叶薯蓣花序（徐正浩摄）　　尖叶薯蓣叶（徐正浩摄）

生物学特性：花期6—9月，果期7—10月。常生于向阳山坡矮灌丛、杂草丛中或开阔山谷沟边杂木疏林缘。

分布：中国华东、中南、西南、华北、华中、东北及陕西南部、甘肃南部有分布。日本、朝鲜也有分布。之江校区有分布。

景观应用：垂直绿化植物。

391. 地钱 *Marchantia polymorpha* Linn.

英文名：liverwort

分类地位：苔藓植物门（Bryophyta）苔纲（Hepaticae）地钱目（Marchantiales）地钱科（Marchantiaceae）地钱属（*Marchantia* Linn.）

形态学鉴别特征：地被矮生草本。假根密生鳞片基部。叶状体腹面有紫色鳞片和单细胞假根。假根有两种类型：平滑假根和舌状（或疣状）假根。叶状体扁平，带状，多回二歧分枝，淡绿色或深绿色，宽1cm，长达10cm，边缘略具波曲，多交织成片。背面具六角形气室，气孔口为烟突式，内着生多数直立的营养丝。叶状体的基本组织具12~20层细胞。腹面具6列紫色鳞片，鳞片尖部有呈心脏形的附着物。叶状体背面可见很多菱形网纹，每个网纹即

为内部的1个气室，每个气室中央有1个气孔。雌雄异株。雄托圆盘状，波状浅裂成7~8瓣。雌托扁平，深裂成6~10个指状瓣。

生物学特性： 叶状体背面有杯状结构（胞芽杯），其内产生很多胞芽。胞芽脱落后就可在湿地上萌发，产生叶状体（即配子体）。无性繁殖通过着生叶状体前端胞芽杯中的多细胞圆盘状胞芽大量繁殖。配子体为扁平的绿色叶状体。多次2叉状分枝，枝宽1~2cm，每个分枝前端凹入，生长点居此。雄株背面产生雄生殖托，在雄生殖托的托盘中生有很多近球形的精子器。雌株背面生出雌生殖托，托盘边缘辐射状伸出多条指状芒线，在芒线之间有倒悬的颈卵器。颈卵器中有1个卵。精子器中的精子释放出来后，进入颈卵器中，精子与卵融合形成受精卵，发育成胚，胚再发育成孢子体。孢子体由基足、蒴柄和孢蒴3部分组成。孢子体没有叶绿体，通过与托盘相连的基足伸入配子体组织中汲取营养。蒴柄很短，孢蒴近球形，其内产生很多孢子，还有很多弹丝。孢子体成熟时，蒴柄伸长，孢蒴的壁开裂，孢子散出，萌发成具6~7个细胞的原丝体，然后发育成1个配子体。多习生于阴湿土坡草丛下或溪边碎石上，有时也生长在水稻田埂和乡间房屋附近，多生长在阴湿的墙角，也可生于温室的潮湿地面上。

分布： 世界广布种。各校区有分布。

地钱雌托（徐正浩摄）

地钱雄托（徐正浩摄）

地钱雄托及胞芽杯（徐正浩摄）

地钱胞芽杯（徐正浩摄）

地钱植株（徐正浩摄）

392. 葫芦藓 *Funaria hygrometrica* Hedw.

中文异名： 石松毛

英文名： commom cord-moss, little goldilocks, gokden maidenhai

分类地位： 苔藓植物门（Bryophyta）藓纲（Bryopsida）葫芦藓目（Funariales）葫芦藓科（Funariaceae）葫芦藓属（*Funaria* Hedwig）

形态学鉴别特征： 地被矮生草本。株高1~3cm。具细短假根。茎单生或从基部稀疏分枝，直立，淡绿色。叶簇生于茎顶，长舌形，叶端渐尖，全缘。叶无脉，中肋粗壮，长达叶尖。茎下部叶较短宽，卵圆形或椭圆形，长1.5mm，宽1mm，先端急尖，叶边全缘，中肋长达叶尖。雌雄同株异苞。雄苞顶生，花蕾状。雌苞则生于雄苞下的短侧枝上，蒴柄细长，黄褐色，长2~5cm，上部弯曲。孢蒴弯梨形，倾立或平列，不对

葫芦藓叶1（徐正浩摄）

称，长2.2~4mm，径1~1.2mm，具明显台部，干时有纵沟槽。蒴口大，径1mm。蒴齿2层。蒴帽兜形，具长喙，形似葫芦瓢状。

生物学特性：配子体占优势的异型世代交替。精子器橘黄色，棒状，数十个集生于雄枝顶端。精子器间有单列细胞组成的隔丝。精子具2条长鞭毛。颈卵器着生于由叶紧包的雌枝顶端。每颈卵器产1卵。精子借助水游至颈卵器，与卵融合成受精卵，发育成胚，形成孢子体。孢子体由孢蒴、蒴柄和基足组成。孢蒴顶端有1个蒴帽，由断裂的颈卵器形成。孢子体寄生于配子体，汲取营养。孢蒴熟时棕红色，似歪斜葫芦，下垂。蒴柄棕红色，长2~5cm。孢蒴中有很多孢子细胞，减数分裂产生多个孢子。孢子在适宜条件下萌发成原丝体，再产生多个芽体。每芽体形成具茎叶的配子体。生于林地、林缘、路边土壁、岩面薄土、洞边、墙边等阴凉湿润处。

分布：世界广布。各校区有分布。

葫芦藓叶2（徐正浩摄）

葫芦藓雄苞和雌苞（徐正浩摄）

葫芦藓孢蒴和蒴柄（徐正浩摄）

葫芦藓世代交替典型植株（徐正浩摄）

参考文献

[1] 徐正浩, 陈为民, 蔡国强. 杭州地区外来入侵生物的鉴别特征及防治[M]. 杭州: 浙江大学出版社, 2008.

[2] 徐正浩, 陈再廖, 林云彪, 陈为民, 朱有为. 浙江入侵生物及防治[M]. 杭州: 浙江大学出版社, 2011.

[3] 徐正浩, 戚航英, 陆永良, 杨卫东, 谢国雄. 杂草识别与防治[M]. 杭州: 浙江大学出版社, 2014.

[4] 徐正浩, 张雅, 戚航英, 沈国军, 朱有为, 张宏伟. 农业野生植物资源[M]. 杭州: 浙江大学出版社, 2015.

[5] 浙江植物志编辑委员会. 浙江植物志[M]. 杭州: 浙江科学技术出版社, 1989—1993.

[6] 吴征镒. 中国植物志[M]. 北京: 科学出版社, 1991—2004.

[7] 中国在线植物志[DB/OL]. http://frps.eflora.cn.

[8] 泛喜马拉雅植物志[DB/OL]. http://www.flph.org.

[9] Flora of North America[DB/OL]. http://www.eFloras.org.

索引

索引1 拉丁学名索引

A

Abutilon theophrasti Medicus　苘麻	47
Acalypha australis Linn.　铁苋菜	201
Acalypha brachystachya Hornem　裂苞铁苋菜	202
Achyranthes aspera Linn.　土牛膝	162
Achyranthes bidentata Blume　牛膝	162
Achyranthes longifolia (Makino) Makino　柳叶牛膝	163
Acorus tatarinowii Schott　石菖蒲	23
Actinostemma tenerum Griff.　盒子草	19
Aeschynomene indica Linn.　合萌	194
Ageratum conyzoides Linn.　藿香蓟	53
Ageratum houstonianum Mill.　熊耳草	77
Agrimonia pilosa Ldb.　龙牙草	193
Ajuga decumbens Thunb.　金疮小草	233
Aletris spicata (Thunb.) Franch.　粉条儿菜	25
Alisma orientale (Samuel.) Juz.　东方泽泻	23
Allium macrostemon Bunge　薤白	298
Alopecurus aequalis Sobol.　看麦娘	94
Alopecurus japonicus Steud.　日本看麦娘	93
Alternanthera philoxeroides (Mart.) Griseb.　喜旱莲子草	36
Alternanthera sessilis (Linn.) DC.　莲子草	163
Amaranthus lividus Linn.　凹头苋	161
Amaranthus retroflexus Linn.　反枝苋	34
Amaranthus spinosus Linn.　刺苋	34
Amaranthus tricolor Linn.　苋	35
Amaranthus viridis Linn.　皱果苋	35
Ambrosia artemisiifolia Linn.　豚草	58
Ammannia arenaria H. B. K.　耳基水苋	215
Ammannia baccifera Linn.　水苋菜	214
Ampelopsis sinica (Miq.) W. T. Wang　蛇葡萄	205
Anagallis arvensis Linn. f. *coerulea* (Schreb.) Baumg　蓝花琉璃繁缕	14
Androsace umbellata (Lour.) Merr.　点地梅	223
Anredera cordifolia (Tenore) Steenis　落葵薯	38
Antenoron filiforme (Thunb.) Roberty et Vautier　金线草	146
Arenaria serpyllifolia Linn.　无心菜	168
Aristolochia debilis Sied. et Zucc.　马兜铃	9
Artemisia annua Linn.　黄花蒿	267
Artemisia anomala S. Moore　奇蒿	267
Artemisia anomala S. Moore var. *tomentella* Hand.-Mazz.　密毛奇蒿	268
Artemisia argyi Levl. et Van.　艾	269
Artemisia japonica Thunb.　牡蒿	266
Artemisia lactiflora Wall. ex DC.　白苞蒿	269
Artemisia lavandulaefolia DC.　野艾蒿	270
Artemisia scoparia Waldst. et Kit.　猪毛蒿	266
Arthraxon hispidus (Thunb.) Makino　荩草	114
Arthraxon lanceolatus (Roxb.) Hochst.　矛叶荩草	113
Arundinella anomala Steud.　野古草	108
Arundo donax Linn.　芦竹	85
Asarum forbesii Maxim.　杜衡	9
Aster ageratoides Turcz.　三脉紫菀	258
Aster subulatus Michx.　钻形紫菀	55
Astragalus sinicus Linn.　紫云英	196
Avena fatua Linn.　野燕麦	30
Azolla imbricata (Roxb.) Nakai　满江红	140

B

Beckmannia syzigachne (Steud.) Fern.　菵草	90
Bidens bipinnata Linn.　婆婆针	264
Bidens biternata (Lour.) Merr. et Sherff　金盏银盘	263
Bidens frondosa Linn.　大狼杷草	60
Bidens pilosa Linn.　鬼针草	61
Bidens pilosa Linn. var. *radiata* Sch.-Bip.　白花鬼针草	262
Bidens tripartita Linn.　狼杷草	262
Boehmeria longispica Steud.　大叶苎麻	144
Boehmeria nivea (Linn.) Gaud.　苎麻	143
Boehmeria spicata (Thunb.) Thunb.　小赤麻	145
Boehmeria tricuspis (Hance) Makino　悬铃叶苎麻	144
Bolboschoenus planiculmis (F. Schmidt) T. V. Egorova　扁秆荆三棱	115
Bothriospermum tenellum (Hornem.) Fisch. et Mey.　柔弱斑种草	230
Bromus catharticus Vahl.　扁穗雀麦	67

Bromus japonicus Thunb. ex Murr. 雀麦	82
Bromus remotiflorus (Steud.) Ohwi 疏花雀麦	82
Buddleja lindleyana Fort. 醉鱼草	224

C

Cabomba caroliniana A. Gray 水盾草	39
Calystegia hederacea Wall. ex Roxb. 打碗花	229
Calystegia sepium (Linn.) R. Br. 旋花	228
Capsella bursa-pastoris (Linn.) Medic. 荠	179
Cardamine flexuosa With. 弯曲碎米荠	183
Cardamine hirsuta Linn. 碎米荠	182
Cardiandra moellendorffii (Hance) Migo 草绣球	12
Carex breviculmis R. Br. 青绿薹草	130
Carex chinensis Retz. 中华薹草	129
Carex dimorpholepis Steud. 二形鳞薹草	7
Carex gibba Wahlenb. 穹隆薹草	128
Carex maximowiczii Miq. 乳突薹草	129
Carex rochebrunii Franch. et Sav. 书带薹草	128
Carpesium abrotanoides Linn. 天名精	277
Carpesium cernuum Linn. 烟管头草	21
Carpesium divaricatum Sieb. et Zucc. 金挖耳	21
Caryopteris incana (Thunb.) Miq. 兰香草	232
Cassia tora Linn. 决明	41
Cayratia japonica (Thunb.) Gagnep. 乌蔹莓	206
Celosia argentea Linn. 青葙	160
Celosia cristata Linn. 鸡冠花	69
Centella asiatica (Linn.) Urban 积雪草	221
Centipeda minima (Linn.) A. Br. et Aschers. 石胡荽	265
Cerastium glomeratum Thuill. 球序卷耳	167
Cerastium qingliangfengicum H. W. Zhang et X. F. Jin 清凉峰卷耳	10
Ceratophyllum demersum Linn. 金鱼藻	169
Ceratopteris thalictroides (Linn.) Brongn. 水蕨	1
Chenopodium album Linn. 藜	159
Chenopodium ambrosioides Linn. 土荆芥	33
Chenopodium glaucum Linn. 灰绿藜	158
Chenopodium serotinum Linn. 小藜	159
Cirsium japonicum Fisch. ex DC. 大蓟	273
Cirsium setosum (Willd.) MB. 刺儿菜	273
Clinopodium chinense (Bentham.) O. Ktze. 风轮菜	239
Clinopodium confine (Hance) O. Ktze. 邻近风轮菜	239
Clinopodium gracile (Benth.) Matsum. 细风轮菜	238
Clinopodium urticifolium (Hance) C. Y. Wu et Hsuan ex H. W. Li 麻叶风轮菜	240
Cnidium monnieri (Linn.) Cuss. 蛇床	223
Cocculus orbiculatus (Linn.) DC. 木防己	175
Coix lacryma-jobi Linn. 薏苡	1
Commelina bengalensis Linn. 饭包草	293
Commelina communis Linn. 鸭跖草	292
Conyza bonariensis (Linn.) Cronq. 香丝草	57
Conyza canadensis (Linn.) Cronq. 小蓬草	56
Conyza sumatrensis (Retz.) Walker 苏门白酒草	58
Corchoropsis tomentosa (Thunb.) Makino 田麻	207
Coreopsis lanceolata Linn. 剑叶金鸡菊	59
Coriandrum sativum Linn. 芫荽	74
Coronopus didymus (Linn.) J. E. Smith 臭荠	40
Cortaderia selloana (Schult.) Aschers. et Graebn. 蒲苇	67
Corydalis decumbens (Thunb.) Pers. 伏生紫堇	176
Corydalis edulis Maxim. 紫堇	177
Corydalis incisa (Thunb.) Pers. 刻叶紫堇	176
Corydalis racemosa (Thunb.) Pers. 小花黄堇	177
Crassocephalum crepidioides (Benth.) S. Moore 野茼蒿	63
Cuscuta chinensis Lam. 菟丝子	227
Cuscuta japonica Choisy 金灯藤	226
Cyclospermum leptophyllum (Pers.) Sprague ex Britton et P. Wilson 细叶旱芹	48
Cymbopogon goeringii (Steud.) A. Camus 橘草	114
Cynodon dactylon (Linn.) Pers. 狗牙根	90
Cyperus alternifolius Linn. subsp. *flabelliformis* (Rottb.) Kükenth. 风车草	68
Cyperus amuricus Maxim. 阿穆尔莎草	122
Cyperus compressus Linn. 扁穗莎草	122
Cyperus difformis Linn. 异型莎草	123
Cyperus fuscus Linn. 褐穗莎草	124
Cyperus glomeratus Linn. 头状穗莎草	121
Cyperus haspan Linn. 畦畔莎草	123
Cyperus iria Linn. 碎米莎草	121
Cyperus michelianus (Linn.) Link 旋鳞莎草	125
Cyperus nipponicus Franch. et Sav. 白鳞莎草	124
Cyperus rotundus Linn. 香附子	120
Cyrtomium fortunei J. Smith 贯众	136

D

Dactyloctenium aegyptium (Linn.) Beauv. 龙爪茅	89
Daucus carota Linn. 野胡萝卜	47
Delphinium anthriscifolium Hance 还亮草	10
Dendranthema indicum (Linn.) Des Moul. 野菊	264
Dianthus chinensis Linn. 石竹	168

Dichondra repens Forst.　马蹄金　228
Dichrocephala auriculata (Thunb.) Durce　鱼眼草　256
Dicranopteris dichotoma (Thunb.) Bernh.　芒萁　131
Digitalis purpurea Linn.　毛地黄　76
Digitaria chrysoblephara Flig. et De Not.　毛马唐　105
Digitaria ciliaris (Retz.) Koel.　升马唐　104
Digitaria violascens Link　紫马唐　104
Dioscorea bulbifera Linn.　黄独　299
Dioscorea japonica Thunb.　尖叶薯蓣　300
Dioscorea opposita Thunb.　薯蓣　299
Diplopterygium glaucum (Thunb. ex Houtt.) Nakai　里白　131
Dryopteris championii (Benth.) C. Chr.　阔鳞鳞毛蕨　136
Duchesnea indica (Andrews) Focke　蛇莓　193
Dunbaria villosa (Thunb.) Makino　野扁豆　196

E

Echinochloa caudata Roshev.　长芒稗　99
Echinochloa colonum (Linn.) Link　光头稗　98
Echinochloa crusgalli var. *mitis* (Pursh) Peterm.　无芒稗　100
Echinochloa crusgalli var. *zelayensis* (H. B. K.) Hitchc.　西来稗　100
Echinochloa cruspavonis (H. B. K.) Schult.　孔雀稗　101
Echinochloa hispidula (Retz.) Nees　旱稗　99
Eclipta prostrata Linn.　鳢肠　261
Eichhornia crassipes (Mart.) Solms　凤眼蓝　66
Eleusine indica (Linn.) Gaertn.　牛筋草　89
Elsholtzia splendens Nakai ex F. Maekawa　海州香薷　16
Emilia sonchifolia (Linn.) DC.　一点红　271
Epilobium hirsutum Linn.　柳叶菜　216
Equisetum ramosissimum Desf.　节节草　130
Eragrostis ferruginea (Thunb.) Beauv.　知风草　84
Eragrostis japonica (Thunb.) Trin.　乱草　83
Eragrostis pilosa (Linn.) Beauv.　画眉草　83
Eremochloa ophiuroides (Munro) Hack.　假俭草　6
Erigeron annuus (Linn.) Pers.　一年蓬　55
Erigeron philadelphicus Linn.　春飞蓬　56
Eriochloa villosa (Thunb.) Kunth　野黍　101
Eulalia speciosa (Debeaux) Kuntze　金茅　112
Eupatorium chinense Linn.　华泽兰　255
Euphorbia helioscopia Linn.　泽漆　204
Euphorbia hirta Linn.　飞扬草　46
Euphorbia humifusa Willd.　地锦草　202
Euphorbia hypericifolia Linn.　通奶草　203
Euphorbia maculata Linn.　斑地锦　45
Euphorbia thymifolia Linn.　千根草　203

F

Fagopyrum dibotrys (D. Don) Hara　金荞麦　2
Fallopia multiflora (Thunb.) Harald.　何首乌　155
Fimbristylis aestivalis (Retz.) Vahl　夏飘拂草　120
Fimbristylis bisumbellata (Forsk.) Bubani　复序飘拂草　119
Fimbristylis dichotoma (Linn.) Vahl　两歧飘拂草　119
Fimbristylis miliacea (Linn.) Vahl　水虱草　118
Funaria hygrometrica Hedw.　葫芦藓　301

G

Galinsoga parviflora Cav.　牛膝菊　62
Galium aparine Linn. var. *tenerum* (Gren. et Godr.) Rchb.　猪殃殃　253
Galium bungei Steud. var. *trachyspermum* (A. Gray) Cuif.　阔叶四叶葎　254
Gaura lindheimeri Engelm. et Gray　山桃草　72
Geranium carolinianum Linn.　野老鹳草　44
Geranium wilfordii Maxim.　老鹳草　13
Glechoma longituba (Nakai) Kupr.　活血丹　234
Glycine soja Sieb. et Zucc.　野大豆　2
Gnaphalium affine D. Don　鼠麴草　275
Gnaphalium hypoleucum DC.　秋鼠麴草　275
Gnaphalium pensylvanicum Willd.　匙叶鼠麴草　276
Gonostegia hirta (Blume) Miq.　糯米团　146
Gynostemma pentaphyllum (Thunb.) Makino　绞股蓝　3

H

Hedera helix Linn.　洋常春藤　73
Hedychium coronarium Koen.　姜花　28
Hedyotis chrysotricha (Palib.) Merr.　金毛耳草　252
Hedyotis diffusa Willd.　白花蛇舌草　251
Heleocharis plantagineiformis Tang et F. T. Wang　野荸荠　118
Heleocharis yokoscensis (Franch. et Sav.) Tang et Wang　牛毛毡　117
Helianthus tuberosus Linn.　菊芋　59
Hemistepta lyrata (Bunge) Bunge　泥胡菜　274
Heteropappus arenarius Kitam.　普陀狗娃花　256
Heteropappus hispidus (Thunb.) Less.　狗娃花　257
Houttuynia cordata Thunb.　蕺菜　141
Humulus scandens (Lour.) Merr.　葎草　142
Hydrilla verticillata (Linn. f.) Royle　黑藻　287
Hydrocharis dubia (Bl.) Backer　水鳖　287
Hydrocotyle sibthorpioides Lam.　天胡荽　220

索 引

Hydrocotyle sibthorpioides Lam. var. *batrachium* (Hance) Hand.-Mazz. ex Shan 破铜钱	220
Hydrocotyle vulgaris Linn. 南美天胡荽	74
Hygrophila salicifolia (Vahl) Nees 水蓑衣	17
Hypericum erectum Thunb. ex Murray 小连翘	210
Hypericum japonicum Thunb. ex Murray 地耳草	209
Hypericum sampsonii Hance 元宝草	210

I

Impatiens balsamina Linn. 凤仙花	204
Imperata cylindrica (Linn.) Beauv. 白茅	111
Inula japonica Thunb. 旋覆花	277
Ipomoea aquatica Forsk. 蕹菜	229
Ipomoea lacunosa Linn. 小白花牵牛	75
Ipomoea nil (Linn.) Roth 牵牛	49
Ipomoea purpurea (Linn.) Roth 圆叶牵牛	49
Ipomoea triloba Linn. 三裂叶薯	48
Isachne globosa (Thunb.) Kuntze 柳叶箬	97
Ixeridium chinensis (Thunb.) Tzvel. 中华小苦荬	284
Ixeridium sonchifolium (Maxim.) Shih 抱茎小苦荬	283
Ixeris japonica (Burm. f.) Nakai 剪刀股	282
Ixeris polycephala Cass. 多头苦荬菜	283

J

Juncellus serotinus (Rottb.) C. B. Clarke 水莎草	125
Juncus alatus Franch. et Sav. 翅茎灯心草	24
Juncus effusus Linn. 灯心草	294
Juncus setchuensis Buchen. 野灯心草	294

K

Kalimeris indica (Linn.) Sch.-Bip. 马兰	258
Kochia scoparia (Linn.) Schrad. 地肤	160
Kummerowia striata (Thunb.) Schindl. 鸡眼草	198
Kyllinga brevifolia Rottb. 短叶水蜈蚣	127

L

Lactuca serriola Linn. 毒莴苣	65
Lamium amplexicaule Linn. 宝盖草	236
Lamium barbatum Sieb. et Zucc. 野芝麻	237
Lantana camara Linn. 马缨丹	50
Lapsana apogonoides Maxim. 稻槎菜	278
Leersia hexandra Swartz. 李氏禾	94
Leersia japonica (Makino) Honda 假稻	95
Leersia sayanuka Ohwi 秕壳草	95

Lemna minor Linn. 浮萍	290
Leonurus artemisia (Lour.) S. Y. Hu var. *albiflorus* (Migo) S. Y. Hu 白花益母草	235
Leonurus japonicus Houtt. 益母草	235
Lepidium virginicum Linn. 北美独行菜	40
Lepisorus thunbergianus (Kaulf.) Ching 瓦韦	138
Leptochloa chinensis (Linn.) Nees 千金子	88
Leptochloa panicea (Retz.) Ohwi 虮子草	88
Lespedeza cuneata (Dum.-Cours.) G. Don 截叶铁扫帚	12
Lespedeza pilosa (Thunb.) Sieb. et Zucc. 铁马鞭	197
Lilium brownii F. E. Brown ex Miellez var. *viridulum* Baker 百合	26
Lindernia antipoda (Linn.) Alston 泥花草	248
Lindernia crustacea (Linn.) F. Muell 母草	247
Lindernia procumbens (Krock.) Philcox 陌上菜	247
Liriope platyphylla Wang et Tang 阔叶山麦冬	296
Liriope spicata (Thunb.) Lour. 山麦冬	295
Lobelia chinensis Lour. 半边莲	20
Lolium perenne Linn. 黑麦草	68
Lonicera japonica Thunb. 忍冬	18
Lophatherum gracile Brongn. 淡竹叶	80
Ludwigia epilobioides Maxim. 假柳叶菜	218
Ludwigia hyssopifolia (G. Don) Exell 草龙	217
Ludwigia peploides (Kunth) Kaven subsp. *stipulacea* (Ohwi) Raven 黄花水龙	217
Lycopus lucidus Turcz. var. *hirtus* Regel 硬毛地笋	241
Lygodium japonicum (Thunb.) Sw. 海金沙	132
Lysimachia barystachys Bunge 狼尾花	15
Lysimachia candida Lindl. 泽珍珠菜	224
Lysimachia christinae Hance 过路黄	14
Lythrum salicaria Linn. 千屈菜	71

M

Macleaya cordata (Willd.) R. Br. 博落回	175
Marchantia polymorpha Linn. 地钱	300
Mariscus cyperinus Vahl 莎草砖子苗	127
Mariscus umbellatus Vahl 砖子苗	126
Marsilea quadrifolia Linn. 苹	139
Mazus caducifer Hance 早落通泉草	249
Mazus miquelii Makino 葡茎通泉草	248
Medicago lupulina Linn. 天蓝苜蓿	197
Medicago polymorpha Linn. 南苜蓿	42
Medicago sativa Linn. 紫苜蓿	70
Melica grandiflora (Hack.) Koidz. 大花臭草	5

Melica onoei Franch. et Sav.	广序臭草	5
Melilotus officinalis (Linn.) Pall.	草木犀	42
Melochia corchorifolia Linn.	马松子	209
Mentha haplocalyx Briq.	薄荷	241
Merremia hederacea (Burm. f.) Hall. f.	篱栏网	15
Metaplexis japonica (Thunb.) Makino	萝藦	226
Microlepia marginata (Houtt.) C. Chr.	边缘鳞盖蕨	132
Microsorum fortunei (T. Moore) Ching	江南星蕨	138
Microstegium vimineum (Trin.) A. Camus	柔枝莠竹	112
Mimosa pudica Linn.	含羞草	41
Mirabilis jalapa Linn.	紫茉莉	37
Miscanthus sinensis Anderss.	芒	109
Mollugo stricta Linn.	粟米草	164
Monochoria vaginalis (Burm. f.) Presl ex Kunth	鸭舌草	293
Mosla scabra (Thunb.) C. Y. Wu et H. W. Li	石荠苎	242
Murdannia keisak (Hassk.) Hand.-Mazz.	疣草	291
Murdannia nudiflora (Linn.) Brenan	裸花水竹叶	291
Murdannia triquetra (Wall.) Bruckn.	水竹叶	291
Myosoton aquaticum (Linn.) Moench	鹅肠菜	166
Myriophyllum elatinoides Gaudich.	绿狐尾藻	219
Myriophyllum verticillatum Linn.	狐尾藻	218

N

Nanocnide japonica Blume	花点草	142
Nephrolepis auriculata (Linn.) Trimen	肾蕨	137
Neyraudia montana Keng	山类芦	86
Nicandra physalodes (Linn.) Gaertn.	假酸浆	50

O

Oenanthe javanica (Bl.) DC.	水芹	13
Oenothera rosea L' Hér. ex Ait.	粉花月见草	72
Ophioglossum vulgatum Linn.	瓶尔小草	7
Ophiopogon japonicus (Linn. f.) Ker-Gawl.	麦冬	296
Oplismenus undulatifolius (Arduino) Beauv.	求米草	98
Opuntia monacantha (Willd.) Haw.	单刺仙人掌	71
Orychophragmus violaceus (Linn.) O. E. Schulz	诸葛菜	181
Osmunda japonica Thunb.	紫萁	8
Oxalis corniculata Linn.	酢浆草	199
Oxalis corymbosa DC.	红花酢浆草	43
Oxalis stricta Linn.	直酢浆草	200
Oxalis triangularis A. St.-Hil.	三角紫叶酢浆草	70

P

Paederia scandens (Lour.) Merr.	鸡矢藤	250
Panicum bisulcatum Thunb.	糠稷	97
Parathelypteris glanduligera (Kze.) Ching	金星蕨	135
Parthenocissus quinquefolia (Linn.) Planch.	五叶地锦	46
Parthenocissus tricuspidata (Sieb. et Zucc.) Planch.	地锦	206
Paspalum longifolium Roxb.	长叶雀稗	103
Paspalum orbiculare Forst.	圆果雀稗	103
Paspalum paspaloides (Michx.) Scribn.	双穗雀稗	102
Paspalum thunbergii Kunth ex Steud.	雀稗	102
Patrinia villosa (Thunb.) Juss.	白花败酱	255
Pennisetum alopecuroides (Linn.) Spreng.	狼尾草	108
Peperomia pellucida (Linn.) Kunth	草胡椒	32
Perilla frutescens (Linn.) Britt.	紫苏	242
Peristrophe japonica (Thunb.) Bremek.	九头狮子草	17
Phlomis umbrosa Turcz.	糙苏	234
Phragmites australis (Cav.) Trin. ex Steud.	芦苇	85
Phyllanthus urinaria Linn.	叶下珠	200
Phyllanthus virgatus Forst. f.	黄珠子草	201
Physalis angulata Linn.	苦蘵	243
Physalis pubescens Linn.	毛酸浆	51
Phytolacca americana Linn.	垂序商陆	37
Pilea microphylla (Linn.) Liebm.	小叶冷水花	33
Pilea pumila (Linn.) A. Gray	透茎冷水花	143
Pinellia pedatisecta Schott	虎掌	289
Pinellia ternata (Thunb.) Breit.	半夏	289
Pistia stratiotes Linn.	大薸	65
Plantago asiatica Linn.	车前	246
Plantago virginica Linn.	北美车前	53
Poa acroleuca Steud.	白顶早熟禾	80
Poa annua Linn.	早熟禾	81
Pollia japonica Thunb.	杜若	23
Polygonatum cyrtonema Hua	多花黄精	26
Polygonatum sibiricum Delar. ex Redoute	黄精	26
Polygonum aviculare Linn.	萹蓄	146
Polygonum chinense Linn.	火炭母	148
Polygonum darrisii Levl.	大箭叶蓼	154
Polygonum dichotomum Bl.	二歧蓼	154
Polygonum hydropiper Linn.	水蓼	151
Polygonum japonicum Meisn.	蚕茧蓼	150
Polygonum jucundum Meisn.	愉悦蓼	152
Polygonum lapathifolium Linn.	酸模叶蓼	149
Polygonum lapathifolium Linn. var. *salicifolium* Sibth.	绵毛酸模叶蓼	150
Polygonum nepalense Meisn.	尼泊尔蓼	147
Polygonum orientale Linn.	红蓼	148

Polygonum perfoliatum Linn. 杠板归	153
Polygonum plebeium R. Br. 习见蓼	147
Polygonum posumbu Buch.-Ham. ex D. Don 丛枝蓼	152
Polygonum senticosum (Meisn.) Franch. et Sav. 刺蓼	153
Polygonum sieboldii Meisn. 箭叶蓼	155
Polygonum viscosum Buch.-Ham. ex D. Don 粘毛蓼	149
Polypogon fugax Nees ex Steud. 棒头草	92
Polypogon monspeliensis (Linn.) Desf. 长芒棒头草	91
Pontederia cordata Linn. 梭鱼草	78
Portulaca oleracea Linn. 马齿苋	164
Potamogeton crispus Linn. 菹草	22
Potamogeton pusillus Linn. 小眼子菜	22
Potentilla fragarioides Linn. 莓叶委陵菜	191
Potentilla kleiniana Wight et Arn. 蛇含委陵菜	192
Potentilla supina Linn. 朝天委陵菜	191
Potentilla supina Linn. var. *ternata* Peterm. 三叶朝天委陵菜	192
Pouzolzia zeylanica (Linn.) Benn. 雾水葛	145
Prunella vulgaris Linn. 夏枯草	16
Pteridium aquilinum (Linn.) Kuhn var. *latiusculum* (Desv.) Underw. ex Heller 蕨	133
Pteris multifida Poir. 井栏边草	134
Pteris semipinnata Linn. 半边旗	134
Pteris vittata Linn. 蜈蚣草	8
Pterocypsela formosana (Maxim.) Shih 台湾翅果菊	280
Pterocypsela indica (Linn.) Shih 翅果菊	279
Pterocypsela laciniata (Houtt.) Shih 多裂翅果菊	280
Pueraria lobata (Willd.) Ohwi 葛	198
Pycreus sanguinolentus (Vahl) Nees 红鳞扁莎	126
Pyrrosia lingua (Thunb.) Farwell 石韦	137

Q

Quamoclit pennata (Desr.) Bojer. 茑萝松	75

R

Ranunculus cantoniensis DC. 禺毛茛	170
Ranunculus chinensis Bunge 茴茴蒜	171
Ranunculus japonicus Thunb. 毛茛	170
Ranunculus muricatus Linn. 刺果毛茛	172
Ranunculus sceleratus Linn. 石龙芮	173
Ranunculus sieboldii Miq. 扬子毛茛	171
Ranunculus ternatus Thunb. 小毛茛	172
Reineckia carnea (Andr.) Kunth 吉祥草	24
Reynoutria cuspidatum Sieb. et Zucc. 虎杖	156
Ricinus communis Linn. 蓖麻	45

Roegneria ciliaris (Trin.) Nevski 纤毛鹅观草	86
Roegneria kamoji Ohwi 鹅观草	87
Roegneria mayebarana (Honda) Ohwi 东瀛鹅观草	87
Rorippa cantoniensis (Lour.) Ohwi 广州蔊菜	179
Rorippa dubia (Pers.) Hara 无瓣蔊菜	181
Rorippa globosa (Turcz.) Hayek 风花菜	180
Rorippa indica (Linn.) Hiern 蔊菜	180
Rostellularia procumbens (Linn.) Nees 爵床	250
Rotala indica (Willd.) Koehne 节节菜	215
Rubia argyi (Levl. et Vant.) Hara ex Lauener 东南茜草	252
Rubus buergeri Miq. 寒莓	190
Rubus chingii Hu 掌叶覆盆子	185
Rubus cockburnianus Hemsl. 华中悬钩子	189
Rubus corchorifolius Linn. f. 山莓	185
Rubus coreanus Miq. 插田泡	187
Rubus flosculosus Focke 弓茎悬钩子	186
Rubus hirsutus Thunb. 蓬蘽	188
Rubus lambertianus Ser. 高粱泡	189
Rubus parvifolius Linn. 茅莓	186
Rubus tsangii Merr. 光滑悬钩子	188
Rudbeckia hirta Linn. 黑心金光菊	77
Rumex acetosa Linn. 酸模	156
Rumex dentatus Linn. 齿果酸模	158
Rumex japonicus Houtt. 羊蹄	157

S

Saccharum arundinaceum Retz. 斑茅	111
Sagina japonica (Sw.) Ohwi 漆姑草	167
Sagittaria pygmaea Miq. 矮慈姑	286
Sagittaria trifolia Linn. 野慈姑	286
Salvia plebeia R. Br. 荔枝草	238
Salvinia natans (Linn.) All. 槐叶苹	139
Sambucus chinensis Lindl. 接骨草	254
Saururus chinensis (Lour.) Baill. 三白草	140
Saxifraga stolonifera Curt. 虎耳草	11
Schoenoplectus tabernaemontani (C. C. Gmelin) Palla 水葱	116
Schoenoplectus triqueter (Linn.) Palla 三棱水葱	117
Scilla scilloides (Lindl.) Druce 绵枣儿	27
Scirpus ternatanus Reinw. ex Miq. 百穗薰草	116
Sclerochloa kengiana (Ohwi) Tzvel. 耿氏硬草	81
Sedum alfredii Hance 东南景天	11
Sedum bulbiferum Makino 珠芽景天	184
Sedum emarginatum Migo 凹叶景天	184
Sedum sarmentosum Bunge 垂盆草	183

Semiaquilegia adoxoides (DC.) Makino 天葵	169
Senecio scandens Buch.-Ham. 千里光	271
Sesbania cannabina (Retz.) Poir. 田菁	69
Setaria faberii Herrm. 大狗尾草	106
Setaria glauca (Linn.) Beauv. 金色狗尾草	107
Setaria palmifolia (Koen.) Stapf 棕叶狗尾草	30
Setaria plicata (Lam.) T. Cooke 皱叶狗尾草	105
Setaria viridis (Linn.) Beauv. 狗尾草	106
Setcreasea purpurea Boom. 紫竹梅	78
Sheareria nana S. Moore 虾须草	259
Sida rhombifolia Linn. 白背黄花稔	207
Siegesbeckia orientalis Linn. 豨莶	260
Siegesbeckia pubescens Makino 腺梗豨莶	260
Sinosenecio oldhamianus (Maxim.) B. Nord. 蒲儿根	272
Sisyrinchium rosulatum Bickn. 庭菖蒲	28
Smilax china Linn. 菝葜	297
Smilax glabra Roxb. 土茯苓	297
Solanum lyratum Thunb. 白英	244
Solanum nigrum Linn. 龙葵	244
Solidago canadensis Linn. 加拿大一枝黄花	54
Soliva anthemifolia (Juss.) R. Br. 裸柱菊	62
Sonchus asper (Linn.) Hill 花叶滇苦菜	63
Sonchus oleraceus Linn. 苦苣菜	64
Sorghum halepense (Linn.) Pers. 石茅	31
Sphenomeris chinensis (Linn.) Maxon 乌蕨	133
Spiranthes sinensis (Pers.) Ames 绶草	29
Spirodela polyrrhiza (Linn.) Schleid. 紫萍	290
Sporobolus fertilis (Steud.) W. D. Glayt. 鼠尾粟	93
Stachys japonica Miq. 水苏	237
Stellaria media (Linn.) Cyrill. 繁缕	165
Stellaria pusilla E. Schmid 小繁缕	39
Stellaria uliginosa Murr. 雀舌草	166
Stephania cepharantha Hayata 金线吊乌龟	174
Stephania japonica (Thunb.) Miers 千金藤	173

T

Talinum paniculatum (Jacq.) Gaertn. 土人参	38
Taraxacum mongolicum Hand.-Mazz. 蒲公英	278
Thalia dealbata Fraser ex Roscoe 再力花	79
Thlaspi arvense Linn. 菥蓂	178
Torilis japonica (Houtt.) DC. 小窃衣	221
Torilis scabra (Thunb.) DC. 窃衣	222
Trachelospermum jasminoides (Lindl.) Lem. 络石	225

Trapa incisa Sieb. et Zucc. 四角刻叶菱	3
Triarrhena sacchariflora (Maxim.) Nakai 荻	110
Tricyrtis macropoda Miq. 油点草	27
Trifolium repens Linn. 白车轴草	43
Trigonotis peduncularis (Trev.) Benth. ex Baker.et Moore 附地菜	231
Trisetum bifidum (Thunb.) Ohwi 三毛草	91
Typha angustifolia Linn. 水烛	285
Typha orientalis Presl 香蒲	285

U

Urena procumbens Linn. 梵天花	208

V

Vallisneria natans (Lour.) Hara 苦草	288
Verbena hybrida Voss 美女樱	76
Verbena officinalis Linn. 马鞭草	231
Veronica arvensis Linn. 直立婆婆纳	51
Veronica didyma Tenore 婆婆纳	52
Veronica peregrina Linn. 蚊母草	245
Veronica persica Poir. 阿拉伯婆婆纳	52
Veronica undulata Wall. 水苦荬	245
Vetiveria zizanioides (Linn.) Nash 香根草	32
Vicia hirsuta (Linn.) S. F. Gray 小巢菜	194
Vicia sativa Linn. 救荒野豌豆	195
Viola betonicifolia J. E. Smith 戟叶堇菜	212
Viola diffusa Ging. var. *brevibarbata* C. J. Wang 短须毛七星莲	211
Viola lactiflora Nakai 白花堇菜	212
Viola philippica Cav. 紫花地丁	213
Viola verecunda A. Gray 堇菜	211
Viola yunnanfuensis W. Becker 心叶堇菜	214
Vitex negundo Linn. var. *cannabifolia* (Sieb. et Zucc.) Hand.-Mazz. 牡荆	232

W

Woodwardia japonica (Linn. f.) Smith 狗脊	135

X

Xanthium sibiricum Patrin. ex Widder 苍耳	259

Y

Youngia erythrocarpa (Vant.) Babc. et Stebb. 红果黄鹌菜	281

Youngia japonica (Linn.) DC.　黄鹌菜	281	
		Zizania latifolia (Griseb.) Stapf　菰　96
		Zoysia matrella (Linn.) Merr.　沟叶结缕草　109

Zehneria indica (Lour.) Keraudren　马㼎儿　19

索引2 中文名索引

A

阿拉伯婆婆纳	*Veronica persica* Poir.	52
阿穆尔莎草	*Cyperus amuricus* Maxim.	122
矮慈姑	*Sagittaria pygmaea* Miq.	286
艾	*Artemisia argyi* Levl. et Van.	269
凹头苋	*Amaranthus lividus* Linn.	161
凹叶景天	*Sedum emarginatum* Migo	184

B

菝葜	*Smilax china* Linn.	297
白苞蒿	*Artemisia lactiflora* Wall. ex DC.	269
白背黄花稔	*Sida rhombifolia* Linn.	207
白车轴草	*Trifolium repens* Linn.	43
白顶早熟禾	*Poa acroleuca* Steud.	80
白花败酱	*Patrinia villosa* (Thunb.) Juss.	255
白花鬼针草	*Bidens pilosa* Linn. var. *radiata* Sch.-Bip.	262
白花堇菜	*Viola lactiflora* Nakai	212
白花蛇舌草	*Hedyotis diffusa* Willd.	251
白花益母草	*Leonurus artemisia* (Lour.) S. Y. Hu var. *albiflorus* (Migo) S. Y. Hu	235
白鳞莎草	*Cyperus nipponicus* Franch. et Sav.	124
白茅	*Imperata cylindrica* (Linn.) Beauv.	111
白英	*Solanum lyratum* Thunb.	244
百合	*Lilium brownii* F. E. Brown ex Miellez var. *viridulum* Baker	26
百穗薦草	*Scirpus ternatanus* Reinw. ex Miq.	116
斑地锦	*Euphorbia maculata* Linn.	45
斑茅	*Saccharum arundinaceum* Retz.	111
半边莲	*Lobelia chinensis* Lour.	20
半边旗	*Pteris semipinnata* Linn.	134
半夏	*Pinellia ternata* (Thunb.) Breit.	289
棒头草	*Polypogon fugax* Nees ex Steud.	92
宝盖草	*Lamium amplexicaule* Linn.	236
抱茎小苦荬	*Ixeridium sonchifolium* (Maxim.) Shih	283
北美车前	*Plantago virginica* Linn.	53
北美独行菜	*Lepidium virginicum* Linn.	40
秕壳草	*Leersia sayanuka* Ohwi	95
蓖麻	*Ricinus communis* Linn.	45
边缘鳞盖蕨	*Microlepia marginata* (Houtt.) C. Chr.	132
萹蓄	*Polygonum aviculare* Linn.	146
扁秆荆三棱	*Bolboschoenus planiculmis* (F. Schmidt) T. V. Egorova	115
扁穗雀麦	*Bromus catharticus* Vahl.	67
扁穗莎草	*Cyperus compressus* Linn.	122
博落回	*Macleaya cordata* (Willd.) R. Br.	175
薄荷	*Mentha haplocalyx* Briq.	241

C

蚕茧蓼	*Polygonum japonicum* Meisn.	150
苍耳	*Xanthium sibiricum* Patrin. ex Widder	259
糙苏	*Phlomis umbrosa* Turcz.	234
草胡椒	*Peperomia pellucida* (Linn.) Kunth	32
草龙	*Ludwigia hyssopifolia* (G. Don) Exell	217
草木犀	*Melilotus officinalis* (Linn.) Pall.	42
草绣球	*Cardiandra moellendorffii* (Hance) Migo	12
插田泡	*Rubus coreanus* Miq.	187
长芒稗	*Echinochloa caudata* Roshev.	99
长芒棒头草	*Polypogon monspeliensis* (Linn.) Desf.	91
长叶雀稗	*Paspalum longifolium* Roxb.	103
朝天委陵菜	*Potentilla supina* Linn.	191
车前	*Plantago asiatica* Linn.	246
匙叶鼠麴草	*Gnaphalium pensylvanicum* Willd.	276
齿果酸模	*Rumex dentatus* Linn.	158
翅果菊	*Pterocypsela indica* (Linn.) Shih	279
翅茎灯心草	*Juncus alatus* Franch. et Sav.	24
臭荠	*Coronopus didymus* (Linn.) J. E. Smith	40
垂盆草	*Sedum sarmentosum* Bunge	183
垂序商陆	*Phytolacca americana* Linn.	37
春飞蓬	*Erigeron philadelphicus* Linn.	56
刺儿菜	*Cirsium setosum* (Willd.) MB.	273
刺果毛茛	*Ranunculus muricatus* Linn.	172
刺蓼	*Polygonum senticosum* (Meisn.) Franch. et Sav.	153

刺苋	*Amaranthus spinosus* Linn.	34
丛枝蓼	*Polygonum posumbu* Buch.-Ham. ex D. Don	152
酢浆草	*Oxalis corniculata* Linn.	199

D

打碗花	*Calystegia hederacea* Wall. ex Roxb.	229
大狗尾草	*Setaria faberii* Herrm.	106
大花臭草	*Melica grandiflora* (Hack.) Koidz.	5
大蓟	*Cirsium japonicum* Fisch. ex DC.	273
大箭叶蓼	*Polygonum darrisii* Levl.	154
大狼杷草	*Bidens frondosa* Linn.	60
大薸	*Pistia stratiotes* Linn.	65
大叶苎麻	*Boehmeria longispica* Steud.	144
单刺仙人掌	*Opuntia monacantha* (Willd.) Haw.	71
淡竹叶	*Lophatherum gracile* Brongn.	80
稻槎菜	*Lapsana apogonoides* Maxim.	278
灯心草	*Juncus effusus* Linn.	294
荻	*Triarrhena sacchariflora* (Maxim.) Nakai	110
地耳草	*Hypericum japonicum* Thunb. ex Murray	209
地肤	*Kochia scoparia* (Linn.) Schrad.	160
地锦	*Parthenocissus tricuspidata* (Sieb. et Zucc.) Planch.	206
地锦草	*Euphorbia humifusa* Willd.	202
地钱	*Marchantia polymorpha* Linn.	300
点地梅	*Androsace umbellata* (Lour.) Merr.	223
东方泽泻	*Alisma orientale* (Samuel.) Juz.	23
东南景天	*Sedum alfredii* Hance	11
东南茜草	*Rubia argyi* (Levl. et Vant.) Hara ex Lauener	252
东瀛鹅观草	*Roegneria mayebarana* (Honda) Ohwi	87
毒莴苣	*Lactuca serriola* Linn.	65
杜衡	*Asarum forbesii* Maxim.	9
杜若	*Pollia japonica* Thunb.	23
短须毛七星莲	*Viola diffusa* Ging. var. *brevibarbata* C. J. Wang	211
短叶水蜈蚣	*Kyllinga brevifolia* Rottb.	127
多花黄精	*Polygonatum cyrtonema* Hua	26
多裂翅果菊	*Pterocypsela laciniata* (Houtt.) Shih	280
多头苦荬菜	*Ixeris polycephala* Cass.	283

E

鹅肠菜	*Myosoton aquaticum* (Linn.) Moench	166
鹅观草	*Roegneria kamoji* Ohwi	87
耳基水苋	*Ammannia arenaria* H. B. K.	215
二歧蓼	*Polygonum dichotomum* Bl.	154
二形鳞薹草	*Carex dimorpholepis* Steud.	7

F

繁缕	*Stellaria media* (Linn.) Cyrill.	165
反枝苋	*Amaranthus retroflexus* Linn.	34
饭包草	*Commelina bengalensis* Linn.	293
梵天花	*Urena procumbens* Linn.	208
飞扬草	*Euphorbia hirta* Linn.	46
粉花月见草	*Oenothera rosea* L' Hér. ex Ait.	72
粉条儿菜	*Aletris spicata* (Thunb.) Franch.	25
风车草	*Cyperus alternifolius* Linn. subsp. *flabelliformis* (Rottb.) Kükenth.	68
风花菜	*Rorippa globosa* (Turcz.) Hayek	180
风轮菜	*Clinopodium chinense* (Bentham.) O. Ktze.	239
凤仙花	*Impatiens balsamina* Linn.	204
凤眼蓝	*Eichhornia crassipes* (Mart.) Solms	66
伏生紫堇	*Corydalis decumbens* (Thunb.) Pers.	176
浮萍	*Lemna minor* Linn.	290
附地菜	*Trigonotis peduncularis* (Trev.) Benth. ex Baker. et Moore	231
复序飘拂草	*Fimbristylis bisumbellata* (Forsk.) Bubani	119

G

杠板归	*Polygonum perfoliatum* Linn.	153
高粱泡	*Rubus lambertianus* Ser.	189
葛	*Pueraria lobata* (Willd.) Ohwi	198
耿氏硬草	*Sclerochloa kengiana* (Ohwi) Tzvel.	81
弓茎悬钩子	*Rubus flosculosus* Focke	186
沟叶结缕草	*Zoysia matrella* (Linn.) Merr.	109
狗脊	*Woodwardia japonica* (Linn. f.) Smith	135
狗娃花	*Heteropappus hispidus* (Thunb.) Less.	257
狗尾草	*Setaria viridis* (Linn.) Beauv.	106
狗牙根	*Cynodon dactylon* (Linn.) Pers.	90
菰	*Zizania latifolia* (Griseb.) Stapf	96
贯众	*Cyrtomium fortunei* J. Smith	136
光滑悬钩子	*Rubus tsangii* Merr.	188
光头稗	*Echinochloa colonum* (Linn.) Link	98
广序臭草	*Melica onoei* Franch. et Sav.	5
广州蔊菜	*Rorippa cantoniensis* (Lour.) Ohwi	179
鬼针草	*Bidens pilosa* Linn.	61
过路黄	*Lysimachia christinae* Hance	14

H

中文名	学名	页码
海金沙	*Lygodium japonicum* (Thunb.) Sw.	132
海州香薷	*Elsholtzia splendens* Nakai ex F. Maekawa	16
含羞草	*Mimosa pudica* Linn.	41
寒莓	*Rubus buergeri* Miq.	190
蔊菜	*Rorippa indica* (Linn.) Hiern	180
旱稗	*Echinochloa hispidula* (Retz.) Nees	99
合萌	*Aeschynomene indica* Linn.	194
何首乌	*Fallopia multiflora* (Thunb.) Harald.	155
盒子草	*Actinostemma tenerum* Griff.	19
褐穗莎草	*Cyperus fuscus* Linn.	124
黑麦草	*Lolium perenne* Linn.	68
黑心金光菊	*Rudbeckia hirta* Linn.	77
黑藻	*Hydrilla verticillata* (Linn. f.) Royle	287
红果黄鹌菜	*Youngia erythrocarpa* (Vant.) Babc. et Stebb.	281
红花酢浆草	*Oxalis corymbosa* DC.	43
红蓼	*Polygonum orientale* Linn.	148
红鳞扁莎	*Pycreus sanguinolentus* (Vahl) Nees	126
狐尾藻	*Myriophyllum verticillatum* Linn.	218
葫芦藓	*Funaria hygrometrica* Hedw.	301
虎耳草	*Saxifraga stolonifera* Curt.	11
虎掌	*Pinellia pedatisecta* Schott	289
虎杖	*Reynoutria cuspidatum* Sieb. et Zucc.	156
花点草	*Nanocnide japonica* Blume	142
花叶滇苦菜	*Sonchus asper* (Linn.) Hill	63
华泽兰	*Eupatorium chinense* Linn.	255
华中悬钩子	*Rubus cockburnianus* Hemsl.	189
画眉草	*Eragrostis pilosa* (Linn.) Beauv.	83
槐叶苹	*Salvinia natans* (Linn.) All.	139
还亮草	*Delphinium anthriscifolium* Hance	10
黄鹌菜	*Youngia japonica* (Linn.) DC.	281
黄独	*Dioscorea bulbifera* Linn.	299
黄花蒿	*Artemisia annua* Linn.	267
黄花水龙	*Ludwigia peploides* (Kunth) Kaven subsp. *stipulacea* (Ohwi) Raven	217
黄精	*Polygonatum sibiricum* Delar. ex Redoute	26
黄珠子草	*Phyllanthus virgatus* Forst. f.	201
灰绿藜	*Chenopodium glaucum* Linn.	158
茴茴蒜	*Ranunculus chinensis* Bunge	171
活血丹	*Glechoma longituba* (Nakai) Kupr.	234
火炭母	*Polygonum chinense* Linn.	148
藿香蓟	*Ageratum conyzoides* Linn.	53

J

中文名	学名	页码
鸡冠花	*Celosia cristata* Linn.	69
鸡矢藤	*Paederia scandens* (Lour.) Merr.	250
鸡眼草	*Kummerowia striata* (Thunb.) Schindl.	198
积雪草	*Centella asiatica* (Linn.) Urban	221
吉祥草	*Reineckia carnea* (Andr.) Kunth	24
蕺菜	*Houttuynia cordata* Thunb.	141
虮子草	*Leptochloa panicea* (Retz.) Ohwi	88
戟叶堇菜	*Viola betonicifolia* J. E. Smith	212
加拿大一枝黄花	*Solidago canadensis* Linn.	54
假稻	*Leersia japonica* (Makino) Honda	95
假俭草	*Eremochloa ophiuroides* (Munro) Hack.	6
假柳叶菜	*Ludwigia epilobioides* Maxim.	218
假酸浆	*Nicandra physalodes* (Linn.) Gaertn.	50
尖叶薯蓣	*Dioscorea japonica* Thunb.	300
剪刀股	*Ixeris japonica* (Burm. f.) Nakai	282
剑叶金鸡菊	*Coreopsis lanceolata* Linn.	59
箭叶蓼	*Polygonum sieboldii* Meisn.	155
江南星蕨	*Microsorum fortunei* (T. Moore) Ching	138
姜花	*Hedychium coronarium* Koen.	28
绞股蓝	*Gynostemma pentaphyllum* (Thunb.) Makino	3
接骨草	*Sambucus chinensis* Lindl.	254
节节菜	*Rotala indica* (Willd.) Koehne	215
节节草	*Equisetum ramosissimum* Desf.	130
截叶铁扫帚	*Lespedeza cuneata* (Dum.-Cours.) G. Don	12
金疮小草	*Ajuga decumbens* Thunb.	233
金灯藤	*Cuscuta japonica* Choisy	226
金毛耳草	*Hedyotis chrysotricha* (Palib.) Merr.	252
金茅	*Eulalia speciosa* (Debeaux) Kuntze	112
金荞麦	*Fagopyrum dibotrys* (D. Don) Hara	2
金色狗尾草	*Setaria glauca* (Linn.) Beauv.	107
金挖耳	*Carpesium divaricatum* Sieb. et Zucc.	21
金线草	*Antenoron filiforme* (Thunb.) Roberty et Vautier	146
金线吊乌龟	*Stephania cepharantha* Hayata	174
金星蕨	*Parathelypteris glanduligera* (Kze.) Ching	135
金鱼藻	*Ceratophyllum demersum* Linn.	169
金盏银盘	*Bidens biternata* (Lour.) Merr. et Sherff	263
堇菜	*Viola verecunda* A. Gray	211
荩草	*Arthraxon hispidus* (Thunb.) Makino	114
井栏边草	*Pteris multifida* Poir.	134
九头狮子草	*Peristrophe japonica* (Thunb.) Bremek.	17
救荒野豌豆	*Vicia sativa* Linn.	195

菊芋	*Helianthus tuberosus* Linn.	59
橘草	*Cymbopogon goeringii* (Steud.) A. Camus	114
决明	*Cassia tora* Linn.	41
蕨	*Pteridium aquilinum* (Linn.) Kuhn var. *latiusculum* (Desv.) Underw. ex Heller	133
爵床	*Rostellularia procumbens* (Linn.) Nees	250

K

看麦娘	*Alopecurus aequalis* Sobol.	94
糠稷	*Panicum bisulcatum* Thunb.	97
刻叶紫堇	*Corydalis incisa* (Thunb.) Pers.	176
孔雀稗	*Echinochloa cruspavonis* (H. B. K.) Schult.	101
苦草	*Vallisneria natans* (Lour.) Hara	288
苦苣菜	*Sonchus oleraceus* Linn.	64
苦蘵	*Physalis angulata* Linn.	243
阔鳞鳞毛蕨	*Dryopteris championii* (Benth.) C. Chr.	136
阔叶山麦冬	*Liriope platyphylla* Wang et Tang	296
阔叶四叶葎	*Galium bungei* Steud. var. *trachyspermum* (A. Gray) Cuif.	254

L

兰香草	*Caryopteris incana* (Thunb.) Miq.	232
蓝花琉璃繁缕	*Anagallis arvensis* Linn. f. *coerulea* (Schreb.) Baumg	14
狼杷草	*Bidens tripartita* Linn.	262
狼尾草	*Pennisetum alopecuroides* (Linn.) Spreng.	108
狼尾花	*Lysimachia barystachys* Bunge	15
老鹳草	*Geranium wilfordii* Maxim.	13
篱栏网	*Merremia hederacea* (Burm. f.) Hall. f.	15
藜	*Chenopodium album* Linn.	159
李氏禾	*Leersia hexandra* Swartz.	94
里白	*Diplopterygium glaucum* (Thunb. ex Houtt.) Nakai	131
鳢肠	*Eclipta prostrata* Linn.	261
荔枝草	*Salvia plebeia* R. Br.	238
莲子草	*Alternanthera sessilis* (Linn.) DC.	163
两歧飘拂草	*Fimbristylis dichotoma* (Linn.) Vahl	119
裂苞铁苋菜	*Acalypha brachystachya* Hornem	202
邻近风轮菜	*Clinopodium confine* (Hance) O. Ktze.	239
柳叶菜	*Epilobium hirsutum* Linn.	216
柳叶牛膝	*Achyranthes longifolia* (Makino) Makino	163
柳叶箬	*Isachne globosa* (Thunb.) Kuntze	97
龙葵	*Solanum nigrum* Linn.	244
龙牙草	*Agrimonia pilosa* Ldb.	193
龙爪茅	*Dactyloctenium aegyptium* (Linn.) Beauv.	89
芦苇	*Phragmites australis* (Cav.) Trin. ex Steud.	85
芦竹	*Arundo donax* Linn.	85
绿狐尾藻	*Myriophyllum elatinoides* Gaudich.	219
葎草	*Humulus scandens* (Lour.) Merr.	142
乱草	*Eragrostis japonica* (Thunb.) Trin.	83
萝藦	*Metaplexis japonica* (Thunb.) Makino	226
裸花水竹叶	*Murdannia nudiflora* (Linn.) Brenan	291
裸柱菊	*Soliva anthemifolia* (Juss.) R. Br.	62
络石	*Trachelospermum jasminoides* (Lindl.) Lem.	225
落葵薯	*Anredera cordifolia* (Tenore) Steenis	38

M

麻叶风轮菜	*Clinopodium urticifolium* (Hance) C. Y. Wu et Hsuan ex H. W. Li	240
马鞭草	*Verbena officinalis* Linn.	231
马齿苋	*Portulaca oleracea* Linn.	164
马兜铃	*Aristolochia debilis* Sied. et Zucc.	9
马𧎮儿	*Zehneria indica* (Lour.) Keraudren	19
马兰	*Kalimeris indica* (Linn.) Sch.-Bip.	258
马松子	*Melochia corchorifolia* Linn.	209
马蹄金	*Dichondra repens* Forst.	228
马缨丹	*Lantana camara* Linn.	50
麦冬	*Ophiopogon japonicus* (Linn. f.) Ker-Gawl.	296
满江红	*Azolla imbricata* (Roxb.) Nakai	140
芒	*Miscanthus sinensis* Anderss.	109
芒萁	*Dicranopteris dichotoma* (Thunb.) Bernh.	131
毛地黄	*Digitalis purpurea* Linn.	76
毛茛	*Ranunculus japonicus* Thunb.	170
毛马唐	*Digitaria chrysoblephara* Flig. et De Not.	105
毛酸浆	*Physalis pubescens* Linn.	51
矛叶荩草	*Arthraxon lanceolatus* (Roxb.) Hochst.	113
茅莓	*Rubus parvifolius* Linn.	186
莓叶委陵菜	*Potentilla fragarioides* Linn.	191
美女樱	*Verbena hybrida* Voss	76
密毛奇蒿	*Artemisia anomala* S. Moore var. *tomentella* Hand.-Mazz.	268
绵毛酸模叶蓼	*Polygonum lapathifolium* Linn. var. *salicifolium* Sibth.	150
绵枣儿	*Scilla scilloides* (Lindl.) Druce	27
陌上菜	*Lindernia procumbens* (Krock.) Philcox	247

中文名	学名	页码
母草	*Lindernia crustacea* (Linn.) F. Muell	247
牡蒿	*Artemisia japonica* Thunb.	266
牡荆	*Vitex negundo* Linn. var. *cannabifolia* (Sieb. et Zucc.) Hand.-Mazz.	232
木防己	*Cocculus orbiculatus* (Linn.) DC.	175

N

中文名	学名	页码
南美天胡荽	*Hydrocotyle vulgaris* Linn.	74
南苜蓿	*Medicago polymorpha* Linn.	42
尼泊尔蓼	*Polygonum nepalense* Meisn.	147
泥胡菜	*Hemistepta lyrata* (Bunge) Bunge	274
泥花草	*Lindernia antipoda* (Linn.) Alston	248
茑萝松	*Quamoclit pennata* (Desr.) Bojer.	75
牛筋草	*Eleusine indica* (Linn.) Gaertn.	89
牛毛毡	*Heleocharis yokoscensis* (Franch. et Sav.) Tang et Wang	117
牛膝	*Achyranthes bidentata* Blume	162
牛膝菊	*Galinsoga parviflora* Cav.	62
糯米团	*Gonostegia hirta* (Blume) Miq.	146

P

中文名	学名	页码
蓬藁	*Rubus hirsutus* Thunb.	188
苹	*Marsilea quadrifolia* Linn.	139
瓶尔小草	*Ophioglossum vulgatum* Linn.	7
婆婆纳	*Veronica didyma* Tenore	52
婆婆针	*Bidens bipinnata* Linn.	264
破铜钱	*Hydrocotyle sibthorpioides* Lam. var. *batrachium* (Hance) Hand.-Mazz. ex Shan	220
葡茎通泉草	*Mazus miquelii* Makino	248
蒲儿根	*Sinosenecio oldhamianus* (Maxim.) B. Nord.	272
蒲公英	*Taraxacum mongolicum* Hand.-Mazz.	278
蒲苇	*Cortaderia selloana* (Schult.) Aschers. et Graebn.	67
普陀狗娃花	*Heteropappus arenarius* Kitam.	256

Q

漆姑草	*Sagina japonica* (Sw.) Ohwi	167
奇蒿	*Artemisia anomala* S. Moore	267
畦畔莎草	*Cyperus haspan* Linn.	123
荠	*Capsella bursa-pastoris* (Linn.) Medic.	179
千根草	*Euphorbia thymifolia* Linn.	203
千金藤	*Stephania japonica* (Thunb.) Miers	173
千金子	*Leptochloa chinensis* (Linn.) Nees	88
千里光	*Senecio scandens* Buch.-Ham.	271
千屈菜	*Lythrum salicaria* Linn.	71
牵牛	*Ipomoea nil* (Linn.) Roth	49
窃衣	*Torilis scabra* (Thunb.) DC.	222
青绿薹草	*Carex breviculmis* R. Br.	130
青葙	*Celosia argentea* Linn.	160
清凉峰卷耳	*Cerastium qingliangfengicum* H. W. Zhang et X. F. Jin	10
苘麻	*Abutilon theophrasti* Medicus	47
穹隆薹草	*Carex gibba* Wahlenb.	128
秋鼠麴草	*Gnaphalium hypoleucum* DC.	275
求米草	*Oplismenus undulatifolius* (Arduino) Beauv.	98
球序卷耳	*Cerastium glomeratum* Thuill.	167
雀稗	*Paspalum thunbergii* Kunth ex Steud.	102
雀麦	*Bromus japonicus* Thunb. ex Murr.	82
雀舌草	*Stellaria uliginosa* Murr.	166

R

中文名	学名	页码
忍冬	*Lonicera japonica* Thunb.	18
日本看麦娘	*Alopecurus japonicus* Steud.	93
柔弱斑种草	*Bothriospermum tenellum* (Hornem.) Fisch. et Mey.	230
柔枝莠竹	*Microstegium vimineum* (Trin.) A. Camus	112
乳突薹草	*Carex maximowiczii* Miq.	129

S

三白草	*Saururus chinensis* (Lour.) Baill.	140
三角紫叶酢浆草	*Oxalis triangularis* A. St.-Hil.	70
三棱水葱	*Schoenoplectus triqueter* (Linn.) Palla	117
三裂叶薯	*Ipomoea triloba* Linn.	48
三脉紫菀	*Aster ageratoides* Turcz.	258
三毛草	*Trisetum bifidum* (Thunb.) Ohwi	91
三叶朝天委陵菜	*Potentilla supina* Linn. var. *ternata* Peterm.	192
莎草砖子苗	*Mariscus cyperinus* Vahl	127
山类芦	*Neyraudia montana* Keng	86
山麦冬	*Liriope spicata* (Thunb.) Lour.	295
山莓	*Rubus corchorifolius* Linn. f.	185
山桃草	*Gaura lindheimeri* Engelm. et Gray	72
蛇床	*Cnidium monnieri* (Linn.) Cuss.	223
蛇含委陵菜	*Potentilla kleiniana* Wight et Arn.	192
蛇莓	*Duchesnea indica* (Andrews) Focke	193

索引

中文名	学名	页码
蛇葡萄	*Ampelopsis sinica* (Miq.) W. T. Wang	205
肾蕨	*Nephrolepis auriculata* (Linn.) Trimen	137
升马唐	*Digitaria ciliaris* (Retz.) Koel.	104
石菖蒲	*Acorus tatarinowii* Schott	23
石胡荽	*Centipeda minima* (Linn.) A. Br. et Aschers.	265
石龙芮	*Ranunculus sceleratus* Linn.	173
石茅	*Sorghum halepense* (Linn.) Pers.	31
石荠苎	*Mosla scabra* (Thunb.) C. Y. Wu et H. W. Li	242
石韦	*Pyrrosia lingua* (Thunb.) Farwell	137
石竹	*Dianthus chinensis* Linn.	168
绶草	*Spiranthes sinensis* (Pers.) Ames	29
书带薹草	*Carex rochebrunii* Franch. et Sav.	128
疏花雀麦	*Bromus remotiflorus* (Steud.) Ohwi	82
鼠麴草	*Gnaphalium affine* D. Don	275
鼠尾粟	*Sporobolus fertilis* (Steud.) W. D. Glayt.	93
薯蓣	*Dioscorea opposita* Thunb.	299
双穗雀稗	*Paspalum paspaloides* (Michx.) Scribn.	102
水鳖	*Hydrocharis dubia* (Bl.) Backer	287
水葱	*Schoenoplectus tabernaemontani* (C. C. Gmelin) Palla	116
水盾草	*Cabomba caroliniana* A. Gray	39
水蕨	*Ceratopteris thalictroides* (Linn.) Brongn.	1
水苦荬	*Veronica undulata* Wall.	245
水蓼	*Polygonum hydropiper* Linn.	151
水芹	*Oenanthe javanica* (Bl.) DC.	13
水莎草	*Juncellus serotinus* (Rottb.) C. B. Clarke	125
水虱草	*Fimbristylis miliacea* (Linn.) Vahl	118
水苏	*Stachys japonica* Miq.	237
水蓑衣	*Hygrophila salicifolia* (Vahl) Nees	17
水苋菜	*Ammannia baccifera* Linn.	214
水竹叶	*Murdannia triquetra* (Wall.) Bruckn.	291
水烛	*Typha angustifolia* Linn.	285
四角刻叶菱	*Trapa incisa* Sieb. et Zucc.	3
苏门白酒草	*Conyza sumatrensis* (Retz.) Walker	58
粟米草	*Mollugo stricta* Linn.	164
酸模	*Rumex acetosa* Linn.	156
酸模叶蓼	*Polygonum lapathifolium* Linn.	149
碎米荠	*Cardamine hirsuta* Linn.	182
碎米莎草	*Cyperus iria* Linn.	121
梭鱼草	*Pontederia cordata* Linn.	78

T

中文名	学名	页码
台湾翅果菊	*Pterocypsela formosana* (Maxim.) Shih	280
天胡荽	*Hydrocotyle sibthorpioides* Lam.	220
天葵	*Semiaquilegia adoxoides* (DC.) Makino	169
天蓝苜蓿	*Medicago lupulina* Linn.	197
天名精	*Carpesium abrotanoides* Linn.	277
田菁	*Sesbania cannabina* (Retz.) Poir.	69
田麻	*Corchoropsis tomentosa* (Thunb.) Makino	207
铁马鞭	*Lespedeza pilosa* (Thunb.) Sieb. et Zucc.	197
铁苋菜	*Acalypha australis* Linn.	201
庭菖蒲	*Sisyrinchium rosulatum* Bickn.	28
通奶草	*Euphorbia hypericifolia* Linn.	203
头状穗莎草	*Cyperus glomeratus* Linn.	121
透茎冷水花	*Pilea pumila* (Linn.) A. Gray	143
土茯苓	*Smilax glabra* Roxb.	297
土荆芥	*Chenopodium ambrosioides* Linn.	33
土牛膝	*Achyranthes aspera* Linn.	162
土人参	*Talinum paniculatum* (Jacq.) Gaertn.	38
菟丝子	*Cuscuta chinensis* Lam.	227
豚草	*Ambrosia artemisiifolia* Linn.	58

W

中文名	学名	页码
瓦韦	*Lepisorus thunbergianus* (Kaulf.) Ching	138
弯曲碎米荠	*Cardamine flexuosa* With.	183
菵草	*Beckmannia syzigachne* (Steud.) Fern.	90
蚊母草	*Veronica peregrina* Linn.	245
蕹菜	*Ipomoea aquatica* Forsk.	229
乌蕨	*Sphenomeris chinensis* (Linn.) Maxon	133
乌蔹莓	*Cayratia japonica* (Thunb.) Gagnep.	206
无瓣蔊菜	*Rorippa dubia* (Pers.) Hara	181
无芒稗	*Echinochloa crusgalli* var. *mitis* (Pursh) Peterm.	100
无心菜	*Arenaria serpyllifolia* Linn.	168
蜈蚣草	*Pteris vittata* Linn.	8
五叶地锦	*Parthenocissus quinquefolia* (Linn.) Planch.	46
雾水葛	*Pouzolzia zeylanica* (Linn.) Benn.	145

X

中文名	学名	页码
西来稗	*Echinochloa crusgalli* var. *zelayensis* (H. B. K.) Hitchc.	100
菥蓂	*Thlaspi arvense* Linn.	178
豨莶	*Siegesbeckia orientalis* Linn.	260
习见蓼	*Polygonum plebeium* R. Br.	147
喜旱莲子草	*Alternanthera philoxeroides* (Mart.) Griseb.	36
细风轮菜	*Clinopodium gracile* (Benth.) Matsum.	238

中文名	学名	页码
细叶旱芹	Cyclospermum leptophyllum (Pers.) Sprague ex Britton et P. Wilson	48
虾须草	Sheareria nana S. Moore	259
夏枯草	Prunella vulgaris Linn.	16
夏飘拂草	Fimbristylis aestivalis (Retz.) Vahl	120
纤毛鹅观草	Roegneria ciliaris (Trin.) Nevski	86
苋	Amaranthus tricolor Linn.	35
腺梗豨莶	Siegesbeckia pubescens Makino	260
香附子	Cyperus rotundus Linn.	120
香根草	Vetiveria zizanioides (Linn.) Nash	32
香蒲	Typha orientalis Presl	285
香丝草	Conyza bonariensis (Linn.) Cronq.	57
小白花牵牛	Ipomoea lacunosa Linn.	75
小巢菜	Vicia hirsuta (Linn.) S. F. Gray	194
小赤麻	Boehmeria spicata (Thunb.) Thunb.	145
小繁缕	Stellaria pusilla E. Schmid	39
小花黄堇	Corydalis racemosa (Thunb.) Pers.	177
小藜	Chenopodium serotinum Linn.	159
小连翘	Hypericum erectum Thunb. ex Murray	210
小毛茛	Ranunculus ternatus Thunb.	172
小蓬草	Conyza canadensis (Linn.) Cronq.	56
小窃衣	Torilis japonica (Houtt.) DC.	221
小眼子菜	Potamogeton pusillus Linn.	22
小叶冷水花	Pilea microphylla (Linn.) Liebm.	33
薤白	Allium macrostemon Bunge	298
心叶堇菜	Viola yunnanfuensis W. Becker	214
熊耳草	Ageratum houstonianum Mill.	77
悬铃叶苎麻	Boehmeria tricuspis (Hance) Makino	144
旋覆花	Inula japonica Thunb.	277
旋花	Calystegia sepium (Linn.) R. Br.	228
旋鳞莎草	Cyperus michelianus (Linn.) Link	125

Y

中文名	学名	页码
鸭舌草	Monochoria vaginalis (Burm. f.) Presl ex Kunth.	293
鸭跖草	Commelina communis Linn.	292
烟管头草	Carpesium cernuum Linn.	21
芫荽	Coriandrum sativum Linn.	74
扬子毛茛	Ranunculus sieboldii Miq.	171
羊蹄	Rumex japonicus Houtt.	157
洋常春藤	Hedera helix Linn.	73
野艾蒿	Artemisia lavandulaefolia DC.	270
野荸荠	Heleocharis plantagineiformis Tang et F. T. Wang	118
野扁豆	Dunbaria villosa (Thunb.) Makino	196
野慈姑	Sagittaria trifolia Linn.	286
野大豆	Glycine soja Sieb. et Zucc.	2
野灯心草	Juncus setchuensis Buchen.	294
野古草	Arundinella anomala Steud.	108
野胡萝卜	Daucus carota Linn.	47
野菊	Dendranthema indicum (Linn.) Des Moul.	264
野老鹳草	Geranium carolinianum Linn.	44
野黍	Eriochloa villosa (Thunb.) Kunth	101
野茼蒿	Crassocephalum crepidioides (Benth.) S.Moore	63
野燕麦	Avena fatua Linn.	30
野芝麻	Lamium barbatum Sieb. et Zucc.	237
叶下珠	Phyllanthus urinaria Linn.	200
一点红	Emilia sonchifolia (Linn.) DC.	271
一年蓬	Erigeron annuus (Linn.) Pers.	55
异型莎草	Cyperus difformis Linn.	123
益母草	Leonurus japonicus Houtt.	235
薏苡	Coix lacryma-jobi Linn.	1
硬毛地笋	Lycopus lucidus Turcz. var. hirtus Regel	241
油点草	Tricyrtis macropoda Miq.	27
疣草	Murdannia keisak (Hassk.) Hand.-Mazz.	291
鱼眼草	Dichrocephala auriculata (Thunb.) Durce	256
禺毛茛	Ranunculus cantoniensis DC.	170
愉悦蓼	Polygonum jucundum Meisn.	152
元宝草	Hypericum sampsonii Hance	210
圆果雀稗	Paspalum orbiculare Forst.	103
圆叶牵牛	Ipomoea purpurea (Linn.) Roth	49

Z

再力花	Thalia dealbata Fraser ex Roscoe	79
早落通泉草	Mazus caducifer Hance	249
早熟禾	Poa annua Linn.	81
泽漆	Euphorbia helioscopia Linn.	204
泽珍珠菜	Lysimachia candida Lindl.	224
粘毛蓼	Polygonum viscosum Buch.-Ham. ex D. Don	149
掌叶覆盆子	Rubus chingii Hu	185
知风草	Eragrostis ferruginea (Thunb.) Beauv.	84
直酢浆草	Oxalis stricta Linn.	200
直立婆婆纳	Veronica arvensis Linn.	51
中华薹草	Carex chinensis Retz.	129
中华小苦荬	Ixeridium chinensis (Thunb.) Tzvel.	284
皱果苋	Amaranthus viridis Linn.	35

皱叶狗尾草	*Setaria plicata* (Lam.) T. Cooke	105	紫茉莉	*Mirabilis jalapa* Linn.	37
珠芽景天	*Sedum bulbiferum* Makino	184	紫苜蓿	*Medicago sativa* Linn.	70
诸葛菜	*Orychophragmus violaceus* (Linn.) O. E. Schulz	181	紫萍	*Spirodela polyrrhiza* (Linn.) Schleid.	290
猪毛蒿	*Artemisia scoparia* Waldst. et Kit.	266	紫萁	*Osmunda japonica* Thunb.	8
猪殃殃	*Galium aparine* Linn. var. *tenerum* (Gren. et Godr.) Rchb.	253	紫苏	*Perilla frutescens* (Linn.) Britt.	242
苎麻	*Boehmeria nivea* (Linn.) Gaud.	143	紫云英	*Astragalus sinicus* Linn.	196
砖子苗	*Mariscus umbellatus* Vahl	126	紫竹梅	*Setcreasea purpurea* Boom.	78
紫花地丁	*Viola philippica* Cav.	213	棕叶狗尾草	*Setaria palmifolia* (Koen.) Stapf	30
紫堇	*Corydalis edulis* Maxim.	177	菹草	*Potamogeton crispus* Linn.	22
紫马唐	*Digitaria violascens* Link	104	钻形紫菀	*Aster subulatus* Michx.	55
			醉鱼草	*Buddleja lindleyana* Fort.	224